Die Schulen.

Die
verschiedenen Arten der Schulen,
ihre
inneren und äußeren Verhältnisse,
und ihre
Bestimmung
in dem
Entwickelungsgange der Menschheit.

Von

Fr. H. Chr. Schwarz,

Doctor der Theologie und Philosophie, Großherz. Badenscher Geheimer Kirchenrath und ord. Professor der Theologie zu Heidelberg, Mitglied der historisch-theologischen Gesellschaft zu Leipzig.

Zur Vollständigkeit der Erziehungslehre.

Leipzig,
bei Georg Joachim Göschen.
1832.

Die Schulen.

An befreundete Schulmänner!

Ein Buch über Erziehung schreibt man eigentlich für die Nachwelt. Daß der Verf. hiermit dem seinigen keinen größeren Werth beilegen will, als ihm dieser Grundsatz ertheilt, der ihn geleitet hat, das wisset Ihr, Freunde; und noch erinnert er sich gerne an das Wort, das ihm einst einer von Euch, damals Zuhörer in einer seiner ersten Vorlesungen, niederschrieb: „wer nur für seine Zeit erzieht, bildet etwas Schlechteres als die Zeit." Jeder von Euch hat die Würde seines Berufes darin erkannt, daß er sich über die Meinung von heute und über das Tagesblatt von gestern erhoben, um in dem Reiche des Wahren und Guten für die Jugendbildung bleibend zu wirken; und so habt Ihr ein segensreiches Wirken.

Nichts von dem Zeitgeist! Er ist zu jeder Zeit ein schlechter Geist; das behaupten wir dem Tadel gegenüber, als verkenneten wir das Gute, das er doch auch habe. Denn das hat nicht der Geist der Zeit; als solcher hat er nur das, was heute kommt und morgen geht, was jetzt glänzt und in einer Stunde verglommen ist, was am Abend schmückt und bald mit allen Flittern der Eitelkeit dahin fliegt. Das aber, was uns als das Ziel der Bildung vorstehen soll, ist etwas ganz anders, und was uns als Mittel hierzu die Zeit zugeführt hat, das kommt von einem ganz anderen, von einem viel höheren Geiste, als dem ihrigen. Die Fortschritte welche die Menschheit die Zeiten hindurch gemacht hat, und täglich macht, kommen nicht von jenem niederen, der sie vielmehr nur hemmt, das Gute eher zerstört, und das Erwachsen verunstaltet, und dafür Trugbilder vorgaukelt. Daher sind immer die Lehrer aufgerufen worden, daß sie den Geist bekämpfen, der sich in eitlen Dingen gefällt und um die Weltgunst buhlt. In ihm bewegt sich der wahre Servilismus. Eben der, welcher wie es grade heute und morgen kommt, den Machthabern schmeichelt, jetzt nämlich denen unter dem Volk, welche lieber ihre Meinung unter dem Namen der öffentlichen laut verkündigen, als den wahren des Gemeinsinnes das Wort vergönnen. Der treue Bildner, der wahre Jugend-, Volks- und Menschenfreund, geht indessen, ohne sich durch das Geschrei des großen Haufens irre machen zu lassen, getrost seinen Weg fort. Er hat im Reiche Gottes das höchste Ziel der Menschheit kennen gelernt, auch den Weg gefunden, der sicher dahin führt, und die Kraft erfahren, welche das Vorwärtsschreiten immer anfrischt. Denn daß die Cultur fortgeschritten sey, und nicht bei den Buchdruckereien und Dampfschiffen stehen bleiben wird, verdanken wir jener Lebenskraft, die eben von der Erziehungsthätigkeit ihre rechte Entwicklung erwartet. Darum erfreuen wir uns besonders des großen Fortschrittes in unserm Schulwesen, und das Nachdenken, welches man in unserer Zeit darauf verwendet, ist etwas ganz anders, so Gott will, als jener Geist, der das bestehende Gute immer wieder zerstört.

Der Kampf gegen diesen wird grade jetzt für das Ganze der Erziehung demjenigen als wichtig erscheinen, der es erfährt, wie so viele Zeitblätter in jenem Frohndienste stehen, wie die Urtheile auch über die literärischen Arbeiten sich meist nach den politischen Farben richten, wie Schriftsteller, welche einer gewissen Partei im Wege stehen, angefeindet und wo möglich in öffentlichen Verruf gebracht werden. Wir dürfen das nicht scheuen, auch den Verf. macht es nicht kleinmüthig. Wir sollen das Gute, das sich in unserer Zeit weiter entwickeln will, gegen den verderbenden Hauch möglichst schützen und dieses Gute selbst, sich immer mehr läutern lassen. Deßhalb um des heranwachsenden Geschlechts willen, welches jenem Schwindelgeiste Preiß gegeben wird, der nahe daran ist schon die Schulknaben zu emancipiren, fühlen wir uns verpflichtet, so lange Gott unsern Tag dauern läßt, unsere

Ueberzeugung entschieden zu sagen. Doch das vorliegende Buch mag sprechen.

Es handelt von den Schulen, es muß sich also durchaus an die Erziehungslehre anschließen, in welcher der Verf. die Grundsätze der Jugend- und Volksbildung gelehrt hat. Er darf das um so getroster, da sie wichtigen Beifall, und das auch im Auslande gefunden hat; allgemeinen wird kein Lehrer erwarten. Indessen muß er hier eine gewisse Art der Kritik, welche begreiflich manches auszustellen gefunden, ohne uns darum eines Besseren zu belehren, noch mit wenigem beantworten. Das ist die, welche vorurtheilig gerne alles verurtheilt, das von dem Standpunct des Christenthums ausgeht, und sich nicht auf einen höheren — so meint man! — erhebt, um dem noch viel Vollkommnerem für das Volk wenigstens den Weg nicht zu versperren. Da ist und bleibt nun freilich der Verf. — „leider!“ setzt mancher Gutmüthige hinzu — unbeweglich auf seinem Punct stehen, wird auch darum wohl „altgläubig“ genannt, welches er sich zur Ehre rechnet, nur muß er sich jeden schielenden Seitenblick dabei mit wohlbegründetem Recht verbitten. Wer das Christenthum kennt, der kennt es als eine lebendige Kraft, nicht als ein todtes Lehrsystem, und von dieser Lebenskraft geht, wie wir nun einmal fest überzeugt bleiben, die wahre Erziehung aus. Wollen nun Gegner uns der Parteinahme beschuldigen, weil wir nicht ihnen das Heiligthum der Menschheit untergraben helfen, — dann laßt das mit mehrerem in Gottes Namen über uns ergehen, und getrost in dem, was wir erwählt haben, forthin leben und lehren. Mag man immerhin mitleidig oder gar schmähend auf uns herabsehen, der Tag wird das eitle Tichten in seiner Nichtigkeit und das rechte Trachten in seinem belohnenden Erfolge zeigen.

Die Geschichte der Erziehung weiset darauf hin. Darum hat der Verf. von Anfang bis zu Ende so viel möglich die Lehrer ihrer Zeit und ihres Volkes selbst sprechen lassen, und aus einem sorgfältigen Studium der Quellen, auch da, wo sie noch nicht dahin benutzt worden, namentlich in den Kirchenschriftstellern und im Mittelalter bis über die Reformation herab, das Leben selbst hinsichtlich der Erziehung und des Unterrichts soweit bemerkbar gemacht, als es sich irgend unsern Blicken eröffnet. So weit uns nämlich Nachrichten Licht geben; denn wo diese schweigen, könnte man nur meinen oder vermuthen. Bei der Vorwelt durften wir uns daher so etwas nach anthropologischen Gründen erlauben, bei der neueren Zeit aber kam es nur auf die Hauptmomente im pädagogischen Leben an, weßhalb wir da ebenfalls die Gewährsmänner selbst auftreten ließen. Was man weiter verlangt, wären etwa speciellere Partieen, die wenigstens nicht wesentlich dahin gehören oder Schulmeistereien. Der Verf.

führt in der Erziehungsgeschichte eine Idee aus, wer diese nicht erfaßt hat, für den hat er auch weiter nichts zu sagen. Berichtigungen im Einzelnen nimmt er dankbar an, und hofft sie, wie ihm bereits einige zugekommen, nebst einiger Kunde von dem pädagogischen Zustand im Auslande, bei Gelegenheit nachträglich mitzutheilen. Alles Einzelne, was sich in der Zeitfolge ereignet hat, würde jedoch, wäre es auch noch so geschickt zusammengereiht, nur als eine etwa chronologisch geordnete Sammlung von Nachrichten dastehen, die Geschichte der Erziehung aber rollt sich uns erst dadurch auf, daß wir dem Erwachsen der Menschheit nachforschen; denn Geschichte ist Entwicklung. Darin bewegt sich die Erziehungsidee, und darauf hinzuweisen war die Aufgabe, die sich der Verf. gab, und zu deren Lösung er auch glaubt etwas gethan zu haben. Und wohin weiset uns die Geschichte selbst? Wohin anders als eben dahin, wozu es wahrlich keines theologischen Systems bedarf, sondern was dem gewissenhaften Forscher und Beobachter in das helleste Sonnenlicht hervortritt, daß das Ziel und der Weg zur wahren Bildung so des Kindes wie der Völker von der Vorsehung nur in dem Christenthum eröffnet worden. Der Verf. bittet allenfalls die zwei letzten Blätter in der 1ten Abth. jener Geschichte, nämlich der vorchristlichen Zeit, mit unbefangener Aufmerksamkeit zu lesen. Er hat übrigens in dem vorliegenden Buche nöthig gefunden, seiner wohlbegründeten Idee getreu bleibend, gelegenheitlich Einreden zu begegnen, welche von ungünstiger Beurtheilung der christlichen Religion häufig und laut gemacht werden; ja, er mußte dazu auffordern, daß man sich mitten in dem gemeinen Schulleben zur höchsten Weltansicht erhebe, und bei dem Kleinsten auf das Größte hinausschaue. Es ist nicht anders und wird sich in alle Zukunft nicht anders zeigen: auch für die Bildung der Nationen und für das ganze Schulwesen findet ihr sonst nirgends einen Weg zum Heil.

Daß der Verf. die neuen und neuesten Fortschritte, namentlich in unsern Bildungsanstalten, nicht verkenne, sondern vielmehr mit Freude und mit Hoffnung rühme, beweisen die letzten Kapitel, in der 2ten Abth. seiner Erziehungsgeschichte, und das vorliegende Buch wird das bestätigen. Wenn man ihm aber die zwei Worte S. 492 „daß man jetzt mehr rechne und weniger bete,“ (so stehen sie da, und nicht wie sie in einer Recension angeführt sind, — „mehr rechne als bete“, was unserthalben immerhin so gewesen und bleiben mag) verargen wollte, so wiederholt er sie nur wo möglich noch lauter, und das mit der dort hinzugefügten Aufforderung: „Widerlegt das jüngere Zeitgenossen!“

Das Buch über die Schulen schließt also der Verf. an das Ganze seiner Erziehungslehre an, wie auch die öfteren Hinweisungen zeigen. Dabei wiederholt er hier, daß er keine strenge Wissenschaft der Erziehung für möglich hält, und von den Fortschritten der Philosophie erwartet, man werde sich nicht länger durch Worte, die nur immer im Kreise herumtreiben, wie Vollkommenheit, Bestimmung, Sittlichkeit, Brauchbarkeit u. dgl. täuschen, oder durch leere Phrasen unterhalten lassen; das Wissen und Können will tiefer begründet seyn. Er darf sich hierbei zugleich auf seine Christl. Sittenlehre (N. A. 1830), wie auch auf sein früheres Buch, das der Erziehungslehre vorausging, die Bestimmung des Menschen (1802) berufen. Grade eine Erziehungslehre kann nur dann ein wahres System werden, wenn sie nicht aus einer Metaphysik abstracter Begriffe in eine sogenannte angewandte Lehre herabsteigt, denn das Allgemeine ist überall nur als Concretes vorhanden, wie die Kraft des Baums in jedem Zweige lebt, sondern wenn sie vielmehr den Menschen, wenn sie das Kind, wenn sie das Leben nach der Wahrheit beobachtet, und auch in dem Psychologischen, den Weg eines Heinroth, eines Schubert und Anderer in der neueren Richtung betretend, in den Naturgesetzen der Bildung zum Allgemeinen hinaufsteigt. Worin die wahre Menschenkraft bestehe, und wie sie auch der Unterricht entwickle, das muß sich daraus praktisch ergeben. Da zeigt sich dann eine formale Bildung, nicht wie sie in dem gewöhnlichen Sinne verlangt wird, sondern in einem weit höheren Sinne; und sie zeigt sich als diejenige, welche alle materiale in sich schließt, und jedem Stoff, auch dem in der Schule, seinen Ort anweiset. Der Leser unserer Erziehungslehre wird in dem 3ten Bande, wenn er genau darauf achten will, diese nothwendige und wesentliche Verbindung dargelegt finden; das gegenwärtige Buch führt das für den Schulunterricht aus. Wenn wir dabei von einem innern, organischen Prinzip ausgehen, so wollen wir damit keinesweges aus dem Gebiete der Lebensfordrungen heraustreten, und den jetzt nun einmal bestehenden Encyklopädismus auf die Seite setzen, wir verlangen vielmehr, daß die Volksschule diejenigen Kenntnisse und Geschicklichkeiten lehren solle, welche unsere jetzige Zeit und Cultur von der Volksjugend verlangt. So wie aber diese Cultur fortschreitet, werden sich auch die Lectionsplane ganz anders gestalten. Der müßte selbst noch erst Elementarschüler in der Didaktik seyn, welcher die jetzige Eintheilung der Lehrgegenstände mit Stereotypen drucken wollte.

Doch genug. Das Buch mag reden; es verlangt aber aufmerksame und unbefangene Leser.

Wenn Leser, die vom Zeitgeiste eingenommen sind, sich davon wegwenden, weil es nicht ihre Farbe trägt, so bedauert das der Verf. weniger für sich als für die edlen Kräfte, die sich einer irre führenden Bewegung ergeben. Denn unter den sogenannten Liberalismus versteckt sich leicht eine absolutistische Denkart von der schlimmsten Richtung, welche, wenn es ihr gelänge, die nächste Generation in die ärgste Zügellosigkeit stürzen, und der jetzt heranreifenden einen jammervollen Untergang unter ihren Enkeln bereiten würde. Doch davon haben wir hier nicht weiter zu reden. Mit derselben Freimüthigkeit, welche dem Verf. auch keine Gegenpartei absprechen darf, und welche kein Leser in der ganzen Erziehungslehre vermissen und besonders in dem Schlußwort übersehen wird, muß er hier noch ausdrücklich erklären, daß er das Treiben, welches die Jugendbildung von Gott loszureißen sucht, und nun auch in die Volksschulen einzudringen droht, für einen Hochverrath an der Menschheit halte. Der alte Jugendfreund fühlt sich gedrungen das zu sagen. Gott wird das Unheil abwenden; ja, Freunde, wir säen auf Hoffnung.

Dr. Schwarz.

Inhalt.

Erster Theil.

Die Schulen an sich.

Zweiter Theil.

Die Schulen in ihren äußeren Verhältnissen. S. 241—440.

*) Erst nach dem Abdruck des Buches sind dem Verf. folgende Werke zugekommen: Kirche, Schule und Haus. Dargestellt von Dr. Pustkuchen-Glanzow. Elberfeld, Büschler'sche Verlags-Buchh. 1832. Ein geistreiches Buch, das die Schulen besonders in's Auge faßt und über ihre inneren und äußeren Verhältnisse vieles sagt, das Beherzigung verdient, und in mehreres Specielle eingeht. Wenn aber der Herr Verf. die Volksschulen von der Kirche und der Aufsicht der Geistlichen in solcher Weise emancipiren will, daß ein eigner Schullehrerstand bestehe, und daß doch der Geistliche die Aufsicht über die religiöse Bildung führe, so läßt sich die Ausführbarkeit nicht absehen.

Praktisches Handbuch der deutschen Volksschulverfassung und des Schulrechts für Volksschullehrer, Volksaufseher, prakt. Geschäftsmänner und Volksschulfreunde zur bequemen Uebersicht aller auf das Volksschulwesen Bezug habenden Gegenstände, zunächst in Beziehung auf die in den königl. sächs. und königl. preuß. Staaten bestehenden Gesetze und Einrichtungen von Dr. J. A. L. Hoffmann, Superint. zu Radeberg. Erste Abthl. Dresden, in der Hilscher'schen Buchh. 1832. Ein sehr nützliches Buch, besonders zum Gebrauch in jenen Ländern. In den allgemeinen Grundsätzen findet der Unterz. keine wesentliche Verschiedenheit von den seinigen. — Wenn er auch beide Bücher schon bei der Bearbeitung seines vorliegenden zur Hand gehabt hätte, so würde es weiter keinen Einfluß gehabt haben, als sie hier und da zu citiren.

S.

Erster Theil.

Die Schulen an sich.

Einleitung.

Schulen sind Anstalten, in welchen der heranwachsenden Jugend ein gemeinsamer Unterricht ertheilt wird. Gemeinsam heißt derjenige Unterricht, welchen mehrere Schüler zusammen erhalten, so daß er nicht bloß einem allein, sondern gleichmäßig allen gilt.

Was man sonst irgend Schule genannt hat oder noch nennt, mit oder ohne Beiwort, z. B. die Universität als Hochschule, oder in der Philosophie, in der Kunst u. dgl. liegt nicht in dem Kreise, den wir hier zu durchwandern haben. *) Wir wollen nämlich alle jene Anstalten betrachten, in welchen Knaben, Mädchen, Jünglinge die Kenntnisse und Geschicklichkeiten, die zu ihrer Erziehung gehören, erlernen sollen. Was nun unser Sprachgebrauch als Studium bezeichnet, in Künsten und Wissenschaften, das geht schon über diesen Kreis hinaus, weil es noch nicht für so junge Leute, sondern erst für das reifere Alter sich eignet. Man hat bekanntlich so viele Namen von allerlei Schulen, daß sie wohl ein ganzes Blatt ausfüllen könnten; aber wozu die Namen? Wir wollen uns über die Sache belehren.

Dazu gehört denn vor allem ein vollständiger Bericht über die verschiednen Arten von Schulen, welche in unserm dermaligen Zustande der Cultur vorkommen oder auch noch

*) Schon hier, sogleich im Eintritt verweiset der Verf. auf seine Erziehungslehre (N. Aufl.) I. erste Abth. S. 511. u. 2te Abth. S. 503. fgg. III. S. 286.

zu wünschen sind. In welcher Ordnung wir sie betrachten, dazu ist uns die Wahl zwischen zwei Wegen gelassen. Der eine führt uns von der Idee der Schule aus und geht ihrem Wesen nach, wie es sich in verschiednen Formen darstellt: der andere bringt uns von einer zu der andern hin, wie sie sich in der Wirklichkeit vorfinden, und läßt uns dabei überall an das denken, was noch nicht da ist. Jenen Weg hätten wir wohl Lust zu wählen, weil er der wissenschaftliche ist, der uns sicheren Schrittes, und hinweisend auf unsere Erziehungsgrundsätze,*) alles aufzufinden verheißt, was wir suchen; allein er läßt zu leicht das wirklich Gegebene übersehen, und misfällt schon durch den Schein, daß man zu viel idealisire. Wir schlagen also am besten den zweiten Weg ein, und betrachten die Schulen, wie sie sich uns im Leben darbieten, jedoch nicht ohne Nachdenken über Grund, Zweck, Plan einer jeden Art, und über das, was die Bildung des Volkes und der Menschheit in allen diesen Anstalten fordre.

An Führern auf dieser Wanderung kann es uns nicht fehlen. Vorerst haben wir an unserm verewigten Niemeyer den allgemein von einigen Generationen her und auf die Nachwelt hin gefeierten Erziehungs- und Schulmann, der uns die bestehenden Schulen seines Zeitalters kennen, würdigen und besorgen lehrt. Dann bietet sich uns der treffliche Bildner der Volksschullehrer, Harnisch, als ein wohlbewanderter, lehrreicher Führer dar.**) Wir

---

*) Erziehungsl. III. S. 288 — 304 stellt diesen Gesichtspunct auf.

**) A. H. Niemeyer, über öffentl. Schulen u. Erziehungsanstalten. Halle 1799. welches Werk den dritten Band seiner Grundsätze der Erziehung und des Unterrichts (8te Aufl. Halle 1824—25.) mit der reichsten Literatur ausmacht. — Wilh. Harnisch, Handbuch für das deutsche Volksschulwesen, den Vorstehern, Aufsehern, Lehrern bei den Volksschulen gewidmet; 2te umgearb. Aufl. Berlin 1829. — A. Hartung, Lehrbuch für die Volksschulen rc. 1831. — B. G. Denzel,

wollen auch von beiden und mehreren andern verdienten Schulmännern lernen, und auf ihre Winke achten. Da wir indessen weder eine pädagogische Reise zu beschreiben, noch eine politische oder kirchliche Statistik der Schulen aufzustellen haben, sondern der Grundidee der Erziehung in dem Schulwesen nachgehen müssen; so betrachten wir die verschiednen Arten der Schulen in der Ordnung, wie sie zur Bildung des Kindes bis zur Reife des Jünglings auf einander folgen.

---

die Volksschule, Eßlingen 1817. — Derselbe, Einleitnng in die Erziehungs- und Unterrichtslehre für Volksschullehrer; auch unter dem Titel: Einl. in die Elementar-Schulkunde u. Schulpraxis für Lehrer in deutschen Elementarschulen, 3 Theile, Stuttgart 1817–28. 3te Aufl. — C. Ch. G. Zerrenner, Grundsätze der Schul-Erziehung, der Schulkunde u. Unterrichtswissenschaft 1827. — Mehrere Schriften, die anderswo bestimmter anzuführen sind, gehören auch im Allgemeinen hierher, z. B. von Stephani, Graser, Wörlein u. s. w.

Erster Abschnitt.

Anstalten fur die ersten Lebensjahre.

Bewahrung der Kinder. Kleinkinderschulen.

Erstes Capitel.

Geschichte dieser Anstalten.

Der Gedanke liegt nahe, daß man die Kinder in Aufsicht giebt, wenn die Eltern sie nicht besorgen können, und daß man sie auch dabei zweckmäßig beschäftigt, selbst mit Lernen, sofern es ihr Alter erlaubt. So sind die Bewahranstalten und Kleinkinderschulen entstanden, die man auch gleich den Waisenhäusern als Zufluchtsorte (Asyle) der Kleinen bezeichnet. Seit einigen Jahren sind sie in England in Aufnahme gekommen, und nach dortiger Form in einigen der cultivirtesten Länder des Continents errichtet worden, nachdem uns vorzüglich Wilderspin und noch mehr Wertheimer mit denselben bekannt gemacht.*)

Sieht man auf Versorgung der Kinder, so wären die Waisenanstalten und Findelhäuser hierher zu ziehen; weil wir indessen nur das zu betrachten haben, was unter den Begriff Schule gehört, so reden wir nur von den Bewahranstalten der Kinder, welche sie in das gemeinsame Lernen

*) Wilderspin, über die frühzeitige Erziehung der Kinder u. die Englischen Kleinkinderschulen ꝛc. übersetzt u. mit Zusätzen von Jos. Wertheimer. Wien 1828; ein Werk, das uns in die genaueste Kunde von diesen Anstalten setzt.

allmählig hinüberführen, und also schon in einigem Zusammenhang mit dem Schulunterricht stehen. Die Benennung Bewahrschule oder Warteschule ist eine uneigentliche. Der Ausdruck Spielschule sagt es nicht besser, denn das Spielen ist keine Schule, obgleich die kleinen Kinder in ihrem Spielen ihre Kräfte entwickeln, und wenn ihre freie Thätigkeit darin beaufsichtigt und geleitet wird, es als eine Art Unterricht gelten kann. Die Spielplätze mögen auch recht schicklich für mehrere Kinder zusammen dienen, wie man jetzt vor manchen Städten Kinder mit ihren Wärterinnen versammelt sieht. Dieser Aufenthalt im Freien und unter den Augen der Welt ist für die Kinder doch sicherer und gedeihlicher, als wie sie sonst in den Stuben eingeschlossen und einer unbeaufsichtigten Magd überlassen waren.

Aber das Wort Kleinkinderschule, ist es nicht ebenfalls unpassend? Denn Schule und kleines Kind gehören nicht zusammen. Das frühe Alter ist doch nicht zu irgend einem gemeinsamen Lernen geeignet, und je jünger das Kind, desto mehr lebt es noch für sich allein in der elterlichen Pflege, und erst mit zwei, drei Jahren sucht es seines Gleichen zum Spielen, dann allmählig auch zum Lernen.*) Der gemeinsame Unterricht kann daher nicht vor dem zurückgelegten dritten Lebensjahre eintreten. Nur von diesem Alter an lassen wir eine Kleinkinder-Schule gelten, da doch nun einmal dieses Wort aus dem Englischen angenommen ist.**) Wir würden das vorgesetzte

*) Was Lernen und Lehren sey, s. Erziehungslehre II. zunächst S. 528—536. und III. S. 17—57. wo die Begriffe und Gesetze des Lehrgeschäfts angegeben sind, welche zur Begründung des Obigen dienen.

**) Infants-school. Auch im Englischen bezeichnet infant wie im Lateinischen infans das unmündige Kind, also das Kind in seinen ersten Lebensjahren; indessen wird es in jenen Schulen in weiterem Sinne genommen, indem sich da Kinder bis zu 7 Jahren befinden. — Vgl. übrigens Erziehungsgesch. 2te Abth. S. 78. 90. 501. 503. Erziehungsl. III. S. 240. 299.

Wort Klein weglassen, wenn unser deutsches Wort Kinder nicht auch bis zum vierzehnten Jahre hin Knaben und Mädchen in sich begriff.

Vom Namen zur Sache. Es wird eine Anstalt verlangt, in welcher Kinder ihre Wartung, Pflege und Aufsicht die Tagesstunden über erhalten, und wobei denn auch der Unterricht anfangen soll, welcher jedoch erst, wie bemerkt, bei dem dreijährigen Kinde eintreten kann. Vorher ist die Anstalt noch keine Schule für die Kinder, sondern ein Sicherungsort. In diesen nun mögen Kinder unter drei, ja unter zwei Jahren aufgenommen werden, sobald sie nur laufen können, zu sprechen anfangen, und andere Kinder gerne neben sich sehen. Bei den zweijährigen findet ein allmähliger Uebergang zur geselligen Theilnahme statt, woran sich denn der Unterricht mit der Zeit anschließt.

Verpflegungsanstalten für Kinder sind ein so natürliches Bedürfniß, daß sie auch in alter Zeit sich finden, und die Wohlthätigkeit aufforderten; diesem Bedürfniß suchten namentlich die Waisenhäuser abzuhelfen. *) Indessen hat man doch auch schon in älterer Zeit an ein Unterrichten der kleineren Kinder gedacht. Wohl hat mancher Vater, manche Mutter ihre Freude darin gefunden, dem Kinde auf dem Arme dieses und jenes zu zeigen, aus- und vorzusprechen, oder es herbei zu rufen, auf den Schooß zu nehmen, ihm etwas zu erzählen, Bilder zu zeigen, die Buchstaben bekannt zu machen, u. s. w. Wir finden aber auch in der Geschichte schon lange vor unserer Zeit Schulen für die Kleinen, wenigstens von fünf bis sechs Jahren

---

*) S. Erziehungslehre I. od. Geschichte der Erziehung 1te Abth. S. 402. 405. 416. die Urtheile eines Platon u. Aristoteles, über die Wichtigkeit guter Wärterinnen, wo jedoch die des letzteren nur angedeutet sind; und S. 510. die Versorgungsanstalt für Knaben u. Mädchen, von den Kaisern Trajanus und den beiden Antoninen zu Rom gestiftet.

an. Es gab in Deutschland vielleicht schon vor dem dreizehnten Jahrhundert solche Elementarschulen, die von Ammen oder Lehrfrauen, wie sie hießen, gehalten wurden. *) Die sogenannten Klippschulen in Norddeutschland und sonst die Nebenschulen, die von Frauen versehen werden, mögen wohl davon abstammen. Etwas ähnliches sind die Anstalten, die man in der Lombardei und auch weiterhin in Italien unter dem Namen scuole delle maestre pie oder scuole degli fanciulli findet, in denen wir wohl ein Ueberbleibsel aus dem Mittelalter erkennen mögen. In diese Schulen werden von Frauen kleine Mädchen bis zum Alter, wo sie zum Abendmahl gelassen werden, unentgeltlich unterrichtet, und diese Frauen stehen in einer Art von frommer Ordensverbindung. Es finden sich aber auch da solche Anstalten für Knaben, von Männern gehalten. Die weiblichen nehmen auch oft schon ganz kleine Kinder zur Wartung und Pflege auf. In der Stadt Vicenza will man allein über vierzig solcher Schulen gezählt, und auf keinem Dorfe sie vermißt haben. Auch in England finden sich in den Dame schools Schulen für Kinder, die von Lehrerinnen unterrichtet werden. **) Alle diese Anstalten sind offenbar von altem Herkommen, und insoferne ist die Sache nicht neu.

Auch in Holland findet sich schon vor dem Jahre 1770 etwas Aehnliches unter dem Namen der Spielschulen. ***) Man gab da eine Anzahl Kinder von gleichem Alter und gleichem Stande unter die Aufsicht von bejahr-

---

*) Erziehungsgeschichte 2te Abth. S. 297. 351 fg.

*) Wertheimer, über die frühzeitige Erziehung der Kinder ꝛc., belehrt uns davon in dem Ersten Zus. S. 237 fgg. und S. 215 verweiset er auf Niemeyers Wort in dessen Grunds. der Erz. u. des Unterr. 1ter Th. Beil. IV. 5. 6. 7. vgl. §. 48. über das Bedürfniß und die Wohlthat dieser Anstalten.

***) Aus Oberlins Leben, nach dem Französ. des H. Lutteroth von C. W. Krafft. Straßburg 1826. S. 39.

ten Frauen, wo sie ihre Spiele trieben, mitunter aber einigen Unterricht im Lesen, Stricken u. dgl. erhielten. Ebenso gab es in Dänemark Aufsichtsanstalten für Kinder unter 6 Jahren. Und so möchte wohl hier und da in mancher Stadt schon vorlängst Aehnliches vorgekommen seyn, ohne grade in einer bestimmten Gestalt und mit öffentlicher Theilnahme aufzutreten. Liegt es denn nicht auch in der Natur? und ist nicht der unmerkliche Uebergang vom Spielen zum Lernen in jenem Alter so natürlich? Man müßte sich vielmehr wundern, wenn in civilisirten Ländern nicht schon längst in irgend einer Weise hier und da solche Anstalten wenigstens versucht worden. Grade so sah man schon vor dem Jahre 1780 eine solche im Steinthal im Elsaß unter dem durch seine großartige Wirksamkeit berühmten Pfarrer Oberlin entstehen. Wir führen folgendes aus einer öffentlichen Nachricht wörtlich an:*) „Da die Eltern stets mit ihrem Gewerbe oder ihrem Ackerbau beschäftigt, die Kinder nicht hinlänglich beaufsichtigen konnten, und daher zu befürchten war, daß, wenn man sie sich selbst überließe und ihnen erlaubte auf der Straße zu spielen, sie mancherlei Gefahren ausgesetzt und schlimme Gewohnheiten annehmen würden, so ließ Oberlin auf seine Kosten geräumige Zimmer miethen und einrichten, wo solche Kinder unter freundlicher, mütterlicher Leitung von Aufseherinnen, die er selbst mit Hülfe seiner Gattin zu diesem Geschäfte gebildet hatte, den Tag nützlich und angenehm hinbrachten. In Gegenwart dieser Aufseherinnen dürfen

---

*) Von dieser Anstalten redet Grabner in seinen Briefen über die Ver. Niederlande 1772, vor dessen Zeit sie schon in Holland bestanden; sie finden sich noch in mehreren Städten dieses Landes, namentlich auch im Haag, wo deren mehrere sind, auch für die Kinder aus höheren Ständen. Man nimmt die Kinder ganz jung auf, beschäftigt sie mit Spielen, macht den Anfang im Lernen, und behält sie bis zur Schulzeit. In Utrecht bestand im J. 1813 eine solche Schule, welche Kinder von einem Jahre bis zu fünf Jahren hatte, und auch jetzt fehlen sie da nicht.

die Kinder nur rein französisch sprechen. Die ältesten lernen stricken, spinnen, nähen; und haben sie sich lange genug hiermit beschäftigt, so legen ihnen die Aufseherinnen Landkarten, namentlich des Steinthals und dessen Umgegend, oder bemalte Kupferstiche über biblische Geschichte vor und fügen die nöthige Erklärung bei."

Bekannter ist die Anstalt geworden, welche zuerst in einer bestimmteren Organisation zur Wartung kleiner Kinder angeordnet worden; es ist die, welche die Fürstin Pauline zu Lippe Detmold im J. 1802 stiftete. Sie nahm in dieselbe Kinder auf, die nicht mehr Säuglinge und nicht über vier Jahr alt waren, und deren Eltern dieser Erleichterung bedurften. Während der ländlichen Arbeitszeit der Mutter von Ende Junius bis Ende October wurden diese Kinder da den ganzen Tag über besorgt; Morgens 6 Uhr wurden sie hingebracht, Abends 8 Uhr abgeholt. Alles war für Reinlichkeit, Nahrung, Aufenthalt, Pflege, Aufsicht aufs beste bestellt, die Wärterinnen wußten mit den Kleinen gut umzugehen, auch wohl schöne Kinderlieder zu singen, zwölf angesehene Frauen führten abwechselnd die Aufsicht und besuchten die Anstalt oft unvermuthet, sie machten ihre Bemerkungen und übergaben sie wöchentlich der edlen Vorsteherin. Zwar brachte jener Wechsel der Aufseherinnen einige Mängel mit sich, indessen fiel doch bald der Segen dieser Anstalt in die Augen. Vielleicht hatte die Gewohnheit, wie sie sich hier und da finden mochte, die Kinder des Dorfes einer Frau unter Aufsicht zu geben, während die Mütter auf dem Felde sind, den Gedanken zuerst angeregt, vielleicht hat man dagegen wieder an andern Orten diese Ausführung desselben nachgeahmt, vielleicht sind auch Andere von selbst auf so etwas gekommen: genug, eine solche Bewahranstalt für Kinder ist zuerst von jener ruhmwürdigen Fürstin ins Leben gerufen und öffentlich bekannt geworden.*) Manche

*) Ein Aufsatz von der edlen Fürstin Pauline selbst spricht

Versuche sind wohl anderswo gemacht worden, von denen uns nur nichts zur Kunde gekommen; so wird eines solchen gedacht,*) den Heinze und Hansen zu Leipzig unternommen. Der Vorschlag, welchen der ehrwürdige Pädagog Wolke zu einer „Bewahr- und Vorbereitanstalt" im J. 1805**) gab, ist schon für etwas ältere Kinder, wie er sie will, „drei bis vier Jahre vor ihrem Eintritt in die Schule," zu ihrem ersten Unterricht bestimmt. Späterhin rühmte er eine von Wadzeck zu Berlin für Kinder von dreiviertel bis zu fünf Jahren angelegte, im J. 1819 am 3ten Aug. eröffnete, von dem Könige in besondern Schutz genommene und mit dem Stifter benannte Anstalt.***) Eben diese, welche zugleich mit dem Alexandrinenstift, das für Kinderwärterinnen unter der Protection der jetzigen Erbgroßherzogin von Schwerin besteht, verbunden und auch für größere Kinder erweitert wurde, schließt wenigstens eine Art Kleinkinderschule mit ein, und in dieser Beziehung führen wohl mehrere Frauen dort eine Aufsicht.

---

schön über den Zweck ihrer Anstalt; er findet sich auch in von Cölln Beiträgen zur Volksbildung, im 4ten Stück; auch in einer Abh. von Krücke, Detmold 1813. Niemeyer redet als Augenzeuge davon, Grunds. d. Erz. u. d. U. I. Th. Beil. IV. 7. Anm. „Ich erinnere mich nie ohne Rührung des eignen Anschauens dieses echt philanthropischen Instituts;" und Krummacher besingt es in seiner Kinderwelt, 4ter Ges. S. 228. in lieblichem Bilde und mit gerechtem Lobe der Stifterin.

*) Von Wertheimer rc. S. 236. und von Niemeyer Grunds. 1ter Th. IV. 7. Anm.

**) In seiner Kurzen Erziehungslehre rc. 1805 S. 205 fgg. ist er von Niemeyer a. a. O. (Beil. IV. 7.) mit Billigung des Gedankens, aber mit Bedenklichkeit wegen einiger zu ideal gedachten Puncte der Ausführung beurtheilt worden.

***) Ch. H. Wolke Vortrag in der von Prof. Fr. Wadzeck seit 1819 zu Berlin gestiftete Bewahr-, Pflege-, Lehr- u. Erziehanstalt. 1821.

Daß Pestalozzi in seiner menschenfreundlichen Grundidee die Sorgfalt für die Kinder der armen Volksklasse in seinem Herzen trug, ist und bleibt als ein Hauptzug dieses Erziehungsmannes allbekannt, weniger denkt man wohl noch an seinen Wunsch für ein Kinderhaus, den er in seinem Lienhard und Gertrud ausgesprochen; indessen ist er umsichtig genug, daß er im Allgemeinen lieber die Kinder ihren Müttern selbst übergiebt. Von Fichtes sonderbarer Idee weiter unten.

Die Kleinkinderschulen sind indessen als solche zuerst in England erwachsen und haben dort einen so gedeihlichen Boden gefunden, daß sie nunmehr seit etwa zwölf Jahren sich schon zu mehreren hunderten vervielfältigt haben. Die Ehre, die erste angelegt zu haben, hat der berühmte Staatsmann Brougham. Er stiftete sie zu London, in Westminster, Brewer-Green, im J. 1819. Einige Jahre nachher legte Joseph Wilson im östlichen Theile dieser Stadt, in Spitalfields, die zweite an, dann auch eine dritte, in Baldwins-Garden, in der Mitte von London. Die vierte gründete eine Gesellschaft von Menschenfreunden, der Marquis von Landsdown, Brougham, Baring, Bowring u. A. unter welchen auch Wilberforce, der preißwürdige Sieger über den Sclavenhandel, und Owen, der sich auch in der großen Bibelgesellschaft ausgezeichnet, nicht fehlen, und grade dieser letztere wird als derjenige gerühmt, bei welchem die Idee dazu entstanden; es ist auch nicht wahrscheinlich, daß ihm jene frühere Anstalt zu Detmold oder sonst etwas der Art aus Deutschland bekannt geworden.

Die schnelle Verbreitung dieser sogenannten Infants-schools auf jener Insel, die für so etwas reiche Mittel spendet, beweiset, wie augenfällig ihre Nützlichkeit sich darlegte. Anfangs traten kirchliche Bedenklichkeiten ein, sie wurden aber bald beseitigt, und gaben nur zu einem desto besseren Gedeihen Veranlassung. Die Geistlichen der Episcopalkirche, die Universitäten Oxford und Cambridge, wie auch der Herzog von Clarence, jetzt König von Großbritanien, schützten und förderten diese Anstalten. Bald nun wurden sie auf unserm Continent bekannt, gerühmt, nachgebildet, und das schnell und glücklich, vermuthlich zuerst in der Schweiz, wohl gleichzeitig in Paris, hiernächst in Deutschland und in den Niederlanden. Zu Genf erscheint eine Kleinkinderschule vollständig eingerichtet seit 1826*) und zu Brüssel auf Kosten des Königs Wilhelm**) seit 1828 angeordnet, nachdem schon von 1772 in den sogenannten Spielschulen in Holland ähnliche Anstalten vorhanden waren.

Die Idee der Kleinkinderschule zu London in Spitalfields ist folgende und zum Theil ausgeführt.***) Das Gebäude soll geräumig seyn, mit einem Hauptzimmer, das gegen 80 Fuß lang und 22 Fuß breit ist, helle, luftig, freundlich, die Sitze rund umher, und an einem Ende wird eine erhöhete Plattform verlangt; dabei ein Nebenzimmer für die Schule der vorgerückten Kinder. Die Wohnung

---

*) S. Wertheimer rc. S. 221. aus Diodati Kinderschulen 1828. In Genf gab die nächste Veranlassung eine solche Schule anzulegen der Prinz von Dänemark, welcher sich dort befand, als er grade beim Ausreiten die Gefahr bemerkte, in welche ein kleines Kind kam; das bestimmte ihn zur Errichtung einer solchen Anstalt aufzufordern.

**) Dieser preißwürdige Regent, der sich so vielfach um die Bildung der Jugend in den Niederlanden verdient gemacht. Eine Engländerin, in ihrem Vaterland für die Infants-school gebildet, wurde mit einem Gehalt von 2000 Gulden nebst andern Vortheilen als Vorsteherin einer solchen Anstalt angestellt; und noch vor kurzem nach der Trennung der südlichen Provinzen ist ihr auf Verfügung dieses edlen Königs dieses Geld dort ausgezahlt worden, wie wir Nachricht erhalten haben. Diese Kleinkinderschule zu Brüssel hat sich denn auch als eine Normalanstalt bewährt, aus welcher andere hervorgegangen.

***) Ausführlichen Bericht darüber finden wir bei Wertheimer rc. in dem, was Wilderspin selbst v. 4ten bis 22ten Cap. mittheilt, und in dem 5ten Zusatz des Uebersetzers. Dem Schreiber dieses haben es auch mündliche Zeugnisse von Sachkundigen bestätigt.

des Lehrers soll daran stoßen und hinlänglich Raum auch für diejenigen Kinder gewähren, welche ihr Essen mitbringen, damit sie es da verzehren. Die Kinder sollen sämmtlich mit dem Rücken gegen die Wand sitzen, so daß jedem ein Fußbreit auf der Bank zugemessen ist, und der Lehrer von seinem Pult jedem ins Gesicht sehen kann. Ausserhalb ist ein Spielplatz mit Ziegelsteinen gepflastert unter freiem Himmel; man wünscht in der Mitte desselben und an der Mauer Obstbäume, auch wohlriechende Blumen umher. Der Lehrer muß aus seiner Wohnung auf diesen Platz sehen. Die Kinder werden Morgens 8 Uhr, Nachm. 2 Uhr von Hause in diese Schule geschickt; sie müssen rein gewaschen und gekämmt seyn, und sich präcis einstellen; die später kommen, werden für den halben Tag zurück geschickt. Mittags um 12 und Abends um 5 Uhr werden sie abgeholt, diejenigen aber, welche ihr Mittagsbrod mitbringen, bleiben den ganzen Tag da. Es sind da Kinder von anderthalb bis sieben Jahren aufgenommen. Die Lehrmittel, das Spielzeug, die Lehrmethode, die Behandlungsweise der Kinder, die Fürsorge bei Erkrankung, die Erhaltung der Reinlichkeit, die Erfordernisse des Lehrers und der Lehrerin, und die ganze Organisation, alles dieses ist von unserm Führer genau angegeben. Auch die Kosten. Sie betragen für die 300 Kinder jährlich 150 Pf. St. (1550 Gulden), mit Ausnahme der Miethzinse, also für ein Kind nur ein halbes Pf. oder 5½ Gulden! Diese Kosten bestreitet der edle Unternehmer Joseph Wilson selbst. Wie trefflich sich diese Anstalt in jeder Hinsicht bewiesen, darin stimmen alle Zeugnisse überein; unter andern schreibt ein fremder Augenzeuge: „Ueber die Hälfte der Kinder, die ich antraf, waren unter drei Jahr alt, alle ungemein heiter und froh, kein Stock oder Ruthe kommt in die Schule, die Kinder hängen alle mit liebevollen Blicken an der Lehrerin.“ Allgemein erregt das physische, intellectuelle, moralische, religiöse Gedeihen Bewunderung, als etwas in der Erziehung, das alles übersteigt, was man bisher davon erwarten konnte. Und doch ist die methodische Behandlung der Kinder noch nicht das, was sie seyn könnte, nach den dermaligen Fortschritten der Pädagogik.

Zu Genf wurde eine Kleinkinderschule im J. 1826 auf die oben angegebene Veranlassung durch einen Verein von Menschenfreunden angelegt, und man wählte hierzu die Vorstadt St. Gervais als den Theil, wo die meisten ärmeren Familien wohnen.*) Zufällig kam die Anstalt grade in die Rue de J. J. Rousseau, in welcher einst der Verfasser des Emile geboren war. Hier wurde ein Haus gemiethet, worin zwei Säle für die Kinder sind nebst der Wohnung für den Aufseher und die Aufseherin; ein Nachbar trat seinen Hof, ein andrer seinen Garten dazu ab. Es wurden gleich mit der Eröffnung am 15ten Nov. 1826 zwölf Kinder aufgenommen, im folgenden J. 1827 am 27ten Sept. war die Zahl schon auf 167 herangewachsen und immer im Zunehmen begriffen. Die wenigsten dieser Pfleglinge sind wohl unter drei Jahren; es ist also weniger eine Bewahranstalt für die ganz Kleinen, als eine eigentliche Kleinkinderschule. Jeder, der sie noch besuchte, rühmt sie. Ein Augenzeuge schreibt im Mai 1827. „Die Kinder sprechen, spielen und sind fröhlich zusammen unter Aufsicht. — — Man sollte nicht glauben, wie viel sie in kurzer Zeit lernen und begreifen, und wie glücklich sich dabei ihre Geisteskräfte entwickeln. Ich habe selbst Mädchen von 5 bis 6 Jahren gesehen, deren Ausbildung von Kindheit an vernachlässigt war. Verwildert, roh, unrein-

*) Außer dem, was uns Augenzeugen mitgetheilt haben, beziehen wir uns auf Wertheimer ꝛc. S. 226 fgg. und auf die von ihm citirte Schrift Diodati les écoles des enfans, übers. von C. Natalie Gebhard, Leipzig 1828. wie auch auf die Berichte: Rapport sur l'école des petits enfans a St. Gervais. Genève 1827. — Second rapport du comité de l'école des petits enfans. G. 1829. — Notice sur l'école des petits enfans etablie à Genève; accompagnée de reflexions sur utilité de ce genre d'etablissements par J. P. Monod, regent. G. 1829.

lich, unsittlich, waren sie in die Schule gekommen, und nach einigen Wochen kannte man sie nicht mehr.“ Ein andrer schreibt v. Sept. 1827. „Die Kinder werden hier mit kleinen nützlichen Arbeiten und Spielen beschäftigt. —— Alles ist hier auf den Sinn der Kinder so gut berechnet, daß sie troz der Strenge, die in Allem herrscht, lieber hier als zu Hause sind, wo ihnen doch oft alle Freiheit gelassen ist. Auf Reinlichkeit, Ordnung, Sitte wird hier natürlich am meisten gehalten, und es ist unglaublich, wie hierin das Beispiel wirkt. Kinder, die roh, sittenlos, schmuzig, eigensinnig und sonst voller Unarten hierher kamen, können jezt als Muster in jeder Beziehung aufgeführt werden, und doch ist keins über 6 Jahr alt. Nichts ist anmuthiger, als die Spiele der Kleinen in dem Hof und Garten, welche der wohlthätige Sinn der Nachbarn hergegeben hat. Für den Winter ist bereits ein Saal gebaut. Zur Leitung des Ganzen reicht ein Aufseher und eine Aufseherin hin. Sie haben das rechte Talent mit Kindern umzugehen.“ — Dasselbe bekräftigt ein dritter Zeuge, der v. Oct. 1827 unter andern schreibt: „Hier sind die Kleinen in zwei großen Sälen versammelt, wo sie ohne allen Schulzwang eine Menge nüzlicher Dinge durch bunte Zeichnungen lernen, die man ihnen erklärt; dann spielen sie wieder Stunden lang; hierauf unterrichtet man sie in kleinen Arbeiten, wodurch sie ihren Eltern nüzlich werden können. —— Kleine Mädchen und Buben, die voll Schmuz, Unarten und böser Angewohnheiten in diese Anstalt kamen, waren schon nach drei Wochen nicht mehr zu erkennen. So mächtig wirkt das Beispiel und der Umgang mit guten Kindern. Der große Nutzen der Anstalt leuchtete bald jedermann ein.“

Im J. 1828 waren 135 Kinder, 90 männlichen und 45 weiblichen Geschlechts, aufgenommen worden, von welchen nur Eins starb, und statt der bleichen und schwächlichen, wie viele eingetreten waren, sah man nur solche, auf deren Wangen die Frische und Farbe der Gesundheit und

Fröhlichkeit blühete. Dazu trägt denn ihre Bewegung in freier Luft und die tägliche Leibesübung*) im Gehen, Stehen, Sitzen, Gradehalten, Laufen, Springen u. s. w. hauptsächlich bei. Der intellectuelle Unterricht wendet mehreres aus unsern bessern Lehrweisen an, und scheint den in den Englischen Kleinkinderschulen zu übertreffen. Z. B. bei dem ersten Unterricht im Rechnen wird der Tactschlag und das Schrittemachen benutzt, bei dem ersten in der Sprache die Aufmerksamkeit auf das Gesprochene; das Lesenlernen wird noch als Nebensache behandelt, das Schreiben geschieht noch durch Zeichnen der Buchstaben in den Sand; der Verstand wird bei allem auch in manchen Spielen geübt, das Gedächtniß durch Wiederholung, bisweilen in rhythmischem Chorsprechen, im Erlernen von Liedern, auch durch das Singen, und bei allen dem wird das Gemüth und der Geist erweckt. Für das Sittliche und Religiöse ist ebenfalls recht gut gesorgt. Als ein pädagogisches Mittel, um die neu eintretenden Kinder gegen die Neckereien der älteren zu schützen, wird gerühmt, daß der Lehrer bei dem Eintritt eines Pfleglings fragt, wer sich etwa unter den andern seiner brüderlich oder schwesterlich annehmen wolle, und daß er dann solche kleine Freunde in ihrer Fürsorge fortwährend aufmuntert. Ebenso weiß man auch dem Eigensinn der Neulinge mit Erfolg zu begegnen, und sie bald zur Folgsamkeit zu gewöhnen. Auf solche Art werden die Kinder alle in einen reinen Ton gestimmt, der kaum eine Unart aufkommen läßt, und jeden Kinderfreund, der etwa eintritt, angenehm empfängt. Die Grundstimmung hängt denn freilich von dem christlichen Gemüthe des Lehrers ab, der mit seinem evangelisch frommen Sinne, ohne von irgend einem Kirchenthume befangen zu seyn, tiefe Kenntniß der Kinderherzen verbindet, in welche eben recht das Christenthum einführt. „Da findet auch das Herz seine Lust daran mit Kindern zu seyn,

*) Notre gymnastique liliputienne nennt sie der Berichtgeber.

und das erst dann so recht, wenn man ihre Frömmigkeit entwickelt. Da fühlt man sich selbst wieder erwärmt, und von einer aufrichtigen Liebe für diese armen jungen Seelen belebt. Ja, gewiß ist es ein besondrer Segen für diejenigen selbst, die sich mit der Kindheit beschäftigen." *)

In Deutschland sind denn ebenfalls seit einigen Jahren Kleinkinderschulen angelegt worden, aber eine bestimmte Kunde ist uns nur von der sogenannten Kinderstube der Armenpflege, die im J. 1828 zu Stralsund angelegt worden, zugekommen. **) Sie ist nicht eben für ganz kleine Kinder bestimmt, sondern für unbeaufsichtigte Kinder vor den Schuljahren, die herumlaufen und sich leicht an das Betteln gewöhnen. Man bringt sie Morgens an diesen Ort und holt sie Abends daselbst ab, reicht ihnen also dort ihre Speise; ein Lehrer und eine Lehrerin ertheilen ihnen bis 5 Stunden des Tags Unterricht, ein Paar Wärterinnen sorgen für ihre Pflege und Reinlichkeit; dabei ist Zimmer, Hof, Spielplatz für sie eingerichtet. Zwölf Frauen und vier Vorsteher führen die Aufsicht. Auch hier bemerkte man bald den heilsamen Erfolg. Zu Wien wurden auf Veranlassung des Wertheimerschen Buchs im J. 1830 und zu Ofen in Ungarn durch die Veranstaltung der edlen Gräfin von Brunswik schon früher im J. 1828 Kleinkinderschulen errichtet. ***) Daß

*) Worte des Hrn. Monod, in seiner Notice sur l'école des p. enfans.

**) Die Nachricht über die unter dem Namen Kinderstube der Armenpflege in Stralsund angelegte Kleinkinderschule ist gedruckt Stralf. 1828. — Uebrigens bestehen wohl schon hier und da im Stillen solche wohlthätige Anstalten; so hat vor einigen Jahren eine edle Frankfürterin eine zu Oberrad in der Nähe von Frankf. a. M. gestiftet.

***) Diesing, k. k. Galiz. Domänen-Ass. über die frühzeitige Bildung der Kinder in den Kleink. Schulen, eigentlich Bewahrungs- u. Bildungsanstalten im Allgem. und die erste dieser Anst. im Kaiserth. Oesterreich zu

in mehreren Ländern in Deutschland, in der Schweiz, in Frankreich, in Dänemark, in Schweden, Kleinkinderschulen bereits errichtet oder doch im Werk sind, meldet unser Führer, *) und daß das Bedürfniß lebendig gefühlt werde, sagt uns manche öffentliche und Privatkunde.

Zweites Capitel.

Vorschlag und Aufforderung solche Anstalten für die Volksbildung anzulegen.

Sie sind an der Zeit. Die öffentliche Erziehung in den cultivirten Staaten, vornehmlich in Deutschland, steht eben jetzt daran diesen wichtigen Fortschritt zu machen. Wir haben also hier diese Anstalten anzugeben, wie sie verlangt werden und seyn sollen. Es sind eigentlich zwei, welche sich im Großen vereinigen lassen, und daher wollen wir sie zuerst als solche in ihrer Vollständigkeit vorzeichnen, die Anstalt zur Bewahrung und die zum ersten Unterricht für die kleinen Kinder.

Ofen im Königr. Ungarn, eingerichtet von der Frau Gräfin Ther. v. Brunswik. nach Wilderspins, Wilsons, Browns Grundſ. überhaupt und Wertheimers Anleit. insbesondere. Mit einem Anhang der über die erste in Wien errichtete Kleink. Bewahr- u. Bildungs-Anst. Nachricht enthält. Wien 1830. Aus Privatnachrichten vom Jun. 1831 wissen wir, daß damals in Wien bereits 5 und im Königr. Ungarn 12 Kleinkinderschulen bestanden.

*) Wertheimer rc. 220—225. Wir dürfen hierbei die obwohl kleine, doch ernstlich und berathend auffordernde Schrift nicht übersehen: Einige Gedanken über Verwahr- und sogen. Kleinkinder-Schulen. Von Schwabe, OCRath u. Hofpr. zu Weimar. Neustadt a. d. O. 1828. — Eben erschienen ist C. John, die Kleinkinderschule für Kinder von 2—6 Jahren, Vortheile derselben in moral. u. phys. Hinsicht, nebst beygefügt. Lehrplan u. Methode. Nordhausen 1831.

1. **Die Bewahranstalt für Kinder.** Ueberall, in jeder Stadt nicht nur, sondern auch auf jedem Dorf, sollen Orte seyn, an welche diejenigen Kinder, die sonst der Aufsicht und Pflege entbehren, den Tag über gebracht werden können, um daselbst das zu finden, was das früheste Alter bedarf. Dieser Sicherungsort ist für die kleinen Kinder bestimmt, nämlich für diejenigen, welche nicht mehr an der Mutterbrust liegen, aber noch übrigens der Mutterpflege bedürfen, und sie doch zu Hause nicht haben. Die menschenfreundliche Fürsorge für die Kleinen wird ihnen solche Zufluchtstätte eröffnen, und der obrigkeitliche Schutz wird sie als etwas nothwendiges erkennen, wozu das gemeine Wesen wenigstens ebenso gut verpflichtet sey, als zu polizeilichen Anstalten für Sicherung des Eigenthums und der Gesundheit, und wie ja auch für die Vaccination, für die Waisenhäuser u. dgl. solche heilige Pflichten längst anerkannt und in Ausübung gebracht sind. Nun kommt hier die Fürsorge für die Erziehung noch hinzu. Die Wartung und Pflege jenes Alters kann von der geistigen und sittlichen Bildung nicht getrennt werden, sie ist vielmehr ein Theil derselben, und die ersten Lebensjahre sind für die Erziehung bekanntlich von der größten Wichtigkeit.*) Daher darf es auch nicht gleichgültig seyn, wie die Kinder an einem solchen Aufsichtsort behandelt werden, und es bleibt eine heilige Angelegenheit der Eltern und selbst des ganzen Volkes, daß eine solche Anstalt sich um die Erziehung dieser eben erst aufsprossenden Jugend möglichst verdient mache. Wir dürfen hoffen, daß das immer besser eingesehen werde, und daß also Vorschläge zur Einrichtung einer solchen Anstalt an der

---

*) Daß die drei ersten Lebensjahre in der Erziehung die wichtigsten sind und daß in der physischen zugleich die moralische liege, sagen uns schon Weise des Alterthums; s. **Erziehungsgesch.** 1te Abth. S. 401. 416. wie auch das Griechische τροφή bezeichnet. Das Weitere s. **Erziehungslehre** II. S. 521—529. 567.

Zeit seyen. Sie ist nämlich für Kinder bestimmt, die nicht mehr Säuglinge sind, und ihr drittes Lebensjahr noch nicht zurückgelegt haben, also für ein- und zweijährige beiderlei Geschlechts und aus allen Volksclassen; und wir haben die Bewahranstalt noch so anzuzeichnen, wie wir sie wünschen, wenn wir gleich Beschränkungen, wenigstens für den Anfang, zugestehen.

a. Das Gebäude. Grade für jenen Zweck kommt es auf den Aufenthaltsort hauptsächlich an. Er soll eine gesunde und gesicherte Lage haben. Nichts von störendem Geräusch und üblen Ausdünstungen darf umher seyn; frische Luft, Sonnenlicht, freie Aussicht, trocknes und geräumiges Local sind wesentliche Erfordernisse. Zum Hause gehört ein Hof und Garten, alles mit hinlänglichem Raum und umschlossen. Wir treten in das Haus ein, eine Vorhalle empfängt uns, aus welcher zur Rechten und zur Linken Thüren in die Zimmer führen, auf der einen Seite in die Wohnung der Aufseherin, auf der andern in die Zimmer der Kinder. So wie wir in diese eintreten, befinden wir uns vorerst in der Vorstube, die mit einigen Schränken versehen ist, und aus derselben kommen wir in den Saal, worin sich die Kinder aufhalten. Er liegt nach hinten zu, um nicht an die Straße zu stoßen, und ist wo möglich nach der Südseite angebracht, die Fenster gehen also in den Hof und Garten. Der Raum dieses Saales muß für die Anzahl der Kinder berechnet seyn, und zwar so, daß sie steigen kann, auf 50 Kinder wenigstens 800 Quadratfuß, mit einem guten Fußboden, damit sie zum Sitzen, Rutschen, Laufen guten und hinlänglichen Platz haben. Aus diesem Hauptzimmer führt eine Thüre in einige Seitenkammern, wovon eine für die natürlichen Bedürfnisse der kleinsten, eine für die der zweijährigen, die sich schon selbst helfen können, und eine oder zwei zum Waschen und Baden bestimmt sind. Auch sind noch einige Zimmer im Hause zum Schlafen mancher Kinder nöthig, und auf den Fall, daß einem etwas zustoße, welche mit Bettwerk versehen seyn müssen. Auch ist eine Küche für den Bedarf einzurichten. Die Heitzung des unteren Geschosses, in welchem sich die Kinder befinden, geschieht am besten nach der neuen Art, ohne daß die Oefen in den Zimmern stehen, durch den Fußboden. Der obere Theil des Hauses kann für die Personen, die bei der Anstalt angestellt sind, verwendet werden. Die Vorhalle ist etwa durch eine Wand von dem Gange, der nach dem Hofe führt, abgeschlossen und nur durch eine Thüre mit demselben verbunden; eine Hinterthüre geht von diesem Gange, der bei ungünstiger Witterung zum Spielen benutzt und immer gegen Zug, so wie die Vorhalle, verwahrt werden kann, unmittelbar in den Hof. Doch die Ausführung, wozu denn auch Nebengebäude mit Waschküche u. s. w. gehören, überlassen wir dem Baumeister. Der Hof muß zum Theil bedeckt, zum Theil unter freiem Himmel seyn, damit die Kinder bei jeder Witterung sich draußen aufhalten können; er muß zugleich sonnig liegen, weil der Einfluß des Sonnenlichts, wo es nicht grade stechend wirkt, den Kindern gedeihlich ist, und sie müssen Sand finden, der davon durchwärmt ist, um in demselben zu spielen, das bekanntlich stärkend wirkt. Uebrigens ist der Hof geebnet als fester Boden, der die Feuchtigkeit nicht lange hält, hier und da mit Bäumen beschattet, und etwa an der einen und andern Seite mit Gewächsen besetzt, die weder Schaden bringen noch nehmen. Aus demselben sieht man unmittelbar durch ein niedriges Spalier in den Garten. Gleich vorne bietet dieser einen schönen Rasenplatz dar, welcher sich hier in ein Buschwerk, dort in einen Hain verliert. An einigen Puncten erblickt man Blumenbeete, die jedoch etwas eingefriedigt sind; denn auch das Kind sieht gerne seines Gleichen in der Blumenwelt. Da sind denn auch die munteren Singvögel zu seiner Gesellschaft freundlich eingeladen. Dann möchte das Auge gerne auch einen sprudelnden Springbrunnen sehen, aus dessen hinlänglich erhöhetem Becken ein un=

schuldiges Bächlein zur Lust der Kleinen über Kiesel hin durch den Garten fließt.

Die Kinder werden Morgens gebracht und Abends abgeholt; auch können sie die Mittagszeit zu Hause zubringen. Dieses steht in dem freien Willen der Eltern, so wie auch die Zeit, wann und wie lange sie der Anstalt angehören sollen. Denn nicht in die Rechte der natürlichen Erzieher soll sie eingreifen, sondern sie vielmehr in ihren Pflichten unterstützen, und nur bei anerkannter Verwahrlosung tritt der vormundschaftliche Zwang ein. So lange nun die Kinder der Anstalt übergeben sind, bleiben sie auch der täglichen Ordnung derselben unterworfen. Sie sollen reinlich von Hause kommen; da man sich aber nicht darauf verlassen kann, so wird jedes Kind des Morgens erst in der Vorstube besichtigt, und erforderlichen Falls einer Wärterin zum Waschen und Kämmen übergeben, wozu eins jener Nebenzimmer bestimmt ist. Gut ist es auch, wenn jedes in dem Erziehungshause sein Essen erhält, weil da genau die Gesundheit beachtet wird; es erhält dann Frühstück, zwischen Mittag etwas, dann die Mittagsspeise, Suppe und was jedem der Arzt am zuträglichsten hält, z. B. manches früher schon etwas von Fleisch, Nachmittags wieder etwas, und zum Schluß die Abendkost. Auch wird in der Regel jedes Kind Nachmittags am ganzen Leibe gewaschen und dann manches noch zum Schlafen in eins der Nebenzimmer gebracht; die einjährigen Kinder schlafen meist auch Vormittags. Wenn sich ein Kind verunreinigt, wird es augenblicklich von der Wärterin in dem Reinigungszimmer gewaschen, was indessen die gute Gewöhnung immer seltner machen wird. Jedes, das noch unter anderthalb Jahren ist, muß deßhalb seine eigne Wärterin haben, von anderthalb- bis zweijährigen kann eine Wärterin ein Paar zugleich versorgen, von zwei- bis dreijährigen bedürfen vielleicht 4—6 nur eine. Es kommt also allerdings eine ziemliche Anzahl von Wärterinnen, auf 50 Kinder wenigstens 20, zusammen, und das ist keine geringe Last für die Anstalt. Denn fürs erste wird sie dadurch um so kostspieliger, fürs andere wird sie schwieriger zu leiten. Die Wärterinnen haben in der Regel mehr Unarten als die Kinder, welche die ihrigen gemeiniglich erst von ihnen lernen, und sind doch nicht mehr zu erziehen. Wenn nun gleich mit größter Sorgfalt diese wichtigen Personen gewählt, *) auch selbst erst dazu gebildet, und denjenigen Eltern, welche sie auch zu Hause behalten, nur bewährte zugelassen werden, so ist doch nicht zu erwarten, daß sie so fehlerfrei seyen, als hier verlangt werden muß, daß unter so vielen nicht manche sey, welche störend einwirkt, und daß sie nicht bei ihrer wenigen Beschäftigung in Geschwätzigkeit, Zank und andere Untugenden gerathen. Wie wäre aber dem Uebel einer so lästigen Anzahl abzuhelfen? Wir wissen es vor der Hand nicht. Vielleicht findet sich ein Mittel, wenn einmal solcher Anstalten mehrere vorhanden sind, wie wenige Personen viele Kinder gut verpflegen und versorgen mögen; denn dergleichen Vortheile werden erst aufgefunden, wenn einmal eine neue Sache in den Gang gekommen. Bis dahin müssen wir nur um so aufmerksamere Aufsicht auf diese dienenden Personen verlangen, und desto sorgfältiger in der Wahl der Hausmutter seyn, welcher sie, wie jede Magd ihrer Frau, untergeben seyn müssen. Dann können auch manche, die sich zu Wärterinnen bilden wollen, und die man nicht ungeeignet findet, da zugelassen werden, um hülfreiche Hand zu leisten; eine treffliche Schule auch für Töchter edler Herkunft. Da nun auch eine Köchin, vielleicht noch eine Hausmagd für ein solches Erziehungshaus nöthig ist, so mag wohl bei etwa 50 Kindern die Zahl

*) Welch eine wichtige Person im Hause, ja im Staate — eine gute Kinderwärterin sey, haben ebenfalls schon die Alten anerkannt, wobei wir nicht bloß an die Aussprüche eines Platon, sondern auch an die Sitte des Orients denken, wo die Ammen so viel galten. S. Erziehungsgesch. 1te Abth. S. 196. 251. 352. 354. 401 fg. 458. 480. Vgl. Erziehungsl. II. 512.

der dienenden Frauenspersonen auf 25 steigen. Die Vorsteherin hat den ganzen Tag ihre Beschäftigung, und auch ein Mann ist nöthig, der für die Ordnung, Oekonomie, Aufsicht der Anstalt im Ganzen sorgt. Wir müssen also wünschen, daß ein ehrbares, nicht mehr junges Ehepaar gefunden werde, welchem man das heilige Amt einer solchen Vater- und Mutterschaft — dieses Wort wird hier beinahe nothwendig — anvertrauen könne.

Die kleinsten Kinder werden noch viel getragen, auch wohl herumgefahren, aber auch zum Rutschen und Laufen angeregt, wozu der Nachahmungstrieb hier stärker aufgefordert wird als in der Familie; die zweijährigen müssen mit angemessenem Spielwerk im Zimmer und im Freien versorgt werden, und die Wärterinnen müssen ihre Lust haben, sie mit dergleichen beschäftigt zu sehen, sie nie der Langenweile überlassen, und ihnen manchmal etwas singen und erzählen. *) Auch findet da schon eine Art von Sinnen- Verstandes- und Sprach-Uebung statt, indem das Kind dieses und jenes sieht, hört, betrachtet, wissen und nachsprechen will. Die Wärterin ist seine erste Lehrerin. Wie viel kommt also darauf an, daß sie die Aufmerksamkeit des Kindes gut beschäftige, ihm die Dinge zeige und benenne, rein spreche, und es verständig unterhalte. Ihr Einfluß auf sein Herz ist nicht minder groß. Man weiß ja, wie eine freundliche Kindermagd auffallend wohlthätiger wirkt als eine mürrische; und so wie eben diejenigen Personen, welche die Kinder auf dem Arme tragen, ihnen öfters die Unarten einimpfen, so geht auch von ihnen der gutartige Sinn gleichsam durch einen moralischen Magnetismus über. Ihr frommes Gemüth stimmt auch das Kind zur Frömmigkeit, und lehrt es von Herzen beten. Auch hier soll die göttliche Macht der Liebe walten und bilden, denn sie ist doch eigentlich das Element der

*) Wir verweisen hierbei auf Erziehungsl. II. S. 335—339. S. 354. 506—529. III. S. 86—157.

Kindernatur. Von einer Schulzucht kann übrigens da, wo noch keine Schule ist, die Rede nicht seyn, indessen bedarf doch wohl manchmal eins oder das andere dieser Kleinen der Strafe, die denn für dieses Alter am natürlichsten die Ruthe ist. Das aber darf durchaus keiner Wärterin überlassen seyn, sondern jede Bestrafung ist nur von dem Vater oder der Mutter der Anstalt zu erkennen und zu verfügen. *)

Der Kostenaufwand für ein solches Haus der Kinderpflege wäre demnach nicht unbedeutend und würde sich nach einem Mittel-Preiße der Dinge für ein Kind gegen 150 Gulden jährlich belaufen. Dafür aber würde auch seine Wärterin bezahlt und überhaupt alles Wünschenswürdige für die erste Erziehung geleistet.

So wie nun der Uebergang im dritten Lebensjahre zur Selbstständigkeit des Kindes allmählig erfolgt, so geht die Bewahr- und Wartungsanstalt in die folgende über.

2. Die Kleinkinderschule. Vielleicht könnten schon manche der Kleinen vor dem zurückgelegten dritten Lebensjahre aus der ersten Anstalt in diese eintreten, die Regel ist indessen, daß nur dreijährige Kinder aufgenommen werden, und daß sie bis zum siebenten Jahre in derselben bleiben, jedoch manche auch schon vor dem zurückgelegten sechsten als zur Elementarschule reif zu entlassen sind. Drei Jahre möchten wir als die Zeit setzen, welche das Kind in dieser Vorbereitungsschule verweilen muß,

*) Der Verf. muß grade hier auf seine Erziehungslehre II. zunächst S. 426—456. verweisen, weil es einen Hauptgegenstand in der Erziehung betrifft, der studirt seyn will. Hoffentlich wird der Fall der Bestrafung selten genug vorkommen, da wir von der Kleinkinderschule in Spitalfields bei Wertheimer ꝛc. (S. 132.) das Zeugniß eines Deutschen lesen: „Ueber die Hälfte der Kinder, die ich antraf, waren unter 3 Jahren, alle ungemein heiter und froh, kein Stock oder Ruthe kommt in die Schule, die Kinder hangen alle mit liebevollen Blicken an der Lehrerin.“

wenn grade diese Jahre am besten zu seiner Erziehung angewendet seyn sollen. Früher ist es noch für die eigentliche Schule zu zart, und hat noch sein Recht der mehr spielenden Kraft, bis sie nun dahin entwickelt ist, daß sie ernster beschäftigt seyn will. Auch würden ältere als sechsjährige Kinder die Gleichförmigkeit der Behandlung zu sehr stören. Zwar machen die drei Jahre schon einen so bedeutenden Unterschied grade in diesem Alter, daß selten eines der ältesten Kinder in einem der jüngsten seinen Spielgenossen suchen wird, und daß im Unterricht auch allerdings eine Abtheilung nöthig ist. Indessen läßt sich das noch ohne Störung des gedeihlichen Zusammenlebens bewirken, und einiges gegenseitige Herablassen und Hinaufziehen ist überall in der Jugend ein treffliches, unter Geschwistern von der Natur selbst geordnetes Erziehungsmittel. Es befinden sich also in unsrer Kleinkinderschule dreijährige, vierjährige und fünfjährige Knaben und Mädchen.

Das Gebäude ist im Ganzen wie das obige, nur daß sich im Innern zwei Hauptsäle befinden müssen, weil die Kinder getrennt an zwei Orten zusammen sind und unterrichtet werden. Es sind also Lehrzimmer, an den Wänden mit niederen Schulbänken und ihren Tischen versehen, diesen Kleinen zum Sitzen angemessen; in der Mitte bleibe aber noch ein geräumiger Platz zu ihrer freien Bewegung. Hof und Garten wie dort. Die Lehrmaterialien für den ersten Unterricht, wie Schiefertafeln, Lesetafeln, Abbildungen, werden in Schränken reinlich zum nöthigsten Gebrauche aufbewahrt; Bücher kommen den Kindern noch nicht in die Hände. Ebenso muß für die passenden Spielsachen gesorgt seyn, für Knaben Hölzer zu beliebigem Gebrauche und manche unschädliche Werkzeuge, für Mädchen Puppen und Hausgeräthe im Kleinen, u. dgl. *) Auch

---

*) Ueber die Spiele und Spielsachen der Kinder s. Erziehungsl. II. S. 317 fg. 528 fg. Der Gegenstand ist der Beachtung des denkenden Erziehers wenigstens ebenso würdig als die Schulbücher, und

sind die Speisen, Kleidungsstücke, mit reinem Linnen und was sonst zur Reinigung gehört, unter Verschluß aufzubewahren.

Dieses Alter spielt zwar noch, aber es strebt auch zum Lernen hin, und zeigt schon einen gewissen Ernst dazu; es bedarf also mitunter eines ernsten Unterrichts, welcher Anfangs nur wenige, allmählig dann mehr Zeit verlangt. Daher werden Abtheilungen nöthig seyn, so daß die älteren, d. i. die fünfjährigen Kinder schon täglich einige bestimmte Stunden unterrichtet werden, während man die jüngeren mehr gelegenheitlich und nur wenige Zeit ernstlich beschäftigt. Diese nämlich werden durch Sinnen- und Verstandesübungen und einige Handfertigkeiten fast noch bloß formal vorbereitet, auch zur Kenntniß der Buchstaben, Sylben, allmählig gebracht, jene aber lernen bestimmt manches, Lesen, Zeichnen, Schreiben, Rechnen; bei allen wird die Aufmerksamkeit und auch das Gedächtniß ihrem Alter angemessen geübt, das Gemüth gebildet, der kindliche Glaube hervorgerufen. Kleine Poesieen, heilige Sprüche, Erzählungen u. dgl. dienen hierzu, wie bekannt. Auch erhalten sie unter der Hand Natur- und andere nützliche Kenntnisse. Die Mädchen lernen stricken, nähen, und die Knaben mit ihnen diejenigen nützlichen Fertigkeiten, wozu ihre Finger grade fähig sind, auch tactmäßige Bewegungen; auf dem Klavier und in der Musik werden ebenfalls die Kinder versucht und die, welche Talent verrathen, geübt; — alles, wie es die naturgemäße Bildung dieses Alters verlangt. *) Daß es hierbei auf die päda-

---

einem Archytas legte das griech. Alterthum ein großes Verdienst bei, daß er die Kinderklapper erfunden habe. Man findet in Gutsmuths Gymnastik, die 4te Abth. (1802) unter dem Titel Kinderspiele bes. herausgegeben, und in Kinderschriften gute Angaben; der Lehrer sammle sich selbst, was ihm hierin als nützlich vorkommt, besonders auch als Verstandesspiele Räthsel und Charaden. S. auch Spielschule zur Bildung der 5 Sinne, 1806.

*) S. Erziehungsl. II. S. 334—340. 348—412. 530—535.

gogische Gabe der lehrenden Person hauptsächlich ankomme, brauchen wir kaum zu erinnern; es läßt sich die Regel feststellen: je jünger das Kind, desto mehr ist es das Persönliche des Lehrers, wovon es seine Bildung erhält.

Die Tagesordnung möchte hiernach folgende seyn. Auch diese Kinder erhalten ihr Frühstück, am besten in dem Erziehungshause. Hierauf versammelt sich die ganze Hausgenossenschaft mit ihnen in dem Saale. Es wird ein kurzes Lied gesungen und von dem Vorsteher ein Gebet gesprochen, welcher dann mit ein Paar Worten für die Erwachsenen und die Kinder die Versammlung entläßt. Alle begeben sich nun an ihren Ort, die Kinder in ihr Schulzimmer; die kleineren bleiben also in diesem zurück. Hier werden sie vorerst mit jenen Unterhaltungen des religiösen Gefühls, mit den Uebungen der Sinne, des Verstandes, des Gedächtnisses u. s. w. beschäftigt, dann läßt man sie im Zimmer spielen, worauf sie ihr Zehnuhrbrod erhalten, und nun nach etwa 2 Stunden in das Freie gebracht werden, um sich da unter Aufsicht herumzutreiben. Die größeren gehen in den andern Saal, wo sie ebenfalls Unterricht und schon ernstlicheren erhalten, der wenigstens eine volle Stunde dauert. Hierauf nehmen sie eine freiere Thätigkeit vor, z. B. Zeichnen, Stricken, während manche Klavier lernen. Nach dem Zehnuhrbrod kommen sie ins Freie mit den Kleinen, Mittags versammeln sich alle rein gewaschen und gekämmt zum gemeinsamen Tische. Nach der Mahlzeit läßt man sie, nachdem sie sich den Mund ausgespült und die Hände gewaschen, sich wieder frei herumtreiben. Nach einer Stunde werden sie in ihre beiden Lehrzimmer gerufen und hier wieder ihrem Alter ange-

III. S. 87—157. 236—240. Für die Fertigkeiten giebt Anleitung: Hergang, kleine Gymnastik der Sinnen- und Seelenkräfte, 1806. Blasche, Werkstätte für Kinder, 1801—4. und dessen Papparbeiter, 1805. Man wird diese Angaben von theils spielenden theils mechanischen Beschäftigungen, welche zugleich für künftige Handthierungen vorbereiten, dankenswerth finden.

messen länger oder kürzer beschäftigt. Die älteren können wohl schon zwei Lernstunden nach einander vertragen. *) Dann kommen wieder alle im Freien zusammen und erhalten ihr Vieruhrbrod. Hierauf mögen sie wieder entweder ihre Spiele im Freien fortsetzen, oder je nachdem die Jahrszeit und Witterung ist, in den Zimmern ihre Handarbeiten vornehmen. Am Ende ihres Tages versammelt sich wiederum das ganze Erziehungshaus; es wird gesungen, gebetet, und nun das Abendbrod am gemeinsamen Tische genossen. Hierauf werden die Kinder nach Hause gebracht.

Da es in diesem Alter nicht an Unarten fehlt, so darf es auch nicht an strenger Zucht fehlen. Ob da noch die Ruthe wirklich zum Gebrauch komme oder nur im Hintergrunde drohe, hängt von der Beschaffenheit der Kinder ab, und bedarf einer wohlbedachten Beurtheilung. Ueberhaupt müssen jene pädagogischen Grundsätze, nach welchen die Heilmittel vorgeschrieben sind, in sorgfältige Anwendung kommen, um jedes einzelne Kind von seinem krankhaften Seelenzustande zu befreien, um wo möglich keine Unart aufkommen zu lassen, und um den besten Gesundheitszustand im Moralischen so gut wie im Physischen in der ganzen Anstalt hervorzubringen. **) Die Strafen müssen abnehmen, das Zartgefühl der Kinder muß zunehmen, und das wird geschehen, sobald man nur schon auf dem sogenannten negativen Wege alles dafür thut, z. B. indem man an Ordnung und Aufmerksamkeit gewöhnt, den Thätigkeitstrieb beständig unterhält, alles Müßiggehen verhütet, und keine Langeweile, die Mutter der meisten

*) Was den Unterricht und die Lehrgegenstände für dieses Alter betrifft, verweisen wir zunächst auf Erziehungsl. III. S. 239. eigentlich aber auf die ganze Unterrichtslehre.

**) Wir müssen auch hierbei auf das ganze Studium der Pädagogik verweisen, welche grade hierin eins ihrer wichtigsten Cap. hat; was Erziehungsl. II. S. 425 – 464. 530 — 536. gesagt ist, gehört zunächst hierher.

Unarten im Kindesalter, zuläßt. Ganz besonders aber bietet sich hier das große Heil und die bildende Kraft der Menschheit dem Erzieher dar, die christliche Religion. Wie sie in die Kinderherzen eindringt, und welches Leben sie da schafft, wollen wir nicht wiederholen, *) aber ernstlich das Zeitalter erinnern an die sich vermehrenden traurigen Erfahrungen da, wo man sie der Kindheit entzogen hat, und an die großen Beweise ihrer göttlichen Kraft, welche man namentlich in den Englischen Kleinkinderschulen bewundert. **) Es versteht sich also, daß der Religionsunterricht, aber der dem kindlichen Gemüthe sich eignende, als ein Hauptgegenstand in dieser Schule statt finde.

Der Vorsteher muß ein Buch führen, in welches ganz besonders die Bildungsgeschichte eines jeden Kindes, übrigens auch das Oekonomische und Pädagogische eingetragen

---

*) Der Verf. hat in seiner Erziehungslehre ausführlich über die Bildung durch die christliche Religion gesprochen, und was er da gesagt hat, wird durch das Leben fortwährend gerechtfertigt; man muß die Wahrheit nicht einsehen wollen, wenn man diese ihre göttlich bildende und bessernde Kraft in den Kinderherzen nicht anerkennt. Wir verweisen zunächst auf Erziehungsl. I. 2te Abth. S. 71—82. 391 fg. 412. 488—492. 507—510. 597 fgg. II. 392 fg. 412. 484 fg. 524 fg. III. S. 229—231. 259. 262—269. Auch muß der Verf. hierbei in seiner Katechetik (1818) das empfehlen, was von dem christl. Religionsunterr. in seinem ganzen Umfange handelt.

**) Thatsachen sprechen da laut; man sehe nur in Wertheimer rc. z. B. im 22ten Cap. S. 117 fg. das schöne Wort Paleys, das in der ersten Berathung über die Infants-schools der edle Lord Calthorpe wiederholte (S. 24.): „Allenthalben findet sich ein Stück Erde, welches das Gemüth anspricht, und einen lebendigen Beweis für das Daseyn einer göttlichen Vorsehung mit sich zu bringen scheint, aber nirgends erblicke ich die allväterliche Liebe so, wie in den Freuden, welche kleine Kinder entzücken. — Ich habe nie ein Kind bei seinen Spielen gesehen, ohne den Finger Gottes zu schauen, und einen neuen Beweis von seiner Liebe, Gnade und Obhut wahrzunehmen,“ — bestätigt da schon an sich, aber ganz besonders leuchtet es in dem frommen Kinderleben entgegen. Augenzeugen, Engländer und Deutsche, reden mit Entzücken davon.

wird. Daß ein Mann, der dieses wichtige Amt erhält, ein geweiheter und geübter Erzieher seyn müsse, sollen wir das noch sagen? Auch die Vorsteherin muß die hierzu erforderlichen Vorzüge besitzen, wie dabei die Haushaltung tüchtig führen. Gut ist es, und auch zu erwarten, daß beide einen Theil des Unterrichts übernehmen. Außer ihnen sind noch ein Lehrer und eine Lehrerin, zusammen vier lehrende Personen nöthig. Einige Wärterinnen werden ebenfalls wegen der Aufsicht und Reinlichkeit erfordert, übrigens auch eine Köchin. Dieses Personale von 6—8 Personen vermehrt zwar die Kosten der Anstalt, ist aber zu ihrem guten Gedeihen nothwendig. Der Aufwand, die Wohnung mitbegriffen, möchte sich im Ganzen nach einem Mittelpreiße zwischen 4 bis 5000 Gulden jährlich für 60—70 Kinder belaufen, wornach auf Einen Zögling des Jahres gegen 70 Gulden kämen, also kaum halb so viel als in der früheren Anstalt, weil da von den kleinsten Kindern fast jedes seine eigne Wärterin hat. Wenn nun beide Anstalten zusammen liegen, und insoweit mit einander verbunden sind, als es ungeschadet jeder einzelnen angeht, z. B. durch eine gemeinschaftliche Küche, so kann in dem Kostenaufwand für beide ziemlich viel erspart werden. Beide machen ohnehin ein Ganzes aus, da sie für das kindliche Alter vom frühesten an bis zur eigentlichen Schulzeit die Erziehung besorgen. Daher stehen sie auch schicklich unter einer gemeinsamen Aufsicht, wozu man verständige Kinderfreunde und Hausmütter wählt; das Ganze leite ein bewährter Erziehungsmann, der zugleich das Regieren versteht.

Wenn in einem Lande das Schulwesen mit den Kleinkinderschulen, und das nicht nur, sondern schon mit jener Bewahrungsanstalt, im Ganzen also mit solchen Erziehungshäusern anfängt, dann geht es von seinem wahren Anfangspunct aus, und befolgt von Grund aus das Naturgesetz der Stetigkeit; es erwächst sonach in seiner Wahrheit und Kraft. Nicht als ob damit etwas Besseres ein=

gesetzt werde als die häusliche Erziehung, denn diese ist und bleibt das Beste und allgemein Wünschenswerthe. Aber es wird doch damit etwas angeordnet, das besser ist als eine schlechte Erziehung zu Hause, das sie da möglichst ersetzt, wo sie ganz fehlt, das die Kinder gegen Unheil sichert, und das denienigen Eltern, die bei treuer Sorgfalt gehindert sind, alles für ihre Kleinen zu thun, eine höchst erwünschte Unterstützung gewährt. So errichte man denn in Gottes Namen solche Kinderhäuser. Sie sind eine Wohlthat für Stadt und Land, ein Heil für das Volk, und im Reiche Gottes eine Befolgung des heiligen Zurufs: „Lasset die Kindlein zu mir kommen; solcher ist das Himmelreich!"

Die Sache spricht für sich, sie bedarf keines Redners, man gehe nur hin und sehe. Nirgends findet man solches Gedeihen der Kinder, als in solchen wohleingerichteten Anstalten. Da werden die Unarten verhütet, das Böse kann da gar nicht aufkommen, die Anlagen werden naturgemäß hervorgerufen, und dem guten Samen, den man da reichlich ausstreut, wird ein guter Boden und eine günstige Witterung bereitet. Seht nur dort den Frohsinn, die Gesundheit, das liebliche frische Leben. Da trifft kein giftiger Hauch die edle Knospe, da waltet nur der himmlische Geist. Das Element, in welchem diese Seelen aufleben, ist ihr wahres, es ist die Liebe, und das Himmlische wird ihre Gewohnheit, ihr Leben. Ein neues, besseres Geschlecht blühet da auf, es erwächst in diesen Enkeln die Krone der Alten, die Verklärung der Nachwelt. Kommt nur einmal in ein solches Paradies der Kinder. Da hört ihr kein Geschrei, kein widriger Ton stört Euer Ohr, und Euern Blicken begegnen nur schöne Blüten. Die Engel könnten an einem solchen Ort auf der Erde verweilen. Und alles bewegt sich da so frei und schön. Dort im Garten hören wir ein Paar Wärterinnen lieblich singen, während die Kleinen auf ihrem Schooße einschlummern, hier im Hofe treiben sich muntere Knäbchen in ihrem unschuldigen Spiele herum, da im Zimmer hängen die Kinder aufmerksam an den Worten des erzählenden Lehrers, und wenn wir eins fragen, erhalten wir eine Antwort so verständig und doch so kindlich, daß wir unsere Verwundrung kaum zurückhalten können. Hier fängt man erst an die Wunder zu ahnen, welche die christliche Erziehung bewirken wird.

Ja, es ist hier ein Tempel, wo man mit den Kindern Gottes Nähe fühlt. Er stehe denn offen allen denen, welche die heilige Stätte nicht entweihen. Es ist eine heilige Stätte insbesondere für Eltern und Erzieher, wo sie selbst die rechte Weihe erhalten können. Wo einmal eine solche Anstalt eingerichtet ist, so ist sie zugleich eine hohe Schule für die Erwachsenen und für die ganze Stadt. *) — Fragt nun noch jemand, der gerne etwas Großes für die Nachwelt stiften will, was er thun könne?

Findelhäuser und Waisenhäuser nehmen verlassene und elternlose Kinder auf; sie könnten durch die Einrichtung, wie wir sie für jene Erziehungshäuser vorgeschlagen haben, gewiß eine größere Vollkommenheit erhalten.

Pestalozzi hat sich bis in sein Greisenalter der Idee einer erziehenden Fürsorge für die Kinder der verlassenen Volksclasse gewidmet, und wollte überhaupt das Menschengeschlecht durch einen naturgemäßen Unterricht, den von Anfang die Jugend erhalten solle, zur Selbstkraft und zum Wohlstand bringen. Allein daß man in einer Lehr-

---

*) Von Pythagoras wird gerühmt, daß er im Tempel die Frauen gelehrt, gute Hausmütter zu seyn (Gesch. der Erz. 1te Abth. S. 315.); hier ist ein höherer Tempel, denn die Kinder lehren uns da, und von diesen aus wird der Wohlstand der Stadt noch gründlicher gefördert, als einst zu Kroton. Wilderspin führt Beispiele an, daß Kinder, die jene Schule besuchten, sogar ihre Eltern zu Hause auf bessere Wege gebracht (Wertheimer rc. S. 121 fg. 125 u. a.); Bekenntnisse der Eltern selbst, unter andern (S. 131.) „daß die Kleinkinderschule eine gesegnete Anstalt sey, die der ganzen Nachbarschaft sehr Noth gethan habe.“

methode die Erlösung unsers Geschlechts suchen solle — die längst auf ganz andere Weise geoffenbart worden —, das war eine überspannte Begeisterung, welche seiner Idee folgte, es war Unkunde des menschlichen Herzens so wie der göttlichen Wirksamkeit. *) Das Christenthum hilft von Grund aus. Wird nun jenes neue Moment, wodurch jener Edle unter den größten Pädagogen in der Geschichte glänzt, die aus den Anfangspuncten in der Seele des Kindes stetig entwickelnde und kräftigende Unterrichtsweise in den Kleinkinderschulen angewendet, so wird sie grade da ihren großen Werth beweisen und sich selbst noch vervollkommnen. Es ist vielleicht besser, daß unsere Anstalt nicht in jene Zeiten der ersten Pestalozzischen Begeisterung gefallen, sie wäre dann wohl gleich im Anfang zu einseitig geworden.

Wenn irgend etwas von uns gethan werden kann, um das Volk von seinem wahren Lebenspuncte aus zu verbessern, so ist es, wie ja Alle bekennen, die Erziehung. Aber welche? Wir antworten ohne weiteres und aufs entschiedenste, die christliche. Um sie nun recht ins Leben einzuführen, wo sie in den Familien fehlt, dazu eignen sich die vorgeschlagenen Anstalten vor allem. Sie werden ein neues Moment in der Geschichte der Menschheit, ein durchgreifendes Heilmittel, in den Zeiten großer Verdorbenheit von dem hervorgerufen, der in seinem Reiche waltet, und zur rechten Stunde mit seiner Hülfe erscheint. Der Philosoph Fichte war von der Nothwendigkeit einer solchen Verbesserung überzeugt, und seine Idee näherte sich einer solchen Anstalt, aber seine schwärmerische Begeisterung gerieth in politische Abwege, **) wo er denn

---

*) In der Gesch. der Erz. 2te Abth. S. 470—478. hat der Verf. ausführlich über Pestalozzi und seine Verdienste gesprochen.

**) Fichte, Reden an die deutsche Nation. Berlin 1808. (Vgl. unsere Gesch. d. Erz. 2te Abth. S. 479 fg.) Seinen Zweck spricht er aus: „damit die gesunkene Nation sich aufrichte zu einem

unphilosophisch genug eine neue Generation schaffen wollte, indem er die Erzieher derselben, wenn er folgerichtig seyn

---

neuen Leben." Als Rettungsmittel giebt er an: „eine Bildung zu einem durchaus neuen Selbst, zu einem ganz neuen Leben, eine gänzliche Veränderung des bisherigen Erziehungswesens, das schlechthin an alles, ohne Ausnahme, was deutsch ist, gebracht werden solle, so daß sie nicht Bildung eines besondern Standes, sondern der Nation schlechthin als solcher, und ohne alle Ausnahme einzelner Glieder derselben werde; — und daß auf diese Weise unter uns, keineswegs Volkserziehung, sondern eigenthümliche deutsche Nationalerziehung entstehe." Er setzt hierbei auf die häusliche Erziehung wenig Vertrauen, und verlangt nichts weniger als daß die Kinder allenfalls mit Gewalt den Müttern und Vätern und ihrer ganzen Umgebung entrissen, „aus unserm verpestenden Dunstkreise entfernt, und in einen reineren Aufenthalt verpflanzt werden." Wo diese Insel der Seligen zu finden sey? „Wir müssen es, meint der begeisterte Philosoph, selbst machen, indem wir eine Gesellschaft von Männern errichten, die sich wissen zusammen zu nehmen" (zu verstellen, simulantes?), „um die Kinder dahin zu bringen, daß sie am Rechten und Guten um sein selbstwillen Wohlgefallen haben, und daß dieses die einzige Triebfeder für ihr ganzes Leben sey; wir müssen sie dann aus dieser Gesellschaft in die unsrige nicht eher wieder zurücklassen, bis sie unser ganzes Verderben gehörig verabscheuen gelernt haben, und vor aller Ansteckung gesichert sind." Aus welchem Stern einstweilen diese Männer zu holen seyen, falls sie nicht Schauspieler seyn sollen, welche Kräfte ihm verliehen werden müßten, um eine so reine Triebfeder in den Menschenkindern erwachsen zu lassen, falls man nicht jene höhere Schauspielerei, welche die Reflexion über die reine Moralität an ihre Stelle setzt als besäße man sie damit, schon den Kindern einimpfen will, und welcher Sanitäts-Cordon um dieses neue Geschlecht alsdann zu ziehen sey, um aller Seuche auf ewig zu wehren, falls nicht dieses ganze Heil alsbald wie ein Morgentraum zerrinnen soll, — das alles mögen solche Philosophen, die in ihren abstracten Idealogieen Gott und die Welt glauben erfaßt zu haben, oder gerne in hochfliegenden Idealen schwärmen, erst ausmachen. — Und so kannte dieser Philosoph am allerwenigsten das kindliche Herz. Auch das deutsche Gemüth hat er nicht erkannt. Denn das verträgt nicht solche Sonderung von andern Nationen, wie er sie für seine „eigenthümliche deutsche Nationalerziehung" verlangt. Die Anlage, welche den Deutschen auszeichnet, ist vielmehr ein Festhalten an das Heilige, an die

wollte, erst aus ihr selbst, für die Jetztwelt aus der Nachwelt! heraufrufen müßte. Ueberhaupt fehlte diesem Philosophen nur die Kenntniß des menschlichen Herzens, und darum wünschen wir unsern Kleinkinderschulen Glück, daß sie nicht in seine Idee gefallen sind; wir müssen aber zur Wachsamkeit gegen jeden kirchlichen und politischen Despotismus ermahnen. Denn würde sich irgend solche Partei solcher Anstalten bemächtigen, so könnte sie ein lang fortwirkendes Unheil in das Volk aussäen.

Die Sache ist neu und kann alsofort noch nicht in ihrer Vollkommenheit dastehen, sie verlangt vielmehr, wie alles Gute, dem man Gedeihen versprechen will, ein allmähliges Erwachsen. Ist ja doch vom großen Reiche Gottes das kleine Senfkorn das Bild. Bis es dahin kommt, daß man Erziehungshäuser, wie sie vorgeschlagen sind, mit in das öffentliche Schulwesen aufnimmt, können wir doch einstweilen dem jetzt allgemein gefühlten Bedürfniß der Kleinkinderschulen für die Aermeren in einer Stadt oder auch auf manchem Dorfe abhelfen. Das müßte denn auch durch einen Anfang geschehen, der weder hinsichtlich der Kosten abschreckt, noch die Sache größer anlegt, als sie mag weiterhin bestritten werden, und als es ein gedeihliches Erwachsen verlangt. Wäre es um eine bloße Bewahranstalt für ganz kleine Kinder zu thun, so würden wir nur ein geräumiges Zimmer mit freiem Platz, allenfalls auch Garten wünschen, wohin die Kinder gebracht und entweder umwechselnd von einigen Müttern oder von treuen Wärterinnen beaufsichtigt würden. Das wäre auch auf Dörfern mit unbedeutenden Kosten einzurichten. Wir wollen aber eine eigentliche Kleinkinderschule.

Dazu verlangen wir denn vorerst ein möglichst geeignetes Locale von wenigstens einem geräumigen Zimmer,

---

Frömmigkeit der *Familie*, und dabei *strebt* er nach *allgemeiner* Bildung und *immer* höherer Geistescultur, womit sich dann der deutsche Fleiß und die deutsche Treue verbinden sollen.

nebst einigen Nebenzimmern, und zwar auf gleicher Erde, dabei einen freien, jedoch eingefriedigten Spielplatz; die nöthigsten Schränke und Geräthschaften dürfen nicht fehlen. Weiter verlangen wir eine tüchtige Vorsteherin, die zugleich lehrt, nebst einer Magd zum Reinigen; zugleich aber auch einen Lehrer, der theils Unterricht ertheilt, wie er sich für diese Kinder eignet, theils wenigstens einige Aufsicht übernimmt. Für die Kinder der brodlosen Armen müßte auch die tägliche Speise und Kleidung für die bedürftigen verabreicht werden; am besten freilich, wenn Alle in der Anstalt ihr Morgen-, Mittags-, Abendessen samt dem Zwischenbrod erhielten. Wir würden den Anfang mit etwa 15 bis 20 Kindern machen, die Zahl aber gerne bald bis auf 50 und darüber steigen sehen, wo denn auch die Lehrer sich vermehren müßten. Da rechnen wir denn im Mittelpreiß die Kosten der Anstalt im Ganzen von Anfang auf 600 Gulden jährlich, und wenn die Zahl der Kinder auf 60 steigen sollte, jährlich 800 Gulden. Bei der kleinen Anzahl würde dann auf Ein Kind, das bloß Unterricht und Aufsicht, nicht aber die Kost erhielte, die jährliche Summe von etwa 35 Gulden kommen, die sich mit der vermehrten Zahl in einem gewissen umgekehrten Verhältniß vermindert, z. B. bei 30 Kindern kämen etwa 24 Gulden, bei 40 etwa 18, bei 50 gegen 15 Gulden auf Ein Kind. Die Verköstigung würde im Durchschnitt für jedes gegen 35—40 Gulden jährlich betragen. Ein brodloses Kind wäre also mit 60—70 Gulden jährlich in der Kleinkinderschule den ganzen Tag über versorgt, ebenso gut aber auch mit demselben Kostenaufwand, wie wir oben bei einer vollständig eingerichteten Kleinkinderschule bemerkten, nur daß der Unterricht und die Aufsicht noch nicht ganz vollkommen wären. Die Kleidungsstücke für die zerrissenen sind nicht mit eingerechnet. Um so mehr ist zu wünschen, daß sie bald vollzählig würde. Eine solche Anstalt ist eine der wohlthätigsten für die Armen und für das ganze Gemeinwesen; sie spricht also von selbst die

Begüterten um menschenfreundliche Unterstützung an. Auch sind gewiß edle Frauen und, so weit es erfordert würde, sachkundige Männer bereit die verwaltende und berathende Aufsicht zu führen. Also gehe man nur ans Werk in Gottes Namen. *)

Zweiter Abschnitt.

Wir kommen nun zur eigentlichen Schule. Sie ist, wie gesagt, die Anstalt für das gemeinsame Lernen der heranwachsenden Jugend, für den, wie sich versteht, mit der Erziehung verbundnen Unterricht, und hat nichts mehr mit der Wartung und Pflege der Kinder zu thun. Sie übernimmt die Kleinen erst in dem Zeitpunct, wo sie jener stündlichen Fürsorge bereits entwachsen und eine ganze Zeit des Tages hindurch den gemeinsamen Unterricht zu erhalten fähig sind. Das ist in der Natur vielleicht erst vollkommen mit Beendigung des siebenten Lebensjahres der Fall; doch bei unserer gegenwärtigen Cultur, durch welche selbst die physische Entwicklung etwas früher hervorgetrieben wird, tritt das Schulbedürfniß schon mit dem zurückgelegten sechsten Lebensjahre in der Regel ein. Wir haben zuerst an die Volksbildung, also an die gesammte Jugend zu denken, welche für die allgemeine Bildung

*) Wie es z. B. in Stralsund durch jene sogenannte Kinderstube der Armenpflege mit sichtbarem Segen geschehen ist. Die Gräfin v. Brunswik äußerte nach den Erfahrungen, die sie gemacht, daß man nicht bloß für arme Kinder diese Schulen errichten solle, und daß man von allen, wenn auch nur wenig, solle bezahlen lassen, damit sie die Schule als eine bezahlte ansehen (was allerdings vieles für sich hat); für die ganz armen Kinder wäre das Schulgeld durch milde Gaben zu entrichten.

unterrichtet werden soll. Die Anstalt, worin dieses geschieht, ist

Die Volksschule.

Sie ertheilt in allen denjenigen Lehrgegenständen Unterricht, welche für jeden Erwachsenen im Volke erfordert werden, sey es nun, daß seine Bestimmung nichts weiter verlange, als die von selbst im Leben erfolgende Fortbildung, oder daß er ein besonderes Fach erwähle, welchem jene allgemeinen Kenntnisse und Geschicklichkeiten zum Grunde liegen, und für welches er dann etwa in eine besondere Schule eintritt. Bis der Schüler zu diesem Ziele gelangt, hat er der Natur nach sein Jünglingsalter erreicht, und ist vielleicht schon 16 Jahre alt geworden. Die Zeit dieser Schuljahre von dem 7ten bis zum 16ten Lebensjahre, im Ganzen 9 bis 10 Jahre, würde sonach etwa den 7ten Theil der Lebenszeit, im Durchschnitt genommen, betragen, und die eigentliche Lernzeit in sich begreifen. So bestimmt sich die Volksschule in ihrer ganzen Dauer.

Nun sehen wir weiter Stufen in derselben, welche sich ziemlich scharf nach den Gesetzen der Jugendentwicklung und ihrer Bildung scheiden, so daß man ebenso viele einzelne Schulen nach einander einzurichten hat. Die Natur zeigt uns drei solcher Stufen. Die erste ist die vorbereitende zum aufnehmenden Lernen, die zweite das Aufnehmen der nothwendigen Kenntnisse und Geschicklichkeiten, die dritte die Entfaltung derselben für das Leben; der Keim sproßt, auf dem Schaft füllt sich die Knospe, die Blüte geht auf. Die unterste Schule unterrichtet vorzugsweise formal, die mittlere material, die oberste vereinigt beides in höherer Weise, eine Uebung der Kraft im Erlernen der Lehrgegenstände, die unmittelbar in das Leben eingehen. Gewöhnlich theilt man die Volksschule in die zwei ab, die Elementar- und die Realschule; *) wir halten aber jene drei Stufen für einen natürlichen Theilungsgrund im Entwicklungsgang, und benennen sie hiernach Anfangsschule, Mittelschule, Oberschule; oder wenn man lieber will: Elementar-, niedere Real- und höhere Realschule. Man wird in den Namen der verschiedenen Schulen noch lange schwanken, und daher in jedem Lande eine besondere Bezeichnung hinzufügen müssen.

Erstes Kapitel.

Die Anfangsschule. (Elementarschule.)

Diese unterste oder erste Volksschule ist dazu bestimmt, daß die Kinder in denjenigen Kenntnissen und Geschicklichkeiten unterrichtet werden, welche die Grundlage der allgemeinen Cultur sind und hauptsächlich als Mittel für die Geistesbildung dienen. Es sind die Elemente, wie

---

*) So ist in der Erziehungslehre B. III. S. 293 fgg. von dem Verf. die Eintheilung gewählt, die ebenfalls vieles für sich hat. Hier aber ist unsere Aufgabe alles im Schulwesen möglichst zu erschöpfen, und also die möglichen einzelnen Schulen in der Volksbildung aus dem innern Prinzip aufzuzeigen. Die Eintheilung in Land- und Stadtschulen haben wir schon dort (S. 295. Anm. *) in dieser Hinsicht abgewiesen. — Harnisch, Handbuch für die deutschen Volksch. (1829.) hat §. 34. mehrere Eintheilungen angegeben, wovon wir jedoch nur die nach den Bildungsstufen, nämlich der Zeit nach, als die in der Sache begründete ansehen können; er theilt sie hiernach: „1) in Grundschulen (Elementar-, Primär-Sch.), 2) in Förderungsschulen (Mittelsch. Secundärsch.), 3) in Vollendungsschulen (Maturitätssch.)“, nur entsprechen sie nicht grade unserer Idee. Dieser Schulmann giebt in seiner deutschen Bürgerschule (1830.) 3ter Abschn. S. 26 fgg. der Volksschule eine Stellung, welche unserer Idee ebenfalls nicht ganz entspricht. Er findet „die sogenannten Bürger- oder Mittelschulen“ immer noch unklar gedacht, so auch „die höhere Bürgerschule.“

man sie schon seit länger her nannte, und bezeichnet sie recht gut der Name Elementarschule. Lesen, Schreiben, Rechnen sind schon in alter Zeit als diese Elemente anerkannt worden; es kommen für die jetzige Cultur noch hinzu: Singen, Zeichnen, manche andere Handgeschicklichkeiten, Sprachrichtigkeit, Sinnen-, Verstandes-, Leibesübungen. Der Religionsunterricht ist nie in diesem Sinne elementarisch, er fängt auch nicht erst in dieser Schule an, sondern im elterlichen Hause, geht durch alle Schulstufen hindurch und dauert in der Kirche fort; aber eben darum darf er in der Anfangsschule am wenigsten fehlen. Was haben also die Schüler hier zu lernen bis sie für die mittlere Schule reif sind? Sie müssen ihre Muttersprache rein und richtig sprechen, fertig und deutlich lesen, was in derselben gedruckt und geschrieben ist, eine geübte Hand besitzen, um die Feder zum reinlichen Schreiben und den Stift zum fließenden Zeichnen gut zu führen, das Mädchen zugleich zum Stricken und die Nähnadel zu gebrauchen, die Zahlen in ihren Hauptveränderungen zusammensetzen und zerlegen können, sie müssen auch ihre Stimme zum Gesang, die Ohren und Augen in scharfer Beobachtung, die Denkkraft im Urtheilen, das Gedächtniß im Einprägen und Behalten, in allem aber die Aufmerksamkeit so viel diesem Alter möglich geübt, auch in Stellung und Bewegung die Stärke und Gewandtheit des Körpers ebenfalls ihrem Alter gemäß gewonnen haben.

Daß grade hieraus der Cyklus der Lehrgegenstände, wie sie in der vorbereitenden Schule vorkommen sollen, umschrieben sey, bedarf keines weiteren Beweises, es bedarf nur eines Blickes auf ihre Nothwendigkeit. Ließe man irgend einen derselben weg, so würde das Erlernen dessen, was jeder im Leben wissen muß, theils nicht möglich, theils sehr erschwert oder unvollkommen seyn. Was wollten z. B. diejenigen sonst viel lernen, die nicht lesen und schreiben können? oder wie niedrig ist die Culturstufe eines Volkes, in welchem das Lesen und Schreiben noch als etwas Außerordentliches vorkommt? Das Rechnen bedarf man ebenfalls überall im Leben, das Singen dient der stillen, wie der öffentlichen Lebensfreude und der Religion, die übrigen Geschicklichkeiten und Fertigkeiten werden fast in allen Beziehungen der Cultur verlangt. Aber es ist auch kein Lehrgegenstand außer den gegebenen für den Elementarunterricht nothwendig, denn was man etwa sonst hinzuzählen möchte, gehört schon für ein besonderes Fach, und nicht für die früheste oder für die allgemeine Bildung, z. B. der Unterricht in einer fremden Sprache. Will man indessen aus einem innern Prinzip erkennen, daß hiermit der Kreis des Elementarunterrichts geschlossen sey, so sehe man nur etwas tiefer in das Prinzip der Bildung überhaupt. Dieses ist doch die vollständige Entwicklung der Menschheit dem Alter und den Gesetzen angemessen. Nun aber wird das Kind Mensch, in dem Zusammenleben mit den andern Menschen, und das in der zwiefachen Richtung nach innen und nach außen. Nach innen entwickelt sich die Kraft an sich, d. i. durch formale Uebung im Gebrauche der Sinne, des Verstandes, des Körpers: nach außen bildet sie sich durch Aufnahme der Elemente, die zum geselligen Leben nothwendig sind, und diese sind das Sprechen, welches sich erweitert im Lesen, Schreiben und Singen, dann auch das Rechnen. Auch sind jene Elemente, die Pestalozzi angiebt,*) Form, Zahl, Wort (Schall) keine andern, nur stellt er sie so mehr

*) Wie Gertrud ihre Kinder lehrt, ein Versuch, Müttern Anleitung zu geben, ihre Kinder selbst zu unterrichten, in Briefen von Heinrich Pestalozzi. 1801. S. 167 fgg. 219 fgg. 257 fgg. 350 fgg.; auch anderswo in seinen Schriften. — Wir verweisen übrigens auf die Erziehungslehre III. den 1ten Abschn. Grundunterricht S. 83 fgg. und mehreres aus dem 2ten Abschn. Fachunterricht S. 158 fgg. wie auch aus dem 3ten Abschn. von dem Gesammtunterricht, der Anfangsunterr. und Fortgangsunterr. S. 235 fgg. Von der Elementarschule S. 295 fgg.

chemisch dar und nicht vollständig, ob er gleich das religiöse Gefühl, namentlich der Liebe, des Vertrauens, des Dankes und die Thätigkeiten des Gehorsams noch hinzunimmt. Sie müssen aber in der Naturentwicklung der lebendigen Gesamtkraft erfaßt werden, und da zeigen sich uns jene Unterrichtsgegenstände augenfällig als die ersten. Es sind keine früheren denkbar, und alle die übrigen gehen aus ihnen hervor oder schließen sich in einer natürlichen Folge an sie an, wie man in den Schulen selbst am besten sieht. *)

---

*) Die Deutschen besitzen treffliche Werke über diese Schulen; vor allen ist zu nennen B. G. Denzel Einleitung in die Elementar-Schulkunde und Schulpraxis für Lehrer in den deutschen Elementarschulen, 3 Theile, 1te A. 1817, 3te A. 1828. Auch unter dem Titel: Einleitung in die Erzieh. und Unterr. Lehre für Volksschullehrer von B. G. D. Diesen kann an die Seite gesetzt werden Zerrenner, Grundsätze der Schul-Erziehung, der Schulkunde und Unterrichtswissenschaft 1827. Dahin gehören auch die angef. Bücher von Harnisch, die deutsche Volksschule ꝛc. Eben erschienen ist Hartung, das deutsche Volkserziehungsbuch od. theor. praktisches Handbuch für die Erziehung und den Unterricht durch die Volksschule, nach sämtlichen Quellen im Geiste nothwendiger Einheit und methodisch bearbeitet. Quedlinburg. 1831. — Graser, die Elementarschule 2 Thle. (1827.) Hanhart Lehrb. der Volksschulkunde (1827.) Overbergs sämtliche Schriften für Schulen (1829.) Anderer haben wir anderswo zunächst zu gedenken, hier zeigen wir nur noch einige kleine Schriften an: Ueber die Erfordernisse einer Schule, wenn sie eine wahre Elementarschule seyn soll. Entworfen von J. Chr. W. Kühnau 1811. Seine Benennung Urschule, Urunterricht deutet auf den Anfang hin, doch redet er nur noch im allgemeinen von Volksschulen. Bestimmtere Gränzen zieht: Fr. Aug. Hoffmann, Wesen und Wirken der Elementarschule. Hamburg 1828. da sie der Erziehung kleiner Kinder vom 5ten bis zum 10ten Jahre gewidmet sey, um sie mit den Anfangsgründen menschlicher Kenntnisse bekannt zu machen ꝛc. wobei er zugleich der Kleinkinderschulen gedenkt, aber der häuslichen Erziehung ihren Vorzug läßt. Er giebt gute Lehren über

Was ist nun der erste Lehrgegenstand für das Kind, welches in die Schule eintritt? Wir nehmen als den gewöhnlichen Fall an, daß es noch gar keinen Unterricht hatte, außer den das Leben zu Hause von selbst giebt, wo es sprechen, sehen, hören, aufmerken und den Verstand brauchen gelernt hat, so schlecht es auch mit allen dem bestellt seyn mag. Aller Uebergang soll stetig seyn. Das Kind soll also in die Schulstube nicht wie in eine Qualstube, und zu dem Schulmeister nicht wie zu einem Zuchtmeister eintreten, sondern so, daß es sich sogleich zum Lernen aufgefordert fühlt, welches dadurch geschieht, daß es mit einem Unterricht empfangen wird, der mit seiner bisherigen Thätigkeit zusammenhängt. Das nun ist Sehen, Hören, Sprechen. Der Lehrer läßt sich also mit dem kleinen Ankömmling sogleich in ein freundliches Gespräch ein; er fragt ihn, was er hier sehe? wie das heiße? was er eben gefragt habe? u. s. w.; er spricht ihm etwas vor, das der Schüler, der auf solche Art Schüler wird ohne zu wissen wie, nachsprechen muß, in reiner deutlicher Aussprache. Dann läßt er ihn auch mit andern Schülern zusammen etwas aussprechen. Ferner läßt er ihn zählen, auf der Tafel mit dem Griffel Striche machen, und wenn er sich so mit ihm allein beschäftigt hat, läßt er ihn mit mehreren Kleinen dasselbe thun. So wird ungefähr eine Stunde hingehen, und nun wird dieser Anfangsschüler

---

die Erfordernisse des Lehrers, den Charakter und die Behandlung der Kinder, den Elementarunterricht selbst, besonders in der chr. Religion. Auch dürfen wir eine gute Schrift des Auslandes nicht übersehen: Principles of elementary teaching, chiefly in reference to parochial schools of Scotland — by J. Pillaur, Prof. of humanity in the Univ. of Edinburgh. 1829. Der Vf. nennt sie auch elem. education, beschränkt sich aber nicht auf die Schulen der ersten Anfänger. Mehrere kleine Schriften und zerstreute Abhandlungen lassen sich seit den letzten Decennien auffinden; jede neue Schuleinrichtung giebt irgend eine Ansicht über diesen allerdings wichtigen Gegenstand.

nach Hause entlassen. Er ist jetzt so zu sagen schon eingelernt, und doch der Schule oder des Sitzens nicht überdrüssig, dabei ist ihm auch das Lernen mit Andern auf keine abstoßende Art bekannt geworden. So ist denn seine Thätigkeit zum Ernste des Lernens ergriffen, und der erste Schritt zum schulmäßigen ist geschehen. Das macht ihm Muth. Den folgenden Tag soll er nun etwas früher, zur gesetzlichen Zeit kommen, um mit der Andachtsstunde anzufangen. So zwei oder drei Tage, und das Kind gehört der Schule an, es ist da nun schon einheimisch, befindet sich unter seinen Mitschülern wie unter Geschwistern, und unter dem Lehrer wie bei einem Vater. Und soll es nicht so seyn? Man hat wohl immer daran gedacht, daß dem Kinde die erste Wandrung in die Schule aus der Freiheit seines Hauses ein saurer Gang sey, den man ihm durch etwas versüßen müsse; da waren denn Lebkuchen oder Brezeln der Lohn, wie es noch hier und da Sitte ist; wenn nicht gar ein Schulmonarch den Kleinen es sogleich recht grell wollte fühlen lassen, wie er nun in seiner Gewalt sey, und er den häuslichen Liebes- und Freiheitssinn nur alsogleich verlernen solle. *) Der schroffe Abstand zwischen zu Hause und in der Schule wurde in ehemaligen Zeiten sogar als nothwendig und als eine Ehre der Schulmacht angesehen. Man darf da nur an die alte Sitte der jährlichen Schüleraufnahme denken, die so ganz gemacht war, um die armen Neulinge abzuschrecken, und

*) Ein Freund beschrieb dem Verf. einst, wie sein Schulrector ihn alsbald beim Eintritt auf immer zurückgeschreckt habe. Das Knäbchen war mit der Offenheit, die es gegen seine Eltern gewohnt war, zu dem Manne getreten, und als es bemerkte, daß er etwas unter seinem Schlafrocke verbarg, gelüstete es — wie mit einer schweren Ahnung — zu sehen, was das doch seyn möchte. Da zog der Gewaltige eine Ruthe hervor, und drohte ihm mit den Worten: „die sollst du wohl erfahren"; dabei die furchtbare Miene. Weg war Zutrauen zum Manne, Freude an der Schule auf immer, und der schreckliche Eindruck erlosch nie ganz.

dann in eine Art von Gemeingeist für das ganz umgeänderte Leben hereinzuziehen. *) Fast möchte man dergleichen von den rohen Gebräuchen der Einweihungen, wie sie bei der erwachsenen Jugend in ihre Bildungsanstalten statt fanden, ableiten, so ganz im Gegensatz gegen die natürliche Ordnung, welche das Kind mit seinem frommen Sinne in die Jugendbildung hereinwachsen läßt. Noch immer finden sich Ueberbleibsel solches Hänselns und Prellens in den Neckereien, womit das Knäbchen in der Schule von den andern empfangen wird, und in den Spöttereien, womit sie nicht eher ruhen, als bis es sein bisheriges Gemüth gänzlich verläugnet hat, und nun der Ihrige geworden ist. Da wird er denn in den ersten Wochen schon, wie jeder andere auch, und entschädigt sich dadurch, daß er es jedem Neuling ebenso macht, wie es ihm gemacht worden, und so ist der Schulton von Anfang an ein verstimmter, ein widriger, und dem rechten häuslichen völlig widersprechender Ton. Wie viel Schlimmes daraus für die ganze Erziehung der Jugend folge, und wie es weit besser um die Nationalerziehung stehen würde, wenn es anders wäre, brauchen wir kaum zu erinnern, **) wir betrachten hier die Sache nur aus dem Gesichtspunct der Elementarschule für sich. Sie soll das Kind aus dem Lernen im bloßen Umgang in das gemeinsame Lernen der absichtlichen Anstrengung mit seines Gleichen allmählig und also naturgemäß hinüberführen. Es richtet nunmehr seine Aufmerksamkeit dahin, wohin sie die andern auch richten, und das wird ihm zur geselligen Lust und Gewohnheit.

---

*) S. Gesch. der Erziehung 2te Abth. S. 365 fg. Es war in Deutschland gewöhnlich der Gregorinstag, wo die Knaben in die Schule aufgenommen und von zwei Schülern mit Sceptern ernstfeierlich abgeholt wurden, nachdem diese 14 Tage vorher in der Stadt herumgegangen und deßhalb bei den Eltern angefragt hatten.

**) Man sehe hierbei noch Erziehungsl. B. I. 2te Abth. S. 475. B. II. S. 15. 601. B. III. S. 13. 279 fgg. 303 fg.

Auf solchem Wege gelangt der kleine Schüler wie von selbst zum gemeinsamen Lernen der Elemente, er gehört der Anfangsschule an und er weiß es nicht anders als daß er sie täglich des Morgens besucht, wie er jeden Morgen gewohnt ist sich zu waschen und zu frühstücken. Er gewöhnt sich denn auch auf den Glockenschlag zu kommen wie seine Schulkameraden, und will es überhaupt gerne den Besseren gleich thun. Da erwacht denn der Ehrtrieb des Wetteifers, den wir weit entfernt zu verwerfen, vielmehr für einen sittlichen Trieb halten, welcher seiner Zeit in der Jugend erwachen, aber nur gut geleitet, gezügelt und unter dem Einfluß der Liebe gehalten werden soll. Der Ernst der Schule wird ihn nicht im mindesten abstoßen, und es werden kaum einige Wochen vergehen, so ist er schon in die ganze Ordnung eingelebt. Denn sie ist ihm nicht von außen als Gesetz verkündigt, was der Kindes-Natur zuwider wäre, sondern sie wird ihm von außen durch seine Genossen, und von innen durch natürlichen Trieb zur Sitte. Wir reden nämlich nicht von verdorbenen oder verwöhnten Kindern, auch nicht von unkindlichen oder gar von rohen Schullehrern, sondern wir nehmen an, was man in der Regel voraussetzen kann. Gesetzt aber, es komme ein verwahrlosetes Kind in diese Schule, so wird ihm die Strenge der Ordnung zur natürlichen Strafe, welche, den seltneren Fall ausgenommen, der für gänzlich verdorbene Kinder vorher ein andres Heilmittel und eine Art Quarantäne verlangt, damit sie nicht die Schule verpesten, den Zweck der Besserung nicht verfehlen kann, wie wir von der Natur und dem Alter sechs- bis siebenjähriger Kinder hoffen dürfen.

Die Aufmerksamkeit der Neulinge wird nun zuerst mit dem Nachsprechen von Worten und Sätzen, mit Unterscheiden der Buchstaben, mit Lautiren u. s. w. beschäftigt. Dann nehmen sie ihre Schiefertafeln zur Hand, und ziehen Linien rc.; auch zählen sie und kommen allmählig zum Kopfrechnen. Ferner: es wird ihnen etwas Anziehendes erzählt, der Lehrer fragt sie darüber, ruft ihre Denk- und Urtheilskraft hervor, läßt sie auch wieder erzählen, oder sie müssen wörtlich hersagen irgend ein Verschen oder einen Sinnspruch, den sie im Chor sprechen, sich eingeprägt haben als Gedächtnißübung. *) Zum Schluß wird auch ihre Stimme in Tönen geübt. Und nun werden sie mit einem kurzen Herzensgebet und einem freundlichen Abschiedsworte vom Lehrer entlassen. So sind den Kindern leicht zwei Stunden hingegangen, als seyen es Spielstunden gewesen; man besuche nur solche wohlbesorgte Elementarschulen und man wird sich in die Seele der Kinder freuen. Nach einigen Monaten finden sie dann schon Interesse an der Sache selbst, in welcher sie ihre Fortschritte fühlen. Nachmittags dauert für sie die Schule Anfangs nur Eine Stunde, worauf sie denn zuweilen zu kleinen gymnastischen Uebungen angeleitet werden.

Bei der bekannten richtigen Methode kommen diese Kinder schon in einigen Monaten zum Syllabiren, und spätestens zu Ende des ersten halben Jahrs zum Lesen. Das will denn zur vollkommnen Fertigkeit geübt seyn, und damit gehen im Ganzen etwa zwei Jahre hin. Das Schreiben scheidet sich allmählig und ebenfalls schon im ersten Halbjahre aus, so daß das Zeichnen als ein besonderer Lehrgegenstand, nämlich als Formenlehre nebenher läuft. Das Kopfrechnen schreitet fort, und zuletzt lernt der Elementarschüler auch die Ziffern kennen und auf der Tafel kleine Exempel machen. Dem Lesen und Schreiben gehen die elementarischen Sprachübungen zur Seite, und diese sind zugleich die bestimmtesten Denkübungen. Außerdem wird aber der Verstand bei allem Lernen geübt, wie das jetzt von jedem Lehrer verlangt werden muß. Die Sinnenübungen, von dem Eintritt an mit jedem Kinde angefangen, werden täglich fortgesetzt und verbinden sich,

*) Alles dieses findet man ausführlich in der Erziehungslehre B. III. S. 83—157.

was den Gesichtssinn betrifft, mit dem Zeichnen und dem Augenmaaße, für den Gehörsinn mit der Aufmerksamkeit auf das, was erzählt oder vorgesprochen wird. Durch lautes Sprechen wird auswendig gelernt, bis daß das Gedächtniß so weit gestärkt ist, daß dem Schüler auch aus dem Buche manches aufgegeben wird, das er auswendig hersagen muß; alles in methodischem Stufengang. Die Hauptsache bei dem ganzen Unterricht ist die Gewöhnung an festgehaltene Aufmerksamkeit und innere Anstrengung. Daher muß der Lehrer auch strenge bei seinen Fordrungen stehen, diese aber nie überspannen. *)

Das führt uns sogleich auf die Abtheilung der Elementarschüler in verschiedne Ordnungen. Diejenigen, welche neu eintreten, können nicht alsobald in Gemeinschaft mit den andern lernen, und sie würden etwa ein halbes Jahr besonders zu unterrichten seyn, bis sie den andern Neulingen die unterste Ordnung hinterlassen und nun die zweite ausmachen. Doch sind sie in dieser wohl selten allein, da sie diejenigen noch vorfinden, die in ihrem Lernen gegen die vorzüglicheren zurückgeblieben sind, vielleicht der 3te Theil dieser Ordnung. Sey es aber auch die Hälfte, so können sie mit den hinzukommenden Mitschülern ein halbes Jahr zum gegenseitigen Vortheile zusammen lernen. Denn sie, die älteren, werden durch die jüngeren zu stärkerem Eifer angefrischt, und diese, die jüngeren, werden durch jene, die doch geübter sind, aufgemuntert und zu ihnen hinangezogen. Auch vertragen die Lehrgegenstände einen solchen gemeinsamen Unterricht, daß sie

*) Wir besitzen zwar einige gute Anleitungen zu den ersten Sinnen- und Verstandes-Uebungen, vornehmlich in K. H. Krause Denkübungen für Elementarschulen, 3 Cursus, neueste Aufl. 1831. Gutsmuths Gymnastik, und für die Sprache zugleich in v. Türks Leitf. des Unterr. in der Formen- und Größenl., in Tillichs Erstem Leseb. u. a.; indessen kennt der Verf. noch kein ganz für jenen Zweck eingerichtetes Buch, das dem Lehrer dienen möge.

alle in ihrer möglichen Ungleichheit beständig beschäftigt werden können, ja grade diese Ungleichheit ist für ihre Thätigkeit nicht nur ein belebendes Reizmittel, sondern giebt auch mehrseitig ernährenden Stoff.

Wenn nun diese Schüler die Schwierigkeiten im Lesen überwunden haben, so treten sie in eine höhere Ordnung ein, in welcher sich diejenigen befinden, welche sich nicht mehr durch holperiges Lesen und ungeübte Aufmerksamkeit stören. Sie müssen damit zugleich eine reindeutsche Aussprache und die Unterscheidung der Worte und Sätze im Allgemeinen gewonnen haben. In den übrigen Lehrgegenständen stehen sie dann der Regel nach auf gleicher Linie. Dieses ist denn die oberste Ordnung der Elementarschule. Sie setzt den Unterricht der zweiten in ununterbrochenem Zusammenhange fort, indem sie 1) das Lesen zur Fertigkeit einübt, sowohl das mechanische als das verständige, 2) die deutsche Sprache nunmehr grammatisch zu lehren anfängt, nämlich die Elemente der Etymologie, wie Decliniren ꝛc. und die ersten Regeln der Satzbildung, und das, wie sich versteht, mehr praktisch als abstract. *) Das Schreiben, Zeichnen (die Formenlehre), Rechnen, Singen, geht in seinem ruhigen Laufe fort, so daß der Schüler dieser Ordnung bis zum Ausrechnen der vier Species, auch schwererer Aufgaben im Kopfe und auf der Tafel gelangt ist, regelrichtig mit der Feder schreibt, und ebenso mit dem Stifte die Grundformen kennt und zeichnet. Daß hierbei Sinn und Verstand fortgeübt werden, liegt in der Natur der ächten Methode. Ueberhaupt ist diese Ordnung bestimmt, daß sich der Schüler Fertigkeiten erwerbe, wie das grade in dem Alter von 7 bis 8 Jahren die Naturentwicklung verlangt; er muß aber eben darum lange genug in derselben verweilen, weniger um

*) Hierzu empfiehlt sich als ausführliches Schulbuch ganz besonders: F. H. G. Graßmann, Sprachbildungslehre für Deutsche, 3 Theile. 1828 – 30.

Neues in seinem Lernen hinzuzufügen, als um das, was er in sich aufgenommen hat, sich ganz in seinen Organismus anzueignen, so daß Kopf, Mund, Hand das Erlernte als ihre entwickelte freie Kraft besitzen. Daher ist hiermit auch der Unterricht in der Elementarschule geschlossen, und der Schüler, welcher in der obersten Ordnung diese Fertigkeiten gewonnen hat, ist völlig begründet, um aus diesem hauptsächlich formalen Unterricht in den mehr materialen überzugehen, ja die erstrebte Kraft sehnt sich nach Nahrung Die Schulzeit für diese oberste Ordnung wird wenigstens auf ein volles Jahr zu setzen seyn. Wir lassen den Schüler nur täglich 4 Stunden sie besuchen, weil sein Alter in der Regel unter 8 Jahren, noch das Kinderrecht längerer Spielzeit und seine Gesundheit mehr freie Bewegung anspricht. *)

Die Lectionen ordnen sich in der Elementarschule ganz natürlich in folgender Weise: Alle zusammen fangen Morgens mit Gesang und Gebet und einer religiösen Unterhaltung an, welches $\frac{1}{4}$, auch wohl $\frac{1}{2}$ Stunde dauert; hierauf gehen die drei Ordnungen auseinander.

1) Die unterste Ordnung. Vormittags: Sinnen- und Sprachübungen, Lautiren, $\frac{1}{2}$ bis $\frac{3}{4}$ Stunde. Erzählen, Nachsprechen zugleich als Gedächtnißübung, Handübung auf der Schiefertafel, Singen; — $\frac{3}{4}$ Stunde. Im Ganzen 2 Stunden; — im Sommer von 7 bis 9 Uhr, im Winter von 8—10. Nachmittags: Zählen und Rechnen, Leibesübungen, 1 Stunde; im Sommer von 3—4 Uhr.

*) Hören wir hier noch einen würdigen Schulmann aus einer längst hingegangenen Generation, H. M. G. Köster, Gedanken von den niederen und höheren Schulen, 1765. „Der Schüler muß nothwendig in mancher Stunde ganz stumpf seyn. Eine Stunde, die mit einem aufgeheiterten Gemüthe angewendet wird, ist besser als drei, darin man verdrießlich ist.“ Man findet auch da treffliche Gedanken über die Schulzucht und gegen das Schlagen, außer seltnen Fällen, u. dgl. mehr, was man von jener Zeit noch kaum erwartet.

2) Mittlere Ordnung. Nach der Morgenandacht: Lese- und Sprechübungen $\frac{3}{4}$ Stunde; Rechnen, Formenlehre, Gedächtnißübung $\frac{3}{4}$ St. Singen $\frac{1}{4}$ St. Im Ganzen 2 Stunden. — Nachmittags: Lesen, Zeichnen, körperliche Uebung, die Mädchen stricken etwa; zusammen 2 Stunden; im Sommer von 3 bis 5, im Winter von 2 bis 4 Uhr.

3) Oberste Ordnung. Wie jene, nur daß die Sprechübungen in grammatische übergehen, und statt der Formenlehre, die nun Nachm. mit dem eigentlichen Zeichnen verbunden wird, Vorm. die Schreibübungen statt finden. Die Mädchen erhalten Anleitung sich mit Stricken und Nähen zu beschäftigen. Bei diesem Unterricht lernen übrigens die Kinder manche Sachkenntnisse, und sammeln einen gewissen Reichthum in ihr Gedächtniß. So z. B. werden sie aus dieser Schule auch schon bei gewöhnlichem Fleiß die schönsten Kinderlieder und andere kindliche Gedichte mitbringen, die ihr ganzes Leben hindurch in ihrer Seeleforttönen. Wer solchen Samen nicht in den mancherlei Lehrstunden auszustreuen versteht, verdient gar nicht in dieser Schule zu unterrichten. Ein gutes Lesebuch ist aber für sie nothwendig und außer der Fibel das einzige Buch. Gewöhnlich ist irgend eins in den Landesschulen eingeführt, und weil man seine Wichtigkeit erkannt, aber immer noch nicht das vollkommene gefunden hat, so pflegen die Schulbehörden mit jeder neuen Organisation alsobald eins fertigen zu lassen; das vollkommene wäre ein pädagogisches Meisterwerk. Ebenso nöthig ist eine Liedersammlung, doch nur für die Lehrer. *) Denn diese Kinder sollen noch nicht aus dem Buche auswendig lernen, am wenigsten Poesieen als todten Buchstaben aufnehmen,

*) Vielleicht erinnert sich noch mancher Leser mit Liebe an Weißens Lieder für Kinder, die gegen das J. 1770 herauskamen. Wir haben seitdem so viel mehrere und schönere Lieder erhalten, welche Kinder lernen sollten; hätten wir nur eine recht gut gewählte Sammlung!

sondern aus dem Munde und Gemüthe des Lehrers, wenn er es ihnen in lebendiger Rede vorsagt, daß sie es sich durch Nachsprechen, manches auch durch Singen einprägen.

Wenn nun eine Elementarschule nach diesem Plane bestehen soll, so bedarf sie mehr als Einen Lehrer, denn es wird in den zwei, mitunter auch in den drei Ordnungen zu gleicher Zeit unterrichtet. Zwei Lehrer können es unter Umständen bestreiten, im Fall nämlich nicht viel mit den Neulingen zu thun wäre. Da aber auch für die Fingergeschicklichkeit der Mädchen eine Lehrerin nöthig ist, so könnte wohl diese die Stelle des Gehülfen vertreten, insieferne sich das in die Stundeneintheilung fügt. Auf solche Art hätten wir eine vollständig eingerichtete Elementarschule. Weil indessen meist die Kosten dafür nicht aufgebracht werden, oft auch das Locale für zwei Schulzimmer fehlt, so ist man zu einer dürftigeren Einrichtung genöthigt, wornach alle Schulkinder, und das oft in großer Zahl, in Einem Zimmer, unter Einem Lehrer, und in gleichzeitigem Unterricht zu beschäftigen sind. Wir müssen also sehen, wie eine solche Schule, wie sie denn doch gewöhnlich ist, am besten eingerichtet wird. Alle Kinder versammeln sich Morgens zur bestimmten Stunde; die Andachtsübung ist ohnehin gemeinsam; nun unterhält sich der Lehrer zuerst mit den Anfängern, damit er sie nachher durch einen der obersten Schüler weiter beschäftigen lasse; denn sie sind noch zu keiner Selbstbeschäftigung in der Regel fähig; während dem aber findet diese bei allen übrigen Schülern statt, indem der Lehrer den Tag vorher dafür gesorgt hat, daß sie etwas auf ihren Schiefertafeln vornehmen können; so wie er sich nun zu ihnen wendet, sieht er das nach, und ertheilt den beiden Ordnungen den Unterricht in der Formenlehre; sodann begiebt er sich wieder zu der Bank der Kleinsten und nimmt das Weitere mit ihnen vor; hierauf entläßt er diese, da sie etwa 1 ½ Stunde in der Schule zugebracht. Die übrige Zeit verwendet er dann zu den Lese-, Schreibe-, Rechnen-, Singübungen der beiden Hauptordnungen, welche dann freilich zugleich müssen beschäftigt werden; und wozu viel Gewandtheit des Lehrers erfordert wird. Bei dieser Einrichtung sind Vormittags 3 volle Stunden nöthig; Nachmittags bleibt es bei zweien, nur müssen auch hier wieder die Anfänger entlassen werden. Indessen werden die meisten derselben schon nach einigen Monaten dahin kommen, daß sie alle Schulstunden in guter Thätigkeit aushalten. Bestimmter die Anordnung dieses Unterrichts anzugeben, wäre unnütz, da es jedesmal von dem Ermessen des Lehrers abhängen muß, wie er die Aufmerksamkeit aller Kinder unterhalten möge. Ganz wird das auch dem geschicktesten Bemühen nicht gelingen, und es wird nie so die störende Unruhe vieler Schüler abzuwehren seyn, als in obiger Trennung der Schule: indessen mag der Lehrer bei solcher mehr angreifender Arbeit sich wenigstens in seiner Klage über die nicht so guten Fortschritte damit beruhigen, daß die Kinder dann auch wenigstens ein halbes Jahr länger die Elementarschulen besuchen müssen. Auch möchten wir wohl bei den langsameren Fortschreiten uns noch damit trösten, daß es ein desto sichereres sey, weil die häufigen Hemmungen ebenso häufige Wiederholungen zur Folge haben, welche sich da von selbst machen. Denn das gemeinsame Lernen zieht Alle mit fort, und die, welche heute zurückgeblieben sind, müssen morgen neu ansetzen, um einen desto stärkeren Schritt zu thun. So kann selbst durch die Unterbrechung die Thätigkeit an Anstrengung gewinnen, und die während der Schulstunden öfters unterbrochene Aufmerksamkeit in vielen kleinen Zeittheilchen eben die Erholung finden, die man ihr sonst etwa in Viertelstunden gönnen muß. Wirklich zeigt die Erfahrung, daß die Kinder in einer solchen Schule, freilich unter einem guten Lehrer, oft im Stillen größere Fortschritte machen, als es äußerlich erscheint.

Es möchte, wenn einmal das Bedürfniß der Kleinkinderschulen allgemeiner beachtet wird, gerathen seyn jene unterste Ordnung der Elementarschule in sie zu verlegen, da ohnehin die Kinder über drei Jahre schon hier solchen Unterricht erhalten. Man dürfte also nur die Zeit in derselben um ein Jahr verlängern und die Kinder von dem zurückgelegten 3ten bis zu dem beendigten 6ten Lebensjahre aufnehmen. Hierdurch würde ein Lehrer erspart und alles vereinfacht. Die Elementarschule hätte dann nur zwei Ordnungen, und diese könnten bei nicht zu großer Zahl alle zusammen beschäftigt werden.

Die sogenannte Schulzucht ist überhaupt nicht von dem Unterricht zu trennen, am wenigsten ist bei jenem jüngeren Alter noch etwas besonderes dabei zu thun. Die Kinder werden in der Aufmerksamkeit und Thätigkeit die Schulstunden hindurch unterhalten, und von ihrem Eintritt an zu einer bestimmten Ordnung im Kommen, Gehen, Sitzen, Stehen, Lernen so gewöhnt, daß es ihnen gar nicht anders einfallen kann. Da nun die Schulzucht eben darin besteht, daß die Unarten verhütet, die Vergehungen bestraft, die guten Sitten angewöhnt werden, so wird sie grade in jener Schulthätigkeit möglichst bewirkt. Denn zu Vergehungen kann es da gar nicht kommen, wenn sich nicht etwa hier oder da ein räudiges Schaf einfände; der gutgeleitete Unterricht verhütet sie schon allein. Aber er regt auch das kindliche Gemüth so vielfach in guten Gefühlen an, und streut so recht gedeihlich den edlen Samen aus, daß man an der menschlichen Natur verzweifeln müßte, wenn man nicht schon dadurch einen Erfolg erwarten wollte, der fast gänzlich der Strafmittel überhebt. Indessen kommt nun von einer andern Seite die Unart des menschlichen Herzens zum Vorschein, und das grade durch die freundlichere Behandlung der Kinder hervorgelockt. So wie ehedem die Kleinen mit Furcht und Zittern in die Schule wanderten, und froh waren, wenn sie ungeschlagen nach Hause kamen, *) so

*) Man sehe Erziehungsgesch. 2te Abth. S. 361 fg. 500. Wir sahen noch in unserm Schulalter ABCBücher mit dem Hahn hin-

ist es jetzt grade umgekehrt, jetzt eilen sie fröhlich wie an ihren Spielort, lernen da mit Lust, und haben meist bei ihrer Heimkunft erst des Tages Last und die Unfreundlichkeit der Menschen zu erfahren. Das macht sie denn in der Schule aufgeweckt, aber auch leicht unbescheiden und ausgelassen. Daher hat in jetziger Zeit der Lehrer grade desto mehr auf Gehorsam zu halten. Doch davon unten. Es kommen mitunter allerdings Fälle vor, wo Strafmittel nöthig werden, und dann darf auch keine weichherzige Nachsicht den Ernst dieser strengeren Mittel zurückhalten, denn sonst würde nur das Böse begünstigt. Es fragt sich also, worin diese Mittel, welche das Positive der Schulzucht ausmachen, für die Elementarschule bestehen? Man lasse bei der Beantwortung das zarte Alter nicht aus den Augen. Es sind da freilich keine unmündige Kinder mehr, welche noch nichts von Strafe verstehen, außer was sie im bösen Gesicht lesen, und was sie körperlich fühlen, weßhalb da die Ruthe noch allenfalls gebraucht werden mag. Es sind aber auch keine wilde Knaben, die erst mit dem Stock zu Paaren müßten getrieben werden, oder wo wenigstens körperliche Züchtigungen nöthig wären. Die Schüler der Elementarschule stehen zwischen 6 und 9 Jahren, und haben sämtlich noch Theil an dem Rechte des kindlichen Alters, welches mit Zartheit behandelt werden soll. Zwar mag sich unter einer Zahl von 50 und

---

ten und dem zwar schalen, aber leider gegründeten Witze: „Wenn dieser Hahn wird laut und gänzlich helle krähen — Die Kinder dann zur Schul ganz ungeschlagen gehen.“ Wie ganz anders, seit Basedow die Buchstaben den lieben Kleinen durch Lebkuchen versüßte, und seit in der v. Rochowschen Schule die Kinder sich glücklicher befanden, als zu Hause! Aber soll das uns etwa auf die alte finstre Schulzucht und jene Lernqual zurückführen, wie mancher wohl auf den Gedanken kommen möchte? Gott bewahre! Wenn die Leute im Wohlstand üppig werden, so darf man sie darum doch nicht in einen Nothstand versetzen wollen. Laßt uns vielmehr schon bei den Kindern erkennen, wie das menschliche Herz bald verzagt, bald trotzig wird, und wie wir es vor den beiden Verderbenspuncten schon in der Schule bewahren mögen.

darüber auch manches von einer Ungezogenheit finden, die wirklich nicht anders als durch körperliche Züchtigung geheilt werden kann, indessen ist das gewiß ein nicht häufiger Fall, der noch seltner wird, wenn man den Stufengang der Strafen nach dem Gesetze der Reizmittel beobachtet. *) Das möchte etwa folgender seyn: freundlich warnender, dann strafender Blick, drohender Finger, Wort der Warnung, kurzer Verweis, öffentlicher Tadel, Androhung einer Züchtigung, Wegsetzen auf die Bank der Unsittlichen, Sitzenlassen eine Zeitlang nach der Schule, versteht sich unter Aufsicht, leiser Schlag mit dem Stock auf die Schulter, derbere Hiebe, doch mit bekannter Vorsicht. Dieses letztere Zuchtmittel wäre das äußerste, das kaum einmal in Jahresverlauf vorkommen darf, und über welches hinaus, falls es bei einem Kinde nichts helfen sollte, keines mehr liegt, als Ausschließen aus der Schule. Dagegen müßte ein verwilderter Schüler, wo es vielleicht im Anfang nöthig wäre, dahin kommen, daß man rückwärts immer gelindere Strafen anzuwenden brauchte, um sein sittliches Gefühl für die schwächeren Reizmittel zu schärfen, und ihn zur inneren Gesundheit zurückzuführen. Daß das Gefühl der Mädchen in der Bestrafung noch mehr geschont werde, verlangt die weibliche Natur. Noch aber müssen wir auf den Unterschied aufmerksam machen, wie die Bestrafung in der Schule und wie sie zu Hause wirkt. Denn hier, unter der Hand der Eltern, im Beiseyn der Geschwister, oder gar bei Vater oder Mutter allein, wird von dem Kinde alles ganz anders aufgenommen, und auch die härteste Strafe leichter ertragen, als von dem Lehrer, und noch vollends im Beiseyn der Schulgenossen. Da, in der Schule, mangelt die geheime Milderung der häuslichen Liebe, und dafür tritt eine Schär-

---

*) Die Erziehungslehre behandelt den Gegenstand von den Strafen B. II. S. 40 fg. 430 fg. 436 fgg. B. III. S. 78 fg. u. a. m. O.

fung ein, die meist in dem Herzen einen Krankheitsstoff zurückläßt, das Kind wird in Gegenwart seiner Mitschüler beschämt. Grade das reinste Element des Ehrtriebes, die edle Scham, wird da ausgeschieden, und dafür das vergiftende der Ehrsucht hereingezogen, welches denn bei vielen, wie die Erfahrung lehrt, in Neid und Schadenfreude, bei manchen auch gar in jene Ehre des Trotzes, der sich gegen die Strafen verhärtet, und im Ganzen in einen bösartigen Gemeingeist der Schüler ausschlägt. Da muß denn alles immerfort auf diesen Geist berechnet werden, und alles Bestrafen und Belohnen muß in solcher Weise fortgehen. Und ist das nicht das Gewöhnliche, was wir fast in allen Schulen finden, vornehmlich in den höheren der Knaben? Es fängt in den Elementarschulen an. Ist in diesen der rechte Ton verfehlt, so geht die Verstimmung durch das ganze Leben hindurch. Gleichwohl sollte das kindliche Alter so heilig gehalten werden, daß man nicht seinen edelsten Trieb im ersten Aufstreben verletzte, und wenigstens sollte in einer christlichen Schule jenes Wort des Erlösers nicht unbeachtet bleiben. Denn Kinder auf eine Art strafen, die das Gemüth erbittert, oder auch nur verhärtet, und gehässige oder auch nur unfreundliche Neigungen einimpft, heißt doch, wenn irgend etwas, „die Kleinen ärgern," und wehe dem, der das thut, wehe auch solcher Schule!

So wie von der einen Seite der Unterricht selbst das Wichtigste der Schulzucht enthält, so bringt diese, d. h. der rechte Geist derselben, von der andern Seite auch in das Lehren selbst den rechten Ton und die richtigste Weise. Grade in der Anfangsschule ist das am meisten bemerkbar, weil die Schüler noch in jenem Alter der Einfachheit stehen, wo die Person des Lehrers mehr wirkt, als der Buchstabe der Lehre. Lieben die Kinder den, welcher sie unterrichtet, so nehmen sie jedes seiner Worte in das Herz auf, achten sie dabei seinen Ernst, so hängen sie an seinen Blicken. Weiß sich also der Lehrer ihre Achtung und Liebe zu erwerben, und spricht sich in seinem Lehren freundlicher Ernst aus, so hat er ihre Aufmerksamkeit gewonnen, und das besser, als es all sein eignes Wissen und regelkundiges Unterrichten an sich vermag, so sehr das auch der Lehrer bedarf, um sich bei dem Schüler in bleibender Achtung zu erhalten. Auch fühlen es bekanntlich die Kinder sehr bald, ob man sie lieb hat. Man trete nur in eine Schule ein, wo sie sich eines solchen Lehrers erfreuen, und man wird augenblicklich bemerken, wie sie von ihm gleich als in einem magnetischen Zuge geleitet werden. Er trifft dann in jedem Wort und Wink ihren innern Sinn, und daß er den rechten Lehrgang und Lehrton in jeder Lehrstunde treffe, liegt in seiner eignen Aufmerksamkeit, in welcher der Geist der bildenden Liebe lebt. Eben dieser Geist aber hält die Schuljugend in Ruhe und Ordnung, und giebt dadurch dem Lehren einen Spielraum, worin sich dasselbe frei und freudig bewegen kann. Da braucht der Lehrer nicht zu zanken und zu strafen, nichts verstimmt ihn, nichts macht ihn ärgerlich, und da geht denn auch von ihm kein Mißton in die Schüler aus, jedem ist es wohl in dem geordneten Gange, alle stärken sich gegenseitig in der gedeihlichen Thätigkeit, und der Lehrer verläßt nach den Kindern und mit noch größerer Zufriedenheit als sie, heute das Schulzimmer, um morgen noch freudiger wieder zu kommen. Tritt man dagegen in eine Schule, wo Zucht ist ohne Liebe, da sieht man in einen Qualort, wo die Schüler sich von Anfang nur nach dem Glockenschlag sehnen, der sie auf die freie Straße herausstürzen läßt, und der Lehrer sich mit manchen Tagesgedanken unterhält, um nur nicht dem Aerger zu erliegen, die Schüler haben da immer etwas anderes im Sinn als den Lehrgegenstand, gelernt wird da wenig, gelehrt wird schlecht, und die Schulzucht verfällt mit jedem Tage mehr.

Wir müssen daher für unsere Elementarschule einen Lehrer verlangen, in welchem der Geist des freundlichen

Ernstes lebt, und der also keiner Regeln über den Lehrton bedarf. Denn nur der bedarf sie, der jenes Geistes ermangelt, aber diesem helfen sie nichts, denn der weiß sie dann so wenig zu gebrauchen, als der, welcher keine Musik versteht, ein Notenbuch. *)

Ebenso wenig haben wir von der Lehrform weiter zu sprechen. Die Gesetze derselben, insbesondere wie sie jenem früheren Alter angemessen ist, sind bekannt, **) und eben jener Geist, der den Lehrer überall leiten muß, macht jedes weitere Regelwerk unnütz. Er soll sich von selbst getrieben fühlen, in beständiger Unterhaltung mit allen seinen Schülern zu leben, und wie da an keinen Mann zu denken, der auf einem Katheder sitzt, oder steif auf- und abschreitet. Auch wenn er auf seinem Stuhle sitzt, werden seine Augen doch herumgehen, und er wird bald dieses bald jenes Kind anreden, fragen, zum Aufmerken reizen. Er ist immer mitten unter seiner lieben Kinderschaar, und in

*) Denzel spricht in s. Einl. in die Element. Schul-Kunde und Praxis im 1ten Th. §. 165 fgg. sehr gut über den Lehrton. Er zeigt die Wichtigkeit desselben, und wie viel auf die Persönlichkeit des Lehrers ankomme, welche „gleichsam den Mechanismus zum Organismus erheben“ müsse; und dann giebt er aus bewährter Erfahrung an, was zu einem guten Lehrton gehöre, nämlich „fühlbare Wärme für die Sache, die man vorträgt, rege Lebendigkeit im Vortrag selbst, würdevolles festes sicheres Benehmen, Milde und Liebe.“ Wir führen hierzu auch noch vorläufig an: Lehren der Erfahrung für chr. Land- und Armen-Schullehrer. Eine Anleitung zunächst für die Zöglinge rc. in Beuggen von Chr. H. Zeller, Schulinspector. 3 Bde. 1826—28. bes. der 3te B. von der Schulzucht enthält viel Treffliches, das hierher gehört, zunächst §. 3. u. 4. der Lehrer als christlicher Erzieher.

**) Erziehungsl. III. S. 57 fgg. giebt die verschiednen Lehrformen an, die akroamatische, so wie die für den Jugendunterricht: die katechetische, heuristische, didaktische, und was dahin gehört; auch haben wir dort vom Lehrton, überhaupt vom ganzen Lehrgeschäft gehandelt.

dem Schulzimmer so allgegenwärtig, daß die Schüler sich vor ihm wissen, wo sie ihn auch nicht sehen. Sie werden von ihm in beständiger Lernthätigkeit unterhalten, indem er ihnen bald etwas vorsagt, bald etwas vorzeigt, bald etwas aufgiebt, bald sie katechisirt, bei keiner Lehrform steif verweilt, auch keine verschmäht, sondern jede so zur Hand hat, wie sein beobachtender Blick und der eigentliche Lehrtact ihn auffordert.

Der Lehrmittel für die Elementarschule sind wenige für die Kinder nöthig, Schreibmaterialien, Schiefertafeln, Griffel, etwa auch Bleistifte und ein Lesebuch, das ist alles. Es ist dabei zu rathen, daß dieses alles den Kindern in der Schule aufbewahrt werde, allenfalls ihr Lesebuch ausgenommen, und daß der Lehrer sehr genau auf Sauberkeit der Schreibebücher u. s. w. sehe. Auch halte er darauf, daß die Kinder selbst immer reinlich in reinlichem Schulzimmer erscheinen. Eine gutgewählte Schulbibliothek für den Lehrer ist zu wünschen. *)

Zweites Kapitel.

Die Mittelschule.

Sie folgt auf die Anfangsschule, übernimmt also die Kinder, welche schon fertig lesen können, ihre deutsche Sprache rein und richtig sprechen, im Schreiben und Zeichnen die Hand geübt haben, im Kopf- und Tafelrechnen

*) So eben ist eine Schrift erschienen, welche das Publikum über die Elementarschulen, die folgenden Volksschulen mit inbegriffen, eine ausführliche gute Belehrung erwarten läßt: Das Elementarschulwesen und die Volksbildung als Angelegenheit aller Stände. Von M. A. Ries, Großh. Hess. Prof. Director des Schullehrer-Semin. zu Bensheim rc. 1832.

einige Gewandtheit besitzen, und überhaupt durch Denken und Behalten für ihre ganze Lernthätigkeit entwickelt sind. Sie sind nunmehr dazu reif, den Stoff aufzunehmen, der für die allgemeine Bildung dient; der Unterricht wird also mehr ein materialer, d. h. er bezweckt zunächst die Aneignung der Lehrgegenstände, jedoch so, daß er fortwährend zugleich formal die Lernkraft weiter entwickelt und zum Ganzen der Erziehung mitwirkt. Noch wird in dieser Mittelschule nicht vollständig das erlernt, was man von der gebildeten Jugend fordert; aber es soll doch der Schüler dahin kommen, daß er, falls ihm die äußeren Verhältnisse dieses Vollständige versagten, wie es für die meisten der Fall seyn wird, in der Gesellschaft, zu welcher er heranwächst, verständig und mit den allgemeinsten Geschicklichkeiten und Kenntnissen versehen, als ein wohlgesitteter Mensch zu leben wisse. Wer nun beim Austritt aus dieser Schule so begünstigt ist, daß er in eine höhere eintreten kann, muß die Vorbereitung für dieselbe mitbringen. Darum nennen wir sie die Mittelschule, denn wir wollen bei diesen unsern Volksschulen, wie sie die gewöhnlichen Knaben- und Mädchenschulen sind, den Gesichtspunkt der vollständigen Jugendbildung nicht außer Augen lassen. Sie nimmt die Kinder mit 8 oder 10 Jahren auf, und behält sie bis zum 12ten oder 14ten Jahre. Weil nun schon in diesem Alter das Beisammenseyn beider Geschlechter manche Bedenklichkeit hat, und wenigstens die Unterrichtsweise bei jedem etwas Verschiedenes haben muß, so ist in der Regel eine Trennung dieser Volksschule nöthig in die für Knaben und die für Mädchen.*) Wir betrachten also jede besonders.

*) Unter andern giebt Erziehungslehre II. S. 543 fgg. diejenige Verschiedenheit in der Behandlung der Knaben und Mädchen an, welche zunächst für die Trennung in der Schule in Betracht kommt, wie auch II. S. 249—252. Ueber beide Schulen ist vieles im Druck erschienen.

1. Die Knabenschule.

Die Lehrgegenstände sind: Lesen, Schreiben, deutsche Sprache, Rechnen, Anfangsgründe der Geometrie, Zeichnen, Singen, gemeinnützige Kenntnisse, Leibesübungen.

1. Das Lesen. Die mechanische Fertigkeit wird nun zu einer geistigen fortgebildet. Die Kinder lernen mit Verstand und Ausdruck, rein und wohlklingend das aussprechen, was die Augen im Buch sicher und leicht auffassen, und ebenso üben sie sich in dem guten Vortrage dessen, was sie auswendig hersagen, d. i. im Declamiren. *) Hierzu sind Lesebücher nöthig, prosaische und poetische, welche in methodischer Anordnung für den Verstand, das Gefühl und die Kenntniß den Stoff zum Bildungszweck zusammenstellen, also mit der geschmackvollsten Auswahl. **)

---

*) F. A. W. Diesterweg, die höhere Leselehre. Dritter Theil des praktischen Lehrgangs für den Unterr. in der deutschen Sprache, od. Anleitung zum logischen und euphonischen Lesen; auch unter dem Titel: Prakt. Lehrg. für d. Unt. in d. d. Spr. Ein Leitfaden für Lehrer, welche die Muttersprache naturgemäß lehren wollen, 3ter Thl. Anl. zum Verstehen der Lesestücke; Dynamik, Melodik u. Rhythmik des Lesens, von F. A. W. Diesterweg, Dir. des Lehrer-Semin. in Mörs. 1830. Der Lesebücher für Schulen giebt es viele; wir kennen keins, das unserer Idee entspräche, so daß die Mannigfaltigkeit des Stoffes für die geistige Einheit und zugleich für die fortschreitende Leseübung sich einigte; am meisten gebraucht ist wohl das Handbuch für Bürgerschulen von Dr. F. L. Wagner, 12te A. 1831. Eins der frühesten ist Rochows Kinderfreund, gegen das J. 1780. aber allzu klein; größer und weiter führend ist Gutmann od. der Sächs. Kinderfreund von Thieme, gegen d. J. 1790. und noch in gutem Gebrauch.

**) Der Lesebücher für Schulen giebt es sehr viele, und die auch recht brauchbar sind. Eines der frühesten ist das kleine von Rochow, der Kinderfreund, hierauf ein größeres von Thieme, Gutmann od. der Sächs. Kinderfreund, dann auch das Noth- u. Hülfsbüchlein von R. Z. Becker; und nun könnten wir eine

2. Das Schreiben. Eine reinliche, fließende, möglichst schöne Hand zu gewinnen, ist das Ziel des Schülers, wobei der Lehrer das künftige Geschwindschreiben unbeschadet der Schönheit der Handschrift zugleich vor Augen haben muß. Sowohl mit lateinischen oder vielmehr englischen, als mit deutschen Buchstaben muß der Schüler leserlich schreiben können, insbesondre mit der deutschen Currentschrift; denn diese ist im Leben die nothwendige, und das andere künstlichere eine bloße Nebensache, wenn nicht zeitraubende Spielerei. Eher wäre eine Schrift in Abkürzungen (Stenographie) nebenbei zu erlernen. Eine gute Auswahl der Vorschriften ist nach diesen Grundsätzen leicht zu treffen, da nunmehr eine große Mannigfaltigkeit in Lithographieen vorliegt.

3. Die deutsche Sprache. Sie ist Hauptsache. Der Schüler soll sie grammatisch verstehen und das regelrechte Sprechen und Schreiben seiner Muttersprache soll ihm zur andern Natur werden, so daß sich die Bildung in der Volkssprache mit der Zeit immer allgemeiner ausspreche. Um die Kinder zugleich in der Orthographie einzuüben, welche übrigens keine besondere Lection ausmacht, wird öfters dictirt, wozu denn der Lehrer gut gewählter Materialien bedarf. *) Er möge dabei auch auf die Handfertigkeit der Kinder Rücksicht nehmen, damit sie nicht

---

ganze Reihe nach dem Alphabeth aufführen, mit ABCBüchern anfangend: Bender — Diesterweg — Glatz — Haas, Hanhart, Hartung, Heinsius — Junker — Kriegk (ein pros. u. ein poet. Th. 1828. in schöner Auswahl) — Lossius, Ludwig, — Morgenbesser — Nissen — Salzmann, Seiler, Schlez, Schwabe — Wagner, Wilmsen — Ziegenbein u. a. m. worunter die für Landschulen.

*) Auch dafür giebt es so viele literärische Hülfsmittel, daß die Auswahl schwer ist, und täglich neue: Adelung — Baumgarten — Dolz — Härderer, Heinsius — Junker — Lange — Krause, Kruse — Pölitz — Rambach — de Sagn, Scholz — Vollbeding — Zehrter, Ziehnert u. a. m.

viel und geschwind schreiben, bevor sie eine feste Hand haben, weil sie sonst, wie es so häufig der Fall ist, verdorben wird.

4. Das Rechnen. Soweit man es im gemeinen Leben braucht, soll es in der Volksschule erlernt werden, also bis zur Geübtheit in der Regel detri und deren mehrfacher Anwendung und in der Bruchrechnung, sowohl im Kopfe als auf dem Papier.

5. Die Geometrie. Die Formenlehre geht unvermerkt in die Vergleichung der Linien, Winkel, Figuren über, und da in unserm jetzigen Culturstande eine Kenntniß hierin gefordert wird, wie sie oft in Anwendung kommt, so darf dieser Lehrgegenstand in der Volksschule um so weniger fehlen, da er ein so treffliches Mittel für die Verstandesbildung ist.

6. Das Zeichnen schließt sich jetzt an diesen Unterricht an, so wie früher an die Formenlehre, aber es wird auch eine Uebung darin allgemein so weit verlangt, daß der künftige Handwerker u. s. w. ein Vorbild hinzeichnen, und der künftige Künstler sein Talent selbst vorbilden könne.

7. Das Singen gehört zu einem gebildeten Volksleben, insbesondere aber zum kirchlichen. In beiderlei Hinsicht müssen es alle Schüler erlernen; diejenigen aber, welche ein Kunsttalent hierin entwickeln, erhalten hierbei zugleich die Vorbereitung zum Kunstgesang.

8. Die gemeinnützigen Kenntnisse sind solche, die man von jedem jungen Menschen, der unter aufgeklärten heranwächst, erwartet, weil sie zu einem verständigen Leben gehören. So verlangt man in unserer deutschen Volksbildung, daß jedermann aus der Erdbeschreibung, Naturkunde, Geschichte wenigstens so viel wisse, um sich in der jetzigen Cultur zurecht zu finden. Der Aberglaube soll überall vertrieben, die Kunde der Verwahrungs- und Rettungsmittel gegen Unglücksfälle, so wie der Gesundheitspflege allgemein verbreitet, das Verhältniß der Men-

schen zur Erde und der umgebenden Natur von jedermann so weit gewußt werden, daß er sie zu seiner Bestimmung benutzen und nach ihren Gesetzen seine Thätigkeit einrichten kann. Hierzu muß die Volksschule Anleitung geben. Sie lehrt zwar noch nicht das Einzelne für einen besondern Beruf, aber das Allgemeine so weit, daß der Schüler zu der genaueren Kenntniß den Grund legt und je nach seiner Fähigkeit die Lust gewinnt. Auch lehrt unsere Mittelschule noch nicht diese Unterrichtszweige in ihrem inneren Zusammenhang, sie giebt z. B. noch keine besondere Lehrstunde in der Physik oder Naturgeschichte, sondern sie wählt aus allem das Wissenswürdige so weit aus, als es für dieses Alter faßlich ist und den Geist erweckt, daß er im Leben selbst diese Kenntnisse erweitere. Daher eignet sich der Unterricht in denselben für eine Zusammenstellung in einem sogenannten Lesebuch, jedoch mit einigem Vorbehalt. *) Denn in der Erdbeschreibung muß doch der Schüler die Oberfläche der Erdkugel in ihrem Zusammenhange kennen lernen, welches schon von Anfang gelehrt werden kann; einzelne geographische Notizen mag übrigens das Lesebuch ganz zweckmäßig enthalten. Fast eben so ist es mit der Geschichte. Eine eigne Lehrstunde ist nöthig, um eine gewisse Uebersicht vorerst einzelner Völker zu geben, wohin denn auch die mit Recht eingeführte biblische Geschichte gehört, weiterhin dann auch der ganzen Welt-

---

*) Wir könnten hier einen ganzen Katalog von Büchern aufzeichnen, die theils mehrere jener Unterrichtsgegenstände vereinigt, theils einzeln enthalten, z. B. für die gemeinnützigen Kenntnisse viele der oben angeführten Lesebücher, und die große Zahl der Rechnenbücher, für den Singunterricht Natorp, Engstfeld u. A., für das Zeichnen Ramsauer, Sickel, Stein u. s. w. Aber mit jeder Messe erscheinen ja neue Bücher, und vielleicht übertreffen diese die Vorgänger. Der Lehrer des Faches muß nur selbst in der literärischen Kunde sich erhalten, wozu ihm die vielen Zeitschriften höchst bereitwillig dienen. — Uebrigens verweiset der Verf. auf die dahin gehörigen Abschnitte in seiner Erziehungslehre B. III.

geschichte; während das Lesebuch einzelne Merkwürdigkeiten und biographische Züge mittheilt. Die Naturgeschichte verlangt nicht minder ihre besondere Lehrstunde, worin der Schüler zum Betrachten und Ordnen ihrer Produkte eingewiesen wird; alles übrigens, was er als besonders bemerkenswerth kennen lernen oder aus der Physik, Gewerbkunde und dem Menschenleben jetzt schon erfahren soll, bleibt jenem Buche zum gelegenheitlichen Unterricht überlassen. Und so wird sich eine recht ausführbare Anordnung für die gemeinnützigen Kenntnisse in unsern Volksschulen treffen lassen.

9. Die Leibesübungen. Sie sind fortzusetzen, — man möchte wünschen wie bei Sokrates, bis ins Alter — bei diesen Knaben aber mit aller Strenge, denn eben sie bedürfen einer Gewöhnung an die Selbstbeherrschung, an den Gehorsam, an den Ernst des Lebens, wie es grade in der Gymnastik gewonnen wird, und wie es uns die Spartaner lehren.

Die ganze Anordnung dieses Schulunterrichts würde sich in folgender Weise ergeben: die Schüler sind in drei Ordnungen zu theilen; denn es ist eine untere nöthig, damit diejenigen, welche aus der Elementarschule eintreten, allmählig einleben, ohne daß ein Sprung geschehe, und alles in stetigem Zusammenhange fortschreite. Hierzu ist also eine Ordnung bestimmt, worin die Schüler manches aus der Elementarschule wiederholen, z. B. das Lesen in bloß mechanischer Fertigkeit, um dieses mit dem in Verbindung zu setzen, was die Schüler, welche sich schon in dieser Schule befinden, eingeübt haben. In Zeit von dem ersten halben Jahre werden sie dann im Stande seyn mit diesen den gemeinsamen Unterricht völlig gleich zu benutzen. Dann treten sie in die zweite Ordnung dieser Schule ein, wo sie in der deutschen Sprache die vollkommne Kenntniß der Hauptregeln gewinnen, um dann in der obersten Ordnung die Anwendung derselben völlig einzuüben. Denn die Muttersprache ist der Mittelpunct, in welchem aller

Unterricht in der Volksschule zusammentrifft, und aus welchem sich die Fortschritte dieser Schulbildung entscheiden; sie ist der Hauptgegenstand, die übrigen Lehrgegenstände lassen sich in jeder der beiden Ordnungen nebenbei erlernen; auch ist es grade der Sprachunterricht, welcher unmittelbar der Geistesentwicklung dient und also auch am genauesten die Stufe des Schülers bezeichnet. Nur derjenige wird gut lesen, welcher das gut versteht, was er lieset, nur derjenige wird zu dem Rechnen und den Grundsätzen der Geometrie eine mehr aufmerksame und geübte Denkkraft mitbringen, der schon durch die Sprache auf den Grund zu denken gelernt hat, und nur eben dieser Schüler wird die gemeinnützigen Kenntnisse mit mehr Eifer erfassen und getreuer behalten, weil das grammatische Lernen Verstand und Gedächtniß zugleich übt, und die Worte auf die Sache hinweisen. Welcher Lehrgegenstand würde sich denn auch sonst für die Classification der Schüler eignen? Man versuche es, mit welchem man wolle, und man wird finden, daß grade die Hauptsache dann zurücksteht und die Stetigkeit des Lehrgangs unterbrochen wird. Denn das wird man doch nicht wollen, daß jeder Schüler für jeden Lehrgegenstand in eine eigne Classe gesetzt werde? Es bleibt also nichts anderes übrig, als denjenigen als den entscheidenden zu wählen, der zugleich die Fähigkeit für die übrigen mehr oder weniger entscheidet, und das ist und bleibt für unsere Volksschulen die deutsche Sprache.

Wir geben hiernach die Einrichtung bestimmter an. Die drei Ordnungen treten sogleich Morgens in Ein Lehrzimmer zusammen ein, etwa um 7 Uhr im Sommer, um 8 Uhr im Winter. Es wird mit einer gemeinsamen Andachtsübung — Gesang, Gebet — begonnen, welche in eine religiöse Belehrung übergeht. Auf diesen Religionsunterricht, wie wir ihn wohl nennen dürfen, wird mit Inbegriff dieses Singens etwa eine halbe Stunde verwendet. Hierauf trennt sich die unterste Ordnung und geht in ihr besonderes Locale, die oberste und zweite bleiben für die Leseübung, die Zahlen- Formen- und Größen-Lehre zusammen, weil sie hierin alle zugleich so beschäftigt werden können, daß jede in seinen Fortschritten nicht gehemmt, vielmehr durch gegenseitige Erregung gefördert wird. Dieses nimmt zusammen etwa anderthalb Stunden weg, während welcher denn auch die unterste Ordnung in allem diesem beschäftigt wird. Nach diesen zwei ersten Tagesstunden tritt eine kleine Erholungszeit von höchstens einer Viertelstunde ein, wo die Knaben im Hofe frische Luft schöpfen. Nunmehr trennen sich die drei Ordnungen, jede in ihr besonderes Locale, für den Unterricht in der deutschen Sprache und im Schreiben. Dann treten zum Schluß wieder Alle zusammen, zu einer kurzen Singübung, und damit wird die Vormittagsschule geschlossen, die auf drei, nach Umständen aber auch auf vier Stunden eingetheilt seyn mag. Der Unterricht im Singen kann indessen auch in jeder Ordnung besonders ertheilt werden, wenn man etwa das Zusammentreten aller Schüler am Schluße scheut. Dagegen können die vorzüglicheren Schüler der untersten Ordnung manchmal in die zweite geschickt werden, um an diesem oder jenem Unterricht Theil zu nehmen, für welchen sie schon herangereift sind; ein nicht geringes Aufmunterungsmittel.

Nachmittags hat jede Ordnung sogleich ihren besondern Unterricht, außer etwa dem im Zeichnen, weil sie hierin gewöhnlich alle gemeinsam beschäftigt werden können, und er schicklich nach dem Essen den Anfang macht. Er wird aber nur dreimal wöchentlich ertheilt, weil er mit dem geographischen abwechselt. Auf denselben folgt das Rechnen in jeder Ordnung besonders, zuletzt ebenso Geschichte und Naturkunde abwechselnd. Zusammen zwei Stunden, entweder von 1 Uhr oder von 2 Uhr an. Die dritte Nachmittagsstunde eignet sich für die Leibesübungen. *)

*) Auch über die Einrichtung der Volksschulen ist vieles geschrieben

So wird jeder Schüler, der nur nicht grade unfähig ist, nach drei bis vier Jahren in dieser Volksschule als ein verständiger, mit den nothwendigen Kenntnissen versehener und dabei gesitteter Knabe entlassen werden. Er ist jetzt zwölf bis vierzehn Jahre alt, und also noch in den Jahren, wo er für eine höhere Bürgerschule mehrere verwenden kann.

Die Lehrweise ist dieselbe, wie in der Elementarschule; die Kinder müssen das Gelesene erzählen, so auch das, was ihnen von Kenntnissen mitgetheilt worden, wieder vortragen, theils zusammenhängend, theils abgefragt; sie werden katechisirt, sie erhalten Aufgaben, die sie selbst lösen, wie im Rechnen so auch in der Sprachlehre u. s. w. und werden in allem nach den Regeln der Methodik in Selbstthätigkeit gesetzt. Nur in der Verstärkung derselben besteht ein Unterschied gegen die Anfangsschule, weil den geförderten Schülern mehr zugemuthet werden kann. Daher müssen sie auch zu Hause sich vorbereiten, das Erlernte wiederholen, manches niederschreiben, manches auswendig lernen, Aufgaben lösen, und ihre Arbeiten dem Lehrer vorlegen, der sie vorerst außer der Schule corrigirt, dann aber in der Schule das, was für den Einzelnen oder für Alle bemerkenswerth ist, noch besonders tadelt, lobt, erfragt. Auch ist es in schriftlichen Aufsätzen oder bei Rechnenexempeln bewährt erfunden, daß die Schüler gegenseitig ihre Arbeiten corrigiren. Eben so tritt in dieser Schule die bessere Art des wechselseitigen Unterrichts in manchen Gegenständen nützlich ein, wenn ein geübterer Schüler andere abhören muß, oder wenn Alle aufgefodert werden, die Fehler, die einer macht, zu bemerken.

---

worden, und immer neues zu erwarten, weil man sich darin nach Ort und Umständen richten muß, und bald hier bald da einen Vortheil in der Anordnung meint gefunden zu haben. Es wird auch wirklich manches zur Verbesserung aufgefunden, und darum sind die Zeitschriften, welche dergleichen mittheilen, für die Lehrer und Aufseher der Schulen fortwährend zu benutzen.

Zwei Lehrer werden diese Schule in ihren drei Ordnungen recht gut versehen können, aber zwei sind auch mindestens nothwendig, wie sich aus der Einrichtung gleichzeitiger Lehrstunden ergiebt, und ein Hülfslehrer ist noch besonders wegen der untersten Ordnung zu wünschen. Sollte jedoch nur Ein Lehrer angestellt seyn, so müßte die ganze Einrichtung in eine unvollkommne eingeengt werden, wie sie sich gewöhnlich in unsern Dorfschulen findet, und die persönliche Gewandtheit des Lehrers, wie auch die Verwendung der geübteren Schüler zum Unterrichten der geringeren würde desto mehr verlangt.

Die Schulzucht ist bei Knaben in jenem unruhigsten Alter schwieriger als in früheren und späteren, und es muß da ganz besonders jene negative der beständig unterhaltnen Lernthätigkeit einwirken, um die Unarten zu verhüten und einen sittlichen Ton hervorzubringen. Indessen ist doch da noch etwas mehr nöthig als in der Elementarschule. Es werden da manchmal ernste Strafen nothwendig werden, die nach ihrem Stufengang anzuwenden sind, für die ganze Schule so, daß sie immer geringerer Strafen bedürfe, *) für den einzelnen Schüler nach Beschaffenheit seines Gemüths, wornach dem verhärteten empfindlichere gebühren, die vielleicht den weicheren niederwerfen würden. Der Stufengang ist bei der Elementarschule schon angegeben, wir wiederholen ihn hier insofern, als er objectiv gesetzlich seyn sollte, jedoch mit dem Vorbehalt, daß der Lehrer nach Beschaffenheit des Schülers, also subjectiv daran ändern könne. Zuerst freundliche Erinnerung, hilft diese nicht, leise Drohung, vielleicht nur mit aufgehobnem Finger, 3. verweisendes Wort, 4. Verweis unter vier Augen, 5. Verweis in der Schule, nach verschiednen Stufen, der in dem geringern Grade jenem mehr förmlichen Privatverweis vorangeht, 6. Zurückbehal-

*) Vgl. Erziehungsl. III. S. 79. II. 40. 436 fg.

ten des Schülers, wenn die Schule aus ist, 7. Strafarbeit, wobei darauf zu sehen ist, daß es nicht eine sey, die dem Schüler das Lernen verleide, 8. Strafbank, 9. Carcer, aber unter Aufsicht, 10. Schläge mit dem Stock oder mit der Ruthe, welche aber so ertheilt werden müssen, wie sie von der Schulbehörde vorgeschrieben sind, weil sich sonst der Lehrer einer in jedem Falle nachtheiligen Verantwortung aussetzt, weßhalb er sich auch dieser Strafe da gänzlich enthalten muß, wo sie verboten ist; Ohrfeigen und andere Kopfschläge, so wie alle dergleichen Aeußerungen des Zorns, sind mit Recht jedem Lehrer untersagt. Hat nun der Lehrer das Glück eine schon gesittete Schule zu besitzen, so müssen die Strafen überhaupt selten und immer seltener vorkommen, und nur bei einzelnen Schülern wird er jenen Stufengang zu beobachten haben; eine Zunahme der Strafen dagegen ist ein offenbarer Beweis vom Verfall der Schule, und gereicht dem Lehrer zur Verantwortung, die nur dann befriedigen kann, wenn außerordentliche Zeitumstände verderblich auf die Schuljugend eingewirkt haben, und er selbst davon alsbald Anzeige gemacht hat. Aber meistens auch, wo der Lehrer über Entgegenwirkung Klage führt, ist es seine Ungeschicklichkeit im Pädagogischen, wenn die Schulzucht verfällt. Hat er dagegen den harten Stand eine verdorbene Schule zu übernehmen, so möchten wir ihn darum doch noch nicht unglücklich nennen, wenn er anders ein pädagogisch gebildeter Mann ist; denn er hat da die Aufgabe eines tüchtigen Oekonomen, welcher eine Wildniß anrottet, die er vielleicht in ein Paradieß umschaffen kann. Er muß vielleicht mit den härtesten Strafmitteln anfangen, obwohl mit eben so viel Sparsamkeit als Festigkeit, und mit den milderen endigen, so daß es ihm gelingen möge, endlich kaum noch überhaupt eines anzuwenden. Wenn ein Lehrer in einer solchen pädagogischen Heilkunde geschickt zu verfahren weiß, so wird es ihm in den meisten Fällen gelingen, die Schüler in jenen gesunden Zustand zurückzubringen, wo sie der stärkeren Reizmittel nicht mehr bedürfen, und schon für die leiseren empfindlich sind. *)

Weil es indessen manchmal einen Knaben giebt, der allen jenen Zuchtmitteln widersteht, so muß noch ein Ausweg statt finden, daß er nicht als ein räudiges Schaf die ganze Heerde anstecke, und daß auch wo möglich er selbst gebessert werde. Das läßt sich nicht anders ausführen, als durch Errichtung eigner Verbesserungsanstalten, welche auch für verdorbene Kinder eingerichtet seyn müssen, wovon weiter unten. Ist die Volksschule ein Zuchthaus, so geht mancher künftige Züchtling aus ihr hervor, der aber, dessen Bösartigkeit sie nicht zu bezwingen vermag, wird nur durch eine Zuchtschule abgehalten es späterhin zu werden. Der Vorschlag in neuerer Zeit, dessen Ausführung auch manchmal versucht worden, die Schulknaben eine Art von Geschwornengericht unter sich erwählen zu lassen, ja eine ständische Verfassung in die Schule einzuführen, wornach sie sich ihre Gesetze selbst geben und ihre Strafen aussprechen, gehört unter die Dinge, welche die Natur auf den Kopf stellt, und also auch schon in der ersten Ausführung jedesmal verdarb. **) Die Kindheit ist keine

---

*) Campe und überhaupt die Pädagogen seiner Zeit, vornehmlich Salzmann, haben viel zur besseren Behandlung gewirkt; und in neuerer Zeit haben über Strafen und Belohnungen in pädag. Hinsicht viel Gutes gesagt: Fecht, van Damm, Overberg, Natorp u. A.

**) Schon der berühmte Schulmann Friedland gen. Trotzendorf hatte etwas Aehnliches, eine Art Römischer Republik in seiner Schule, wo er aber wohlweislich Dictator perpetuus war, und so ließ sich die Sache noch ausführen; Erziehungsgesch. 2te Abth. S. 324. Eine Anstalt in Englischer Weise ist zu Hazelwood bei Birmingham errichtet und in der Schrift Public education rc. 2te Aufl. London 1825 beschrieben, welche sich wohl einigermaßen halten mag, weil man dort überhaupt mehr auf äußere Gesetzlichkeit sieht; wir aber suchen etwas Besseres. Schreiber dieses hat selbst einst den Versuch gemacht, ein Sittengericht unter seinen Zöglingen anzuordnen, das eine Zeitlang ging, aber glücklicher Weise bemerkte er

Mannheit, und macht man Knaben zu Männchen oder die Schule zu einem — wir mußten da auch ein widersinniges Wort machen, — Staatchen, so bekommt der Staat keine Männer, denn wer ein Trefflicher werden soll, muß in seiner Natur gedeihlich heranwachsen. Knaben können sich noch nicht selbst regieren, sondern sie sollen das Bedürfniß fühlen, von Männern regiert zu werden, und dem guten Naturtriebe der Unterwerfung unter eine höhere Macht folgen; darum sagten die griechischen Weisen mit Recht, wer nicht gehorchen gelernt hat, wird auch nicht zu herrschen wissen. *) Erkennen soll der Knabe, was ihm das natürliche Gefühl sagt, daß er noch nicht einsieht, was

---

zeitig genug, daß es am Ende nicht glücklich ausschlagen könne. — Daß die Uebung im Rechtsprechen bei den Schulknaben der alten Perser etwas ganz anderes war, ergiebt sich schon aus dem Zuge, den Xenophon dabei anführt: daß die Vorsteher es sind, die über sie richten, und daß die Knaben müssen den Oberen gehorchen lernen. S. Erziehungsgesch. 1te Abth. S. 109 fg. vgl. S. 117 Anm. Der neueste Vorschlag ist der von Stephani in seiner Schrift: Nachweisung, wie unsere bisherige unvernünftige und zum Theil barbarische Schulzucht endlich einmal in eine vernünftige und menschenfreundliche umgeschaffen werden könne und müsse. 1827. Das Einseitige und Unausführbare dieses Gedankens haben wir, mit Anerkennung der guten Absicht, in den Freim. Jahrb. der allgem. deutschen Volkssch. 7ter B. 2tes H. (1827) S. 137 aufzuzeigen gesucht. S. auch im 3ten B. 1ten H. (1823) den belehrenden Aufsatz über Schulgesetze und pädag. Belohnungen und Bestrafungen von Kröger, worin dieser ausgezeichnete Schulmann S. 95 die Erfahrung gegen solche Misgriffe warnen läßt.

*) Wir wissen wohl, in welchem Sinne die griechischen Politiker diesen alten Spruch wiederholten, und in welchem ihn schon Sophokles (Antig. 660) καλῶς μὲν ἄρχειν, εὖ δ' ἂν ἄρχεσθαι θέλειν — aussprechen läßt, nämlich den Organismus des Staates zu bezeichnen, wornach der Herrscher zugleich den Gesetzen muß zu gehorchen wissen. Aber sie wollten eben darum, daß jeder zuerst müsse gehorchen lernen, ehe er regieren könne, und wußten wohl, daß die Jugend den Gehorsam durch frühe Gewöhnung erlernen müsse. Vgl. Gesch. d. Erz. 1te Abth. S. 284. 415.

ihm gut sey oder nicht, und noch nicht den Verstand des Erwachsenen hat; so wie er diese Bescheidenheit verliert, entgeht ihm das Hauptmittel seiner Bildung, und solche moralische Selbstschwächung richtet ihn wie die physische zu Grunde. Diese Parallele ließe sich noch weiter fortsetzen, wenn man sich erinnert, daß wirklich ähnliche Vorschläge geschehen sind, den Geschlechtstrieb frühe befriedigen zu lassen. Und wenn etwa die Unnatur solcher Sittengerichte der Schüler unter einander noch einigen Schein haben sollte, so bedenke man nur eben den Schein. Denn die Knaben halten sich dann für etwas, das sie nicht sind, legen sich eine Fähigkeit bei, die sie nicht besitzen, maßen sich ein Recht an, das sie weder durch Gott noch durch die Natur haben, sie belügen sich also selbst, ihr ganzes Innere wird unwahr, und ihr Selbstdünkel kommt vor dem Fall. Nein, es ist pädagogischer Unverstand durch eine solche Einrichtung für die Schulzucht den Kindern ihre Natur, ihre Unschuld, ihre Wahrheit, ihre gedeihliche Bildung zu entreißen. Wollte man die bekannte Sitte der alten Perser entgegensetzen, so darf man nicht vergessen, daß dort die ganze Volksbildung und die Gewöhnung der Knaben an das Rechtsprechen etwas anderes war. *)

Die Schulzucht hat von alten Zeiten her viel zu schaffen gemacht, und bis in die neuesten Zeiten ist man noch nicht ganz damit auf ein sicheres System gekommen. Indessen ist man doch darin einverstanden, daß die willkührliche Mishandlung der Kinder nicht geduldet werden dürfe, und daß die Straflust der Lehrer so schlimm wirke, als die finstere Strenge der Strafgesetze; daß aber auch das andere Extrem, worein man in der modernen Weise gerathen, die Knaben in eine gewisse Unbändigkeit versetze, und daß man also den weisen Mittelweg suchen müsse. **)

*) S. Erziehungsgesch. 2te Abth. S. 284.

**) Mehrere Schriften stellen dieses dar, unter welchen sich als eine der frühesten und treffendsten auszeichnet: Gregorius Schlag-

Aber den findet man nur in dem Punkte, wo sich die Erziehung und der Unterricht vereinigen. Uebrigens werden wir bei der höheren Schule am schicklichsten von dem jetzigen Bedürfniß eines gewissen Ernstes bei dem aufgeregten Freiheitsgefühl der Jugend reden.

Lehrmittel hat diese Schule mehr nöthig als die vorhergehende, denn sie lehrt mehrere Kenntnisse, wozu nicht nur Lehrbücher, sondern auch Apparate erfordert werden. Der Schüler selbst muß einige Bücher in seiner Hand haben, theils zum Lesen und zum Nachschlagen in der Schule, theils zum Wiederholen zu Hause und zum Auswendiglernen. Vor allem ist es das Lesebuch, was jeder Schüler haben muß; hierzu kommt Katechismus und Bibel. Seine deutsche Sprachlehre muß ihm sein tägliches Buch werden, dabei möchten wir ihm auch ein kleines Wörterbuch für die Etymologie und Synonymik in die Hand geben. Ein Buch mit Rechenexempeln und geometrischen Aufgaben ist ihm zur Selbstübung nützlich; für die Geschichte bedarf er eine chronologische Tafel, für die Naturkunde eine kurzgefaßte

---

hart und Lorenz Richard, oder die Dorfschulen zu Langenhausen und Traubenheim ꝛc. von J. F. Schlez. 1795. Es fehlt auch nicht an Anekdoten von Lehrern, die jene Jammerzucht handhabten. Das Conversationsler. erzählt von einem Schullehrer, der vor nicht langer Zeit gestorben, daß er in seiner 51jährigen Amtsführung ausgetheilt: 911,517 Stockschläge, 24,010 Ruthenhiebe, 20,989 Pfötchen und Klapse mit dem Lineal, 136,715 Handschmisse, 10,235 Maulschellen, 7,905 Ohrfeigen, 1,115,800 Kopfnüsse, 12,763 Notabenes mit Bibel, Katechismus ꝛc. wobei er alle 2 Jahre die Bibel verbrauchte, die er zu diesem Sittenzweck in der Hand trug; und außer diesen 2 Millionen 2 mal hundert 39 tausend 9 hundert vier und dreißig fühlbaren Austheilungen hatte er noch folgende verfügt: er hatte 777 mal auf Erbsen und 613 mal auf dreikantigem Holz knieen, 5001 Schüler den Esel tragen lassen, 1707 mal die Ruthe in die Höhe gehalten, und unter seinen 3000 Schimpfwörtern waren 1000 von ihm selbst erfunden. Diese Carricatur ist wohl nicht übertrieben, aber wer hat die Millionen Schlechtigkeiten der Schüler aufgezeichnet, die durch vernachlässigte Zucht entstanden?

Uebersicht, für die Erdbeschreibung ebenfalls ein kleines Lesebuch, das ihm zur Wiederholung dient. Wenn er nun so mit etwa einem halben Dutzend von Schulbüchern versehen ist, wovon er abwechselnd einige mitbringt, so soll doch damit nichts dem Lehrer erspart werden, denn der lebendige Unterricht bleibt die Hauptsache, und durch diesen erlernt der Schüler alle jene Kenntnisse, für welche die Bücher nur die Andeutungen und Angaben für das Behalten und weitere Anregen enthalten. Daher lieber ein Schulbuch unter einem halben als von einem ganzen Alphabeth; aber ihre Abfassung erfordert auch eine Meisterhand, und jedes, das man jetzt loben kann, unterliegt noch gegründetem Tadel. Die eigentlichen Lehrbücher gehören in die Hand des Lehrers, sie sind für ihn geschrieben, und aus ihnen muß er den Stoff zu seiner Vorbereitung nehmen. Auch diese werden von Zeit zu Zeit durch bessere abgelöst, und so lassen sich auch immer nur die jetzt grade am besten gefunden werden, vorschlagen, *) und auch die Schulbehörden müssen den Wechsel berücksichtigen, der wenigstens nach fünf Jahren in diesem oder jenem Fache eintreten muß; man denke nur an die Naturkunde. Deßhalb soll auch nicht dem Lehrer selbst der Aufwand zugemuthet werden, daß er diese Bücher für sich ankaufe; sie gehören für die Schule, also für die Schulbibliothek. Eben so verhält es sich mit dem verschiedenen Apparat. Die Landkarten, Globen, Vorschriften, Zeichnungen, Abbildungen, Naturalien u. dgl. gehören der

*) Nur mit dieser Beschränkung konnten wir auch oben die empfohlnen Schulbücher angeben, unter welchen vielleicht schon im J. 1831 manches einem besseren weichen muß. Eine Literatur der Schulbücher zu geben kann übrigens nicht in unserm Zweck liegen, denn wozu würde sie hier dienen? Für den Apparat bemerken wir nur als dermalen geschätzt: das Planetarium und Tellurium, die seit 1805 zu Weimar gefertigt worden, die größere Erdkugel von Zeune, die Karten von Stieler, die Mineralien-Sammlung von Leonhard, seit 1826, und hierzu dessen Krystallisations-Modelle.

Schule an, und sind nicht dem Schüler, sondern dem Lehrer zu übergeben, der den methodischen Gebrauch davon zu machen weiß, und hiernach den Schülern selbst, wo er es gut findet, eines oder das andere in die Hand giebt. Die Schuloberen sollten von Zeit zu Zeit nachsehen, was jedesmal nicht nur durch den Verbrauch, sondern auch durch die neueren Fortschritte abgängig wird, und was dafür als das Bessere angeschafft werden müsse. Sie haben hierzu nicht bloß die kritischen Zeitschriften zu Rathe zu ziehen, sondern auch die neueste Literatur in diesen Fächern einzusehen, dann aber auch die Lehrer selbst darüber zu hören, und von dem zweckmäßigen Gebrauche aller der angeschafften Lehrmittel sich bei den Visitationen zu überzeugen.

So würde die Volksschule für Knaben beschaffen seyn, wenn wir sie uns in ihrer unverkümmerten Vollkommenheit denken.

2. Die Mädchenschule.

Wenn das Mädchen über sieben Jahre ist, so zeigt sich das Eigenthümliche seiner weiblichen Entwicklung schon zu entschieden, als daß man nicht auch in der Schule sie berücksichtigen müsse, wenn man anders seine wahre Bildung bezweckt. Es wird, da es sich auch etwas schneller entwickelt, die Elementarschule in der Regel früher verlassen können, höchstens mit dem zurückgelegten achten Lebensjahre, und so wird es auch in der Mittelschule früher als der Knabe die meisten Lehrgegenstände erlernen und überhaupt seine Verständigkeit gewinnen. Ist das Mädchen, der gewöhnlichen Erfahrung nach, mit zwölf Jahren schon so weit physisch und geistig entwickelt, als der Knabe von vierzehn Jahren, *) so würden im Durchschnitte mehr eilfjährige Mädchen als zwölfjährige Knaben

*) Wir verweisen auch hier auf Erziehungslehre II. S. 248. 256. 283. 287. 295—297. 299. 321. 514 fgg.

aus der Mittelschule auszutreten im Stande seyn. Aber es ist ein anderer Umstand, der diesen früheren Austritt hindert. Das Mädchen hat weibliche Handarbeiten zu lernen, die eine längere Einübung erfordern, und überhaupt sind doch Jahre nöthig, um das, was es erlernt, für sein ganzes Leben zu befestigen. Die wissenschaftlichen Schulgegenstände mögen sich also in einem langsameren Gange fortziehen, während die Schülerinnen ihre meiste Zeit auf jene Fertigkeiten verwenden, die sie ganz in ihre Natur und zum täglichen Gebrauch ihr ganzes häusliches Leben hindurch aufnehmen sollen. Und nur wenn diese zugleich mit jenen Kenntnissen gewonnen sind, ist das Mädchen aus der Mittelschule zu entlassen; das wird aber nicht früher zu erwarten seyn, als nachdem es sie ungefähr vier Jahre besucht hat, in der Regel also, wenn es schon mit 8 Jahren eingetreten ist, ebenfalls wie bei den Knaben im Alter von zwölf Jahren.

Von den Lehrgegenständen der Knabenschule gehören für die Mädchenschule Religion, Lesen, Schreiben, deutsche Sprache, Rechnen, Formenlehre, Zeichnen, Singen, die gemeinnützigen Kenntnisse, einige kleine Leibesübungen und eigne Handfertigkeiten. Nur von diesen zwei letzteren Gegenständen haben wir noch zu reden, da die ersteren dieselben sind wie in der Knabenschule, mit Ausnahme der Geometrie, welche wegfällt, und mit der Verschiedenheit in der Lehrform, auch einigermaßen im Lehrstoff, wie es grade die weibliche Bildung erfordert.*) Daß es Leibesübungen für die weibliche Jugend giebt, wird niemand widersprechen, da ja alle Welt das Tanzenlernen der Mädchen verlangt, das auch die strengere Erzieherin soweit gelten läßt, als es dem Körperbau Gewandtheit und Anmuth gewährt, dabei nicht der Gesundheit schadet und nicht die Eitelkeit oder gar die Leichtfertigkeit fördert. Daß aber auch gewisse allgemeinere Kör-

*) Erziehungsl. III. S. 135.

perübungen für die Gesundheit, Stärke und Gewandtheit der Mädchen statt finden, ist ebenfalls schon längst durch Erfahrung bewährt. Wir wollen zwar die Spartanerinnen nicht zum Muster aufstellen, denn ihre Gymnastik widerspricht der inneren reinen Weiblichkeit zu offenbar, als daß irgend ein Mädchen von nur gewöhnlicher Schamhaftigkeit so etwas ertragen würde; *) und das negative Gesetz aller körperlichen Pflege bleibt doch die Achtung der Sittlichkeit. Dieses kann bei der Mädchenbildung nicht heilig genug gehalten werden. Uebungen im Ringen, Klettern, Springen, sind also schon in dieser Hinsicht unzulässig; Uebungen im Laufen dagegen haben an sich nichts Unanständiges und sie sind als zuträglich bewährt. Das Ballspielen, Reifwerfen, Reiftreiben, Schlittschuhlaufen kennen wir ebenfalls von einer vortheilhaften Seite für die Mädchen. Man lobt auch das als eine gute tägliche Uebung, wenn sich die Mädchen an den Händen hängen lassen. Ob nun wirklich hierdurch die Entwicklung des weiblichen Körperbaues, insbesondere der Brüste gewinne, getrauen wir nicht zu entscheiden, weil uns noch nicht hinlänglich Gründe aus der Erfahrung oder von Aerzten bekannt geworden sind. Wir müssen überhaupt wünschen, daß die Leibesübungen für Mädchen von gründlichen Kennern der Physiologie und Diätetik eigens bedacht würden, denn der Gegenstand ist wichtig, und wird es immer mehr, so wie man täglich mehr die Zunahme der Nervenübel und Körperschwäche bei dem weiblichen Geschlechte bemerkt. Manche Arbeiten im Garten sind den Mädchen gewiß stärkend, und in ihren Schulen darf wenigstens nicht ihr Sitzen, Stehen, Gehen aus den Augen gelassen werden; überall soll der Lehrer darauf sehen, daß

*) Erziehungsgeschichte, Ite Abth. S. 270. 295. Wir erinnern besonders an das Urtheil Plutarchs über das häusliche Leben der Frauen zu Sparta und zu Rom, daß jenes, nach Lykurgus, kräftigere Kindermütter, dieses, nach Numa, sittlichere Hausfrauen aufzeige.

sie sich grade halten, besonders beim Schreiben und Zeichnen, und daß sie sich mit Anstand bewegen.

Die weibliche Hand ist zu jenen Fingergeschicklichkeiten gemacht, welches grade der häuslichen Bestimmung des Weibes entspricht. Stricken und Nähen sind die beiden Fertigkeiten, welche von jedem Mädchen erlernt werden sollen, und worin es schon oft mit drei Jahren anfängt aber sich lange üben muß, so daß es erst vielleicht mit vierzehn Jahren die nöthige Geschicklichkeit im Nähen und Kleidermachen gewonnen hat. Beides ist also in der Mädchenschule zu lehren, nicht Sticken, Putzmachen u. dgl., was nur für eine besondere weibliche Bildung gehört und von der allgemeinen für die Häuslichkeit öfters nur abzieht. Es müssen täglich ein Paar Stunden darauf verwendet werden, während welcher jedoch der Geist nicht unbeschäftigt bleiben darf. Wenn die Lehrerin nicht grade etwas im Stricken oder Nähen allgemein zu zeigen hat, kann nämlich etwas vorgelesen oder erzählt oder auswendig hergesagt oder zum Kopfrechnen aufgegeben werden, je nachdem es die Lehrerin mit dem Hauptzweck dieser Lehrstunde vereinbar findet. — Das Zeichnen für die weiblichen Handarbeiten ist besonders zu üben, wie es denn überhaupt fast noch mehr als das Singen der Bildung der weiblichen Seele dient. Bei allem diesem bedenke man diese Hauptsache. *)

Die Anordnung des Unterrichts in der Mädchenschule wird sich von jener in der Knabenschule nur in wenigem unterscheiden. Die Classification bleibt dieselbe, und für die Folge der Lehrstunden Vormittags und Nach-

---

*) Erziehungslehre II. S. 339 fg. 548 — 551. 560 fg. III. S. 159 — 164. aus welchen Stellen zunächst das begründet werden kann, was über die gymnastischen Uebungen und Handgeschicklichkeiten in Mädchenschulen zu sagen ist, wobei wir aber zugleich auf die Seelenbildung und Bestimmung des weiblichen Geschlechts aufmerksam machen, um gegen Einseitigkeiten zu warnen, die grade dem häuslichen Leben leicht Unheil bringen.

mittags bietet sich ebenfalls kein Grund der Verschiedenheit dar. Nur muß die Zeit der Lectionen in den Kenntnissen abgekürzt werden, so daß von den 4 Vormittagsstunden eine für die weiblichen Arbeiten gewonnen wird, und ebenso von den 2 bis 3 Nachmittagsstunden eine. In den ersten zwei Jahren, also für Mädchen von 8 bis 10 Jahren, ist es jedoch mit Einer Stunde täglich für das Stricken und den Anfang im Nähen genug. Diese Gegenstände fallen übrigens der Natur nach immer in die letzte Schulstunde.

Allerdings giebt es auch in der Lehrweise einige Verschiedenheit. Die Mädchen sind der Natur nach ruhiger und aufmerksamer, auch werden sie leichter durch das Wort des Lehrers angeregt, dagegen nicht so geneigt den Gegenstand in dem Hauptpuncte zu erfassen und zu erwägen, oder ihn auch lange festzuhalten, da ihre Gedanken gern auf einen Nebenpunct abspringen. In dieser Hinsicht muß der Lehrer die methodische Behandlung verstehen, welches freilich für Männer schwerer ist, da sie den Gang der weiblichen Seelennatur weniger kennen. Ob nicht deßhalb Lehrerinnen für Mädchenschulen vorzuziehen seyen? Zwar kennen sie besser die Natur der Mädchen, wissen auch mehr ihr Zartgefühl bei ihrer Behandlung zu schonen, aber dagegen ermangeln sie gewöhnlich jenes Ernstes und jener Festigkeit, wie sie der Mann im Lehren hat, und besitzen selten die eigentliche Lehrkraft. Daher zeigt die Erfahrung im Ganzen genommen, mit nicht häufigen Ausnahmen, daß die Mädchen in den Schulen, worin wenigstens der Hauptunterricht durch Männer ertheilt wird, besser gebildet werden, als in solchen, wo bloß Frauen lehren. Wir finden es daher für eine wohleingerichtete Mädchenschule nöthig, daß von den zwei Personen, die da unterrichten müssen, wenigstens ein Lehrer sey, und besser noch, daß es zwei Lehrer seyen, da außer diesen doch eine Lehrerin für die weiblichen Arbeiten angestellt seyn muß. Indessen kann vielleicht eben diese auch in manchen andern Gegenständen, z. B. in der Geschichte und Geographie, und noch schicklicher in dem Zeichnen und Singen, den Unterricht ertheilen, so daß es mit einem Lehrer genug wäre, und die dritte Person erspart würde.

Mehr verschieden ist die Schulzucht für Mädchen. Sie soll ebenso ernst und fest seyn wie bei Knaben, aber nie so hart, als sie bei diesen werden darf. Denn das weibliche Gemüth ist empfindlicher für Strafen, und es soll von frühem an bei seiner leisen Erregbarkeit erhalten, sein Zartgefühl soll durch kein hartes Wort verletzt, und sein verschämter Sinn soweit geschont werden, daß er nichts an Schärfe verliere. Daher sind von der obenangeführten Stufenleiter der Strafen die beiden letzteren, das Carcer und die körperlichen Züchtigungen aus der Mädchenschule ganz und gar zu verbannen, so daß auch nicht einmal im Hintergrunde die Ruthe als Drohung erscheine. Denn das Mädchen soll fühlen, daß so etwas seiner Natur widerspreche, und daß diejenige nicht werth sey, unter den andern Mädchen und ihrer Schule sich zu befinden, die solcher Züchtigungen bedürfe, so wenig als eine, die zerlumpt und an Kopf und Händen unrein erscheint. Ueberhaupt wird in einer mit guten Lehrern versorgten Töchterschule selten eine Bestrafung vorkommen, kaum ein verweisendes Wort gehört werden, und nichts ist ein sichreres Zeichen, daß sie im Verfall sey, als wenn das Strafen, Zanken, Keifen darin kein Ende nimmt.*)

Ueber die Lehrmittel für die Mädchenschule ist nichts weiter zu sagen, als was oben bei der Knabenschule gesagt worden.

Aber es fragt sich hier noch über den Werth einer solchen Volksschule. Wer es pünctlich strenge mit der reinen Weiblichkeit nimmt, die man wohl mit dem feinen

*) Dieses alles hängt genau mit den Grundsätzen der Mädchenerziehung zusammen, die wir in der Erziehungslehre aufgestellt haben, II. S. 545 fg.

Duft, der die Pfirsiche umkleidet und schon durch die leiseste Berührung zerstört wird, verglichen hat, findet das Besuchen öffentlicher Schulen für Mädchen als eine solche Entweihung der weiblichen Natur, und meint wohl gar, daß schon das tägliche Hin- und Hergehen über die Straßen ihre zarten Seelen beschmutze. Andere gehen grade nicht so weit, wornach man freilich die morgenländische Verschleierung oder doch die klösterliche Abgezogenheit als das Höchste für das weibliche Geschlecht ansehen müßte,*) allein sie wollen doch die Mädchen der Volksschule baldmöglichst entzogen wissen, weil sie in derselben genug gethan haben, wenn sie lesen und schreiben und den Katechismus gelernt haben, und dann in ihrer wahren Schule, im Hauswesen, das Weitere lernen sollen. Den guten Grundsatz, von welchem man dabei ausgeht, dürfen wir nicht verkennen, auch wollen wir erwarten, daß die Tochter im Hause des weiteren Unterrichts in nützlichen Kenntnissen, besonders in der Religion, und in Fertigkeiten, so wie der geistigen Anregung und einer guten Lectüre nicht entbehre, aber wir glauben dennoch, daß er zu weit ausgedehnt wird, wenn man die Töchterschulen als Anstalten, die man nur zur Noth haben muß und die besser nicht da wären, ungünstiger ansehen wollte. Der jetzige Culturstand verlangt sie nun einmal. Und haben sie sich gleich keiner so alten Stiftungen wie die Knabenschulen zu rühmen, so fehlen sie doch auch im Alterthum nicht ganz,**) und die neuere Zeit, in der sie nun bei uns allgemein eingeführt sind, hat wenigstens keine Erfahrungen geliefert, welche sie als der weiblichen Bestimmung nur irgend

*) Das erinnert an die Spötterei des Lukianus über die Athenischen „die im Schatten hingewelkten Jungfrauen.“ Erziehungsgesch. 1te Abth. S. 362.

**) Erziehungsgesch. 1te Abth. S. 361. 461. 2te Abth. S. 297. 344. Erst seit dem 18ten Jahrh. hat man die öffentlichen Schulen auch für Mädchen angeordnet.

nachtheilig zeigten, vielmehr werden da, wo das weibliche Geschlecht jener Schulbildung entbehrt, bedeutende Uebel empfunden, z. B. in der Kindererziehung. Alles aber, was man gegen die Mädchenschulen einwenden mag, wird alsogleich durch eine gute Einrichtung dieser zur Volksbildung unserer Zeit nothwendigen Anstalten beseitigt und da, wo die besseren bestehen, widerlegt es sich durch die That und den Erfolg. Um so ernstlicher muß es uns am Herzen liegen, sie recht zweckmäßig für die Natur und Bestimmung des weiblichen Geschlechts einzurichten; das Wohl der Familien und die Harmonie des häuslichen Lebens mit der Volkscultur hängt zu einem großen Theil davon ab. *)

---

*) Zur umsichtigen Beurtheilung der Schulbildung für Mädchen sind außer den allgemeinen Erziehungs- und Schulschriften zu lesen: Fenelon, de l'education des filles; — Schwarz, Versuch einer Theorie der Mädchenerziehung, 1792. — Ziegenbein, Schulschriften über Gegenstände aus dem Gebiete der weibl. Erz. und Bildung, 1809. — Pabst, Fragmente über Menschenerziehung mit bes. Hinsicht auf die Bildung des weibl. Geschl. in Töchterschulen, 1817. — Arndt, Fragmente über Menschenbildung, 3ter Th. unter dem bes. Titel: Briefe an Psychidion, oder über weibl. Erziehung, 1819. — Faber, Drei Reden über weibl. Bildung, 1820. — Laib, über Erz. u. Unterr. der Töchter aus wohlhabenden Bürgerfamilien, 1821. — Meier, über weibl. Bildung durch öffentliche Anstalten rc. 1826. — Fecht, Ludw. Older u. Luise Feld, oder Briefe über Töchterbildung und Töchterschulen, 1831. Jede dieser Schriften ist bezeichnet durch die Denkart ihres Zeitalters über diesen Gegenstand, die beiden letztgenannten sind Beweise, daß die neueste Zeit ihn besser begriffen hat, und sie gehören zunächst hierher. Indessen verdienen die Gemälde weibl. Erziehung von Karoline Rudolphi (2te A. 1815) immer noch auch in Hinsicht der Mädchenschulen gelesen zu werden, weil sie die Heilighaltung des weibl. Rein- und Zartgefühls schön erheben. Dieses fehlt nicht in den Lehren der neuesten Englischen Schriftstellerinnen Miß Edgeworth und Hannah Moore, welche letztere in dem Cölebs besonders die Häuslichkeit aller modischen Bildung vorzieht.

Drittes Kapitel.

Die Oberschule, als höhere Volksschule.

Die Bildung für das Leben kann noch viel weiter in der Jugend fortgeführt werden, als die mittlere Volksschule gewährt. Sie wird auch von Vielen gesucht und soll keinem verschlossen seyn. Daher ist die Volksschule noch für diesen Zweck fortzusetzen, und sie wird dann in Beziehung auf jene die obere, gewöhnlich auch höhere Bürgerschule genannt. Ihr Ziel ist, daß diejenigen Leute, welche die allgemeine Bildung vollständig suchen, in allen denjenigen Kenntnissen begründet werden, welche den gebildeten Mann, weß Standes und Geschäfts er auch übrigens sey, auszeichnen, und daß sie soweit in dieselben eingeleitet werden, um sie dann im Leben selbst zu erweitern, oder um in die Schule für das specielle Fach, das mancher etwa erwählt, mit völliger Begründung einzutreten. Wenn nun der Knabe von zwölf bis vierzehn Jahren die mittlere Volksschule verlassen hat, so kann er in diese höhere eintreten, und wenn er sie ganz benutzen soll, so muß er drei Jahre, also bis in sein 15tes oder 17tes Lebensjahr in derselben verweilen. Sie ist sonach für junge Leute einzurichten, die in dem Uebergang von dem Knaben zum Jünglinge begriffen sind. Denn für Mädchen wird man eine höhere Volksschule nicht wollen, wenn man anders in der Häuslichkeit die Bestimmung des weiblichen Geschlechts anerkennt, und wird ihre höhere Bildung dem Unterricht im Hause oder in einem Privatinstitut überlassen.

Die Lehrgegenstände der Oberschule sind meist die Fortsetzung mehrerer, die in der Mittelschule vorkommen, aber auch einige neue, wogegen mehrere wegfallen. Diese wegfallenden indessen werden als solche fortgeübt, die nunmehr in die ganze Bildung eingegangen sind, das ist das Lesen, Schreiben, Rechnen. Die fortzusetzenden sind: Religion, deutsche Sprache, Mathematik, das Zeichnen und Singen, wie auch die gemeinnützigen Kenntnisse, nur daß diese jetzt als einzelne Zweige gelehrt werden. Hieraus entstehen denn auch die neuen Lehrgegenstände, nämlich die systematische Naturgeschichte, die physische und mathematische Geographie, die populäre Sternkunde, die populäre Naturlehre, die Weltgeschichte mit einigen speciellen ausgeführten Partieen, und zuletzt eine encyklopädische Uebersicht der Zweige, in welche sich das Wissen und der Beruf in dem Culturstande vertheilt. Wer in diese Schule aufgenommen seyn will, muß das Ziel der Mittelschule erreicht haben, also die vollkommne Fertigkeit im Lesen, Schreiben, Rechnen und richtigen deutschen sowohl mündlichen als schriftlichen Ausdruck besitzen, von der Geometrie wenigstens die ersten Lehrsätze beweisen können, und von den gemeinnützigen Kenntnissen wenn auch nicht alles, was in jener Schule vorgekommen, doch vieles sich angeeignet haben; auch darf er im Zeichnen nicht ganz ungeübt seyn; das Singen ist ein zufälliges und nur wünschenswerthes Talent. Daß jene Erfordernisse bei dem Eintritt in die Oberschule strenge verlangt werden müssen, wird sich rechtfertigen, wenn wir nur die Lehrgegenstände dieser Schule einzeln betrachten.

1. Die deutsche Sprache.*) Sie ist und bleibt

*) Wer dieses Lehrfach übernimmt, kennt auch die literärischen Lehrmittel von Adelung bis Grimm, und soll sich wenigstens mit den vorzüglichsten bekannt machen, die er in jedem Kataloge herausfinden kann; besonders ist ihm das Studium der deutschen Sprachlehre von Grimm zu empfehlen, weil dieses Werk ganz in die tiefsten Gründe zugleich historisch eingeht. Die deutschen Wörterbücher, besonders auch der Synonymik und der Wurzelwörter müssen ihm ebenfalls zur Hand seyn. Dahin rechnen wir als eines der neuesten: Dilschneider, die deutsche Sprache in Proben aus allen Jahrhunderten von Ulphilas bis Göthe, nebst einem Wörterb. zum Gebrauch in den oberen Klassen der Gymnasien 1826, und Pölitz, das Gesammtgebiet der deutschen Sprache nach Prosa, Dichtkunst, Beredsamkeit theor. u. prakt.

Hauptsache. Die völlige grammatische Erlernung bildet Geist und Gemüth, und sie hat keinen abgeschlossenen Endpunct; sie wird daher in der Oberschule fortgesetzt und so weit wie möglich fortgeführt, so daß in den drei Jahren dieser Schulzeit der Schüler seine Muttersprache von Grund aus, d. h. in ihren Gesetzen und Regeln, in ihren Wurzeln und Erzeugnissen, in ihrem Bau und in ihrem Geist verstehen lernt. Hiermit verbindet sich beständig die Uebung im Ausdruck und geht in Stylübungen über. Auch das gute Vorlesen und Declamiren verbindet sich damit und wird zugleich mit der Kenntniß der deutschen Classiker geübt. Auf diese Weise muß der Schüler nach dem dreijährigen Cursus mit der Prosa und Poesie in unserer Muttersprache so bekannt seyn, daß er die besten Schriftsteller auszuwählen weiß, und im Leben seinen Geschmack ausbildet. — Würde aber der Schüler bei seinem Eintritt noch nicht im Grammatischen begründet seyn, oder noch der Fertigkeit im guten Lesen ermangeln, so bliebe sein Fortschreiten entweder lückenhaft und gestört, oder die ganze Schule würde durch ihn aufgehalten. — Besonders verlangt die Entwicklung unsers Volkslebens, daß jeder gebildete Mann öffentlich reden könne; wenigstens darf jetzt keine höhere Bürgerschule die Vorübungen zu dieser Kunst vernachlässigen.

2. Die Geometrie. Sie ist ein vorzügliches Mittel zur Schärfung der Denkkraft, ja Manche wollen in ihr auch ein Mittel zur Sicherung der sittlichen Kraft bemerkt haben. Wie dem auch sey, so dient sie für viele Zweige der Künste und Kenntnisse, und ist für manche Gewerbe in dem bürgerlichen Leben eine nützliche Hülfe. Weil nun die Oberschule bestimmt ist für jedes Fach und

---

dargestellt, mit vielen Beisp. aus Classikern, 4 Bde. 1825. — Als ein gutes Schulbuch für seinen Zweck beweiset sich Herling, Theorie des deutschen Styls, 1829; wie auch eben dieses Verf. Grundregeln des d. Styls. 3te A. 1831.

Gewerbe möglichst vorzubereiten, so würde sie etwas Wichtiges unterlassen, wenn sie nicht die Geometrie, und das in ihrer mathematischen Schärfe und Vollständigkeit, nämlich die Planimetrie und Stereometrie lehrte. Das könnte sie aber nicht, wenn die Schüler nicht schon zum mathematischen Denken soweit gewöhnt wären, daß sie etwa den pythagoräischen Lehrsatz beweisen können, und das von der Anschauung ausgehend wozu die Formenlehre führt; denn sonst müßte der Lehrer entweder den wissenschaftlichen, d. i. streng mathematischen Lehrgang aufgeben, oder sich mit dem unvorbereiteten Schüler zum Nachtheil der Andern beschäftigen, oder ihn selbst zurücklassen, da er bloß scheinbar mitlernte, indem ja der nimmermehr das Mathematische lernt, der nicht einen lückenlosen Gang vom Anfangspunct aus geführt wird. Auf die Ausnahme seltner Köpfe darf die Schule ihre Einrichtung nicht machen. So ist es auch mit der Arithmetik, welche in der Oberschule mathematisch zu betreiben ist, und zwar mit den weiteren Uebungen im Rechnen verbunden.

3. Die Geographie. Sie wird in ihrem Ganzen gelehrt, obwohl keineswegs in ihrer Ausführlichkeit und vereinzelten Genauigkeit. Der Schüler soll vorerst die Oberfläche der Erdkugel nach den Gebirgszügen, Flüssen, Landstrecken, Meeren u. s. w. kennen lernen, und dabei die interessantesten Puncte von Hauptstädten und dergleichen bemerken, so daß er nun mit Verstand Reisen machen, Reisebeschreibungen und Zeitungen lesen, und in dem Leben selbst seine geographischen Kenntnisse nach Maaßgabe seiner Bestimmung oder Liebhaberei ausbilden kann. Hierauf soll er aber auch das Klimatische, die Producte, die Lebensweisen u. s. w. eben zu diesem Ziele kennen lernen, nicht minder auch bloß in den Hauptpuncten das Statistische. Endlich soll er auch eine richtige Ansicht von der Erdkugel und ihren planetarischen Verhältnissen erhalten, also das allgemeine Mathematische der Erdkunde, woran sich denn auch so viel aus der Sternkunde anschließt, als

für diese Schüler faßlich ist und ein bleibendes Interesse an der Weltbetrachtung zurückläßt. Denn das ziemt doch einem jeden gebildeten Manne, und so ist alles dieses Gegenstand derjenigen Volksschule, die eine solche Bildung begründen soll. Wenn nun die Schüler diesen Cursus der Erdbeschreibung mit Aufmerksamkeit und zu gedeihlichem Fortschreiten anfangen sollen, so müssen sie schon so viel erlernt haben, daß sie von Gebirgen, Flüssen, Himmelsgegenden wenigstens das Allgemeinste wissen.

4. Die Naturgeschichte. Auch ihre Kunde ist des aufgeklärten Menschen würdig, und wird jetzt allgemein gefordert. Sie ist daher für die höhere Volksschule ein nothwendiger Gegenstand um so mehr, da sie viele Materialien für manche Gewerbe enthält. Sie geht aber so ins Unendliche, daß auch der Mann vom Fach sie nie auslernt, daher muß sich die Volksschule nur auf die Einleitung in die Naturreiche mit Auswahl des Wichtigsten beschränken, so daß es zur fortgehenden Erweiterung in der Folge dienen kann. Der Schüler bedarf hierin beim Eintritt kaum mehr als eines angeregten Interesse. Der Cursus dieses Unterrichts schließt mit einer diesem Alter angemessenen Anthropologie.

5. Die Naturlehre. Sie ist besonders in dem jetzigen Culturstand jedem zur Aufklärung nothwendig geworden, und liegt Vielem in der Gewerbsthätigkeit zum Grunde. Also ist sie ebenfalls ein der höhern Volksschule aufgegebner Lehrgegenstand, aber nicht als Physik in ihrem wissenschaftlichen Umfang, denn dazu würde eine größere Reife erfordert, sondern eine populäre, welche die Kunde derjenigen Kräfte und Gesetze der Natur, die man im Leben zu beachten hat, auswählt; und hiermit verbindet sie auch Einiges aus der Chemie. Auch für diesen Unterricht ist der Schüler schon genug vorbereitet, wenn er vorher auf dergleichen aufmerksam gemacht worden.

6. Gewerbkunde. Sie ist in unserer Volksbildung einem jeden insoweit nöthig, daß er über die verschiednen

Arten der Gewerbe, ihre Erfordernisse, und ihr Verhältniß zu den Productionen u. s. w. ein Urtheil habe, wenigstens wisse, worauf es dabei ankommt. Auch soll der Jüngling doch nicht blindlings eins ergreifen, sondern nach Maaßgabe seiner Kräfte und seiner verständigten Neigung das seinige auswählen. Darum gehört die Technologie in die höhere Volksschule; aber nicht in ihrer Vollständigkeit, wie sie weiterhin in der sogenannten polytechnischen Schule gelehrt werden mag, sondern mit ähnlicher Beschränkung wie die Physik. Der Schüler braucht übrigens nicht schon darin Vorkenntnisse zu besitzen, wenn er nur jene übrigen mitbringt. Es sind auch einige mathematische Lehren mit diesem Gegenstande zu verbinden, z. B. aus der Mechanik und Hydrostatik, die Lehre vom Hebel, von Wasserröhren u. dgl.

7. Die Geschichte. Sie ist nächst der Sprache das allgemeine Bildungsmittel, und kein aufgeklärtes Volk darf sie entbehren. Schon in dieser Hinsicht gehört sie in die Volksschule, schon in die niedere und vollständiger in die höhere. In dieser wird sie also fortgesetzt, so daß die vereinzelten historischen Kenntnisse in ein Ganzes ethnographisch, universalistisch, chronologisch zusammengeführt werden. Aber auch das bei weitem nicht vollständig, sondern nur als Grundlage und mit wohlerwogener Auswahl; hiernach die Geschichte der alten Völker in ihren Hauptzügen, die der neuen bloß in einer Uebersicht, die der Deutschen in einer gewissen Vollständigkeit, und noch specieller, an diese anschließend, die vaterländische der Heimath. Es versteht sich, daß überall der Lehrer das herauszuheben wissen muß, was das Gemüth der Jugend bildet.

8. Die französische Sprache kommt als ein neuer Unterrichtsgegenstand in dieser höheren Schule hinzu, weil sie als die Sprache des allgemeinen Verkehrs in dem jetzigen Culturstande von jedem Gebildeten verlangt wird. Nur aber soll sie in dieser Schule nicht nach dem gram-

matischen Schlendrian, wie er sich in den Schulen so undeihlich zeigt, gelehrt werden, sondern als lebendige Sprache für das Leben, also vom Anfang an und hauptsächlich mit Uebungen im Sprechen, so daß der Schüler in diesen drei Jahren Französisch lesen und sprechen lerne, um die französischen Schriften zu lesen, ein gewöhnliches Gespräch zu unterhalten, und nachmals diese Sprache, wenn sich die Gelegenheit ergiebt, zur Vollkommenheit einzuüben.

9. Ferner kommt die lateinische Sprache bis auf eine gewisse Stufe hinzu. Es ist nämlich oft bemerkt worden, daß sie auch für den Bürgerstand etwas Bildendes habe, das durch nichts ersetzt wird. Sie lehrt logisch denken, scharf urtheilen, bestimmt sich aussprechen, wie keine andre Sprache, und wer bis dahin sie geübt hat, daß er einen Cornelius Nepos lesen kann, wird zu einem besseren Geschmack geläutert, als es die andern Lehrgegenstände vermögen. Daher ist die grammatische Uebung des Latein bis zu diesem Ziele für die höhere Volksschule wünschenswerth. Und wer dieses Ziel erreicht hat, wird auch die neueren Sprachen des Römischen Stammes nicht grade leichter zum Sprechen, aber vollständiger zur gründlichen Kenntniß erlernen.

10. Das Zeichnen und Singen wird fortgesetzt; so auch die Gymnastik, die recht eigentlich für diese Schüler gehört. — Der Religionsunterricht wird nach den bekannten Grundsätzen in kirchlicher Lehre fortgeführt und mit der Morgenandacht verbunden. *)

*) Die für den Lehrer und die für den Schüler brauchbarsten Bücher in allen diesen Fächern anzugeben, würde um deßwillen zweckwidrig seyn, weil es hierin wenige von länger als auf einige Jahre dauerndem Werthe geben kann, ja die meisten mit jedem Jahre von neuem den Fortschritten des Schulunterrichts gemäß verdrängt werden. Wir haben nicht eine Literatur für das Schulfach zum Zwecke, und verweisen für diese an die reichen Verzeichnisse in Niemeyers Grundſ. und was die später erschienenen Bücher betrifft, an die verschiednen Zeitschriften, mit denen ja ohnehin die Lehrer bekannt

Die bestimmte Einrichtung der höheren Bürgerschule ergiebt sich aus ihrem Wesen, wie folgt. Es sind zwei Classen oder Ordnungen, welche sich durch den Hauptgegenstand, den Unterricht in der deutschen Sprache abscheiden; die untere hat vorherrschend die Grammatik, die obere den Styl zu üben. Die andern Lehrgegenstände halten mit der Sprachlehre in der Schule, wie oben bemerkt, gleichen Schritt, die nöthigen Vorkenntnisse und die rechte Methode vorausgesetzt. Vorerst hat der Schüler drei bis vier halbjährige Curse zu durchlaufen, dann tritt er in die obere Classe ein, in welcher er durch unsere besten Schriftsteller und eigne Aufsätze in den Geist unserer Sprache eingeführt wird. Da nun zweimal im Jahre nach der einmal bestehenden Anordnung des Schulwesens die neuen Schüler eintreten, so entsteht die große Schwierigkeit, wie jeder alle jene Gegenstände anfange und von Stufe zu Stufe mit jedem Halbjahre fortsetze, ohne durch die neu hinzukommenden irgend aufgehalten zu werden, wie also der Unterricht für die ganze Schule ununterbrochen fortfahre, und doch für die eintretenden einzelnen Schüler jedes Halbjahr neu anhebe, wie er für einen Theil von vorne anfange, ohne die zwei oder drei andern Theile immer wieder aufs neue anfangen zu lassen. Wie lösen wir diese schwierige Aufgabe?

Anders kann sie unmöglich gelöst werden, als daß jede Classe aus zwei Ordnungen besteht und jede derselben aus zwei Abtheilungen, welche zu gleicher Zeit beschäftigt werden. Das würde freilich mehr Lehrer erfordern, als man in der Regel anzustellen vermag, nämlich allein schon für diese untere Classe vier! Aber das ist auch nicht

---

sind. Als besonders nützlich hat sich bewährt Natorp, kleine Schulbibliothek, N. A. 1820. und so verspricht, was so eben erschienen, das Jahrbüchlein der deutschen pädag. Literatur von Dr. Gräfe, 1tes Bdchen die Liter. des J. 1826 enthaltend u. s. w. dieses Bedürfniß gut zu befriedigen.

nöthig. Wenn die Lehrer mit guter Methode persönliche Gewandtheit besitzen, so kann Einer zwei Abtheilungen zugleich beschäftigen, vielleicht alle vier in den zwei Ordnungen bei geringer Schülerzahl. Er kann die Anfänger unterrichten, während er die Aelteren für sich an Aufgaben arbeiten läßt, wie es bei diesen Schülern wohl angeht, sogar der Selbstthätigkeit, mithin dem methodischen Gange zuträglich ist. Mag auch immer das rasche Vorschreiten einer Abtheilung etwas zurückgehalten werden, so ist das für diese Schüler kein Schaden, die noch gewissermaaßen langsam geführt werden müssen, um sich die Gründe desto fester einzuprägen, und wozu es der Zeit bedarf. Grade hier gilt das Eile mit Weile. Auch ist es dem Schüler, welcher sich durch Lernkraft hervorthut, nicht versagt, noch im Verlaufe des halben Jahres in die höhere Abtheilung hinaufzurücken, und der, welcher die Lehrstunde mit der niederen theilt, hat Gelegenheit sich desto mehr zu befestigen, und innerlich seine Kraft zu steigern. Wenigstens wird auf diese Weise der methodisch fortgehende Unterricht für jeden Schüler noch am besten vermittelt, und versuche man es auf irgend eine andere Weise, man wird immer etwas nachgeben müssen; hier ist der Verlust für den Schüler noch der kleinste, oder vielmehr unbedeutend. Bleibt ja doch der Wachsthum auch keiner Pflanze ganz ungehemmt, und alle Sorgfalt für die Bildung der Jugend muß sich immer irgend welcher Beschränkung fügen. *)

Die untere Classe der Oberschule würde ihre Lectionen in folgender Weise erhalten, wobei die zwei Ordnungen zusammen sind und zu gleicher Zeit durch Einen Lehrer beschäftigt werden, nämlich so, daß er umwechselnd bei jeder Lection die eine nach der andern selbst vornimmt, bei mancher auch wohl beide vereinigt.

---

*) Im Allgemeinen haben wir Erziehungsl. III. S. 242 fgg. die Einrichtung angegeben.

Vormittags von 7 (Winters 8) Uhr an: Andachtsübung u. Religionsunterricht, gemeinsam, $\frac{1}{2}$ Stunde;

$7\frac{1}{2}$—9, deutsche Sprache mit Lese- und Vortrags-Uebungen, jede Ordnung besonders;

9—10, wöchentlich 3mal Mathematik, jede Ordnung besonders; wöchentlich 3mal Zeichnen u. zum Schluß Singübung, gemeinsam.

Nachmittags von 2 (Winters 1) Uhr an bis 3 U. Erdkunde, Naturkunde, Gewerbkunde, abwechselnd für die erstere 2, für die Naturgeschichte 2, für die Naturlehre 1, für die Gewerbkunde 1 Stunde wöchentlich, für jede Ordnung besonders;

3—4, Französisch 3mal, Lateinisch 2mal, Geschichte 1mal wöchentlich, jede Ordnung besonders;

4—5, nur im Sommer, Gymnastik, gemeinsam.

In der Vormittagsschule kann vor 9 Uhr eine Zeit von etwa 10 Minuten ausfallen zur Erholung der Schüler und des Lehrers; auch wäre wöchentlich eine Stunde zum gemeinsamen Singen der beiden Classen zu verordnen, etwa Samstags Nachmittags statt der Leibesübungen. Die Aufgabe und Zurückgabe der deutschen Aufsätze, deren Correctur der Lehrer eigentlich zu Hause vorzunehmen hat, fällt in die Lehrstunde dieser Sprache.

Die obere Classe bedarf nur Ein Jahr, wenn die vorhergehende gehörig besorgt wird, also nur zwei Halbjahre für zwei Ordnungen, und nur Einen Lehrer unter gleicher Bedingung, wie die untere. Die Lectionen folgen ebenfalls auf gleiche Art:

Vorm. von 7 oder 8 U. Andachtsübung u. Religionsunterricht, gemeinsam, ½ Stunde;

von 7½ bis 9 U. deutsche Sprache und Literatur mit den Uebungen und bei der obersten Ordnung mit den allgemeinen Grundsätzen der Rhetorik und Poetik, jede Ordnung besonders;

von 9 — 10 U. Mathematik, wöchentlich 3mal, jede Ordnung besonders; Zeichnen und zum Schluß Singübung, wöchentlich 3mal, gemeinsam.

Nachm. von 2 oder 1 U. die erste Stunde Erdkunde, Naturkunde, Gewerbkunde, wie in der untern Classe;

von 3 oder 2 U. die 2te Stunde Französisch 4mal, Lateinisch 1mal, Geschichte 1mal, in der 3ten Stunde Gymnastik.

Die Gymnastik läßt sich sehr schicklich für die beiden Classen, also für alle Schüler vereinigen. Sehr gut werden auch in der Morgenandacht alle Schüler versammelt; ob aber der Religionsunterricht sie sämtlich in beiden Classen zugleich belehren möge, hängt von der Anzahl der Schüler, der Gabe des Lehrers, und andern Umständen ab, gewöhnlich wird es nicht gut angehen.

Bei dieser Anordnung ist vorausgesetzt, daß der Lehrer in jedem Gegenstand gut unterrichten könne, ein Fall, der nicht leicht eintritt und also nicht als Regel gelten kann. Es ist vielmehr besser, wenn jeder Lehrer diejenigen Fächer erhält, in denen er sich auszeichnet, und hierin beide Classen unterrichtet. Für diesen Fall können sie in den beiden nicht gleichzeitig vorkommen, und man muß die Lectionen der obern Classe in den Stunden umstellen; wir wollten sie oben nur der natürlichen Ordnung nach angeben. Der eine Lehrer wird am natürlichsten allen Sprachunterricht, der andere die Mathematik samt den Realien übernehmen. Die lateinische Sprache bedarf für die obere Classe nicht so viel Zeit, als für die untere, da sie mehr für den formalen Zweck gelehrt wird, aber im Anfang die meiste Zeit zum Erlernen der Formen erfordert; dagegen muß die Uebung im Französischen zunehmen.

Auf diese Weise würde die höhere Bürgerschule vollständig eingerichtet seyn, um das zu leisten, was unsere fortschreitende Volksbildung verlangt. Zu mehr Vollkommenheit würde es ihr dienen, wenn mehrere Lehrer angestellt werden könnten, nämlich außer den beiden Hauptlehrern noch ein oder zwei Hülfslehrer, um die mehreren Ordnungen in den beiden Classen so viel möglich jede besonders zu unterrichten; wie auch noch ein eigner Lehrer im Zeichnen, falls nicht einer der übrigen grade diese Geschicklichkeit besitzen sollte, ebenso ein eigner Singlehrer, der musikalisch genug wäre, um in dem Volke den Gesang, dieses so wichtige Bildungsmittel, in rechter Kraft zu verbreiten, und noch nöthiger wäre ein Lehrer der französischen Sprache, der sie als seine Muttersprache spricht. Das Lehrerpersonale würde dadurch allerdings sehr zahlreich und kostspielig werden, und vielleicht bis zur Zahl von sechs bis acht Lehrern steigen, indessen ist doch anzunehmen, daß sich unter fünfen oder sechsen zwei für die Künste des Zeichnens und des Gesangs finden werden, und bei einer zahlreichen Schule ist ohnehin eine solche Zahl von Lehrern nothwendig, und da steht auch der Aufwand im Verhältniß. Gewöhnlich sind solche Bürgerschulen nur in den volkreicheren Orten, hauptsächlich in Städten Bedürfniß, und da fehlt es nicht an Mitteln, wenn es nicht am Willen fehlt. Denn man sieht überall, daß da, wo man ernstlich will, sich bald ein Fond schafft, und manchmal zum Verwundern gleichsam aus nichts. Uebrigens können an Orten, wo sich zugleich Knaben- und Mädchenschulen befinden — und sind diese nicht da wo eine Oberschule ist nothwendig? — Lehrer von der einen auch an der andern unterrichten, so daß man jedem noch genauer sein Fach zutheilen kann. Auch kann es damit wohl bestehen, daß keinem Lehrer zu viel Arbeit und höchstens nur 30 Stunden die Woche manchen zugemuthet werden, manchen noch wenigere. Es ließe sich also unter günstigen Umständen an einem Orte, wo die Anzahl der Kinder in der Elementarschule auf 200, dann in der Mittelschule auf 300, und in der Oberschule auf 100 steigen mag, die Lehreranzahl im Ganzen auf zehn, höchstens auf zwölf Personen berechnen.

Indessen wird man gewöhnlich sich auf eine kleinere Zahl beschränken müssen, auch für die Oberschule. Da muß man denn in den Lectionen abbrechen, in den Ordnungen zusammenziehen, so gut es nur irgend gehen mag, und muß sich mit wenigerem begnügen. So würde es der Fall seyn, wenn man der Oberschule nur zwei Lehrer, für jede Classe einen geben könnte. *)

Die **Lehrmittel** sind dieselben, wie in der mittle-

---

*) Man hat in neueren Zeiten die Benennung **Einlehrerschule** nicht unpassend für die Schulen, wie die meisten auf dem Lande sind, gewählt, und es ist eine wichtige Aufgabe, über die Beschränkungen, welche sie sich in den Lectionen muß gefallen lassen, nachzudenken; s. hierzu in den **Freim. Jahrb. f. d. d. Volksch.** 10ter B. 2tes H. (1830) die Abh. **Achtjähriger Lehr- u. Zeitplan für eine ländliche Einlehrerschule von J. Beil.** — Die Landschulen haben gewöhnlich nur Einen Lehrer, daher kann die Einrichtung derselben allerdings nie gedeihen, wenn das nicht genau berücksichtigt wird; nur haben die früheren Schriften für Volksschulen darüber zu sehr die Idee außer Augen gelassen, wie es eigentlich seyn sollte. Dieses drückt von der trefflichen Abhandl. an, die sich schon in der **Encyklop.** von **Krünitz** unter dem Artikel **Landschulen** findet, die ganze Literatur über diesen Gegenstand bis auf die neueste Zeit; auch **Niemeyers** Grundsätze nehmen zu wenig Rücksicht auf jene Idee. Denn schon die Eintheilung in Stadt- und Landschulen ist ein Beweis, daß man sie nicht bedacht hat. Ist denn das sogenannte Landvolk weniger der Volksbildung werth, als das Stadtvolk, wie es in solchem Gegensatz doch heißen müßte?

ren Volksschule, nur vollständiger. Dem Lehrer müssen die größeren Werke für die deutsche Sprache, für die Erd- und Naturkunde, für die Technologie und Geschichte, so wie die Sammlungen von Landkarten, Naturalien, Modellen u. s. w. nach einer guten Auswahl zu Gebote stehn. Die französische Grammatik muß jeder Schüler in Händen haben, auch eine lateinische, die aber eigens für den Zweck einer solchen Schule nebst einem angehängten Lesebuch auszuarbeiten wäre.

Die Schulzucht hat für diese Jugend noch mehr auf sich, als jene in der Knabenschule, weil in diesem Alter der Freiheitstrieb erwacht, und seiner Natur nach gerne in Ungestüm, Anmaßung, Gesetzlosigkeit und Widerspenstigkeit ausbricht. Das ist besonders die Klage der jetzigen Zeit, wo die jungen Leute so sehr aufgeregt, ja bis zum Knabenalter herab aufgereizt werden; eine Klage, die wahrscheinlich in den Schulen und Familien noch eine Zeit lang zunehmen wird. Ein gewaltsames Unterdrücken dieses Triebes würde in seiner Art so unglücklich ausfallen, als die sogenannten Staatsstreiche bei manchen Völkern ausgefallen sind, aber noch unglücklicher wäre es, wenn wir unserer Volksjugend den Zügel wollten schießen lassen. Gehorsam, Arbeitsamkeit, Bescheidenheit — dazu muß sie nothwendig gewöhnt werden, wenn es um die künftige Generation wohl stehen soll; ohne diese Tugenden gedeiht ohnehin kein Staat und keine Bildung. Der Lehrer mag sich also immer auch bei einer Schule von besserem Ton, auf Aeußerungen jenes Triebes gefaßt halten, die ihm zu schaffen machen, und er hat nur das vor allem zu bewirken, daß sie nicht in Wildheit ausschlagen, dann aber, daß sie auch in ihrer gemilderteren Form, z. B. in dem Hang der Schüler zum Rechthaben, in einem gewissen Oppositionsgeist u. dgl. allmählig zur Mäßigung zurückgeführt werden, so daß jene Selbstbeherrschung, wozu die Griechen ihre Jugend zu gewöhnen wußten, ja daß jene Selbstverläugnung, welche der Geist des Christenthums bewirkt, als Ziel vorstehe, dem sich diese Schüler im Ganzen mehr und mehr annähern. Das und nichts anderes ist das Ziel der Disciplin. Es soll sich mit einem Wort christlicher Edelsinn in dieser Schule entwickeln. Jener Vorschlag, die Schüler selbst zu Gesetzgebern und Richtern zu machen, könnte demjenigen, der den Freiheitstrieb auf diesem Wege zu leiten gedächte, für diese Schule am ersten geeignet scheinen, aber denkt man etwas weiter, d. i. blickt man tiefer in das menschliche Herz und kennt man das angehende Jünglingsalter, so wird man ihn grade hier völlig verwerfen. Denn dieses Alter ist schon reifer für die Selbsterkenntniß, und zu derselben zu führen, liegt in der Hauptaufgabe der Erziehung. Hiermit aber muß diesen Knaben die Erkenntniß heller aufgehen, daß sie unfähig sind über das Herz Anderer zu urtheilen und sich selbst zu erziehen, daß sie vielmehr jetzt eben recht der Leitung des Mannes bedürfen, um sich selbst zu regieren, und daß sie sich selbst in ihrer Freiheit zum Gesetz machen müssen, dem zu gehorchen, der über ihnen steht, und seinem besseren Ermessen die Gesetzgebung, die Bestrafung, die ganze Disciplin bescheiden zu überlassen. Wie also, wenn der Lehrer sagte, daß er es dem Schüler überlassen wolle? und wenn die Schuleinrichtung es ihm wirklich überläßt? Welch ein Widerspruch! Wie würde da doch das natürliche und richtige Freiheitsgefühl in ein widriges verwandelt! wie würde da jene innere Unwahrheit eines Scheinbildes von Freiheit und Rechtlichkeit durch den Führer selbst in die Seele hereingezogen! Also weg mit diesen Trugbildern, womit man dem Zeitgeist huldigt! Wir würden sie um der Heiligkeit der Erziehung willen gradezu lügnerische Schmeicheleien nennen, womit man nach der Volksgunst hascht, wenn wir sie nicht vielmehr als Meinungen beschränkter Köpfe oder von dem blendenden Schein befangener Herzen ansähen, die es gut meinen, aber nur — das menschliche Herz nicht kennen. Dagegen verlangen wir einen Unterschied der bloß gesetzlichen und der mehr sittlichen Behandlung in dieser Schule. Jene betrifft das ganz Aeußere der Ordnung, und soll in einer nur kleinen Tafel von sogenannten Schulgesetzen ausgesprochen seyn: diese steht unter dem innern Gesetze, das in dem Lehrer leben und als Muster leuchten, in jedem Schüler erwachen und erwachsen soll. Hiernach hat der Lehrer jeden Schüler individuell zurecht zu weisen und weiter zu bestrafen, und die Schüler müssen dahin nunmehr belehrt seyn, daß sie dieses bedürfen, daß die Schulstrafen keine criminelle, keine bürgerliche, keine von dem gerechten Herzenskündiger ausgesprochene, sondern pädagogische seyen, Mittel zur Besserung und Bildung, die der Lehrer nach bester Einsicht verfügt, und wobei er sich zwar irren kann, aber nie aus Zorn, Ungunst, Haß u. dgl. irrt, sondern die er nur aus vernünftiger Vaterliebe und oft mit größerem Schmerz, als der, welcher sie erleidet, zu verfügen genöthigt wird. Die persönliche Gerechtigkeit und Verständigkeit des Lehrers, sein würdiger Charakter ist der eigentliche, der lebendige Strafcodex für die Schule, und nur seine Gränzen sind ihm äußerlich vorgeschrieben. Und stimmt nicht diesem allem die Erfahrung zu? Wann wird man doch allgemein zu der Einsicht gelangen, daß nicht der Buchstabe, sondern der Geist ganz vorzüglich in der Erziehung gelten muß, und daß die Person des Lehrers den rechten Geist haben muß, wenn nicht aller Gesetzes-Buchstabe unnütz seyn soll. Von der andern Seite wird die Zucht in der höheren Bürgerschule erleichtert, da in der mittleren die Knaben schon an Ordnung, Fleiß, Gehorsam und gute Sitten gewöhnt sind, und der Lehrer sie also nur in diesem Ton erhalten darf. Um so genauer kann er das Grundgesetz befolgen, wornach die Reizmittel immer schwächer und also die Strafen immer entbehrlicher werden. Was wir jener Mittelschule hierin vorgeschrieben haben, gilt auch der Oberschule. Aufmunterung durch angeregten Wetteifer, durch öffentliches Lob und durch Prämien findet nach unsern oben vorgelegten Grundsätzen mit dem zunehmenden Jugendalter auch mehr ihren Vorzug.

Wir schließen die sogenannte

Polytechnische Schule

hier an. Sie schließt sich selbst an jene als eine höhere Classe; doch ist sie zugleich eine Nebenclasse und eigentlich für eine specielle Bildung bestimmt. Diejenigen Jünglinge, welche sich den gebildeteren Gewerben widmen, die künftigen Oeconomen im Großen, die Kunstarbeiter, die Fabricanten, Handelsleute, bedürfen einer Vorbereitung in manchen einzelnen Wissenschaften und Geschicklichkeiten, welche die andern Bürger nicht bedürfen. *) Für diese sorgt die Anstalt, welche von solchen vielerlei Kenntnissen und Fertigkeiten ihren Namen hat. In ihrer völligen Ausdehnung würde sie für jene verschiedenen Lebenszweige alles darbieten, was zu vorbereitenden Kenntnissen und praktischen Uebungen nöthig ist, also Institute für den Garten- und Feldbau, für das Handlungs-Comtoir, für technologische und chemische Arbeiten u. s. w. in sich fassen. Allein so ist es gewöhnlich nicht und kann nicht wohl seyn. Dafür giebt es besser besondere Institute für den Oeconomen wie für den Forstmann, für den Handelsmann, für den Apotheker, für den Bergmann, für den Seemann u. s. w. und die polytechnische Schule unterrichtet nur in den gemeinsamen Gegenständen, wie sie

*) J. J. Schnell, über die Nothwendigkeit der Gründung polytechnischer Schulen rc. 1822. — C. L. Roth, Wunsch für die polytechnische Schule in Nürnberg, 1826. — D. Hermann, über polyt. Institute im Allgemeinen und über die Erweiterung der techn. Schule in Nürnb. insbes. rc. 1826. — J. F. Ladomus, über technische Lehranstalten, 1824; diese Schriften sind nachzusehen, ein umfassendes Werk fehlt noch.

jeder besitzen soll, der sich einem solchen Fache widmet. Das sind die Naturwissenschaften, insbesondere die Chemie, die französische und englische und so viel möglich mehrere der neueren Sprachen, auch etwas Latein. Daß die Erd- und Himmelskunde, die Geschichte, die Gewerblehre und vornehmlich die Mathematik, namentlich auch die angewandte so weit wie möglich gelehrt werde, versteht sich von selbst. Es ist dieses alles als ein Studium, d. h. von Grund aus, im Zusammenhange und mit Vollständigkeit zu betreiben, folglich auch weniger schulmäßig und mit größerer Freilassung des Schülers, so daß er die Gegenstände nach seinen besondern Zwecken zu wählen hat. Daß er die Vorkenntnisse und die Reife dazu besitze, bleibt denen zu beurtheilen überlassen, die ihn einer solchen Anstalt übergeben, und zugleich denen, die ihn in dieselbe aufnehmen. Sie ist für angehende Jünglinge. Die Lehrstunden sind nicht, wie in den früheren Schulen, in einander und zu einem Ganzen zusammenzufügen, sondern nur so anzuordnen, daß der Schüler das zu gleicher Zeit erlernen kann, was zu gleicher Zeit erlernt werden muß, z. B. Chemie und Mathematik, oder vielmehr daß sich kaum irgend eine Collision in den Stunden ergebe. Von einer Schulzucht ist also bei dieser Anstalt ebenfalls nicht weiter die Rede, als was das allgemeine Polizeiliche ist, weil die Erziehung dieser jungen Leute den Ihrigen ganz überlassen bleibt, und Fleiß, Ordnung, gute Sitte von solchen Schülern vorausgesetzt wird.

Die übrigen Institute, z. B. Handelsschulen, haben einen Hauptgegenstand, welchen sie lehren und üben, sie bedürfen aber dabei mehrerer Nebengegenstände, und je mehr sie die oben angegebnen hereinnehmen, um desto allgemeiner und vielseitiger wird die Bildung. Dergleichen können nur nach Zeit- und Orts-Bedürfnissen erwachsen, und sie gehören nicht mehr in den Bereich der Volksschulen; auch kann einem Staat nur in so weit an ihnen liegen, als er sie begünstigt, und sie frei entstehen läßt, damit sie, gleich andern Anstalten, da wo man sie bedarf, auch entstehen. *)

Dritter Abschnitt.

Die Gelehrtenschule.

Dieser Gegenstand ist in der neuesten Zeit so lebhaft in den Streit gerufen worden, daß wir uns sogleich dagegen verwahren müssen, irgend eine Partei zu nehmen, wie sie nun grade der andern gegenübersteht. Wir wollen aus dem Wesen der Sache uns belehren, und somit jeder Partei, wo sie sich etwa davon entfernt, entgegentreten, und ebenso jeder da, wo sie von dem Bildungsprinzip ausgehend das Gute richtig aufstellt, dankbar ihr Lob lassen. Vor allem handelt es sich um den Begriff der Gelehrtenschule, nämlich um den im Wesen der Menschheit und ihrer Bestimmung begründeten, und also nicht willkührlich etwa dem Zeitgeiste gefällig oder auch zuwider aufgestellten, sondern als nothwendig geforderten Begriff. Dieser hängt davon ab, was man unter einem Gelehrtenstande denkt, und ob man denselben überhaupt gelten läßt. Das Herkommen hat ihn nun einmal mit sich gebracht; wir finden ihn schon in uralter Zeit im östlichen Asien und in Aegypten, und sehen, wie er sich bis auf unsere Zeiten fortgepflanzt, dabei im Christenthum in ein höheres Licht erhoben hat. Allein das Herkömmliche gilt jetzt in nichts

---

*) Niemeyer hat in dem dritten B. seiner Grunds. der Erz. u. des Unterr. auch von diesen Anstalten geredet, allein wir finden sie in unserem dermaligen Culturstande nicht mehr unter der Kategorie der Schulen zu begreifen, wenn sie gleich den Namen tragen, wie z. B. nach Göthes Idee die Kunstschulen.

mehr als Grund für etwas, der historische Boden soll verlassen werden, wenn man etwas als gut und mit Recht bestehend beweisen will, man soll für alles, wie sie zu sagen pflegen, Vernunftgründe anführen. Und so ist man denn in der neuesten Zeit auch über den Gelehrtenstand bedenklich geworden, und es scheint manchmal, als ließe man die Schulen für denselben nur noch sohin bestehen, weil man doch nicht das ganze Gebäude der Lebensverhältnisse so mit einem Male niederreißen und umbauen kann. Unbewußt möchte jedoch der Sinn von Vielen dahin gehen, und von noch Mehreren durch den Zeitgeist dahin gerissen werden.

Wer unbefangen die Sache ansieht, findet die Entscheidung ganz einfach. Die Menschheit ist zum Fortschreiten bestimmt. Dieses Fortschreiten ist aber die Entwicklung ihres Wesens, des Göttlichen, das sie in sich trägt, zur Stärke, Allseitigkeit und Beherrschung der Natur, so weit nur der Schöpfer seinem Ebenbilde die Erde unterworfen hat. Eine weitere Entfaltung der Kräfte kann aber nicht zugleich ein Verlieren der bisher gewonnenen seyn, denn sonst wäre es nur eine Verwandlung früherer Kräfte in spätere, wie wenn sich etwa eine Thierart in eine andere metamorphosirte: sie muß vielmehr im Besitz alles dessen bleiben, was sie bis dahin errungen, ihr inneres Wesen nur noch stärker festhalten und in reicherer Lebensfülle aussprechen. Unsere jetzigen Fortschritte sollen also nicht mit dem Verlust ehemaliger Trefflichkeit erkauft werden, wir sollen vielmehr alles Herrliche der Menschheit aus den frühesten Zeiten her sorgfältig aufbewahren, damit das in der Zeit sich fortpflanzende Menschenganze auch geistig fortwachse, wie der Baum nur dann seine Zweige weiter hinauftreibt, wenn sein Stamm mit der Wurzel feststeht. In solcher Einheit des Ganzen bewegt sich ja die Erziehung als die fortwährend aus sich selbst sich entwickelnde und bildende Menschheit. *) Soll

*) Erziehungslehre II. vom Anfang.

aber nun das Alte aufbewahrt werden, um als Wurzel in das Neue Gedeihen zu bringen, so muß es auch eine Thätigkeit im Gemeinwesen geben, welche dafür sorgt. Solche Thätigkeit erfordert aber ihren Mann, der sich ihr ganz widmet. Wir nennen ihn nach einem Sprachgebrauch, der mit dem Ehrenwort nicht zu freigebig ist, aber doch bei dem allgemeineren Sinne desselben bleibt ohne eine besondere Art dieses Thuns zu bezeichnen, den Gelehrten. Der Beruf des Gelehrten ist alles das, was uns das Alterthum Treffliches hinterlassen hat und weiter bis auf unsere Zeiten hin, zu erforschen, für unsere Zeit als Gewinn, für die Nachwelt als heiliger Schatz. Da nun der einzelne Gelehrte, welcher in seinem Fache das wissen, beurtheilen und geistig besitzen soll, was Andere vor ihm gewußt haben, schon hierauf seine Lebensthätigkeit hauptsächlich verwenden muß, es aber der Zweige des menschlichen Wissens viele giebt, unter welche sich die Gelehrten theilen müssen, da endlich auch eine gegenseitige Mittheilung und eine gewisse Vereinigung derjenigen statt finden muß, die einem Fache sich widmen, weil kein Zweig der Wissenschaft von dem Ganzen losgerissen erwachsen kann: so ist eine ganze Classe von Männern nöthig, welche ihr Leben der Gelehrsamkeit widmen, und denen für diesen Zweck ihr Bestehen gesichert seyn muß. Wir theilen in dem Gemeinwesen darnach die Stände ein, wie eine Classe irgend ein Geschäft in der Art betreibt, daß sie dabei besteht ohne ein anderes betreiben zu müssen, während eine andere Classe etwas anderes übernimmt, das dann jene nicht nöthig haben zu übernehmen; durch welche Vertheilung das ganze Gemeinwesen besteht und gedeiht. Nun wird aber zum Fortschreiten der Menschheit eine solche Classe erfordert, welche die Gelehrsamkeit zu ihrem Berufe erwählt, und ein Volk ist in dem Grade gebildet, als es an den Fortschritten der Menschheit Theil nimmt; wenn also dem Volke die wahre Bildung zu Theil werden soll, so muß sich in demselben ein Gelehrtenstand befinden.*)

Vorläufig kann hier noch nicht darüber geurtheilt werden, wie Viele oder Wenige, und Welche zu dem Stande der Gelehrten gehören sollen; wir hatten nur zuerst den Begriff desselben aufzustellen, und seine Nothwendigkeit für die Volksbildung anzuerkennen, um hiernach von der Anstalt zu reden, worin der Gelehrte gebildet werden soll, insbesondere von der Gelehrtenschule.

Erstes Kapitel.

Die erste Frage betrifft die Lehrgegenstände. Daß der Gelehrte unter uns alles das wissen müsse, was jeder Gebildete weiß, darüber kann keine Frage seyn, ob er aber das grade in seiner Schule und auf dieselbe Weise

---

*) Vgl. Erziehungsl. III. S. 281—285. Der Streit zwischen dem Philanthropinismus und Humanismus wurde in Niethammers Buch (1808) zu Gunsten des Human. entschieden, aber nicht beendigt, vielmehr brachte er in der neuesten Zeit für und wider die Gelehrtenschulen, welcher mehr oder weniger auch den ganzen Gelehrtenstand betrifft, eine Menge von Schriften hervor. Als Hauptschrift nennen wir: Ueber gelehrte Schulen mit besonderer Rücksicht auf Bayern von Fr. Thiersch. Vier Bände 1826—31. woran sich zugleich als gegnerisch anschließt: Die gelehrten Schulen nach den Grundsätzen des wahren Humanismus u. den Anforderungen der Zeit. Ein Versuch von F. W. Klumpp, Prof. am K. Gymn. in Stuttgart. Zwei Abth. 1829—30. Gleichzeitig, ohne Beziehung hierauf, erschien im Ausland die ebenfalls wichtige Schrift von einem berühmten Philologen: Brieven over den aard en de strekking van hooger onderwijs. Uitgegeven door Ph. W. van Heusde. Te Utrecht. 1829. aus dem Holländ. übersetzt von Klein, Briefe über die Natur und den Zweck des höheren Unterrichts rc. 1830. Der Streit scheint noch nicht am Ende zu seyn und immer weiter zu führen.

wie es in der niederen und höheren Volksschule geschieht, und was er noch besonders außer dem oder vor allem andern zu erlernen habe, darüber sind die Meinungen getheilt. Wir müssen also vor allem feststellen, was diejenigen Knaben und Jünglinge, welche den Beruf zu jenem Stande haben, lernen müssen und worin die Gelehrtenschulen Unterricht ertheilen sollen. Das Eigenthümliche derselben ist, daß sie in das Alterthum einführen, damit die Schüler das, was hierin Treffliches gefunden und auf unsere Zeit aufbewahrt worden, sich aneignen und für ihre Berufsthätigkeit verwenden. Dieses folgt aus dem obigen Begriff. Man giebt gewöhnlich alsobald bestimmt die beiden classischen Sprachen, und die lateinische vorerst dann die griechische an, hiermit hat man aber die Aufgabe nicht in ihrer Tiefe aufgefaßt, also auch den wahren Entscheidungsgrund für jenen Streit nicht hervorgehoben. Die Sprachen sind es nicht, sondern das Alterthum ist es; aber sie gehören dazu und sind das nothwendige Mittel seiner Schätze theilhaftig zu werden. *) In dieser Hinsicht

*) Die Gegner des strengeren Humanismus gehen bereits oft so weit, daß sie die beiden classischen Sprachen nicht etwa bloß für unnütz, sondern sogar für schädlich in der höheren Bildung halten, denn, sagen sie, sie nehmen Kraft und Zeit für das Bessere weg. Aber auch die billigeren, die ihren Nutzen zugeben, meinen, daß sie durch andere Gegenstände theils ersetzt theils sogar überwogen würden, und wünschen, daß sie mit der Zeit aus unsern Schulen gänzlich wegfallen mögen. Diese Gegner pflegen dann unerschöpflich zu seyn in Herzählung der Nachtheile, die dieser Unterricht mit sich führt, und der Vortheile, welche dagegen mancher andere Gegenstand, namentlich die deutsche Sprache gewähre. Noch billigere Gegner wollen sie nur nicht zur Hauptsache machen, sondern den sogenannten Realien, besonders aber auch den neueren Sprachen gleichen Rang mit ihnen in der Gelehrtenschule zuerkennen. So viel Verf. dieses bis jetzt in den gegnerischen Schriften gefunden, bieten sie alle zwei gemeinsame Fehler dar: den ersten, daß sie die unmethodische oder unverhältnißmäßige Behandlung dieser Sprachen, wie sie freilich leider noch immer ziemlich allgemein in den Gymnasien vorkommt, mit dem Lehrgegenstand selbst verwech-

mag man sie denn immer als die Hauptgegenstände der Gelehrtenschulen nennen, wie man die Bibel nennt statt des göttlichen Wortes, das sie enthält.

Die Freunde jener beiden sogenannten Gelehrten-Sprachen legen denselben den Vorzug bei, daß sie Idealien dem Geiste gewähren, und über die Gemeinheit des Lebens zu den ewigen Ideen erheben, hiermit die Jugend für das Edle begeistern. Die Gegner legen den Realien einen größeren Werth eben darum bei, weil sie für das gemeine Leben unterrichten, den gesunden Menschenverstand ernähren, und das Menschenwohl durch die Bildung zur Brauchbarkeit und Gemeinnützigkeit augenscheinlich befördern. *) Ohne daß wir hier darauf einzugehen haben

---

seln; den zweiten, daß sie bloß bei diesen Sprachen als Sprachen bleiben, und von jenem tieferen Grund des durch sie aufgeschlossenen Alterthums nichts zu wissen scheinen, — falls sie nicht ganz, wie manche, das Alterthum als etwas Veraltetes ansehen, das man besser gar nicht mehr beachtet, und als etwas Schlechteres gegen das, was unsere hochstehende Zeit besitzt, untergehen läßt, wie die Sternennacht, wann die Sonne aufgegangen. Dahin gehört denn auch der Einwurf, den man selbst von manchen der gelehrteren Gegner hört, daß ja die hochgebildeten Griechen keine fremde Sprache erlernt hätten, und gleichwohl unsere Muster seyen; so solle man sie denn recht zum Muster nehmen und nur die Muttersprache studiren. Da haben sie denn freilich in ihrem deutschthümlichen Eifer vergessen, daß die Griechen in ihrer guten Zeit noch nicht ihre Grammatik, wohl aber ihren Homer in ihren Schulen trieben, und erst mit ihrem Verfall ihre Sprache zum Gegenstand der Reflexion machten, und daß ihre Gesetzgeber und Weisen es eben durch eine Bildung im Ausland, wo sie ein höheres Alterthum studirten, geworden sind. Sie nahmen das Alterthum lebendiger in sich auf, als durch das Sprachstudium, sie reiseten an Ort und Stelle hin, wo noch Großes aus alter Zeit da stand, und im Leben unmittelbar in ihren Geist eindrang, wobei sie denn doch wohl auch in Sais oder Babylon oder wohin sie ihr Trieb nach den hohen Quellen führte, in den dortigen Landessprachen nicht ganz unkundig blieben. War es denn anders bei Platon rückwärts bis Pythagoras und Thales, bei Herodot bis auf Homer zurück? Lese man doch nur den Plutarch.

*) So soll Campe, der Hauptmann dieser Realisten, gesagt ha-

erinnern wir nur an das Ziel aller Erziehung — das göttliche Ebenbild.

Weiter müssen wir uns darüber vereinigen, welche jener beiden Sprachen den Vorzug erhalten solle, ob die griechische als die reichere, musterhaftere, der deutschen näher verwandte? oder die lateinische als die mehr klare, vermittelnde, unserer Zeit und Sitte näher liegende? Denn beide zugleich anfangen, mit gleicher Anstrengung, widerspricht dem Grundsatz der Einfachheit in der Methodik. Man hat es in neueren Zeiten versucht der griechischen Sprache, die vorher auf den Schulen von der lateinischen fast verdrängt gewesen, den Vorzug zu geben, allein man ist immer wieder davon zurückgekommen, und wir glauben es als ziemlich allgemein anerkannt annehmen zu können, daß die lateinische Sprache als die Vermittlerin wenigstens einige Schritte vorangehen müsse, bis ihr die griechische allmählig zur Seite trete. So wird denn auch fortwährend die lateinische als die Sprache unter den Gelehrten gebraucht. Es wird immer noch von denjenigen, deren Stimmen die gültigsten sind, und das unsers Erachtens mit vollem Recht, darauf festgehalten, daß der Gelehrte müsse Latein schreiben und sprechen können. Also müssen wir unsere Gelehrtenschulen hierauf einrichten.

Aber sind es denn jene beiden classischen Sprachen allein? Bieten sich nicht noch andere aus dem Alterthum an, die uns Geistesschätze der Vorzeit verwahren und den Geist des Schülers erheben? Allerdings; und wir wollen die alten orientalischen Sprachen nicht ausschließen, auch die hebräische nicht bloß als für das Examen des Theologen nothwendig ansehen, und daß das Sanskrit des ur-

---

ben, der Erfinder des Spinnrads sey mehr werth als der Dichter der Iliade. Niethammer setzte in dem vorhin angef. Buche, Streit des Philanthr. die Idealien entgegen rc. Vgl. Erziehungsl. I. 2te Abth. S. 444—480.

alten Indiens noch Vorzüge vor der Sprache der Hellenen und Römer besitze, hören wir von den Männern des Faches behaupten. Indessen würde Zeit und Kraft bei weitem nicht hinreichen, daß Ein Mann sich dieses ganzen Sprachschatzes bemächtige, und es würde ein lächerliches Unternehmen seyn, mehrere in unsern Schulen einführen zu wollen. Vielleicht kommt es mit der Zeit dahin, daß man dem Sanskrit die Aufnahme in der oberen Classe verstatten mag, wenn anders nicht den Gegnern der Alterthumsquelle ihre Richtung gelingen sollte: indessen bleiben doch immer jene beiden Sprachen auch darin die classischen, daß sie den Schüler zum Studium jeder andern tüchtig machen und vorbereiten.*)

Es giebt noch einen Grund, weßhalb man insbesondere die lateinische Sprache zur Grundlage der Gelehrtenbildung macht. Sie ist nämlich das eindringlichste Mittel die Aufmerksamkeit festzuhalten, das Gedächtniß zu stärken, die Denkkraft zu üben, und die Urtheilskraft zu schärfen; sie ist eine im Lernen selbst lebendig sich entwickelnde Logik. Dieser formale Werth der lateinischen Schule ist schon von langem her erkannt und immer, wo nicht etwa Unmethode alles verdarb, bewährt worden; auch in der neuesten Zeit wird er mit Recht bei Schulplanen beachtet. Nur aber ist das nicht der einzige Grund, warum sie in Gelehrtenschulen einen Hauptgegenstand ausmacht, und es ist ein Grund, sie zugleich in allen besseren Volksschulen einzuführen. Wendet man dagegen ein, daß auch andere Lehrgegenstände auf solche Art formal bilden, und die Stelle jenes ehemaligen Lateinlernens in den Stadtschulen weit besser vertreten, namentlich die Denkübungen von der ersten Schulzeit an, die Mathematik, die methodische Behandlung aller Lectionen, vornehm-

*) Der Verf. hat über die classischen Sprachen als Hauptgegenstand der Gelehrtenschulen etwas ausführlicher gesprochen in s. Erziehungsl. III. S. 214 — 221. 287 — 293.

lich aber der Unterricht in unserer deutschen Sprache, so muß man dieses in soweit zugestehen, als man jenes einseitige Treiben der lateinischen Grammatik und jenes Zurücksetzen der andern Lehrzweige im Auge hat, und da hat man recht, unsern jetzigen Realschulen vor jenen Stadtschulen bei weitem den Vorzug zu geben. *) Indessen bleibt es doch als wahr stehen, daß das Lateinlernen von frühem an eine eigene Kraft hat die Verstandesthätigkeit anzu-

*) So hat der Baiersche Schulplan v. J. 1829 ganz folgerichtig die lateinischen Schulen als eine Hauptanstalt für die Volksbildung verlangt, wo sie nur irgend angelegt werden können; und so hat der gelehrte Mitarbeiter an diesem Plane D. Thiersch die lateinische Sprache als überwiegendes Bildungsmittel für diese Schulen siegreich in mehrfachem Kampfe vertheidigt, weßhalb sein Buch Ueber gelehrte Schulen mit bes. Rücksicht auf Bayern, drei Bde. 1826—31. (nebst Geschichte des bayerschen Schulplans v. 1829 u. seiner Revision im J. 1830.) eine große Wichtigkeit in dieser Literatur behauptet. Es wird vornehmlich jenes Moment der formalen Bildung hervorgehoben, und in dieser Hinsicht die Kenntniß der altclassischen Sprachen als Grundlage aller höheren Bildung nicht bloß des Gelehrtenstandes erkannt, insbesondere die lateinische Sprache für die höhere Schulbildung jedes Bürgers verlangt. Die Einwendungen der Gegner sind hauptsächlich gegen diese Ansicht gerichtet, jener tiefere Grund aber, den das Buch ebenfalls geltend macht, die Einführung ins Alterthum, wird von den würdigen Gegnern, namentlich von Klumpp (in der oben angef. Schrift), mit Recht geachtet. Wir legen auf denselben den Nachdruck als auf denjenigen, welcher das Eigenthümliche der Gelehrtenschulen entscheidet. Am schärfsten hat ihn Niethammer in s. oben angef. Schrift, Streit des Philanthrop. &c. schon im J. 1808 entwickelt, und hierbei das Wort Idealien den Realien gegenüber ganz schicklich angegeben, wenn gleich die Schärfe eine mehr einseitige ist.

Die ebenfalls oben angef. Schrift von van Heusde über den höheren Unterr. zeigt das Studium der Classiker als geisterhöhend von dem Standpuncte der Volksbildung ausgehend auf eine auch den Nichtgelehrten ergreifende Weise. Recht gelegen führt Thiersch das Wort des Lords Chatam an, welcher große Englische Staatsmann auf die Frage, was ihm denn nun sein Latein und Griechisch geholfen habe, antwortete: „es ist aus meinem Gedächtniß in meinen Verstand übergegangen.“

strengen und in der richtigen Bahn zu halten, wenn es anders methodisch und mit allem Uebrigen harmonisch gelehrt wird. Insofern verdient es die Grundlage aller höheren Volksschulen zu seyn. Allein eben darum ist das nicht für die Gelehrtenschulen das Eigenthümliche; was diesen eigens die alten klassischen Sprachen zuweiset, ist ein tieferer Grund, nämlich jener, daß dem Gelehrten das Alterthum aufgeschlossen werde, und die entfernten Quellen vermittelst dieser Sprachen ihm rein zufließen. Allerdings bleibt hierbei die formale Bildung, welche die lateinische Grammatik bewirkt, in ihrem Werth, und wird durch die Verbindung mit der griechischen und den übrigen Lectionen noch sehr verstärkt, aber es wird noch viel mehr gewonnen, die Ideen, welche in jenen Sprachen leben, enthüllen sich in dem Geiste des Schülers, weßhalb denn auch die griechische Sprache vorzugsweise nächst der lateinischen in die Gelehrtenschulen gehört, und so lehren sie zugleich Idealien von dem realsten Gehalt und von dem tiefsten Einfluß.

Der Unterricht in der Geschichte, der schon für die allgemeine Bildung gehört, wird für den Gelehrtenstand noch gründlicher und ausführlicher verlangt, weil sie in genauer Verbindung mit dem classischen Studium das Alterthum kennen lehrt. Daß also die alte Geschichte unter den Lehrgegenständen der Gelehrtenschulen stehe, ist schon länger her praktisch anerkannt, und man streitet nur jetzt darüber, wie viel oder wie wenig Zeit darauf zu verwenden sey, da sie doch zum großen Theil die Reife des jungen Mannes erfordere und deßhalb in das akademische Studium hineinreiche. Ob auch die neuere Geschichte auf jenen Schulen zu lehren sey, ist noch mehr gefragt worden; indessen muß sie da doch wenigstens eben so weit vorkommen als in den höheren Bürgerschulen, und als zur allgemeinen Begründung der Geschichte dient. Was nun die Geschichte der alten Völker betrifft, so ist doch ohne Zweifel vorerst sehr viel Biographisches und sonst Einzelnes aus derselben, dann aber auch das Ethnographische der Griechen und Römer unmittelbar für das classische Studium nothwendig, ebenso für die Religionskenntniß die biblische Geschichte von Anbeginn des Menschengeschlechts, hiermit insbesondere die der Israeliten. Wenig bleibt da noch von der übrigen Geschichtskunde, so weit sie reicht, zurück, und was zurückbleibt, wie die Geschichte der Babylonier, Aegypter rc. ist mit jenen Studien so verwebt, daß man auch sie nicht zurücklassen darf. Die Beschränkung dieses Unterrichts auf der Schule könnte also nur darin bestehen, daß man ihn nicht bis in die minder bedeutenden oder erst kritisch zu untersuchenden Begebenheiten und den innersten Zusammenhang ausführte, und von der Universalgeschichte der alten wie der neuen Zeit nur die Uebersicht mehr von außen, hauptsächlich chronologisch fassen ließe. Und hierzu findet sich alles recht gut.

Wir sind daher der Meinung, daß die Geschichte in methodischem Lehrgang von den untersten Classen bis in die oberste in der Gelehrtenschule vorgetragen werde, versteht sich nicht in akroamatischem Vortrage, sondern schulmäßig, durch gutes Erzählen, Wiedererzählen, Abfragen, Aufgeben zum Nachlesen, schriftliche und mündliche Wiederholungen, Auszüge, Schilderungen u. s. w. alles mit einer Lebendigkeit, welche diese Kenntniß dem Geist übergiebt und dem Gedächtniß einprägt. *) Daß dieses zugleich Uebungen in dem deutschen Styl seyn können, und zwar von der trefflichsten Art, fällt in die Augen, wie sie denn auch zu griechischen und lateinischen Exercitien

*) Ueber den Unterricht in der Geschichte s. Erziehungsl. III. S. 221—228. Der Verf. benutzt diese Gelegenheit, um ein Versehen in dem dort S. 225. Anm. angegebnen mnemonischen Hülfsmittel, das er auch für die Gelehrtenschulen empfiehlt, gut zu machen; der Zeige= und der Goldfinger sind dort verwechselt, und so muß es vielmehr heißen: Zeigefinger: Moses, 1550; Goldfinger: Kyrus 555. In mehrerem stimmt der Verf. hierin mit Niemeyer (Grundf. der Erz. u. des Unt. §. 70 fgg.) überein, nicht in allem.

dienen, und daß sie unmittelbar in dem Lesen der Griechen und Römer liegen, insbesondere in den Historikern von selbst vorkommen, bedarf nur eines weiteren Blickes in diesen Unterricht. Ein gewandter Lehrer weiß auf diesem Wege die geübteren Schüler schon in das Quellenstudium einzuleiten. Wir rechtfertigen hiermit die Nothwendigkeit der Geschichte als Lehrgegenstand auf der Gelehrtenschule und das zugleich in ihrer Verbindung mit den Sprachen.

Ob die deutsche Sprache eine abgesonderte Lection auf dieser Schule seyn dürfe, oder nicht besser mit der lateinischen und griechischen nebenbei grammatisch erlernt und stylistisch geübt werde, ist hauptsächlich durch die baierschen Schulplane in lebhaften Streit gerufen worden. Wer dem Plan von 1829 und den Grundsätzen von Thiersch beistimmt, wird die Muttersprache, bis auf wenige ihr besonders zu widmende Studien, ganz aus dem Katalog der Lehrgegenstände weglassen, und hiermit die Gelehrtenschule um einen erleichtern, ja auch selbst der Volksschule nicht in dem Maaße einräumen, als wir es oben gerathen fanden, und als es so ziemlich allgemein von den Schulmännern verlangt wird.*) Wir gehen

*) Thiersch, über gel. Sch. an mehreren Orten, insbes. auch im 3ten B., wo er die Gegner bestreitet, findet (S. 385 fgg.) den Grund mit der lateinischen Grammatik statt mit der deutschen anzufangen darin, daß in der ersteren die Formen besser ausgeprägt sind, in der deutschen dagegen der Stoff zur Einsicht in die Natur der Formenbildung und die Erfordernisse derselben nicht ausreiche, es auch „dem Knaben ein Aergerniß sey, der Vater, des Vaters, dem Vater, nach Regeln von dem Lehrer in der Schule zu lernen, was er als Kind bei der Amme von selbst gelernt hat,“ (welches Schreiber dieses aus mehrfacher Beobachtung bestätigen kann); wie auch, daß nach dem Zugeständniß der Gegner, der Knabe, der Latein gelernt, nur weniges in der deutschen Grammatik zu lernen habe. Er beruft sich zugleich auf das gewiß vollgültige Urtheil des großen deutschen Grammatikers Grimm, nach welchem der Schulunterricht im

hier von einem der ersten Gesetze der Methodik aus, nach welchem alles in einer stetigen Folge von dem Leichteren und Anschaulichen zum Schwereren und Entfernteren sich aneinander reihen soll, und zugleich von der Erfahrung, daß es dem Anfänger viel leichter fällt die Declinationen und überhaupt die Elemente der lateinischen Grammatik zu erlernen, wenn er vorher auf dieselben in seiner Muttersprache aufmerksam gemacht worden, und bei jedem Punct immer in derselben einen kleinen Schritt voraus thut, z. B. erst im Deutschen die Casus, der Tisch, des Tisches ꝛc. unterscheiden lernt, bevor er an sein mensa geht, u. s. w. Hierzu kommt der Reichthum, den der Geist gewinnt, wenn er tief und immer tiefer in die deutsche Sprache eindringt, und der noch eigene Schätze darbietet, welche grade die andern Sprachen nicht haben, die aber mit jenen gegenseitig ihren Werth steigern. Aus diesen Gründen fordern wir auch für die Gelehrtenschulen die deutsche Grammatik, Literaturkunde und Stylübung als einen eignen Lehrgegenstand in besondern Lehrstunden. Allerdings werden wir deren wenigere bedürfen als in den Bürgerschulen, weil die Erlernung des Lateinischen und Griechischen immer zugleich ein Fortschreiten im Deutschen seyn wird, wenn der Lehrer seine Sache versteht.

Deutschen einen „geheimen Schaden bringe, und grade die freie Entfaltung des Sprachunterrichts in den Kindern störe." Das gilt indessen doch nur von jenem früheren, der die grammatische Reflexion vor dem naiven Aufleben der Sprache eintreten läßt, welches aller Methodik widerspricht, denn der Buchstabe tödtet, wenn nicht der Geist ihn ergreift. Allein daß man im Erlernen der lateinischen Grammatik immer erst das in der deutschen bemerken müsse, was zum Verstehen vorausgeht, liegt ebenfalls in dem Naturgesetz des Unterrichtens, wie auch daß zum gründlichen Erlernen einer Sprache, die man lebendig aufgenommen hat, die Reflexion auf ihre Regeln und Gesetze hinzukommen müsse, weßhalb unsere Muttersprache, und sie ganz besonders wegen ihrer Tiefe als reiche Ursprache eigne Lehrstunden verdient.

Wie von Anfang in den Elementarschulen das Lesen unter der Hand zu grammatischen Kenntnissen führt, z. B. der Redetheile, und sofort in den höheren Classen der Schüler Schritt vor Schritt weiter in seiner lebendigen Sprachkunde zur Bemerkung der Regeln geführt wird, die ihm zu einer förmlichen deutschen Grammatik erwachsen: so wird auch der Schüler, welcher die Elemente der lateinischen Sprache erlernt, hierdurch die der deutschen noch schärfer unterscheiden und sich einprägen können, und er wird im fortschreitenden classischen Studium zugleich in seiner Muttersprache fortschreiten. Aber hiermit wird auch fortschreitend das Bedürfniß eintreten, die grammatischen Bemerkungen zu ordnen und zu einer Sprachlehre so zu vereinigen, daß er sie zu einem besondern Studium mache und den Geist der deutschen Sprache mit allen ihren Reichthümern so weit wie möglich in sich aufnehme.*) Die Gelehrtenschule bedarf also in allen ihren Classen einige, obwohl nur wenige Lehrstunden für das Deutsche. Die Anordnung der Lectionen wird uns dieses Zusammenbestehen noch deutlicher zeigen.

Die **Mathematik** scheint ebenfalls mehr für die höhere Bürgerschule geeignet, und in der Gelehrtenschule allerdings nicht entbehrlich, aber weder material noch formal so nothwendig zu seyn.**) Denn wer im Gelehrten-

---

*) Der Verf. bezieht sich auf die Grundsätze seiner **Erziehungsl.** B. III. S. 201—221.

) Humanisten der strengen Observanz, aber auch manche dem Realismus zugeneigte Rathgeber für Gelehrtenschulen wissen diesen Einwurf hervorzuheben, und so kommt er auch in den Streitigkeiten über den baierschen Schulplan vor. **Thiersch legt einen Nachdruck darauf, daß man zwar das Studium der alten Sprachen als das gedeihlichste Mittel der formellen Verstandesbildung betrachten müsse, aber mit Recht auch nicht allein, sondern in Verbindung mit der Mathematik, welche er als das **Hauptmittel** betrachtet. „**Classisches und Mathematisches**, sagt er trefflich, ist der Wahlspruch der hier in Bewegung gesetzten Gelehrtenschule, und mit einem

stand ein Studium wählt, wozu die Mathematik gehört, muß sie doch auf der Universität studiren, und dazu wird er auf der Schule hinlänglich vorbereitet, wenn er auch eine nur mittlere Stufe in dieser Wissenschaft erreicht. Zur Schärfung des Verstandes bedarf er sie auch weniger, weil ihm das Sprachstudium hierin Uebung genug darbietet. Dennoch wird sie mit Recht von den Schulmännern, mit etwa wenigen Ausnahmen, als einer der nothwendigen Lehrgegenstände für die Gelehrtenschule anerkannt, weil sie zur vollständigen Geistesbildung sowohl wegen ihres Inhalts, als wegen der grade ihr eignen Gymnastik des Geistes unumgänglich erforderlich ist. Die mathematischen Lehrsätze bis in die Trigonometrie, Algebra, Optik, Mechanik ꝛc. hinauf sind Kenntnisse, aus welchen sich so viele entwickeln, die man im Leben braucht, und die wir jedem gebildeten Manne wünschen, also auch keinem Gelehrten, welches Faches er auch sey, vorenthalten dürfen. Wie aber das mathematische Denken den Verstand in Verbindung mit der Anschauungs- und Einbildungskraft auf eine Art übe, welche grade nicht die Art ist, wie sie in den grammatisch-logischen und tieferen Sprachstudien geübt wird, zeigt sich bald dem pädagogischen Kenner,*) und es erscheint ihm sofort in der Schule, welche so in beiden Richtungen den Geist bildet, eine Vollständigkeit, welche kaum noch etwas zu wünschen übrig läßt. Wir begreifen selbst die sittliche Seite unter dieser Geistesbildung. Denn so wie sich auf der einen

---

andern ist nie eine gediehen und wird nie eine gedeihen." (Ueber gel. Sch. B. III. S. 464.) Die Sache läßt sich psychologisch tiefer begründen: die Sprache führt in die Gemüthswelt, die Mathematik in die Sinnenwelt, beide lehren das Gesetzliche, und wer in beiden gesetzlich zu denken sich übt, gewinnt den gesunden Menschenverstand nicht bloß auf der Oberfläche.

*) S. Erziehungsl. II. S. 267 fg. 281 fg. III. S. 117 fg. 149. 155 fg. 180.

Seite das jugendliche Gemüth durch das Studium der Alten zu Idealen emporschwingt, so wird es durch das Studium der Mathematik — nicht etwa niedergezogen, sondern in sich selbst festgehalten, daß es bei seinem Aufsluge nicht den ordnenden Verstand und die Selbstmacht für das Rechte in den wirklichen Lebensverhältnissen verliere. Wer diese beiden Studien richtig parallelisirt, hat den Weg gefunden, der von Seiten des Lernens den Jüngling zu jener Tugend führt, den die Erziehung des hellenischen Alterthums bezweckte, es ist jene σωφροσύνη, welche noch mehr sagt als das Wort Selbstbeherrschung. *) Wir stimmen also denjenigen Schulmännern bei, welche in der Mathematik einen Hauptgegenstand für die Gelehrtenschulen, und zwar im Verhältniß mit dem Sprachstudium so weit wie möglich verlangen.

Die Naturwissenschaften und die Geographie gehören allerdings ebenfalls in die Gelehrtenschule, aber gewiß nicht in der Ausdehnung, wie sie in der höheren Bürgerschule gelehrt werden. Denn wozu eine Ausführlichkeit dieser Sachkenntnisse für junge Leute, deren gründliche Bildung selbst alltäglich die Früchte bringt, welche in diesen Kenntnissen bestehen? Wer nämlich in einer Gelehrtenschule gebildet worden, hat sich eine Lernfähigkeit und eine Lernbegierde erworben, wodurch er von der Mücke in der Luft, wie von der Blume des Feldes, von der Werkstätte, welche in seine Augen fällt, wie von jedem Zeitungsblatt, das ihm täglich dargeboten wird,

*) Die Gesch. d. Erz. 1te Abth. enthält hierzu mehrere Angaben, z. B. S. 111. 360 Anm. 385. 396. 535. aus welchen Stellen sich zugleich ergiebt, daß diese Selbstbeherrschung (σωφροσύνη) die höchste Stufe in der Erziehung der heidnischen Welt war. Je mehr wir sie vermissen, weil die Jugend jetzt weit mehr freigelassen ist, desto mehr soll auch die Schule in ihrem erziehenden Unterricht sie zu bewirken suchen. Gegen die ästhetischen Faseleien, die Romanlesereien, die Ausschweifungen der Phantasiegebilde 2c. wirkt die Mathematik als Reinigungsmittel.

aus dem Buche, wie aus der Conversation, — wodurch er fortwährend von allen Seiten her alles das aus der Erd-, Natur-, Gewerbe-, Staatenkunde sich aneignet, was doch in keiner Schule so speciell gelehrt werden kann, und wozu er auch die gebildete Urtheilskraft mitbringt; und doch wird allenfalls eher ein Cuvier, oder Davy, oder Ritter aus ihm, als wenn er unter allen den Naturalien, Experimenten und Landkarten die kostbare Schulzeit vertändelt. Wir treten also ohne Weiteres auf die Seite derjenigen, welche alle jene Realien nur soweit in die Gelehrtenschule aufnehmen, als eine begründende Einleitung erforderlich ist, um im Leben in derselben fortzulernen. Physik, Geographie, Naturgeschichte u. s. w. sollen unsern Schülern also wenig Zeit und Aufmerksamkeit wegnehmen. Dagegen soll die oberste Classe eine encyklopädische Uebersicht von dem Kreise des menschlichen Wissens erhalten; zugleich eine Kenntniß der Gesetze unsers Wissens, eine Einleitung in die Psychologie und eine sogenannte Schullogik. Man pflegt mit diesem Worte die Sammlung der logischen Gesetze zu bezeichnen, inwiefern sie noch bloß auf dem Standpunct der Reflexion aufgefaßt sind und in ihrer Anwendung aufgezeigt werden. Denn die verschiedenen Arten von Urtheilen und Vernunftschlüssen, der Definitionen und Divisionen u. s. w. liegen in der Fassungskraft dieser Schüler, und sie müssen mit diesen Begriffen deutlich bekannt gemacht werden, weil sie Gebrauch davon machen müssen; zu einer eigentlichen Philosophie aber ist das Schulalter so wenig reif als zur Politik, ist es doch kaum noch das akademische, denn dazu gehört die Fülle der geistigen Manneskraft. Wer dem Schüler ansinnt zu philosophiren, verlangt mehr von ihm, als wenn er ihm einen Waffenkampf ansönne, und verschuldet den ärgsten Selbstdünkel, in den er damit gewöhnlich geräth. *) Dafür lernt er in seinen Classikern

*) Der Verf. weiß, daß er es mit diesen Behauptungen bei meh-

philosophiren, und das auf dem Wege des Weisen von Athen.

Es giebt einige Disciplinen, welche den lateinischen Schulen schon mit ihrer Begründung zur Aussteuer mitgegeben sind, als Reliquien noch von dem Alexandrinischen Encyklopädismus: so wie die Grammatik, Dialektik, Mathematik, so auch die Rhetorik und Poetik, wozu denn die neuere Verzweigung Alterthumskunde oder Archäologie in ihren mehrfachen Abtheilungen und Literaturkunde, der moderne Geist auch die Aesthetik hinzugefügt hat. Wir wüßten auch nicht, was man Gegründetes gegen das Erlernen von allem diesem einwenden wollte, vielmehr liegt es wesentlich in den allgemeinen Studien der Gelehrtenbildung. Ob aber als eigne Wissenschaften? Mancher tüchtige Schulmann will sie als solche aufgenommen wissen, mancher hält aber dafür, daß das, was man in denselben erlernt, besser nebenbei und gelegenheitlich erlernt werde. Dieser letzteren Meinung möchten wir beipflichten, jedoch mit einiger Beschränkung. Allerdings lernt

---

reren Parteien, auch wohl bei der sogenannten öffentlichen Meinung verdirbt, aber er kann nicht anders als freimüthig und ohne Scheu das aussprechen, wovon ihn vorurtheilfreies Nachdenken und ein erfahrungsreiches Leben überzeugt hat. Das was man als Philosophie den Jüngling lehrt, macht ihn gewöhnlich zum Anhänger des Systems, das grade gilt, und befestigt in ihm ein vorurtheiliges Denken, d.i der Meinung, daß er nun im freiesten Selbstdenken stehe. Daher giebt es immer in der neueren Zeit irgend eine Philosophie, welche ihre Vorgängerin verdrängt, dafür denn auch die Nemesis erfährt, daß eine andere an die Mode kommt, ehe sie sich ihres Sturzes versieht. Wie ganz anders bei den Alten! und auch noch vor nicht gar langer Zeit. Obgleich Philologen und sogar Philosophen vom Fach gezeigt haben, wie das tiefere Studium der Sprachen und der Alten recht eigentlich in die Philosophie einführe, so macht man doch noch so wenig Gebrauch von dieser Erkenntniß in den Schulplanen, daß man noch eigens Philosophie in die Lectionsverzeichnisse setzt. Solcher Misgriff wäre nicht erklärbar, wenn man mit dem Wort im Klaren wäre, und nicht überhaupt die Nomenclatur von einem veralteten Fachwerk noch dastände.

der Schüler bei der Erklärung der Classiker die Alterthümer, die poetischen und rhetorischen Regeln an lebendiger Quelle am besten, und eben da werden seine Augen helle, um die reinen Schönheiten zu sehen, und ein richtiges Geschmacksurtheil mit der Zeit zu gewinnen; aber er soll doch auch bis zu dem Ziele fortschreiten, wo sich alle die einzelnen Reflexionen zusammenstellen, und wo er sie in ihrem inneren Zusammenhange begreift, oder auch nur zu begreifen anfängt. Damit schließt sich also dieses Schullernen; in den obersten Classen wird eine Uebersicht der Rhetorik, der Aesthetik, der Archäologie gelehrt, welche in das akademische Studium dieser Lehrzweige einleitet. Dahin möchten wir auch mit der Poetik die vorher bloß im Praktischen geübte Metrik versparen. Eben das gilt von der Literatur, der alten Classiker sowohl als der Deutschen.*)

Auch neue Sprachen werden von vielen unter die Lehrgegenstände dieser Schulen gerechnet, von vielen aber ausgeschlossen. Der Grund einer verstärkten Geistesbildung, weil jede Sprache den Geist mehr aufschließt und in seinen verschiednen Vermögen übt, also je mehr Sprachen, um so stärker, wird zwar ziemlich allgemein anerkannt,**) findet aber doch in Beziehung auf diesen Schul-

---

*) Thiersch, über gel. Schulen nimmt diese Lehrgegenstände in ihrer Vereinzelung in besondere Stunden auf, z. B. die Metrik, und zwar schon frühzeitig; wir finden aber keine methodische Begründung, die uns befriedigte.

**) Hört man doch unter den abgeschmackten Urtheilen, wozu der jetzige Zeitgeist im Aerger über alles Alte und Positive, das er nur mit den alten Sprachen ganz abschaffen könnte, und in einer unseligen Deutschthümelei selbst deutsche Gelehrte verleiten mag, auch das aussprechen, daß Sprachenlernen dem Verstand schade, und die Männer, welche mehrere Sprachen verständen, leicht beschränkte Köpfe würden, die der Freisinnigkeit im Wege ständen. Hörte man nicht einst jene Obscuranten in Cölln in solchem Tone gegen die griechische Sprache schreien, während die Wiederhersteller der Wissenschaften in diesen Studien auflebten und erleuchteten? Vgl. Gesch. d. Erz. 2te Abth.

unterricht den Widerspruch, daß dieser formale Zweck durch die lateinische und griechische Sprache, und hierzu noch vor allen neueren durch die deutsche aufs vollkommenste erreicht werde, und dann um so mehr, wenn man das Studium unzersplittert auf diese richte. Der materiale Zweck, daß jeder Gebildete Französisch, wohl auch Englisch und Italiänisch können müsse, tritt bei dem Gelehrtenstande als noch wichtiger ein, theils wegen der reichen Literatur in diesen Sprachen, theils wegen des jetzigen Verkehrs unter den Menschen, wo der Gelehrte nicht mehr auf seinem Dachstübchen verleben darf. Dieses alles zugegeben, und sogar noch etwas mehr für die formale Bildung, da jede Sprache ihren eignen Genius hat, und dieser irgend eine eigne Geistesknospe entwickelt, auch die Vergleichung der neuen mit den alten, der mehreren Sprachen unter einander tiefer in das geistige Leben einführt, so folgt doch daraus noch nicht, daß die französische, englische, italiänische — in manchen Gegenden Deutschlands auch wohl die polnische, böhmische, ungarische u. s. w. — in die Gelehrtenschulen aufzunehmen seyen. Denn dazu fehlt es schon an Zeit, eben aus jenem Grunde, daß man nicht das Lernen zersplittere. Es fehlt aber noch mehr an der Möglichkeit, den Hauptzweck, wozu man sie erlernt, zu erreichen. Denn es sind lebendige Sprachen, sie werden nur im Leben recht erlernt, daß man sie nämlich sprechen kann. Das kann die Gelehrtenschule nicht leisten, gesetzt sie wollte auch ihre Hauptgegenstände an Stundenzahl verkürzen, weil da keine Conversation möglich ist, wie das Sprechen sie verlangt. Da kann nur der grammatische Unterricht in diesen Sprachen ertheilt werden, wie denn auch die Erfahrung lehrt, daß äußerst selten ein Schüler in solchen Lehrstunden französisch spre-

S. 283. und die ganze Geschichte vor und in der Zeit der Reformation S. 227 — 330. wie die Bildung frei wurde; hierzu auch S. 127. 146. u. a. m.

chen lernt. Wir dürfen also bloß das grammatische Erlernen einiger neueren Sprachen in der Gelehrtenschule verlangen; das aber können und wollen wir auch verlangen, weil es zu der Bildung des Gelehrten gehört, weil ohne viel Zeit und Kraftaufwand die Schüler derselben dazu im Stande sind, und weil es zum guten Sprechen und Schreiben z. B. des Französischen doch hilft. Zwar sind wir nicht der Meinung, daß die rechte Methode eine lebendige Sprache zu lehren dieselbe sey, wie man die alten lehrt, nämlich durch den Dornenpfad der Grammatik, sondern vielmehr, daß man sie der Muttersprache so nahe als möglich bringe, also erst Sprechen und Lesen, dann die Reflexion auf die Regeln und die grammatische Ausbildung. *) Indessen hat doch jenes Schulmäßige auch seinen Nutzen, wenn man nur nicht damit das Lebendige entbehrlich zu machen meint. Wir würden daher in der Gelehrtenschule auf dem Wege der Grammatik die neuen Sprachen lehren, wobei das Uebersetzen in das Deutsche und umgekehrt, auch das Schreiben und Sprechen so viel möglich geübt und die Literatur erlernt wird. Außer diesen Schul-Lehrstunden würden wir das Uebrige dem beliebigen Privatunterricht überlassen, auch dazu den Schülern die Gelegenheit besorgen, den Lehrern derselben aber, die für die Schule angestellt sind, sie nur unter der Bedingung erlauben, daß sie keinen andern Unterricht in der Privatstunde ertheilen, als in der Lectüre, im Schreiben und im Lesen, aus begreiflichen Gründen. Wöchentlich 4 — 6 Stunden in der Schule würden hinreichen, im ersten Jahre 4, welche ganz dem Französischen, als der nothwendigsten Sprache, im zweiten Jahre ebenfalls 4, welche zur Hälfte etwa der italiänischen, also der ihr zunächst verwandten, und im dritten Jahre 6, da nun der

*) Die Grundsätze der Methodik für die neueren Sprachen hat der Verf. Erziehungsl. III. S. 211—214. angegeben.

englischen 2 Stunden zu widmen wären. In den folgenden Schuljahren möchte es für diese drei Sprachen, wenn sie einmal begründet sind, an 4 Stunden wöchentlich genügen. Ist die Schule nur so glücklich, gute Lehrer in diesen Sprachen zu gewinnen, die immer noch selten sind, so werden auch die modernen Forderungen an die Gelehrtenschulen in diesem Stück befriedigt, ohne daß die Hauptsache leidet.

Die Uebungen im Schreiben, Zeichnen, Singen und in der Gymnastik verstehen sich von selbst; auch hat die Gelehrtenschule so viel Zeit dazu als nöthig ist, nämlich für dieses zusammen, da es abwechselt, eine Stunde. Zum Erlernen musikalischer Instrumente darf es nicht an Gelegenheit und Aufmunterung fehlen.

Einen der wichtigsten Lehrgegenstände bringen wir zuletzt zur Sprache, den Religionsunterricht. Auch über diesen giebt es jetzt verschiedene Meinungen, ob und inwiefern er in die Gelehrtenschule gehöre. Es scheint, daß ein Misverstand in dem Begriff von Religion zum Grunde liege, wie ihn die jetzigen Zeiten leicht mit sich bringen; vielleicht auch noch etwas mehr. Soll dieser Unterricht bloß ein historischer oder kritischer seyn, soll er bloß Dogmen behaupten oder bestreiten, soll er über Pflichten und Rechte hin und herreden, soll er über kirchliche Formen, vielleicht auch dabei über politische unterhalten — so nenne man das nur nicht Religionslehre. Es mag wohl auf solchen Schulen auch Kirchen- und Religionsgeschichte gelehrt werden, aber etwas anderes ist es doch die Begriffe über unser Verhältniß zu Gott und unsern Wandel vor ihm aufzuklären, und das so wie es das Herzensbedürfniß verlangt, daß nämlich diese Belehrung zur Anbetung Gottes im Geiste und in der Wahrheit das ganze Leben des Schülers erhebe. Nur das ist Religionslehre, wie sie auch selbst diejenigen für ihre Söhne verlangen, die nicht an Jesum Christum glauben. Wir aber verlangen für unsere Söhne in den Gelehrtenschulen recht eigentlich Unterricht im Christenthum. *) Nicht die Glaubenslehre für sich, nicht eine losgerissene Sittenlehre, sondern beides soll für die christliche Einfalt eines in Christo durch den heiligen Geist unserm himmlischen Vater geheiligten Lebens gründlich und fruchtbar gelehrt werden. Der wichtigste Unterricht in der christlichen Religion ist der zur Confirmation vorbereitende, aber mit diesem ist doch die Religionslehre nicht geschlossen. Sie dauert in der Kirche fort, aber sie soll auch in der Schule fortdauern. Denn der Inhalt der Religion, so einfach er auch ist, schließt eine Fülle in sich, aus deren Tiefe uns immer mehr Licht entgegen quillt, je eifriger wir kommen um zu schöpfen. Man erwäge nur, wie viel die christliche Sittenlehre zu bedenken giebt, wenn man das christliche Lebensprincip auf alle unsere Verhältnisse anwendet, und wie sich da täglich ein neues im Innern wie im Aeußeren aufschließt; man lernt da sein ganzes Leben hindurch und hat nie ausgelernt. In den Schuljahren giebt es da nicht weniger zu begründen, als für die andern Kenntnisse, ja noch weit mehr, da der Knabe und Jüngling frühzeitig das ewige Leben so gewinnen soll, daß es sich in seinem gebildeten zeitlichen Leben aufs vollkommenste entwickeln möge. Das ist die Bestimmung des Christen, so lebt er im Reiche Gottes, und so soll er in dem Grade leben lernen, als seine ganze Bildung steigt.

---

*) In der neuesten Zeit ist die Frage über den Religionsunterricht auf Gymnasien mit immer noch nicht befriedigtem Interesse literärisch behandelt worden. Man findet sie in Zeitschriften und auch in besonders gedruckten Abhandlungen beantwortet, z. B. von Gast, Schaub. Auch wird noch immer ein Lehrbuch der christl. Religionslehre für diese höheren Schulen gewünscht, da derjenige, welcher das tiefere Christenthum lehren will, das Niemeyersche Buch zu oberflächlich, das von Marheinecke zu philosophisch und unpraktisch, das von Bretschneider zu äußerlich in kirchlichen Begriffen sich bewegend, in keinem aber das Positive des Evangeliums in seiner belebenden Gotteskraft gehörig ins Licht gesetzt findet.

Man hört manchmal den Vorwurf den Gymnasien machen, daß sie den Weisen, Dichtern, Edlen der heidnischen Welt, ja dem Heidenthum selbst die jugendlichen Herzen zuwenden, und das Christenthum dagegen zurücksetzen, wenigstens gar nicht daran denken, sie als junge Christen zu bilden. Ein harter Tadel, wo er trifft, und treffen muß er da, wo man die Lehre des Evangeliums den Herzen versagt. Nirgends ist doch besser Gelegenheit, sie recht herzergreifend, wir möchten sagen apostolisch zu lehren, als bei jungen Leuten, welche sich in die Zeiten der Griechen und Römer, der Apostel und des heiligen Stifters der Religion gleichsam zurückleben. Wer kann besser die Apostelgeschichte verstehen lernen, als wer in den Classikern die Länder und Völker vom Euphrat bis an das atlantische Meer besucht hat, wem kann der göttliche Lehrer heller leuchten, als wer auch einen Zerduscht und einen Sokrates, einen Platon, Zenon, Seneca und alle die weisen Lehrer kennt und dankbar ehrt, deren Licht doch, was die Anbetung des himmlischen Vaters betrifft, vor jener Sonne der Menschheit verschwindet? Und wer in einem Tacitus und Plutarchus Geist und Gemüth nährt, wie wird er beides dann erst von einem Apostel Paulus erhoben fühlen, um so recht lebendig die Gotteskraft des Evangeliums zu preißen! Christenthum und Griechenthum hat man als die beiden höchsten Bildungsmittel des Geistes gerühmt, wohl denn, so seyen sie es in den Gelehrtenschulen! Grade da können sie vereinigt wirken, und grade diese Schulen sollen das lehren, was zur höchsten Bildung führt. Warum hat man doch das so sehr übersehen? Daß man in älterer Zeit die Classiker aus den Schulen hat verbannen wollen, damit diese nicht durch die Heiden entheiligt würden, war Unkunde sowohl des Christenthums als des Heidenthums. Warum aber muß man jetzt klagen, daß allenfalls Heiden, aber keine Christen in unseren höheren Schulen gebildet würden? Es ist die Unkunde des Christenthums, wie sie der Zeitgeist herbeigeführt hat, wo man sich des Evangeliums schämt, und seine innere Kraft als Mysticismus verschreit, oder als Thorheit verlacht. *) Es giebt wohl sogar hier und da einen Gymnasiallehrer, welcher sich so recht darin ergeht, wenn er da seinen Witz kann spielen, oder seinen hoch herabsehenden Geist von den mit ihm hochstehenden Schülern kann bewundern lassen. Wie selten aber ist der Gottesmann, der diese Jünglinge durch jene Kraft recht eigentlich zu erheben wüßte! Und den meisten Lehrern ist nicht einmal ein Vorwurf zu machen, wenn sie in diesen Schulen, und das selbst bei dem Religionsunterricht, kalt vor dem Christenthum immer nur vorbeigehen, denn sie haben es selbst nicht besser kennen gelernt, und was hierin die Gelehrtenschulen seit mehreren Generationen verdorben haben, trifft viele ihrer jetzigen Lehrer selbst, ob sie gleich das nicht ganz entschuldigt; denn wo wäre das Salz, das einer Fäulniß des Zeitgeistes widerstehen soll, zu suchen, wenn nicht im Lehrstand? Auch giebt es wohl manchen, der im Stillen darüber seufzt, daß er selbst jener Kraft entbehrt, deren Wirksamkeit er für seine Schule wünscht.

Wie nun der Religionsunterricht hier zu ertheilen

*) Wohl gestehen auch Nichtchristen dem Christenthum den Vorzug vor allen bestehenden Religionen zu, aber nur mit der Idee einer Perfectibilität, die über dasselbe hinausführen müsse, und es nur zu einer vorübergehenden Erscheinung in der Evolution der Menschheit mache. Gesetzt ein Lehrer im Gymnasium hege diese Ansicht, so verbirgt er sie entweder, und dann muß er sich wenden und drehen nach jener jesuitischen Maxime der Verstellung, oder er bekennt sie ehrlich heraus, dann wird man ihn aber nicht mehr für einen Lehrer des Christenthums, sondern allenfalls der Kritik desselben erkennen, der zur endlichen Abschaffung desselben und nur einstweiligen Beibehaltung gleichsam in Eleusinische Mysterien einweihe. Der Verf. kann nicht anders als nach seiner heiligen Ueberzeugung diese Ansicht als von Grund aus unchristlich verwerfen; denn er erkennt in dem Christenthum etwas Positives, das sich als bleibend behauptet.

sey, wird ebenfalls immer noch berathen. Wir nehmen die Sache aus ihrem einfachen Gesichtspunct. Diejenigen Schüler, welche noch nicht confirmirt sind, gehören in die Christenlehre ihres Geistlichen, und die, welche nicht mehr Katechumenen sind, erhalten den Unterricht von dem Gymnasiallehrer, der sie in der Erkenntniß des Christenthums in ihrem geistigen Wachsthum immer weiter führt. Er läßt sie selbst aus den beiden Quellen schöpfen, aus der historischen der Offenbarung, und der, welche Gott in der Vernunft eröffnet; lehrt er nun wahrhaft im Geiste des Christenthums, so weiset er in beiden auf jene christliche Selbsterkenntniß und Gottesfurcht hin, die noch mehr ist als die eines Sokrates und eines Salomo, und da gelangt der christliche Schüler zu jener festen vernünftigen Erkenntniß der göttlichen Wahrheit, wo der Streit zwischen dem Rationalismus und Supernaturalismus gar nicht aufkommen kann, weil Gottes Geist die Vernunft reinigt und erleuchtet. Unser Schüler freut sich des Glücks, das gefunden zu haben, was schon ein Pythagoras angedeutet und mancher Weise der Vorzeit geahndet. *) Oder ist es

---

*) Der Verf. ist der Meinung, daß ein Lehrbuch der christl. Rel. für die Gelehrtenschulen in seiner Anordnung die Glaubens- und Sittenlehre nach neutest. Weise einigen müsse; und würde ein Buch wie Nitzsch, System der chr. Lehre, (2te A. 1831) der Bearbeitung eines solchen Schulbuchs zum Grund zu legen rathen; und so müßten auch die biblischen Stellen nach ächter Exegese behandelt seyn. Dann ist auch überall auf die Vergleichung der christlichen Lehren mit den Lehren der Weisen andrer Religionen hinzuführen, z. B. wie das Sokratische γνῶθι σεαυτόν noch lange nicht jenes christliche ist, das der μετάνοια zum Grunde liegt, wie der Begriff des Bösen auch selbst von Platon noch nicht der war, wie es der Christ in sich selbst erkennt, wie überhaupt die Gottes- und Selbsterkenntniß nur erst dann in das Licht der Wahrheit treten konnte, als sich Gott nach seinem Wesen, die ewige Liebe, in Christus offenbaret hatte, und wie diese Offenbarung fortwährend dem Menschen leuchten muß, wenn er Gott im Geist und in der Wahrheit anbeten soll, wie nämlich die Demuth, die den Christen von jedem andern religiösen Menschen un-

anders? Trauen wir etwa nicht dem Evangelium den Sieg über alle Herrlichkeiten der Erde und Weltansichten der Philosophen zu? Hätten wir in Christus nur einen vorüberleuchtenden Kometen und nicht die Sonne der Menschheit erkannt, so hätten wir ja schon längst den Glauben an ihn und sein Reich aufgegeben; so aber wissen wir, daß wer in diesem Glauben lehrt und die Jugend bildet, auch in der höchsten Stufe der Gelehrsamkeit und Geistesthätigkeit dem Christenthum seine Wahrheit und Wirksamkeit gesichert sieht. *) Solcher Lehrer bedarf die Religion besonders auch für die Gelehrtenschulen. Sie werden dann die heilige Schrift und die Religionsgeschichte beständig zur Hand haben, und hierin einen unerschöpflichen Reichthum finden — nicht der historischen und antiquarischen Kenntnisse wegen, sondern für die ewige Wahrheit selbst. Zwei Stunden wöchentlich nehmen nicht zu viel Zeit weg, und sind doch dazu hinreichend. Uebrigens bleibt dabei doch die tägliche Andacht, womit jeden Morgen die Schule beginnt. Auch wird es jedem würdigen Lehrer am Herzen liegen, gelegenheitlich die religiösen Gesinnungen zu beleben, versteht sich ungesucht; wie denn überhaupt das, was gelegentheitlich aufgefaßt wird, oft den tiefsten und fruchtbarsten Eindruck macht.

---

terscheidet, beständig gegen den aller gründlichen Besserung die Wurzel abnagenden Wurm, den inneren Hochmuth siegt u. s. w. Es legt sich hieraus das Eigenthümliche und Bleibende des Evangeliums dar, auch für die Sittenlehre, wie der Verf. in seiner christl. Ethik (2te Aufl. 1830) vergleichend mit den andern Sittenlehren zu zeigen gesucht hat.

*) Wenn in den Gymnasien das Christenthum richtig gelehrt wird, so wird es eben dadurch, und erst dadurch, dem Volke vollkommen eröffnet und in dessen Bildung allgemeiner eingeführt; denn der Gelehrtenstand ist ja der bildende Stand, und das Unheil ist eben in unsern Zeiten, daß die Männer, die als Gelehrte im Staate wirken, oft so wenig das Christenthum kennen, daß sie sich gerne davon lossagen.

Zweites Kapitel.

Vertheilung der Lehrgegenstände.

Vorerst ist hier die Frage über das Classensystem und Fachsystem zu beantworten. Man versteht unter dem ersten diejenige Einrichtung, wo nur Einem Lehrer der ganze Unterricht übertragen ist, unter dem zweiten diejenige, wo die verschiedenen Gegenstände ihre verschiedenen Lehrer haben. Wir bestimmen nun diese allgemeine Anwendung genauer.

1. Das Classensystem. Nehmen wir es in seinem strengen Wortbegriff, so hat jeder Lehrer seine Classe, und so viele Classen die Schule hat, so viele Lehrer. Jeder unterrichtet in der seinigen allein und das in allen Lehrgegenständen, und jeder Schüler seiner Classe ist in Allem an ihn gewiesen, und hängt durchaus in seinem Lernen nur von diesem Lehrer ab. Auch bleiben alle Schüler einer Classe zusammen, bis jeder, so wie er die Reife in allen Lectionen hat, in eine höhere versetzt wird, wo er dann zu einem andern Classenlehrer unter eben diesen Bedingungen übertritt. Die Vortheile solcher Einrichtung fallen zuerst in die Augen. Der Lehrer lernt seine Schüler in Allem kennen, und nur so kann er auch jeden am besten methodisch und pädagogisch behandeln; er kann nur so wahrhaft der Erzieher seyn, denn durchaus ist er dem Schüler, der ihm nur allein ergeben ist, der väterliche Führer. Aber nur einen Blick weiter, so sehen wir auch die Nachtheile. Der Lehrer unterrichtet nicht in allen Lehrgegenständen gleich gut, und der Schüler lernt nicht in allen gleich gut. Es fehlt also auch die vielseitige Erregung, die doch grade in jenem Alter und für jene Bestimmung, wozu die Gelehrtenschule eingerichtet seyn soll, erfordert wird. Eine gewisse Einseitigkeit und Erschlaffung kann da bei dem Schüler nicht fehlen,

wenn gleich der Lehrer mehrseitige Anregung und Ermunterung findet. Daher können vorzüglich geschickte und gewandte Lehrer, welche diese Verstärkung ihrer Lebendigkeit zum geistigen Leben ihrer Schüler zu verwenden wissen, jene Nachtheile wohl entfernen, und so finden sich Beispiele, wo einzelne Classen nach dieser Einrichtung trefflich dastehen, und jene Vortheile als überwiegend erscheinen. Das sind aber seltene Fälle, und sie können nicht als Regel dem Schulplan zum Grunde gelegt werden, auch leiden wenigstens mehrere andere Classen dadurch, während nur etwa diese eine gedeiht. Wir würden also nicht das Classensystem in solcher Strenge wählen.

Es läßt sich aber in einem noch strengeren Begriffe denken. Wie nun, wenn Ein und derselbe Lehrer seine Schüler von ihrem Eintritt in die Schule an übernähme und sie durch alle Classen hindurch führte, ohne daß ein andrer Lehrer sie in irgend einer Lection unterrichtete, bis zu dem Ziele, wo sie die Gelehrtenschule in völliger Reife verlassen? Diese Idee hat so viel Anziehendes, daß man sie schon hier und da versucht hat. Eigentlich ist sie schon sehr oft nicht nur versucht, sondern auch bewährt erfunden worden, nämlich bei so manchem Vater, der seinen Sohn bis zur Universität vorbereitet hat, und so vorbereitet, daß er vielleicht die meisten, die von den Gymnasien kamen, übertraf, wovon sich namhafte Beispiele finden; so auch bei manchem Privaterzieher. Es wäre ungerecht, diese nicht grade seltnen Fälle zu übersehen. Aber die Männer finden sich doch immer zu selten, als daß eine Schulanstalt nur irgend darauf rechnen dürfte. Sie müßte dann so viele Classen, ebenso viele gleich gute, gleich vielseitig begründete, gleich pädagogisch geübte, gleich — seltne Lehrer besitzen; wo läßt sich das erwarten? Die Anzahl der Lehrer ergiebt sich genau durch die Classenzahl, wenn gleich jeder seine Schüler durch alle Classen hindurch führt; denn alljährlich treten neue Schüler ein, welche denn auch einem andern Lehrer übergeben werden, als dem, der die früher eingetretenen schon um ein Jahr, vielleicht um eine Classe weiter geführt hat, und so würden wenigstens so viele Lehrer erfordert werden, als Classen diese Schule hat, vielleicht auch noch mehrere, wenn der Schüler nicht grade mit einem Lernjahre seine Classe absolvirt. Wenn nun auch diese Lehrerzahl der auch in einer andern Einrichtung erforderlichen gleich kommen, oder überhaupt nicht zu groß gefunden würde, so bleibt doch in der Seltenheit solcher außerordentlichen Schulmänner die Ausführung so gut wie unmöglich. Zugegeben daß der Mann in seinem Lehren selbst fortschreiten wird, und zwar nicht bloß nach dem docendo discimus, sondern auch durch die so sehr anregende Aufforderung, welche in dem Wachsthum seiner geliebten Zöglinge ihn unmittelbar mit fortzieht; und er wird in seinem eignen Studieneifer sich gerne alle die Gegenstände, worin er weiter unterrichten muß, möglichst aneignen, und also seinen Schülern für die immer höhere Classe immer voranschreiten. Hat er nun mit denselben die ganze Bahn von 8 bis 10 Jahren durchlaufen, so hat er dabei seine eigne Schule so vollständig und eifrig gemacht, als er es auf keiner Akademie und in keinem Seminarium konnte. Und nun beginnt er sie zum zweitenmale; mit welcher gesteigerten Liebe bei dem Blick auf die seiner Hand entlassenen Jünglinge, und bei dem Blick auf die mit kindlichem Vertrauen zu seiner Hand hineilenden Knaben! Seine Kenntnisse können bei solcher Lust und Liebe nur immer wachsen, und so führt er denn diese zweite Generation noch weiter. Er ist so glücklich auch noch eine dritte zu übernehmen, und führt sie mit noch mehr gesteigerter Lust und Kraft noch weiter. Sein Wirken schreitet also grade mit dem Zeitalter zu immer höherer Bildung fort — es entkeimen da noch manche begeisternde Gedanken für die Fortschritte der Erziehung, aber wir wenden uns hier davon ab, da wir nur Ausführbares angeben müssen. Verlieren wollen wir indessen nicht das Ideal einer solchen Schuleinrichtung, wo wir den Lehrer zugleich den Vater der Schüler nennen möchten. — In der Wirklichkeit würden alle Nachtheile des Classensystems hier noch stärker eintreten. Schon in jener ersteren Form ist eigentlich jede Classe eine besondere Schule, in der letzteren würden ebenso viele Schul- oder vielmehr Erziehungs-Anstalten neben einander bestehen als Classen; es wären einzelne Organisationen, und nicht Ein organisches Ganzes.

2. Das Fachsystem. Auch dieses betrachten wir zuerst strenge nach dem Worte. Jeder Lehrgegenstand hat da seinen eignen Lehrer, und also tritt bei jeder Lection ein andrer bei den Schülern auf. Diese hängen also weniger von dem Lehrer als von dem Gegenstande ab, sind weniger der Person als der Wissenschaft, und im Ganzen völlig nur der Schule übergeben, und diesem Gemeinwesen angehörig. Das hat etwas sehr Einleuchtendes. Denn da wird jedes Fach dem rechten Manne übertragen, der am besten darin unterrichtet, und der Schüler wird am vielseitigsten erregt, und zugleich gewöhnt von der Wahrheit der Erkenntniß und nicht von dem Ansehen dessen, der sie lehrt, abzuhängen; das Subjective wird möglichst durch das Objective bestimmt. Aber lassen wir uns durch diesen Vorzug nicht blenden. Sehen wir die Sache pädagogisch an, so müssen wir die Nachtheile, und immer als überwiegende, beklagen. Der Schüler wird durch die vielerlei Lehranregung in seinem Alter mehr oder weniger zerstreut und in der Aufmerksamkeit nicht genug fest gehalten; selbst der Wechsel der Personen zieht ihn mehr aus sich heraus und verleitet ihn sogar mehr zu Kritisiren der Lehrer, wodurch die reine Aufnahme der Lehre nur leidet. Auch bedarf der Knabe und Jüngling noch gar sehr des väterlichen Ansehens, das ihn leitet, und überhaupt der Erziehung, welche aber da am wenigsten möglich ist, wo ihn kein Lehrer auch nur kann kennen lernen. Diese Einrichtung entbehrt also fast ganz des pädagogischen Elements, und hiermit ist ihre Verwerflichkeit aus-

gesprochen. Aber auch dem Lehrer kann sie nicht zusagen, indem er ein ewiges Einerlei treiben muß, und sich gar nicht einmal aus seinem Fache herausbewegen darf. Muß er da nicht einseitig werden oder erschlaffen, und der Schüler mit ihm? Hat er nun durch alle Classen hindurch in demselben Gegenstand Unterricht zu ertheilen, so kann ihm das zwar zu einiger mehrseitigen Bewegung anregen, aber es ist nicht zu erwarten, daß der Lehrer, welcher lieber in den oberen Classen z. B. die lateinischen Autoren vorträgt, gerne zu den Elementen der Grammatik in den unteren herabsteigt; und noch weniger ist zu erwarten, daß jede Classe gleich gut von ihm in demselben Gegenstand unterrichtet werde.

Auch vom Fachsystem läßt sich der Begriff noch schärfer bestimmen. Es würde da nicht blos für jeden Gegenstand, sondern auch für jede Stufe desselben, also für jede Classe und jede Lection ein eigner Lehrer gewählt; die Schule hätte somit ebenso viele Lehrer als Lectionen! Und weiter was die Schüler betrifft, so müßte jeder in jedem Gegenstand diejenige Classe besuchen, die seiner Stufe eignete, vielleicht also in jedem eine andere, und so könnte es geschehen, daß er in dem Lateinischen z. B. in der obersten wäre, in dem Griechischen z. B. in der zweiten obersten, in der Geschichte noch in einer andern, in der Mathematik wieder in einer andern u. s. w., vielleicht in zehn verschiednen Classen zu gleicher Zeit. Das wäre dann ein beständiges Hin- und Herlaufen der Schüler aus einem Zimmer in das andere, eine ewige Unruhe, und — die Sache wäre überhaupt unausführbar.

3. Da wir also weder ein strenges Classensystem noch ein strenges Fachsystem aufnehmen können, so müssen wir ein gemischtes oder vielmehr vermitteltes Unterrichtssystem wünschen, und wie dieses einzurichten sey, haben wir nun weiter zu bedenken. Es finden da zwei Fälle statt: entweder ist das Fachsystem, oder es ist das Classensystem die Basis, und in diesem wie in jenem Falle wird von

dem andern Systeme Einiges aufgenommen. Liegt das Classensystem zum Grunde, so ist immer nur Ein Classenlehrer, dem der Hauptunterricht und das Hauptsächliche in der pädagogischen Wirksamkeit obliegt, jedoch so, daß noch einer oder mehrere Lehrer mit ihm vereint wirken. Dieses Verhältniß kann nun mehrfach bestimmt werden, und es kommt dabei auf persönliche und andere Umstände an, so daß sich im Allgemeinen nichts weiter darüber sagen läßt. So kann z. B. der Classenlehrer immer den Hauptgegenstand zu lehren haben, also das Lateinische und Griechische, und das entweder er allein, oder so daß auch ein College noch etwas davon übernimmt; auch kann er noch einen oder den andern Nebenzweig in seiner Classe lehren. Es kann aber auch zuweilen, d. h. nicht in der Regel, derjenige, welcher in einem Nebenzweige unterrichtet, z. B. in der Geschichte, sich wegen seiner pädagogischen Gabe zum Hauptlehrer der Classe eignen. Wer es nun auch sey, so kann sein Verhältniß zu den Mitlehrern verschieden gestellt seyn, entweder daß er die Leitung des Ganzen, so auch Erziehung und Zucht in seiner Classe allein, oder doch vorzugsweise habe, und gleichsam der Rector dieser Classe sey, oder diese Auctorität kann zugleich jedem Lehrer derselben Classe zugetheilt seyn. Auf jeden Fall entscheidet auch hier das bekannte: εἷς κοίρανος ἔστω· οὐκ ἀγαθὴ πολυκοιρανίη. — Legen wir das Fachsystem zum Grunde, doch so daß zugleich in jeder Classe ein Hauptlehrer sey, so kann dieser entweder derselben vorstehen, welches der so eben angegebene Fall wäre, oder er müßte mit den andern sein Ansehen völlig gleich theilen, wodurch aber nichts vom Classensystem aufgenommen würde. Wie sollte also das Fachsystem anders eine Basis seyn, als indem die Lehrer sich in die Fächer collegialisch theilen, vielleicht auch mancher mehrere Fächer übernimmt, einer aber als Hauptlehrer der Classe vorsteht? Uebrigens sind darin noch Modificationen möglich, inwiefern Ein und derselbe Fachlehrer z. B. der

Mathematik in allen oder nur in einigen Classen seinen Unterricht ertheilt, oder inwiefern der Classenlehrer zugleich in einer andern Classe Nebenlehrer ist; und so giebt es manche Combinationen. Gut ist es immer, wenn ein Lehrer zugleich in mehreren Classen und in mehreren Fächern unterrichtet; es dient ihm zur erfrischenden Vielseitigkeit, den Schülern zur mehrfachen Belebung, und der Schule zur organischen Vollkommenheit. Noch auf eine und die andere Weise könnte man das Fachsystem als Basis angenommen etwas von dem Classensystem aufzunehmen scheinen, wenn man nämlich die Schüler in derselben Classe für alle Lehrgegenstände behielte, oder auch, wenn man für einige etwa die untersten Stufen Classenlehrer anstellte, für die andern aber nur Fachlehrer. Wollte man die erste Weise einführen, so hätten wir alle Nachtheile des bloßen Fachsystems, und einen neuen dazu, das Zurückhalten manches Schülers in seinen Mängeln wie in seinen Fortschritten; die Verbindung mit dem Classensystem wäre da nur scheinbar. Die andere Weise sagt nichts anderes, als daß eben das Classensystem zum Grunde gelegt ist, nur nicht für alle Classen. Dieses hat etwas für sich, denn je jünger der Schüler, desto mehr bedarf er der väterlichen Leitung, wie sie nur dann in der Schule möglich ist, wenn Ein Lehrer ihr vorsteht: je weiter er in der Bildung vorgeschritten, desto freier kann er selbst seine Schritte fortsetzen, wozu er denn auch gewöhnt werden soll. Daraus ließ sich denn folgern, daß er wenigstens in einigen der obersten Classen nicht mehr an einen solchen voranstehenden Führer dürfe gebunden, sondern die Wahl ihm müsse freigelassen werden, hier für seine erziehende, wie bald nachmals auf der Universität für seine wissenschaftliche Leitung. Allerdings spricht auch manche günstige Erfahrung dafür. Indessen ist der Schüler doch immer noch so weit Jüngling, daß er unter der väterlichen Auctorität stehen muß, und die Gesamtheit jeder Schulclasse, auch der obersten, bedarf einer väterlichen Regierung, die doch nur gedeihen kann, wenn Ein Lehrer an der Spitze steht.

Eine Vermittelung jener beiden Systeme erkannten wir als nothwendig, aber wir finden sie nicht anders zum Gedeihen unserer Gelehrtenschule möglich, als indem wir das Classensystem zur Basis machen, aber dabei sowohl hinsichtlich der Lehrer als der Schüler manche Gegenstände andern Lehrern oder Lehrstufen zuweisen. Da diese Einrichtung vielerlei Modificationen zuläßt, diese aber sich nach Umständen an Ort und Stelle fügen müssen, so geben wir nur zum Beispiel folgende an. Es ist bei unserer Schule die Mathematik das Fach, für welches wir einen besonderen Lehrer wünschen oder lieber zwei, einen für die Anfänger und einen für den höheren Unterricht. Diese könnten sich denn auch in die Realien der Erd- und Naturkunde für alle Classen theilen. Wären wir so glücklich einen guten Geschichtslehrer zu finden, so übergäben wir ihm vorzugsweise dieses Fach; er möchte dabei etwa noch in einem andern z. B. im Lateinischen oder Griechischen unterrichten, oder einer dieser Fach- und Hauptlehrer könnte dagegen etwas von dem Geschichtsunterricht übernehmen; denn grade das classische Studium und die Geschichte, besonders die alte, vereinigen sich gerne in Einer Person, es kommt also nur auf die Richtung des Lehrtalents an. Die französische Sprache verlangt ihren eignen Fachlehrer, ebenso jede der neueren, aber wünschenswerth wäre es, wenn diese Männer die historische Bildung besäßen, daß sie auch den Unterricht in der Geschichte der Nation, deren Sprache sie lehren, ertheilen könnten, und zwar in derselben Sprache. Der Religionsunterricht kommt, wie oben bemerkt, bei den Katechumenen ihrem Geistlichen zu, bei den Confirmirten wäre er demjenigen Lehrer zu übertragen, welcher mit heller Kenntniß warme Liebe zum Evangelium verbindet. Möchte das doch jeder Classenlehrer! und möchte es vor allen der Director dieser Schule! Er würde dadurch den

Vortheil gewinnen, die Schüler alle desto genauer kennen zu lernen und desto glücklicher zu behandeln. Auf solche Weise würden dann in mehreren Classen außer dem Hauptlehrer noch einige Lehrer für besondere Fächer auftreten, für die unterste Classe vielleicht noch keiner, weiter hinauf einer, zwei, drei, vier, denn bei mehreren würde schon die Ordnung des Ganzen leiden. Es würden aber auch manche Schüler in einzelnen Fächern eine andere Classe besuchen, eine höhere oder niedere, je nach ihrer Fähigkeit. Denn nur die beiden classischen Sprachen — manchmal nur die lateinische — entscheiden die Classe für jeden Schüler, und so kann er in den andern Lehrgegenständen auf den Stufen andrer Classen stehen. Nur hat der Besuch derselben seine Gränzen, und wenn er auf alle die übrigen Lectionen ausgedehnt würde, so könnte die Ordnung des Ganzen nicht bestehen. Man muß daher als Regel festhalten: der Schüler nehme nur an wenigen Lectionen in andern Classen Theil; und das Ziel muß seyn, daß jeder in der seinigen mit seinen Mitschülern in allen Lehrgegenständen so weit auf gleicher Stufe stehe, um mit ihnen denselben Unterricht zu erhalten, und also in keiner Lehrstunde eine andere Classe zu besuchen.*)

*) Von dem Katechumenen-Unterricht ist hier nicht die Rede.

Drittes Kapitel.

Zeit- und Classen-Eintheilung.

Weiter kommt die Zeit in Betracht, welche jeder Lehrgegenstand im Verhältniß zu einander und zu den Classen verlangt, also wie viel Zeit jedem neben dem andern zuzutheilen sey, und in welcher Ordnung einer auf den andern folgt. In beiden soll nur die Bestimmung der Gelehrtenschule entscheiden, nicht etwa eine zufällige oder willkührliche Verfügung, z. B. die etwa die griechische Sprache als Nebensache oder die Naturkunde als Hauptsache behandle; und der Zweck der Schule im Ganzen soll entscheiden, nicht Rücksichten auf einzelne Schüler, z. B. die im Lateinischen weiter voran oder in der Geschichte weiter zurück sind, als es die Classe fordert; mit einem Wort der objective Grund, nicht ein subjectiver soll diese Zeitanordnung bestimmen. Denn ist erst das Ganze seinem Zwecke gemäß eingerichtet, so kann und soll auch die Individualität des Schülers berücksichtigt und mit dem Gemeinsamen in Einklang gebracht werden. Auch entscheidet nicht das Leichtere und Schwerere des Gegenstandes an sich, z. B. daß man die Mathematik erst in den höheren Classen vornehmen wollte, und dafür in den früheren Naturgeschichte, weil jene schwerer ist; also folgerichtig die lateinische und griechische Sprache nach allem zuletzt, weil sie so schwer sind, daß der Gelehrte sein ganzes Leben daran zu lernen hat. Wenn man das bekannte Gesetz der Methode auf solche Art anwenden wollte, so würde man einen verdeckten Fehler gegen die Logik begehen, man würde das vollendete Ganze mit seinen zerlegten Theilen verwechseln. Eine schwere Wissenschaft ist die Mathematik in ihrem Ganzen, aber leicht ist die Vergleichung der Winkel, schwer ist die Aufgabe die Classiker gründlich zu interpretiren und gut lateinisch zu schreiben, aber leicht ist das mensa zu lernen. Eigentlich soll alles, was der Knabe lernt, ihm leicht und schwer zugleich seyn, d. h. es soll seiner Fassungskraft gemäß seyn und sie zugleich zur Anstrengung auffordern. Das ist das Gesetz des bildenden Unterrichts die ganze Jugendzeit hindurch, so daß die Kraft mit jedem Schritt erstarke, und dem jungen Manne die Centnerlast nicht schwerer sey als dem Knäblein der Kiesel, den es sich freut aufheben zu können. Es kommt also darauf an, daß jeder Lehrgegenstand so in seine Elemente zerlegt und in solcher Ordnung mitgetheilt werde, wie es dem Fortschreiten vom Leichteren zum Schwereren nach Maaßgabe der Kraft des Schülers entspricht. Ebenso kommt es darauf an, daß die Lehrgegenstände, nicht in ihrem Ganzen gedacht sondern in ihren organischen Elementen, so zusammen geordnet werden, wie die Fähigkeit des Schülers dieses Mehrere zugleich in sich als Samenkörner aufnimmt, und sich im Fortwachsen dieser Keime steigert. Diese wichtigen Grundsätze der Methodik werden nur zu wenig beachtet, und sie verdienen grade in dem Lehrplane für Gelehrtenschulen die größte Aufmerksamkeit. Darin, daß man darüber hinsieht, liegt ein unbemerktes Grundübel, woran das Leben dieser Schulen so häufig kränkelt. Und grade dem Schulmanne, der seinen Gegenstand im Ganzen vor sich hat, begegnet jener logische Fehler am leichtesten, daß er den Weg, der zu diesem Ganzen mit der Zeit gelangen läßt, für Eins mit demselben ansieht; oder er verwechselt wenigstens die wissenschaftliche Methode mit der pädagogischen.

Vorerst fragen wir nach dem Verhältniß der Zeit, worin die Lehrgegenstände in dieser Schule zu einander stehen; wir fragen nicht, wie viel Kraft auf jeden verwendet werden soll, denn sie ist Eins mit der Zeitverwendung, weil in jedem Lernen die ganze Kraft des Schülers aufgeboten wird. Hier kann denn die Norm keine andere seyn als die: der Lehrgegenstand, dessen Erlernung öftere und längere Uebung erfordert, muß auch in diesem

Verhältniß mehr Lehrstunden erhalten. Nun sind es aber die alten Sprachen, welche am meisten Zeit erfordern, indem sie einen unerschöpflichen Schatz darbieten, von dem der Schüler sich so viel nur möglich aneignen soll, indem sie das Gedächtniß vom frühesten an zu dieser Aneignung und in fortwährenden Repetitionen in Anspruch nehmen, und indem sie den Verstand von seiner Entwicklung an bis zur Reife ganz vorzüglich üben und bedürfen, indem sie dabei auch für die unendlich vielen Beziehungen des Lebens den Geist auf das vielfachste beschäftigen müssen. Das erfordert kein anderer Lehrgegenstand in dem Grade. Zunächst kommt, obgleich in ziemlichem Zwischenraum, die Geschichte und Mathematik, dann die deutsche und die fremden neueren Sprachen, zuletzt die Natur- und die Erdkunde. Einige Gegenstände verlangen tägliche Uebung, nur nicht grade volle Stunden. Die Religion bedarf der täglichen und öfteren Unterhaltung, aber im Ganzen nicht vieler Lernzeit. Hierbei ist aber zugleich das Alter des Zöglings und das Zusammentreffen oder Aufeinanderfolgen der Gegenstände in Betracht zu ziehen, wornach es sich ergiebt, daß manche in den ersten Schuljahren weniger, manche mehr Zeit bedürfen, jene dann mit jedem Jahre mehr, während diese mit immer wenigeren Lehrstunden sich begnügen. Das läßt sich nur darnach entscheiden, je nachdem der Gegenstand eine früher oder später erwachsende Geistesfähigkeit verlangt. So z. B. fängt das Verstehen der Muttersprache am frühesten an, ebenso das mathematische Denken in der Zahl und Größe u. s. w. und was dem Gedächtniß eingeprägt werden soll, muß schon in jenem zarten Alter aufgenommen werden, wo die Eindrücke für das ganze Leben bleiben, gleichsam einwachsen. Aus diesem Grunde wünschen wir, daß der Schüler, welcher lateinisch lernen soll, so frühe wie möglich Wörter und Formen auswendig lerne, und spätestens mit 8 Jahren anfange, aber übrigens noch nicht viel Zeit auf diese Sprache verwende, bis er den reiferen Verstand dazu gewinnt; das Gedächtniß, wie gesagt, ist der in der Sache selbst liegende Grund dieses so frühen Anfangens des Lateinischen, nicht die vielen dazu erforderlichen Jahre, denn diese sind auch später da, wie für dieses oder jenes andere Lernen. Wer die lateinische Sprache recht in seine Gewalt bekommen soll, bei dem dürfen die besten Gedächtnißjahre nicht versäumt werden; wir wissen nur das Grammatische in dieser Sprache recht sicher, lebendig und bis ins Alter, was wir als 7, 8, 9, 10jährige Knaben gelernt haben, und bei dem, was wir im 10ten Jahre davon auswendig lernten, werden wir vielleicht öfters, bei dem vom 8ten Jahre selten schwanken. Das Griechische mag dann immer etwas später folgen, es prägt sich doch nach jener begünstigenden Uebung so gut ein, als es der Zweck erfordert, der in dieser Sprache nicht so weit geht wie im Latein.

Bestimmen wir nun den Unterricht der Zeitfolge nach genauer, so geben wir damit die Classen an. Um hierin sicher zu gehen, und ohne irgend von Herkommen oder Meinung befangen zu seyn, müssen wir den Anfangspunct und den Zielpunct dieser Schulen ins Auge fassen, und also die Aufgabe der untersten und der obersten Classe betrachten. Der Weg zwischen beiden giebt dann die natürlichen Scheidepuncte an, in welchen sich die mittleren Classen abtheilen. Ueberall ist dieser der Standpunct in den classischen Sprachen, als der Hauptsache, analog dem, welchen die deutsche Sprache in den Volksschulen bezeichnet, und da die griechische durch die lateinische in den Fortschritten geleitet wird, so können wir nur in der lateinischen Sprache das Hauptmoment finden, welches die Classificirung in der Gelehrtenschule entscheidet. So weit der Schüler in der lateinischen Grammatik vorgeschritten ist, so weit ist auch seine Verstandes- und Gedächtnißkraft entwickelt, und es kann da nur die Schuld an dem Unterricht liegen, selten wohl am bösen Willen des Schülers, wenn er in der griechischen und deutschen Sprachlehre, in der Mathematik und den übrigen leichteren Lehrgegenständen zurückbleibt. Ebenso klar ist es, daß das höhere classische Studium, wohin das grammatische führen soll, das philologische, für alle die übrigen Studien das Vermögen übt, und den Schüler, wenn ihm die Schuleinrichtung es nicht versagt, in keinem zurückläßt. Man hat das immer gefühlt, da man die Schüler nach dem Lateinischen zu examiniren und zu lociren pflegte, nur war es einseitig, wenn man nach anderen Kenntnissen, z. B. nach dem Griechischen, nicht fragte, da doch selbst die Stufe im Latein zum Theil dadurch besser ersehen werden konnte, und im Fall er in diesem und anderem zurück gewesen, zwar seine Classe nach jener entscheidenden Sprache erhalten, oder für das Uebrige zur Theilnahme in niedrigeren oder zu nachhelfendem Privatunterricht verwiesen werden mußte.

Was hat also die unterste Classe der Gelehrtenschule zu lehren? Neben allen jenen Gegenständen, welche die Kinder, die aus der Elementarschule kommen, erlernen, die Elemente der lateinischen Sprache. Denn was die Mittelschule in den Leseübungen, in der deutschen Sprache, in der Zahlen- und Formenlehre, in dem Schreiben, Zeichnen, Singen, in den körperlichen und geistigen Uebungen fortsetzt, was sie von gemeinnützigen Kenntnissen mittheilt, wie sie im Christenthum bildet, das alles theilt der für den Gelehrtenstand bestimmte Knabe mit jedem andern, und er hat dazu auch dieselbe Zeit und Kraft. Er hat nur noch auf die Anfänge im Lateinischen einige Zeit weiter zu verwenden, aber das kann er auch, da seine Bestimmung ihn von den Nebenarbeiten, welche die andern Knaben etwa zu Hause oder auf dem Felde verrichten, befreit und ihm mehr Geistesanstrengung zumuthet. Sehen wir die Sache nach den Forderungen der Methodik an, so bedarf der kleine Anfänger im Latein nicht mehr als täglich eine Stunde im ersten Jahre. In dieser Zeit kann er vollkommen die Declinationen und Conjugationen und eine Menge Wörter auswendig lernen, und seine Denkkraft schon ganz mit den logischen Uebungen jener Grammatik vertraut machen. Hiermit hätten wir schon die unterste Classe unserer Gelehrtenschule eingerichtet.

Nun die oberste. In dieser hat der Schüler das letzte zu thun, was ihn für das akademische Studium reif macht. Er muß also das Philologische der Schule beendigen, indem er die schwersten der lateinischen und griechischen Classiker erklären lernt, indem er sich übt gut lateinisch zu schreiben, zu sprechen, zu denken, indem er auch im Griechischen diesem sich annähert, und indem er die zugehörigen Kenntnisse schulmäßig ausbildet. Diese sind nämlich folgende: in der Geschichte Uebersicht der neuen Zeit, in der Mathematik die höheren Regionen der reinen mit mehrerem aus der angewandten, in der deutschen Sprache fortgesetzte Uebungen des schriftlichen und mündlichen Vortrags, in dem Französischen, Englischen und Italiänischen geläufige Lectüre der classischen Schriften, in den Naturwissenschaften eine Uebersicht, welche in das philosophische Nachdenken über die Natur einführt, über die Gesetze am Himmel uud auf dem Erdkörper, in der Religionslehre die Vergleichung des Christenthums mit den andern Religionen und die ausgeführte Erkenntniß der christlichen Lebensweisheit; dabei als wissenschaftliche Zusammenfassung vieler einzelnen Schulkenntnisse Rhetorik, Poetik, Archäologie, Literärgeschichte, und als unmittelbarer Uebergang zur Universität Logik mit Uebungen der Schüler und allgemeine Encyklopädie akroamatisch für Zuhörer, aber diese Wissenschaften nicht in akademischer Vollständigkeit, sondern in einleitender Kürze. Würde es in weiteren Fortschritten der Gelehrsamkeit dahin kommen, daß man des Sanskrit bedürfte, so würde die Erlernung dieser Sprache in der obersten Classe der Gelehrtenschule wenigstens anfangen müssen. Daß aber alle diese genannten Gegenstände für die oberste Classe dieser Schule gehören, ist in den Forderungen, die man an jeden in unserer Cultur machen kann, der dem Gelehrtenstande sich widmet, und in dem Lehrgange dieser Schule begründet, es liegt in der Bestimmung derselben und in ihrem Wesen. Versuche man es nur, dieses oder jenes abzudingen oder noch anzufügen, so wird man bald sehen, wie es sich mit dem vollständigen Organismus einer Gelehrtenschule ihrer Idee nach nicht verträgt. Die Wirklichkeit gebietet freilich auch hier oft unerbittlich, von dem Idealen manches aufzuopfern. Daß Zeit genug für jene Gegenstände da sey, und wie sie sich vertheile, wird sich weiterhin zeigen.

Wir können nun auch die mittlere Classe bestimmen. Sie macht den Uebergang aus dem Grammatischen in das Philologische. Der Schüler muß also in derselben mit der lateinischen Grammatik so weit fertig werden, daß er sie völlig eingeübt und ihre Regeln zur Hand hat, um sie anzuwenden, wo er aus dem Lateinischen in das Deutsche und aus dem Deutschen in das Lateinische übersetzt. Zugleich muß er den Anfang machen lateinische Autoren zu erklären und zu verstehen. Mit dem Griechischen verhält es sich ebenso. Die deutsche Sprache schließt sich in grammatisch-stylistischen Uebungen an. Die Kenntnisse der alten Geschichte ordnen sich zur chronologischen Uebersicht mit einzelnen Darstellungen. Die Mathematik beendigt ihre untere Stufe mit der gemeinen Geometrie und Arithmetik. Die chorographische und physische Erdkunde wird beendigt; ebenso die Uebersicht des Systems in der Naturgeschichte. Aus der Naturlehre wird Einzelnes in Betracht genommen. Der übrigen Lehrgegenstände brauchen wir nicht weiter zu gedenken. Im Allgemeinen dieser mittleren Classe ergiebt sich eine Aehnlichkeit mit der oberen, indem sie einen niederen Cursus beendigt und zu einem höheren hinüberführt; es läßt sich also mit demselben die niedere Schule für die Gelehrtenbildung abschließen.

Hierauf beruht denn das Gefühl und die zusagende Praxis, daß man die Eintheilung in das Pädagogium, oder, wie man es sonst nennen will, lateinische Schule oder Progymnasium, und in das Gymnasium, oder, wie man es manchmal beliebt, Lyceum, zu machen pflegt. Die von uns bezeichnete mittlere Classe ist in dem Pädagogium die oberste, mit jener untersten fängt es an. Das Gymnasium aber fängt mit der Classe an, welche unmittelbar über jener mittleren folgt; indessen würde es auch wohl angehen, die mittlere zu seiner untersten zu machen. Ueberhaupt aber fragt es sich, ob man zwei Anstalten hiernach abtheilen, dann auch wohl an verschiednen Orten getrennt von einander anordnen solle, oder ob man nicht besser von der untersten bis zur obersten Classe alles nur in Eine Anstalt ziehe. Beides kommt in der Praxis vor, für beides sprechen Gründe und Erfahrungen, und beides scheint so im Gleichgewicht der Erwägung zu schweben, daß nur die Localverhältnisse den Ausschlag geben.

Nehmen wir das Pädagogium für sich, so ist sein unterscheidender Charakter das Grammatische in der lateinischen und griechischen Sprache, worauf das Gymnasium das Philologische, d. i. das Studium der Alten lehrt. Da nun die Grammatik aus den beiden Haupttheilen besteht, Etymologie und Syntaxis, so ergeben sich hieraus zwei Classen für das Pädagogium, wovon aber jede in zwei Abtheilungen zerfällt. Die etymologische Classe macht in der ersten Abtheilung ihre Schüler mit den Elementen der lateinischen Sprache bekannt, und in der zweiten lehrt sie vollständig die lateinische Etymologie mit Reflexion auf ihre Regeln, und, wie wenigstens manche günstige Erfahrung zeigt, führt jetzt schon in die griechische ein.*) Die syntaktische Classe übt in ihrer ersten Abtheilung das Etymologische fortwährend, aber mit der Beziehung auf die Regeln der Wortfügung, welche nach methodischem Stu=

*) Es scheint indessen als Regel gelten zu müssen, daß erst ein Semester oder auch ein Jahr später das Griechische angefangen werde, weil sonst das Zweierlei, wo das Eine noch nicht fest genug gewurzelt hat, leicht Verwirrung und Halbheit macht.

fengang erlernt werden. Das ist denn auch die beste Wiederholung der Declinationen, Conjugationen, Geschlechtsregeln, Präpositionen 2c., so daß dem Schüler in dieser Abtheilung die Etymologie völlig klar und geläufig wird, und so wie er sie nun seinem Verstand und Gedächtniß zugleich angeeignet hat, so ist sie ihm ein Organ geworden, welches er zur Erkenntniß der Wortfügung anwenden lernt. In solcher Anordnung bewahrheitet es sich vollkommen: repetitio est mater studiorum. Die griechische Etymologie ist mittlerweile ebenfalls erlernt worden, und das leichter durch die vorhergehende Erlernung der lateinischen, welcher sie selbst dagegen nun mehr Bestimmtheit und Vollständigkeit zutheilt. Die zweite Abtheilung ist hierauf rein syntaktisch, mit dem zur Einübung der Regeln nöthigen Exercitienmachen, Construiren u. s. w. Daß dieses zugleich die beste Fortübung der etymologischen Fertigkeit ist, brauchen wir kaum zu erinnern, so wie auch kaum, daß nunmehr die griechische Grammatik auch schon in der Syntaxis der Stufe der Schüler im Lateinischen ganz nahe gerückt ist. In diesen beiden Abtheilungen werden Chrestomathieen gebraucht, weil die vollständige Uebung ohne solchen Text nicht möglich ist, aber am besten statt findet, wenn dieser Text dem fortschreitenden Gange genau angemessen gewählt wird. Auch wird schon in der etymologischen Abtheilung die Prosodie angefangen, weil sie sich so am natürlichsten einprägt; man gewöhnt schon den kleinen Schüler an das Aussprechen der Worte nach der Quantität, und läßt weiterhin die Regeln hierin ebenso bestimmt erlernen, wie die über das Genus u. dgl. Ebenso geht dieses in der syntaktischen Abtheilung in die Metrik mit ihren Uebungen über.

Das Gymnasium schließt sich durch einen stetigen Uebergang an, und theilt sich in derselben Weise ab; sein philologisches Wesen hat zuerst noch mehr die Richtung auf den Buchstaben (das γράμμα), um ihn zu durchbrechen, und dann auf den Geist (das πνεῦμα), um ihn zu erfassen;

beides allerdings in jedem Moment vereinigt — und das ist der Charakter dieser oberen Schulclassen — aber doch so, daß in der ersten noch die grammatische Seite hervortritt, in der zweiten aber das Geistige im Studium der Alten die Unterhaltung hauptsächlich gewährt. Wir haben also auch hier zwei Classen, und jede hat, analog den unteren, zwei Abtheilungen. In der untersten beginnt die Lectüre der lateinischen Classiker und die griechische Grammatik erreicht die Stufe, wo sie auf gleicher Linie mit der lateinischen steht, hiermit auch die letztere fortbildend wiederholt. In der oberen Abtheilung der unteren Classe werden diese beiden Sprachen gleich behandelt, nur daß die griechische nicht für das Schreiben so weit cultivirt wird, und so viel Zeit erhält, wie die lateinische; und so gehen sie in der obersten Classe in traulicher Gesellschaft ihre Bahn weiter mit einander. Die Folge der Autoren, der Prosaiker und Poeten geht aus der Sache selbst hervor, und ist so ziemlich allgemein angenommen. Denn obgleich die Wahl der Schriftsteller, welche in den verschiednen Classen gelesen werden, nicht überall dieselbe ist, und nach Zeit und Umständen für jeden Cursus billig frei gestellt bleibt, so sind doch die Schulmänner von Gewicht darin einverstanden, wie die griechischen und römischen Prosaiker und Poeten schwerer oder leichter für die Studien dieser Schüler sind, welche also in dem natürlichen Stufengang auf einander folgen und zur Wahl vorliegen, und daß auch hier die lateinischen den griechischen um einen Schritt vorausgehen. Indessen mag den letztern Punct betreffend immer noch die Frage seyn, ob der Schüler nicht erst wenigstens einige Gesänge der Iliade lesen möge, bevor er die Aeneide lieset; darin möchte man aber sichrer einverstanden seyn, daß im Ganzen die Lectüre Virgils als das Leichtere d. h. Nähere zu dem älteren Homer vorbereite, so wie Horaz zum Pindar. Die griechischen Tragiker sind die letzte Stufe; der Schüler, welcher sie erklärt, leistet das Schwerste und ist hiermit in dem classischen Studium völlig begründet. Wir setzen dabei voraus, daß die Uebungen im Schreiben der beiden Sprachen und im Sprechen der lateinischen stetig fortschreiten. Die deutsche Sprache wird hierdurch so gut fortgeübt, daß die Erfahrung schon längst für diese Art der Bildung in derselben entschieden hat,*) und daß nur zwei Stunden wöchentlich nöthig sind, vielleicht nur eine, um ihr Grammatisches und Stylistisches eigens zu behandeln. Die Mathematik geht ihren wissenschaftlichen Gang durch die Classen zu jenem Ziele aufwärts. Die Geschichte ist in der untern Classe ethnographisch, nach einander die Geschichte der Römer und Griechen, und der andern alten Völker, nebst chronologischer Uebersicht, in der oberen kann die Geschichte der Deutschen den Uebergang zu der Geschichte des Mittelalters machen, worauf denn ein Umriß der neueren und ein universalistischer Ueberblick in dem Gesichtspunct der Cultur diesen Schulgegenstand schließt. Wir bedürfen hierzu ebenfalls keinen großen Zeitaufwand in eignen Lehrstunden, weil so viel Historisches bei der Lectüre der Alten erlernt und so recht mitgelebt wird. Die Naturkunde soll sich schon in der unteren Classe mit der physischen Erdkunde einigen, hierauf in der oberen in einen

*) Selbst aus jenen lateinischen Schulen, wo man die deutsche Sprache ganz vernachlässigte, sind deutsche Classiker hervorgegangen. Wir dürfen da schon einen Luther an die Spitze stellen, und nun erinnern wir weiter an einen Klopstock, Lessing, Gellert, — an eine ganze Reihe von deutschen Schriftstellern bis auf die neueste Zeit, durch welche unsere Sprache die besseren Fortschritte ihrer Bildung gewonnen hat. Daß ein Ernesti verächtlich auf die Frau Mutter-Sprache hingesehen, begreift sich wohl aus solcher Erwägung zu einer Zeit, wo man die classische Bildung schon anfing zurückzusetzen. Indessen billigen wir seine Aeußerung keineswegs, misbilligen auch die Meinung, die der deutschen Sprache in den Gelehrtenschulen keine eigne Lehrstunden vergönnen will. Nur glauben wir, daß sie zugleich mit den Studien der alten Sprachen vorzüglich geübt werden kann, und außerdem also nur weniger Stunden zum grammatischen, stylistischen, literärischen Unterricht bedarf.

wissenschaftlichen Umriß der Physik übergehen, worin nur einzelne Lehren hervorgehoben werden. Die mathematische Geographie vereinigt sich dann mit den Hauptkenntnissen aus der Astronomie, und es beschließt sich dieser Schulzweig mit dem oben angedeuteten Blick in die Naturphilosophie. Was die neueren Sprachen betrifft, so wird das Gymnasium den Unterricht in der französischen, welcher schon früher angefangen hat, mit einigen Stunden wöchentlich fortsetzen, aber in der untersten Abtheilung ebenso viel für die italiänische bestimmen, damit nun auch diese Sprache etwa ein Jahr lang grammatisch begründet der englischen für solche Begründung Zeit und Aufmerksamkeit einräume, wobei jedoch die Uebung der beiden ersteren fortgeht, und in der obersten Classe sich besonders für die Lectüre gleich stellt. Sie erfordern dann für diese schulmäßige Erlernung nicht mehr als 6 Stunden die Woche. Für die künftigen Theologen beginnt mit dem Eintritt in das Gymnasium das Hebräische, wozu wöchentlich zwei Stunden nöthig sind, um am Ende dieser Schuljahre zur Exegese des alten Testaments völlig reif zu seyn. Die Sprache des neuen Testaments, die doch billig jedem der Griechisch lernt bekannt werden muß, ist bei dem Religionsunterricht zu erlernen, weil dieser in den oberen Classen die Erklärung der neutestamentlichen Schriften verlangt. — Die körperlichen und künstlerischen Uebungen gehen ihren Gang fort.

So glauben wir die Lectionen für die Gelehrtenschule begründet zu haben, und können sie in eine Tabelle verzeichnen. Wir benennen die Classen nach der Weise der älteren Gymnasien mit Prima, Secunda, Tertia, Quarta, und zwar nicht nach dem Subjectiven des Schülers, bei dem das primum in der Zeit vorangeht, sondern nach dem Objectiven, wo doch der oberste Schüler primus heißt, und also classis infima doch nicht schicklich die prima heißen kann. Wir könnten hiernach das Ganze eintheilen in das Progymnasium, Mittelgymnasium, Obergymnasium, oder auch mit mehreren namhaften Gelehrtenschulen Klein-

und Groß-Quarta, Klein- und Groß-Tertia, und so weiter hinauf Secunda und Prima in ihren Abtheilungen bezeichnen. Wollte man Benennungen, die von dem Hauptcharakter hergenommen sind, nach alterthümlicher Weise wählen, so möchten von den vier unteren, die der Grammatik zugehören, die beiden ersten den Namen der Etymologie, die unterste der lateinischen, die folgende der griechischen, die beiden höheren ebenso nacheinander der lateinischen und griechischen Syntaxis erhalten; auf ähnliche Weise könnten wir die vier oberen nennen die der lat. und der griech. Prosaiker, sodann die der lat. und die der griech. Poeten. Doch man geräth in solchen Nebensachen zu leicht in den längst verrufenen Schulpedantismus. Wir nehmen die faßlichste und üblichste Benennung von der untersten Octava oder Klein-Sexta an, bis zu Prima und Selecta.

Wir kommen zu dem Lectionsverzeichniß, vorerst für das Pädagogium.

1. Infima oder Octava (Klein-Sexta). Vier bis fünf Stunden täglich, wie in der Mittelschule, eine Stunde im Latein, also die Woche hindurch 30 Stunden in allem, diese aber so vertheilt, daß der Samstags-Nachmittag frei wird, wodurch auf einige Tage 6, auf einige 5 und auf den Samstag 3 Stunden kommen, Vormittags nämlich immer 3, Nachm. an den übrigen Tagen 2 bis 3 Stunden. Die lateinische Lehrstunde ist auf die Morgenzeit und als eine der ersten, also am besten sogleich nach der Religionsstunde zu legen, weil sie am meisten die Anstrengung der Verstandes- und Gedächtnißkraft, die noch nicht durch andere Gegenstände gestörte Ruhe der Empfänglichkeit verlangt. Die lateinische Etymologie wird in zwei Stufen eingeübt; in der ersten ist noch das Lesen, das sonore und quantitative, die Hauptsache, wobei Wörter auswendig gelernt werden; in der zweiten werden dabei die Redetheile, die Declinationen und Conjugationen erlernt. Es ergeben sich hierdurch zwei Ordnungen, welche

jedoch zugleich können beschäftigt werden, indem auch der Uebergang von der niederen zur höheren Stufe hier allmählig geschieht. Im Ganzen verlangt die unterste Classe den Schüler von gewöhnlicher Art Ein Jahr lang.

2. Septima (Groß-Sexta). Ebenfalls wie in der mittleren Volksschule. Zu den 6 Stunden wöchentlich für das Latein können schon in dieser Classe 4 St. für das Griechische kommen.*) Die Zahl der Lehrstunden beträgt demnach die Woche 34, und den Tag 6 bis 7; Samstags Nachmittag wird frei erhalten. Die lateinische Etymologie wird zur Vollständigkeit und Geläufigkeit eingeprägt, und damit sind Uebungen und Bemerkungen verbunden, die zur Syntax hinüberweisen. Die griechische Etymologie wird wie die lateinische behandelt, bedarf aber darum nicht so vieler Lehrstunden, weil für sie der Schüler durch jene fähiger geworden. Auch für diese Classe ist in der Regel Ein Jahr bestimmt.

3. Sexta (Klein-Quinta). Im Lateinischen läßt man die syntaktischen Hauptregeln auffinden und durch die einfache Satzbildung einüben, wobei die Etymologie fortwährend wiederholt wird; das Griechische wird entweder jetzt erst angefangen, oder die Etymologie fortgesetzt und mit der Lateinischen verglichen. Für die lat. Sprache sind nunmehr wöchentlich 8 Stunden, für die griech. 4 nöthig; für die übrigen Lehrgegenstände bleiben 3 auf den Tag. Der Cursus ebenfalls Ein Jahr. Nur als Beispiel stehe hier folgende Lectionstabelle:

Vormittags 1te Stunde: Andacht, Religionsunterricht, jeden Tag;
2te — : Latein 4mal, Griechisch 2mal wöchentlich;

---

*) Wichtige Stimmen entscheiden für einen späteren Anfang des Griechischen, damit nicht durch das Zweierlei der Schüler zerstreut werde, und sich erst in der latein. Etymologie ganz festsetze.

3te Stunde: deutsche Sprache 2mal, Mathematik 2mal, Französisch 2mal;
4te — : Singen, Zeichnen, Schönschreiben.

Nachmittags 1te Stunde: Geschichte 3mal, Geographie 2mal;
2te — : Latein 4mal, Naturkunde 1mal;
3te — : Griechisch 2mal, Naturkunde 1mal, Gymnastik 2mal.

4. Quinta. Die lateinische Syntax vollständig, dabei Exercitien, prosodische Uebungen, fortgesetztes Auswendiglernen von Wörtern und Phrasen; die griechische Syntax wird angefangen; für beide Sprachen wöchentlich 12 Stunden, und so im Uebrigen, wie in der vorhergehenden Classe.

Auch in Quinta muß der Schüler in der Regel Ein Jahr zubringen, und so bedarf er 4 Jahre, um das Pädagogium zu durchwandern. Ein guter Kopf zugleich mit gutem Gedächtniß begabt, und Fleiß anwendend, könnte es schon in drei Jahren zurücklegen, nämlich die lat. und griech. Grammatik nebst einem reichen Vorrath von Wörtern und Phrasen sich aneignen, dagegen müßte ein Schüler von schwächerem Gedächtniß und langsamerer Entwicklung vielleicht 5 Jahre darin verweilen. Tritt nun der Knabe im Alter von 8 Jahren ein, so kann er in der Regel als 12jährig austreten und in das Gymnasium übergehen.

Das Lectionsverzeichniß für das Gymnasium läßt eine mehrfache Eintheilung zu; wir geben hier ebenfalls nur Beispielsweise folgendes an:

1. Quarta. Für die alten Sprachen wöchentlich 12 bis 14 Stunden, für die übrigen Gegenstände etwa 16, zusammen gegen 36 St.

Vormittags 1te Stunde: Andacht; 2mal Relig., 4mal lateinische Autoren (leichtere Prosaiker);
2te St. 2mal Latein, 4mal Griechisch;

3te St. 2mal Latein, 2mal deutsche Sprache, 2mal Mathematik;
4te St. 2—3mal Geschichte, 3—4mal die Uebungen im Schreiben, Zeichnen, Singen.

Nachmittags 1te St. 3mal Geographie, 2mal Naturkunde;
2te St. Französisch; Italiänisch;
3te St. 2mal Gymnastik.

2. Tertia. Im Ganzen ebenso, nur daß die Geographie auf 2 Stunden wöchentlich reducirt und dafür 1 Stunde für die neueren Sprachen hinzugesetzt wird, da nun auch die Englische an die Reihe kommt. Für die alten Sprachen sind die Uebungen in den Exercitien, im Analysiren, Construiren, in der Prosodie und in der geschickten Wiederholung der Etymologie für diese Classe besonders wichtig. In der obersten Ordnung fängt das cursorische Lesen der lat. Classiker an, doch bleibt das statarische die Hauptsache. Auch sie besteht nämlich wie die vorhergehende und folgende aus zwei Ordnungen, damit die Schüler halbjährig vorrücken können, und das in dem stetigen Lerngang. Der Lehrer muß nur die Gewandtheit besitzen, um die beiden Ordnungen in demselben Zimmer gleichzeitig, mitunter auch gegenseitig, in beständiger Thätigkeit zu erhalten.

3. Secunda. Die Schulstunden nehmen in der Gesamtzahl ab; für die lateinische und griechische Sprache bleiben 12—14; für die französische, italiänische, englische und deutsche je zwei, zusammen 8 Stunden; für die Religionslehre, Mathematik, Geschichte je zwei; für die Natur- und Erdkunde zusammen 2, für Zeichnen und Singen ebenfalls zusammen 2, und 2 für die Gymnastik.

4. Prima. Die Anzahl der Lehrstunden im Lateinischen und Griechischen geht auf 12 zurück, für die neueren Sprachen, die Literatur mitbegriffen, auch die deutsche, wöchentlich 8, für die Religionslehre, Mathematik, Geschichte je zwei, für die Rhetorik, Poetik, Logik, allgemeine

Encyklopädie je Eine, für Zeichnen, Singen und die Gymnastik 4—6 die Woche.

Eine Selecta für diejenigen Schüler, die einen höheren Grad der Gelehrtenbildung anstreben, würde die vorigen Lectionen mit Auswahl für die stärkere Uebung dieser Jünglinge fortsetzen.

Ein Hauptpunct, den man bei der Anordnung dieses Schulunterrichts zu beobachten hat, ist der stetige Gang, so daß keiner der fortrückenden Schüler unterbrochen wird oder etwas überspringen muß. Jeder Fehler, welcher hierin gemacht wird, hat Folgen, die sich durch das ganze weitere Lernen hindurchziehen; das ist eine gewöhnliche obwohl oft genug übersehene Ursache von den Mängeln, worüber man bei Gymnasien, deren Lectionsverzeichnisse übrigens viel erwarten lassen, so häufig Klage führt; der eine Schüler erschlafft, der andere weiß wenig von dem, was er in seiner Classe müßte gelernt haben, dem dritten fehlt es an Gründlichkeit; man bemerkt das gewöhnlich am meisten in der Mathematik. Wie ist aber der Weg von einer Classe zur andern so fortzuführen, daß weder eine Kluft für die Schüler dazwischen liege, noch daß um ihretwillen ihre Vorgänger zurückbleiben müssen? Wir wissen den Weg nicht anders zu bahnen, als durch jene Unterabtheilung, die wir als zwei Ordnungen in einem und demselben Lehrzimmer bezeichnet haben. Der Lehrer kann beide, wenn er das persönliche Talent dazu besitzt, gleichzeitig so beschäftigen, daß er die neueingetretenen Schüler lückenlos in ihrem Lerngang fortführt, während die bisherigen ihren Weg nicht etwa noch einmal machen, sondern nur sorgfältiger das bemerken, was sie auf demselben noch nicht eingesammelt haben, das Erlernte befestigen und an Stärke gewinnen, um dieses innerlich auszubilden. Er muß auf der andern Seite die halbjährigen Schüler in ihrem eifrigen Gange ohne Unterbrechung vorwärts ziehen, während er die Thätigkeit der neuen für die weiter eröffnete Bahn gewinnt und beständig belebt, so daß sie an ihre Vorgänger nachstrebend sich halten und gleichsam an der Hand von diesen mitfolgen. Daß dem Lehrer ein solches für beide gedeihliches Verfahren möglich, ja ermunternd sey, beweisen manche Beispiele. Allerdings wird immer etwas geopfert, wenigstens von der Zeit, aber wo ist es je in menschlichen Anordnungen, selbst in den Organismen der Natur anders? Und am Ende ist selbst der Zeitverlust des Schülers nur scheinbar, denn er ist oft desto reicherer Kraftgewinn. Nur darf dem Lehrer nicht die Idee einer vollkommnen Unterrichtsbahn entschweben, nach welcher jede Lehrstunde eine Fortentwicklung der vorigen ist, worin sich das Erlernte mehr organisch befestigt, indem es fortwachsend sich erweitert. — Zur Befolgung des angegebnen Lehrganges ist es übrigens schlechterdings nothwendig, daß das Fortrücken in die höhere Ordnung halbjährig statt finde, nicht erst nach Jahresverlauf. Die für die Erholung der Schüler und noch mehr der Lehrer so nöthigen Ferien *) fallen in diese Uebergangszeiten.

Die Zahl der Lehrer bestimmt sich zunächst nach der Zahl der Abtheilungen, da jede ihren Classenlehrer haben soll. Es wären also für das Pädagogium und Gymnasium zusammen acht Lehrer wenigstens nöthig. Wir sagen wenigstens, denn da kämen auf jeden wöchentlich im Durchschnitt 30 Lehrstunden, und das wäre zu viel für jene Schulgegenstände, welche so viele Kraftanstrengung des Lehrers verlangen. Schon 24 Stunden die Woche, außer der Zeit, welche zu Hause zur Correctur rc. hinzukommt, ist selbst für den kräftigsten Schulmann auf die Dauer zu viel. Da nun doch einige Fachlehrer nöthig sind, namentlich für die Religion, für die Mathematik und die Naturwissenschaften, auch wohl für die Geschichte, überdas die neueren Sprachen, wie auch die künstlerischen und gymnastischen Uebungen in der Regel ihre besonderen Lehrer haben müssen, so wird durch die Anstellung dersel-

*) Von den Schulferien im zweiten Theile.

ben die Bürde eines jeden vermindert, so daß das Höchste 20 Stunden für manchen wäre. Der Director müßte natürlich die geringste Zahl in der Vertheilung erhalten, doch aber in der Art, daß er in jeder der obern Classen etwas zu lehren hätte. Es versteht sich von selbst, daß auch ein Fachlehrer in irgend einer Abtheilung zugleich der Vorsteher seyn kann, und daß man überhaupt zum Classenlehrer denjenigen am schicklichsten wählt, der das pädagogische Talent dazu, und zwar grade für diese obere oder für diese untere Classe vorzüglich besitzt. Wenn nun die beiden Anstalten mit einander an Einem Orte verbunden sind, so möchte das Personale mit Inbegriff des Directors sich auf die Zahl von 15 Lehrern belaufen: sind beide getrennt, so erfordert das Pädagogium wenigstens 7, das Gymnasium wenigstens 9 Lehrer. Von dieser Seite erscheint also ein Vortheil für die Verbindung, man braucht da einen oder ein Paar Lehrer weniger, und zu diesem äußeren Gewinn kommt noch der innere, daß die Lehrer mehr wechseln, mehr nach ihren Talenten einen Unterricht übernehmen, auch mehrfach sich selbst bilden können. Noch aber wünschen wir einige Hülfslehrer, welche in dem Fall, daß ein Hauptlehrer verhindert wäre, alsobald eintreten könnten, damit nie eine Hemmung oder Störung in der Classe entstände. Hierzu könnten selbst Schüler, namentlich Selectaner verwendet werden, weil diese dadurch zugleich selbst fortschreiten. Uebrigens wird der Lehrer manchmal von dem wechselseitigen Unterricht Gebrauch machen, wie es in den Gelehrtenschulen schon längst vorgekommen.

Verstehen die Lehrer Methode und sind sie pädagogisch gebildet, fühlen sie dabei den hohen Trieb ihres göttlichen Berufs, so wird das ganze Schulleben einer solchen Anstalt ein fröhliches Treiben und Wachsen seyn, und überall wird eifrige, muntere Thätigkeit erscheinen.

Viertes Kapitel.

Lehrform.

Von einer besondern Lehrweise in den Gelehrtenschulen könnte kaum die Frage seyn, wenn nicht einiges in Betracht käme, das grade nur in diesen Schulen statt findet. Denn im Allgemeinen gelten auch hier die Gesetze der Methodik, und der Unterricht in einem jeden Gegenstande muß die Selbstthätigkeit des Schülers seinem Alter und seiner Fähigkeit gemäß gänzlich in Anspruch nehmen, er muß also genetisch, heuristisch, katechetisch verfahren, und auch bei zusammenhängenden Vorträgen immer wieder in die fragende und aufgebende Lehrform zurücklenken. *) So wie jedoch die Jünglinge reifer werden, bedarf ihr selbstthätiges Lernen eine weniger nöthigende Anregung, wodurch noch die jüngeren an die Hand und den Mund des Lehrers müssen festgehalten werden, und daher ist ihnen in den oberen Classen mehr in der Art frei zu lassen, daß sie aus eignem Trieb, mit freier Lust und Liebe, mit begieriger Anstrengung alles das ergreifen, was ihnen dargeboten wird, und eifrig nach mehrerem verlangen. Hierzu gehört vor allem ein Verhältniß zu ihrem Lehrer, welches sie an ihn hinzieht, so daß sie mit ebenso viel Vertrauen als Bescheidenheit seine Leitung suchen. Versteht der Lehrer diese ächte Schülerliebe zu gewinnen, hiermit denn auch sein ächtes, nur durch Geist und Kenntnisse haltbares Lehreransehen zu behaupten, so nähert sich der Jüngling dem Manne seiner Bildung zu einer höheren Freundschaft. **)

*) Erziehungsl. III. S. 58—65. behandelt das alles an seinem Ort.

**) Nach jenem Ideale, das uns im Alterthum erscheint, wo die Lehrjünger ihrem Meister angehörten, wie bei Pythagoras (Erziehungsgesch. Erste Abth. S. 315—320.) und wie Platon und Xenophon einem Sokrates (S. 384. 105.) Das höchste Ideal

Ein andres Mittel die Thätigkeit der Jünglinge in freiem, kräftigen Streben zu steigern ist die gegenseitige Erregung für den gemeinsamen Zweck. Liegt es ja doch in der Natur des Mannes mit andern verbunden zu einem Gemeinwesen zu wirken, und in der Natur der männlichen Jugend in rüstiger Gesamtthätigkeit sich zu verbrüdern, um ein Ziel zu erringen. Damit das nur ein edles sey, und damit jener edle Wetteifer im Nachstreben entstehe, der grade auch Freunde nur stärker verbindet, das kommt auf die Leitung solcher Jugend und ihres Gemeinwesens an, denn das Ziel ist edel, ist begeisternd, es ist die Blüte der Schule, das Gesamtleben der erwachsenden Bildung. Hierin sucht es gerne jeder dem andern zuvor zu thun, und darauf gründet sich das Certiren, dieser Wettkampf mit seinen Siegeskränzen, der aus alter Zeit der Kunst und Wissenschaft in unsere höheren Bildungsanstalten herüber geführt worden.*) Und das nicht mit Unrecht. Denn der moralische Nachtheil kann, wie hundert Erfahrungen beweisen, leicht verhütet werden, wenn nur gerechte Würdigung überall in der Schule herrscht, und der Geist des Christenthums, wie wir es mit Recht verlangen, Lehrer und Schüler durchdringt. Da ist es denn auch manchmal an seinem Ort, daß heranreifende Jünglinge selbst als Kampfrichter urtheilen, und wenn die Lehrer, versteht sich keiner für sich, sondern alle nach gemeinsamer Berathung, die Prämien zuerkennen, so müssen sie die Urtheile der Schüler allerdings, obwohl im Stillen, so beachten, daß sie nach ihrer Kenntniß derselben schon der

---

erscheint uns im Evangelium, wie die Jünger, z. B. Johannes, ihrem Herrn und Meister angehören. Wie in unsern Verhältnissen der Lehrer mit dem Schüler sich der Freundschaft annähern möge, ist Erziehungsl. III. S. 69—72. angedeutet.

*) Zunächst denken wir hier zwar an einen Quintilianus und die Sitte der Rednerschulen (Erziehungsgesch. Erste Abth. S. 505.) allein auch an das Höhere werden wir erinnert, das uns in den Olympischen und andern Kampfspielen erscheint.

stillen Zustimmung der Guten gewiß sind. So und nur so gilt überhaupt die Rücksicht auf die sogenannte öffentliche Meinung, und so kann die Jugend daran gewöhnt werden, dem Despotismus, wie man ihn jetzt unter ihrem Namen ausüben möchte, den rechten Freiheitssinn entgegen zu setzen, daß man nur auf das Urtheil der Guten achtet.

Eine dritte Form des Unterrichts grade für diese höheren Schulen ist das Lehren der Lernenden selbst. Schon in älteren Zeiten bestand da eine Art von wechselseitigem Unterricht, oder geübtere Schüler wurden die nachhelfenden Lehrer der schwächeren. Dieses so natürliche Verhältniß kann durchaus nützlich gemacht und in das fröhliche Gedeihen des ganzen Schulorganismus aufgenommen werden. In einer und derselben Ordnung kann der Lehrer einem Schüler manchmal auftragen, einen oder einige abzuhören, fremde Arbeiten zu corrigiren, u. dgl., so daß es für ihn wie für die andern übend ist; er kann manchmal alle auffordern, wenn einer etwas hersagt, aufzumerken und ihre Erinnerungen zu machen; er kann so die beiden Ordnungen gegenseitig in achtgebende Thätigkeit setzen, u. s. w. Ferner können Schüler der oberen Classen dadurch ausgezeichnet werden, daß sie der Lehrer zum Unterrichten in Nebenstunden vorzugsweise empfiehlt. Auch ist schon öfters mit gutem Erfolg eine Art von Vicariat tüchtigen Oberschülern übertragen worden. So mag auch wohl statt jener alten Unsitte, daß der neu eintretende Schulknabe einem älteren dienstbar seyn muß,*) die edlere eines freundschaftlichen Schützens und Helfens eintreten, womit der Jüngling gleich einem älteren Bruder des

*) Der Pennalismus und Schorismus der Universitäten von alten Zeiten her erscheint als das Unwesen der Bachanten und Schützen auch in den lateinischen Schulen vor der Reformation, s. Erziehungsgesch. 2te Abth. S. 69. 217. und auch nachher dauerte manches der Art fort, vgl. S. 363; und noch jetzt finden sich auf manchen Schulen Spuren von solcher Dienstbarkeit der neuen Schüler.

jüngeren sich annimmt, welches wohl am besten freier Wahl zu überlassen ist, obgleich der Lehrer Winke geben mag. Endlich ist die eigentliche Schulfreundschaft auch eine recht tiefbildende gegenseitige Erregung, und der Lehrer soll sie begünstigen und zum Schulzwecke möglichst leiten.

Die vierte Art, wie eine höhere Schule unterrichtet, ist die Aufmunterung zum Privatfleiß. Das Alter des Jünglings soll sich allmählig selbstständig bilden, und schon in dem Knaben, der sich dem Gelehrtenstand widmet, soll der wissenschaftliche Trieb erwachsen. Auch sind grade die Lehrgegenstände des Gymnasiums geeignet diesen Trieb zu ernähren und den Schüler zum eignen Arbeiten anzueifern. So wie der Schüler einen Classiker kennen lernt, und gut dazu angeleitet wird, so möchte er ihn auch ganz kennen lernen, und er findet sein Kraftgefühl gehoben, wenn er für sich selbst diese ehrenvolle Bekanntschaft machen darf. Der Lehrer gebe also nur dazu Anleitung, vielleicht nur Winke, wie er das zu machen habe, er begünstige die gemeinsamen Unternehmungen der Art, wozu sich Freunde vereinigen, er belebe in seinen Lehrstunden den Sinn dafür, aber er überzeuge sich dann auch von der Beharrlichkeit und überhaupt von diesem Privatfleiß, indem er sich die Arbeiten von Zeit zu Zeit einliefern läßt. Allerdings ist es gut, wenn er sie der Freiheit der Schüler anheimstellen kann, allein in der Regel sind diese noch nicht reif genug dazu, sondern sie bedürfen noch der bestimmten Aufgaben, und das um so mehr, je niederer ihre Classe ist; selbst in den obersten muß ihnen manches ausdrücklich aufgegeben werden, das sie ausarbeiten und einliefern. Diese Arbeiten sind z. B. Auszüge aus Schriftstellern, schriftliche Uebersetzungen, Erklärungen einzelner Stellen, Erzählungen, Tabellen, Lösung von mathematischen oder physikalischen Fragen, geographische oder historische Mittheilungen aus Schriften u. dgl. Je mannigfaltiger, desto besser, damit jeder Schüler nach seiner Richtung etwas zu thun bekomme, das ihn zu tüchtiger Selbstthätigkeit aufruft.

Auf solche Art werden die Schüler von jeder möglichen Seite zu ihrem Lernen erregt und angeleitet, der einzelne einzeln nach seinem Bedürfnisse von dem Lehrer, jeder zugleich von der Gesamtheit der Schule, so wie von seinen Mitschülern, und durch sich selbst. Das sind grade die verschiednen Formen der Wirksamkeit, die in einem solchen Schulorganismus statt finden. Wir halten es daher für überflüßig noch die fehlerhaften Manieren, so häufig sie auch noch in Gymnasien gefunden werden, besonders zu rügen, z. B. die sogenannte Dictirmethode. Der geschickte Lehrer wird auch von dieser Lehrform so wie von jeder andern, in welchem Ruf oder Verruf sie auch stehe, vielleicht mitunter sogar einmal von der Jacototschen, Gebrauch machen, so wie er es gut findet, und ohne daß er sie braucht erlernt zu haben. Denn ohne sich an eine Manier zu gewöhnen, bewegt er sich frei in allen Formen, wie sie grade der Sache und dem Individuum entsprechen, indem die Gesetze der naturgemäßen Methode in ihm selbst zur Natur geworden sind. Ein Lehrer der Volksschulen mag wohl der bestimmteren Anweisung hierin bedürfen, der für die Gelehrtenschulen gebildete Lehrer wird sie von selbst finden.

Fünftes Kapitel.

Schulzucht.

Es ist auffallend, daß in diesen höheren Schulen sich hier und da die alte Strenge mehr erhalten hat, als in den niederen. Selbst der Freiheitssinn der Engländer findet die Ruthenstreiche, welchen sich die Jünglinge in der Westminster- und in der Etonschule geduldig unterwerfen, und die klösterliche Disciplin nicht unerträglich. *) Bedarf etwa der Schüler, welcher innerlich stärker aufgeregt wird, einer äußerlich mächtigeren Zügelung? Das junge Roß edler Art in seinem Feuer muß in eine strenge Schule genommen werden; auf dieses Bild, das die Weisen des Alterthums liebten, kommt man hierbei gerne zurück. Und in der That führt ein tieferer psychologischer Blick auf einige Erklärung einer solchen — sollen wir sagen Nothwendigkeit? Etwas der Art ist es gewiß; aber ob das Rechte, das müssen wir uns klarer machen. Denn daß man meint mit der bloßen Belehrung und wissenschaftlichen Bildung der jugendlichen Unbändigkeit zu wehren, **) ist eine Unkunde, welche jedem, der mit der studi-

*) Man lese, was Thiersch, über gel. Schulen 1te Abth. S. 432. über die Zucht in diesen Schulen sagt, mit den interessanten Nachrichten von der klosterartigen Behandlung dieser Schüler in Rom, in Modena, in Eaton, und wie in der Englischen Gelehrtenschule, worin ein Pitt, ein Fox, ein Wellesley, ein Canning und so mancher große Mann des Parlaments das Birkenreis von den Händen des Heathmasters gekostet hat, auf der andern Seite wieder eine gewisse Freilassung besteht, welche einen bemerkenswerthen Contrast mit der äußeren Züchtigkeit und inneren Geistesfessel der italiänischen und spanischen Schüler macht. Die Bemerkungen des Verf. gehören ebenfalls hierher.

**) Didicisse fideliter artes emollit mores nec sinit esse feros, ist allerdings wahr, wenn man nur die drei ersten Worte recht versteht, insbesondre die artes völlig auf die Humanität bezieht.

renden Jugend umgeht, überhaupt jedem, welcher mehr das menschliche Herz kennt, als beklagenswerth erscheint. Es ist noch etwas anderes nothwendig. Wir finden das einigermaßen in dem Alterthum angewendet, wo der Knabe und Jüngling in einer strengen Ordnung gehalten wurde, und wir sehen es auf seinem höchsten Punct in jenem Seelenzwang der sogenannten musikalischen Bilduug; die Selbstbeherrschung war das Ziel. *) Wir nun, die wir in dem Christenthum das, man kann wohl sagen, göttliche Mittel besitzen, um in das Herz der Jugend auf das tiefste einzudringen, und hiermit alle Geistesbildung zur höchsten Menschenbildung zu erheben, dürfen nicht weiter uns umsehen, um das aufzufinden, worin sich Strenge und Milde vereinigen, um eine kräftige Schulzucht, insbesondre für die zu stärkerem Freiheitsgefühl aufgeregten jugendlichen Gemüther einzuführen.

Die Zucht, wie sie in jener göttlichen Liebe liegt, welche das Wesen des Christenthums ist, erweiset sich auch bei Knaben und Jünglingen als die rechte, und sie läßt sich leicht ausmitteln. Sie ist einfach, sie zügelt das Aeußere durch das Innere, sie bildet das Innere gesetzlich durch den Geist, sie macht das Gesetz in dem Geiste lebendig eben durch jene Liebe. Diese aber spricht sich als ein hoher und heiliger Ernst aus, welcher von dem Lehrer in die Seele des Schülers herüberscheinen und das Gleichartige erwecken muß; gleich der Muttersprache erwächst dann auch in dem Schüler dieser Ernst für seine ganze Lebens- und Schulthätigkeit. Es bleibt auch hier jenes Grundgesetz der Strafordnung, das wir oben bei der höheren Volksschule beachteten, aber es muß noch etwas, das tiefer in den Geist eingreift, hinzukommen. Auch tritt jenes ebendaselbst bemerkte Bedürfniß einer Wirksamkeit ein, die dem verfrüheten Oppositionstrieb entgegnet, und welche ebenfalls noch eine geistige Verstärkung für die

*) S. Gesch. der Erzieh. Erste Abth. S. 533 fgg.

Gelehrtenschule verlangt. Worin soll nun die Strenge bestehen? Gewiß nicht in Schlägen, wenigstens bei dem deutschen Jünglinge nicht, denn sie sind nun einmal seinem National-Ehrgefühl unerträglich, sie erbittern selbst schon den kleinen Knaben mehr als sie bessern, wenn sie nicht in höchster Noth angewendet werden. Ebenso widersprechen sie dem Gefühl eines deutschen Lehrers in dem höheren Unterricht. Das gänzliche Verweisen aus der Schule muß nur demjenigen Schüler bevorstehen, bei welchem alles verloren ist, aber ein Verweisen auf eine Zeitlang und zur Probe der Besserung möchte ein Strafmittel seyn, das man zwar unsers Wissens bisher noch nicht in der Art versucht hat, wie wir es meinen, das wir aber mit guter Zuversicht vorschlagen möchten; doch davon nachher. Die Carcerstrafe mag wohl ganz passend in manchen Fällen seyn, aber sie wird nur dann recht wirken, wenn sie den Schüler in eine unlustige Zeitverbringung versetzt, ohne ihn entweder um seine Ehre zu bringen, oder ihm eine bei den Schülern etwa geltende Ehre zu verschaffen. Kurz, der Ernst der Gesetzgebung muß die Schüler so ergreifen, daß es so wenig wie möglich zum Strafen kommt. Von der andern Seite sind Belohnungen Mittel der Disciplin, und das nicht bloß zur Aufmuntrung der Besseren, sondern, was nie ganz fehlen kann, zugleich zu einiger Bestrafung derer, die zurückstehn. Da bekanntlich Lob mehr wirkt als Tadel, so dürfen wir dieses wirksame Beförderungsmittel der guten Sitte für unsere Schule zwar nicht verschmähen, aber wir müssen es mit der größten Vorsicht und Sparsamkeit anwenden; denn sonst verliert es seine Kraft und nährt nur die Eitelkeit, Ehrsucht und Erbitterung. Wo ein Schüler irgend gelobt wird, da muß es der Ausspruch der Gerechtigkeit seyn, und dann fallen auch die andern zu, ja jeder findet sich selbst damit geehrt, weil er in dem Gemeinsinn der Schule das angenehm fühlt, daß der Würdige anerkannt wird, und ein Würdiger will er doch werden, welches Bewußtseyn ihm eine reine Theilnahme an der Auszeichnung dessen einflößt, den er selbst dafür anerkennt. Ebenso verhält es sich mit den Prämien; werden sie gerecht ertheilt, so findet sich die ganze Schule dadurch geehrt, wie einst die Städte, die einen ihrer Mitbürger als Sieger in Olympia gekrönt sahen. Der Verf. dieses hat wenigstens die erfreuliche Erfahrung von diesem guten Zuge des jugendlichen Herzens öfters gemacht, und selten ist ihm der Fall vorgekommen, daß ein Gymnasiast, der sich das Lob der Lehrer erworben, nicht auch von seinen Mitschülern mit Achtung ausgezeichnet worden. Desto nothwendiger ist die Sorgfalt der Lehrer, die Schüler richtig zu würdigen; denn diese durchschauen sich gewöhnlich gegenseitig, und legen jeden Mangel dieser Kenntniß dem Lehrer nur zu gerne übel aus, als Gunst oder Ungunst. Alles dieses weiset uns darauf hin, wie unendlich viel in einer Schule auf der pädagogischen Trefflichkeit des Lehrers beruhe. Die Versetzung in eine höhere Ordnung ist ebenfalls eine Auszeichnung, die sich nicht minder aus der Sache selbst, ohne Gunst oder Ungunst, ergeben soll; und so auch die Location des Schülers in seiner Abtheilung, welche nach jenem in der ganzen Schule entscheidenden Grund der Vorzüge im Latein erfolgen muß. Wir sehen doch auch gemeiniglich den Primus in einem Gymnasium von seinen Mitschülern in Ehren gehalten.

Allein mit allen dem haben wir noch nicht das Hauptmittel gefunden, welches der guten Sitte einer Gelehrtenschule Leben und sicheres, fröhliches Gedeihen ertheilt. Es besteht in dem, was man den guten Ton einer Schule genannt hat, und wir wüßten auch keinen besseren Namen, weil es darauf hinweiset, daß eine Stimmung zum Grunde liegen muß, welche man zu bewirken hat. *) Es fragt sich also weiter nach dem Mittel dieses Mittels,

*) Ueber den guten Ton auf Schulen hat besonders Niemeyer trefflich in seinem Buche gesprochen.

und das ist eben die Hauptsache. Die Schüler stimmen heißt einen gemeinsamen Sinn ihnen einflößen, ihrem Denken und Trachten eine gemeinsame Richtung geben, einen Gemeingeist in ihnen erwecken. Allerdings erzeugt er sich von selbst, und man wird nicht leicht eine Schule finden, wäre es auch nur eine kleine Privatanstalt, worin nicht irgend ein Gemeingeist waltet. Ob er gut sey oder schlecht, darauf kommt es an. Meist entsteht er aus einem Gegensatz und ist kriegerischer Art. So war es schon in alter Zeit, und so könnten wir manche auffallende Züge aus unsern Knabenschulen auch aus der neuen Zeit anführen. Am schlimmsten ist es, wenn er gegen den Lehrer selbst oder gar gegen die ganze Schulordnung gerichtet ist, wo dann die geheime Meuterei nur eines oder einiger frechen Bursche, die gerne herrschen, bedarf, um in förmliche Rebellion auszubrechen, wie ebenfalls schon von länger her besonders in den höheren Schulen genugsam Beispiele vorkommen. Unsere Zeit hat einen solchen Gemeingeist um so mehr zu fürchten, weil der Zeitgeist die Jünglinge, ja schon die kleinen Schulknaben aufgeregt hat, um im Politischen bedeutend zu werden.*) Was aber auch hierin vorwalten möge, so liegt es immer in der Natur des Jünglings sich mit andern zu gemeinsamen Unternehmungen zu verbrüdern, und wir dürfen hinzusetzen, um auf irgend einen Kampf oder eine Ritterschaft auszugehen. Wehe dem Lehrer, gegen welchen sich so eine Classe oder auch nur ein bedeutender Theil derselben aufmacht. Er ist dann gewöhnlich nicht zu retten, und die Oberen kommen in die Verlegenheit, entweder ihn mit äußerer Gewalt zu schützen oder durch seine Entfernung den Schülern die

---

*) Wir müssen auf diesen Punct die Schulbehörden dringend aufmerksam machen, damit sie einsehen, wie wenig die Verordnungen ausrichten, wenn nicht bei der Anstellung der Lehrer ihre pädagogische Trefflichkeit vorzüglich berücksichtigt wird. Denn unsere Zeit verlangt überall die innere Kraft des Mannes von wahrem Berufe für seine Stelle, und wo mehr als bei dem Schulmanne?

Herrschaft zuzugestehen; eins so schlimm wie das andere. Läßt sich der große Haufe sogar zu der Frechheit hinreißen, gegen die Schulgesetzgebung sich aufzulehnen, wovon es ebenfalls Beispiele giebt, und das der jetzige Zeitgeist so leicht begünstigt, so ist eine Zerrüttung der Schule auf jeden Fall für einige Zeit unvermeidlich. Doch ist solcher kriegerische Gemeingeist nicht der einzige, den man zu fürchten hat, es giebt auch einen von weichlicher Art, der oft noch schlechter ist, weil er der gröberen oder feineren Sinnenlust fröhnt, hiermit denn auch der Feigheit und Falschheit huldigt. Man findet ihn da, wo die jungen Bursche zu Spiel- und Zechgelagen zusammenkommen, oder sonst Rohheit und Unsittlichkeit unter sich eingeführt haben, und die Studien wenigstens als Nebensache nur aus Noth so äußerlich betreiben. In einer solchen Schule pflegt jeder fleißige und wohlgesittete Schüler bald in Verruf zu kommen, wo ihn kein Lehrer sichern kann, oder er wird mit dem Strome fortgerissen und geht, vielleicht grade er am ersten, zu Grunde. Aber um nicht viel besser ist die Schule, wo der Ton zwar lieblicher von weitem klingt, aber die Schüler unter einer feinen Außenseite Vergnügungssucht und Ueppigkeit verstecken. Auch über diesen schlechten Ton vernimmt man schon aus alter Zeit Klagen, und in neuer Zeit sollte man sie nur noch lauter vernehmen, wo sie wirklich im Stillen vorkommen, wo z. B. die Gymnasiasten die Theater, Bälle rc. besuchen, und der Studienfleiß erlischt, indem sie etwa noch das Aesthetische, oder vielmehr Modische der Literatur zur Unterhaltung machen, und sich das Lob feiner Bildung erwerben.

Obgleich ein Schulgeist sich unter den Schülern selbst leicht erzeugt, so geschieht das doch selten ohne allen Einfluß der Lehrer. Diese geben oft ohne daß sie es wissen den Ton zu einem schlechten an, bisweilen auch absichtlich, sey es nun um nach der Gunst dieses ihres Volks zu haschen, oder weil sie glauben der Menschheit einen

Dienst zu thun, wenn sie diese Jugend für eine politische, religiöse, literärische, auch wohl persönliche Partei aufregen. Von alten Zeiten her ist diese Sünde häufig im Dienste des Kirchenthums begangen worden, in neuerer Zeit manchmal im Dienste des Deutschthums, und manche Gymnasiallehrer haben, wir denken aus Unverstand, sich dadurch an einer ganzen Generation der Jünglinge verschuldet. Wie viel Segen kann sich also der Lehrer versprechen, wenn er die Schüler in den rechten Ton zu stimmen versteht!

Der rechte Schulton ist aber kein andrer als der Gemeinsinn für die Erringung der geistigen Schätze, die Freude am Fleiß, die gegenseitige Ermuntrung zum Streben nach dem, was Unsterblichkeit gewährt.*) Der Jüngling in der Gelehrtenschule erfaßt dieses Ideale zunächst in seinen Studien, aber es entwickelt sich ihm doch hierin das wahrhaft Ewige, und das ist eben das Begeisternde, was wir gewiß nicht selten bei Schülern bemerken, die das Glück haben, daß edle Lehrer sie zu diesem Bewußtwerden leiten. Und nirgends ist das leichter als grade in dieser Schule. Sehe man nur noch einmal die angegebnen Unterrichtsgegenstände nach, bedenke man die belebende Kraft einer guten Methode, nehme man den persönlichen Einfluß eines verehrten Lehrers hinzu, und wir haben das Mittel gefunden die gewünschte Stimmung zu bewirken. Schon Ein Lehrer vermag, wie manche erfreuliche Erfahrung lehrt, hierin viel, wie nun wenn Alle Lehrer zu dieser Harmonie übereinstimmen? Da kann der gute Ton der Schule nicht fehlen. Es bedarf freilich einer nie einschlafenden Wachsamkeit um ihn zu unterhalten, aber ist er einmal da, so ist für seine Fortdauer um so leichter zu sorgen. Freilich wenn es das Unglück

*) „Unsterblichkeit ist ein großer Gedanke,
Ist des Schweißes der Edlen werth."
So singt der Dichter, der schon auf der Schulpforte von diesem Hochgefühl begeistert war.

wollte — Unverstand, Nepotismus, Parteigeist der Oberen ist solches Unglück — daß ein Lehrer in diesen Verein träte, der einen fremden Ton hereinbrächte z. B. Spaßmacherei, Spottgeist, Herabsetzung des Geachteten, Seitenblicke auf die andern Lehrer, Buhlerei um die Gunst der Schüler, Einflößung des Dünkels u. dgl., dann ist es mit dem guten Geist der Schule zu Ende. Da entstehen alsbald Reibungen, überall Mißklänge, endlich Anmaßungen und Rottirungen der Schüler, und die besseren stimmen etwa noch die Wehklage an, daß das goldne Zeitalter ihrer Schule vorüber sey. Da ist ihr Verfall nicht schwer vorauszusagen.

Mit einem Wort, der gute Geist muß von den Lehrern ausgehen, und sie selbst vereinigend zum Gemeingeist der Schüler werden. Kennet Ihr ein anderes Mittel um den Fleiß und die Sittlichkeit der Schule zu fördern, zu sichern, als das, daß man den bleibenden rechten Ton begründe? Es ist das einzige, aber auch das zuverlässige Mittel. Gebietet, verbietet, erlaßt Disciplinargesetze, züchtigt — wie ihr wollet, ihr kommt mit allen diesen Dingen doch nur von außen, ihr richtet damit so wenig aus, als alle die papiernen Schulgesetze bisher ausgerichtet haben, ja Ihr verderbt mehr als ihr Gutes schafft. Oder meinet Ihr, es sey denn besser frei zu lassen, wie es nur irgend geht, die Jünglinge als Männer zu behandeln, die sich selbst regieren mögen, ihnen auch etwa Theil an der Gesetzgebung und Rechtserkennung nach oben gerügter Weise zu geben, so gehet nur erst selbst in die Schule, bevor Ihr die Licenz hereinführt. Alle Versuche, alle Erfahrungen werden darauf zurückführen, daß nur in jenem guten Geist das Heil der Schule bestehe, woraus allein die gedeihliche Disciplin hervorgeht.

Und dieser gute Geist, welches ist er? Kennt Ihr einen andern, als jene höhere Liebe, welche in dem Christenthum lebt? Und wenn auch außer grade dieser Liebe noch eine andere edle Triebfeder einen erfreulichen Gemeingeist hervorbrächte, so kann man doch nicht auf die Dauer desselben rechnen, denn jede andere sittliche und liebevolle Verbindung kommt und geht mit der Zeit, weil sie nicht in dem Ewigen wurzelt; wie sich denn auch hieraus die Erfahrung erklärt, daß die Gelehrtenschule gewöhnlich nur Eine Periode hat, wo man ihre Blüte rühmt, und nach welcher sie dann bald sinkt. Wir suchen aber diejenige Disciplin, welche ihren Wohlstand fortdauernd sichert und etwa auch steigert. Das können wir, es muß wiederholt gesagt werden, nur in diesem christlichen Geiste der Liebe finden. Dieser ist es, welcher Strenge und Milde einigt, und den Lehrer in der Behandlung seiner Schüler innerlich gerecht und äußerlich verständig macht. Eben dieser Geist ist es auch, welcher ihn zur gewissenhaftesten Thätigkeit antreibt, seine Studien ihm zugleich zur Herzenssache macht, und ihm die Freudigkeit ununterbrochen einflößt, welche ihm die Achtung und Liebe des Schülers unterhält. Er ist es, welcher von den Schülern gerne aufgenommen wird, und ein fröhliches Schulleben bewirkt. Allerdings muß das wissenschaftliche Ansehen des Lehrers hinzukommen und der Schüler muß fühlen, daß er bei demselben etwas lernt; es muß auch der belebende und begeistigende Unterricht hinzukommen: aber das alles liegt ja unmittelbar in der Wirksamkeit jenes guten Geistes, wie sie sich in wissenschaftlich gebildeten Lehrern ausspricht.

Um nun den guten Ton zu unterhalten, dazu müssen zwei äußere Mittel der Schulzucht zu Gebote stehn. Das eine ist die Ausweisung desjenigen Schülers, der einen Mißton hereinbringt ohne sich bessern zu lassen, das andere besteht in der Ausdehnung des Aufsichts- und Strafrechts auch außerhalb der Schule. Das erste hat indessen mildere Stufen, bevor diese Strafe in ihrer ganzen Strenge eintritt. Der widersetzliche Schüler werde nämlich erst auf kürzere Zeit, dann auf längere ausgewiesen, und jedesmal so, daß er eine Probe bestehen muß, ob er sich bessere, und deßhalb unter eine gewisse Aufsicht gesetzt und durch Privatunterricht beschäftigt wird. Er muß als ein mit einer ansteckenden Krankheit behafteter eine moralische Quarantäne halten. Das andere äußere Mittel besteht in einer Unterwerfung des Gymnasiasten unter gewisse Gesetze des Betragens auch außerhalb der Schule, und ist darum nothwendig, weil sonst bald diese bald jene Pest eingeschleppt würde, und der gute Ton von Seiten der Lehrer nicht zu sichern wäre. Es würden sich sonst unter den jungen Leuten leicht Verbindungen bilden, die auf irgend eine Art ins Schlechte geriethen; wer wollte z. B. dafür stehen, daß sie nicht, trotz aller Ermahnungen, zu Trinkgelagen, Kartenspielen zusammen kämen, und wer weiß was weiter trieben? Die Ansteckung würde von den Schlechtern ausgehend bald auch die Besseren ergreifen. Die Natur der Jugend bringt es nicht anders mit sich, und die Erfahrung beweiset es alltäglich. Bei den Bürgerschulen ist das nicht zu besorgen, denn da sind die jungen Leute außer der Schule zu viel in das häusliche und gewerbliche Leben gezogen, als daß es leicht zu einem Gemeingeist unter ihnen kommen könnte, sie stehen mehr unter der elterlichen Zucht und übrigens unter der polizeilichen Ordnung. Die Gymnasiasten sind dagegen durch ihr Schulleben zu einem gemeinsamen Streben enger verbunden, und von den übrigen Beschäftigungen, wie sie im Hause, im Feld, in den Werkstätten vorkommen, gänzlich frei, sie sind von dem gemeinen Leben getrennt, und vertragen daher auf der einen Seite weniger die polizeiliche Aufsicht, bedürfen aber auf der andern mehr die erziehende, um nicht in die Gemeinheiten eines lüderlichen Lebens auszuschweifen. Das eben ist die schwierigste Aufgabe für eine höhere Schule. Man hat sie durch ein klösterliches Zusammenleben zu lösen gesucht, und noch sind viele Anstalten der Art geblieben, aber das Schlimme ist hier, daß Knaben und Jünglinge, die nur unter sich sind, in manche Rohheiten gerathen, welche ebenfalls zur Seuche werden, die sich, wie oft im physischen bösartiger Ausschlag, innerhalb der Mauern erzeugt. Die Bildung zur Humanität, die im Gegensatz gegen solche Uebel der Klosterschulen gewünscht worden, hat dafür eigene Erziehungsanstalten hervorgerufen, welche zugleich den Gymnasialunterricht gewähren sollen, allein das ist immer nur für eine kleine Zahl ausführbar, und die Gelehrtenbildung hat da ihre eignen Hindernisse. Wir wüßten also keinen andern Rath, als die einheimischen Schüler unserer Schule ihren Eltern darin besonders zu empfehlen, daß diese über ihren häuslichen Fleiß, über ihr anständiges Betragen, über ihre Theilnahme an Gesellschaften und Vergnügungen nur bei und mit ihrer Familie wachten; jeder auswärtige Schüler müßte entweder in eine Familie, welche alle elterliche Fürsorge der Erziehung für ihn übernähme, oder einem eigens dafür errichteten Erziehungshause übergeben werden. Die Lehrer müßten dabei das Recht der Oberaufsicht besitzen, diese Familien als würdig solche Pflegesöhne aufzunehmen anerkennen, und mit ihnen in vorkommenden Fällen zu Rathe gehen. Dann bedarf es nur einiger Gesetze, welche jeder Gymnasiast strenge beobachten muß, und darum nur solcher, die er auch ohne sich allzu strenge behandelt zu fühlen beobachten kann. Hauptsächlich ist das Besuchen der Wirthshäuser, der Theater und der Belustigungsorte, zu verbieten, jedoch nicht schlechthin, sondern mit den Ausnahmen, die eine gute Erziehung auch bei dem Sohne des Hauses statt finden läßt. Das Kartenspiel halten wir auf jeden Fall für Knaben und Jünglinge nachtheilig, wir würden es also für ihre Gesellschaften gänzlich untersagen, und auch den Familien, in welchen sie sich befinden, Vorsicht anrathen, wenn sie etwa bei ihnen an dergleichen Theil nehmen sollten. Studentische Vergnügungen, wie Commerciren, Fackelzüge ꝛc. sind den Gymnasiasten so strenge zu versagen, daß ihnen auch kein Gedanke dazu kommen kann, denn sonst wollen diese Jünglinge alsbald Studenten seyn, und das Gelüsten nach der Burschicosität erwacht nur allzu leicht, worüber sie denn das Unglück haben grade um die schöne Fröhlichkeit ihres Schullebens zu kommen. Dagegen mögen ihnen die Lehrer anständige Vergnügungen, die ihrem Alter angemessen sind und nicht in jene andere Region hinüberschweifen, z. B. musikalische Vereine, gesellschaftliche Wanderungen u. dgl. begünstigen. Im Allgemeinen läßt sich übrigens nicht viel über alles dieses anordnen, weil vieles von Localverhältnissen und das meiste von der pädagogischen Einsicht der Lehrer abhängt. Daß aber nach unserer Angabe alle Spionerie und dergleichen Gehässiges wegfallen muß, brauchen wir kaum zu erinnern, denn wir haben alle diese Beaufsichtigung in den Bereich der Familienerziehung gestellt, mit welcher sich die Schulerziehung vereinigt, wo denn auch der Lehrer bald seinen jungen Mann kennen lernt, und ohne daß er ihm nachzuschicken braucht, seine Schritte und Tritte erfährt, so daß nur für außerordentliche Fälle eine polizeiliche Wachsamkeit eintritt. Indessen läßt sich bei einem guten Ton der Schule ausgezeichneten Schülern das Amt einer gewissen Sittenaufsicht übertragen, wornach sie denjenigen, die sich vergehen möchten, warnend, freundlich zurückweisend, auch wohl mit der Anzeige drohend, zur Seite stehen, als ältere Freunde und im Namen der Schule, deren Ehre allen anliegen soll. Daher sind auch nicht einmal Abzeichen der Gymnasiasten nöthig,*) außer an Orten, wo mehrerlei junge Leute zusammentreffen, und nicht anders nachtheilige Folgen zu verhüten sind, oder wo man einer schon verfallenen Schulzucht vorerst nicht anders aufhelfen kann.

---

*) Die besondere Kleidung, Mäntel u. dgl. sind noch hier und da klösterliche Ueberbleibsel.

Sechstes Kapitel.

Die Gelehrtenschule im Ganzen.

Sie ist ein Ganzes und soll als Bildungsanstalt für ihren Zweck in allen ihren Theilen und Thätigkeiten ein gemeinsames Leben aussprechen. Wir haben dieses Einzelne bisher nach seinen Stufen betrachtet, und müssen nunmehr noch sehen, wie es als Ganzes in seiner Einheit lebendig dasteht. Unser Blick findet da alsobald drei Hauptpuncte: die Regierung der Schule, das Verhältniß der Lehrer als der Regierenden zu einander, die Schüler als die Regierten in der Beziehung zum Ganzen.

1. Die Regierung der Gelehrtenschule. Es ist hier nicht von einer unabhängigen durch sich selbst bestehenden Anstalt die Rede, sondern von einer solchen, die einen wichtigen Theil der Volksbildung ausmacht, und in soferne unter der Regierung des Staates steht. Sie ist auch nicht ein in sich selbst begründetes Wesen, wie wir es durch das Wort Corporation zu bezeichnen pflegen, und wie es namentlich die Universität als Verein für die Wissenschaft ist, sondern sie ist Schule, denn sie bildet die Jugend und bereitet denjenigen Theil derselben vor, der auf der Universität von den Männern jenes Vereins in den wissenschaftlichen Studien unterrichtet werden soll. Daher ist sie als Schule von dem Gemeinwesen abhängig, aber nicht wie die Volksschule, sondern als Gelehrtenschule. Als solche hat sie etwas, das ihr eine höhere Stellung im Volke giebt, und da ihre Lehrer selbst zu dem Gelehrtenstande gehören, so stehen auch diese auf gleicher Linie mit denjenigen, welche die Regierung verwalten. Es läßt sich hiernach aus dem Wesen dieser Anstalt entwickeln, daß sie zugleich durch sich selbst regiert werden soll, indem ihre Lehrer von der Obrigkeit hierzu bevollmächtigt, aber eben darum derselben verantwortlich sind. Die Einrichtung der Gelehrtenschule geht von der Regierung aus, indem sie die

Idee, wie sie von den Männern des Faches erkannt wird, verwirklicht, und sie wird von der oberen Behörde fortwährend beaufsichtigt, geschützt und geleitet. Es muß also an der Schule unmittelbar ein Mann seyn, der die Regierung sowohl von Seiten der Landesbehörde, als von Seiten der Schulanstalt selbst, als die sich in ihrem Gemeinwesen selbst regiert, als Beauftragter in seiner Person vereinigt. Wir sagen Ein Mann, obgleich diese Gewalt mehreren gemeinsam zugetheilt werden könnte, weil wir ohne uns weiter auf solche politisirende Discussionen einzulassen auf die allgemeine durch Theorie und Erfahrung begründete Praxis beziehen. Die Gelehrtenschule hat ihren Rector nach älterer Sprache, nach der neueren Director.*)

2. Die Lehrer nehmen indessen Theil an der Regierung. Das Verhältniß, in welchem der Director zu ihnen als zu seinen Mitarbeitern stehe, liegt ebenfalls in dem Wesen dieser Anstalt klar vor. In wiefern sie sich nämlich selbst regiert, sind sämtliche Lehrer die Regierenden, aber da hierbei die Leitung von Einem nöthig ist, so ist der Director das Organ seiner Mitregenten und der Mittelpunct im Gemeinwesen dieser Schule. In wieferne sie eine Anstalt des Staates ist, steht der Director als Beauftragter desselben der Schule vor; und so ist er das vermittelnde Organ zwischen dem Staate und dieser Gelehrtenschule. Die weitere Entwicklung dieser Verhältnisse

*) Rector scholae will mehr sagen, denn es deutet mehr Selbstständigkeit der Anstalt an (vgl. Gesch. d. Erz. 2te Abth. S. 151—168.); dagegen hat qui dirigit scholam nur das Steuerruder zu lenken, aber eben das entspricht mehr dem Verhältniß dieser Anstalt zum Staat und des Vorstehers zu seinen Collegen; wir ziehen daher Director als den geeigneteren Titel um so mehr vor, da man bei jenem an das herabgesetzte Ansehen der ehemaligen Schulrectoren denkt. Thiersch hat zwar in seinem oft angef. Buche ein ehrenvolleres Ansehen dem Titel wieder verschaffen wollen, indessen möchte es wohl nicht in Aufnahme kommen, weil er auch für die größere Gewalt, die er dem Rector einräumt, wenig Beistimmung finden wird.

können wir hier umgehen, nur eins liegt in unserm Wege. Die Lehrer haben einander ihre Bemerkungen und Vorschläge mitzutheilen und gemeinsam zu berathen; sie müssen also hierzu ihre bestimmten Sitzungen unter dem Vorsitze des Directors halten. Dieses sind die Lehrerconferenzen. Sie seyen denn auch recht, was das Wort andeutet, daß sie nämlich alles das zum gemeinsamen Schulzwecke beitragen, wozu ihr Lehrerberuf sie auffordert; ferne ist dann jede Art von Rechthaberei und Herrschsucht. Dieses freundschaftliche Verhältniß ist zur Erhaltung der Disciplin nothwendig, wie wir oben schon sahen. Es möge daher jedem so recht am Herzen liegen, und keiner möge die jedem nöthige Selbstverläugnung scheuen; sind ja doch grade solche Männer so hoch als Bildner der Jugend gestellt, daß ihre eigne Gelehrtenbildung zu einem Collegium der Humanität so recht zusammenleuchten könnte. — Daß der Director von der Thätigkeit in allen Classen der Lehrer sowohl als der Schüler beständig Kunde nehmen müsse, liegt in seiner Amtspflicht; wie aber soll er sie erhalten, ohne sich auf Anbringereien und dergleichen Gehässiges einzulassen? *) Wir wissen keinen andern, und keinen natürlicheren Weg, als daß er in allen Classen erscheint, nicht förmlich, nicht lauschend oder abhörend, sondern um sich als den zu zeigen, der gerne mitten in dem Ganzen lebt, und außerdem daß er mit den andern Lehrern sich gerne als Mitarbeiter und Freund unterhält.

*) Etwas ganz anderes ist es, wenn Schüler als Aufseher über dieses und jenes, auch, wie wir oben angaben, über das Betragen anderer angestellt werden; sie sind dann förmlich beauftragt, und so wie im Unterricht die Unterlehrer, so auch hier die Gehülfen der Lehrer. Daß dieses ohne etwas Gehässiges zu haben statt finden kann, beweiset nicht nur die bekannte Einrichtung der alten Spartaner, sondern auch manche Verhältnisse unter Studenten und Schülern, die sie selbst anordnen. Es kommt daher nur auf den richtigen Tact der Lehrer an, daß sie solche Aufseher auf eine nicht anstößige Art anstellen.

3. Die Schüler leben als diejenigen in der Anstalt, um derentwillen sie vorhanden ist, das heißt aber nicht bloß um derer willen, von welchen sie grade jetzt besucht wird, sondern überhaupt wegen der Jugendbildung, an welcher alle diejenigen Theil nehmen mögen, die sich dem Gelehrtenstande widmen. Dieses Gefühl gehört zu dem Gemeinsinne, welcher in einer wohlregierten Schule dieser Art lebt, und von den Lehrern ernährt werden soll. Jeder Schüler sollte daher diese Anstalt als seine Wohlthäterin ansehen (als alumnus), welche ihn für seinen höchsten Lebenszweck fördert. So ist es auch da zu finden, wo sie sich wirklich durch Einrichtung und Lehrer um ihren Pflegling verdient macht. Wir lesen in den Biographieen so mancher Gelehrten, daß sie mit Pietät diesen ihren ersten Musenort zeitlebens im Herzen getragen. In der Regel fühlt sich auch der Schüler da glücklich und freut sich über den Flor der Schule, die er gerne als eine berühmte genannt weiß. Den Lehrern ist es daher leicht diesen Gemeingeist zu gewinnen, und wenn sie ihn zugleich durch den guten Ton der Schule unterhalten, so wird es dem Schüler zur Natur die ganze Anstalt und die Männer derselben zu ehren. Indessen erzeugt sich doch oft, ehe man es sich versieht, ein Geist der Unzufriedenheit, sobald nur die Gymnasiasten ihre Ehre verletzt, oder sich vernachlässigt, oder etwa in einer ungerechten Bestrafung eines ihrer Mitschüler ihr ganzes Corps beleidigt glauben. Die Schulregierung hat es in ihrer Macht und Pflicht, daß sie es dahin gar nicht kommen lasse. Ebenso kann sie Factionen unter den Schülern selbst leicht begegnen. Nur wähne man nicht, daß die äußerlich einschreitende Gewalt, daß Drohungen und Strafen, daß Concessionen und Gunstbewerbungen hierin viel ausrichten: das Heil kommt auch hier nur von innen heraus, und die oben angegebnen Mittel der Schulzucht sind die einzigen, um auch die gute Gesinnung der Schüler für die ganze Anstalt gründlich zu bewirken. Sie sind auch das Mittel für

die Liebe und Treue der Schüler unter einander. Man hat schon ehedem den verachtet, der aus der Schule schwätzt; es liegt etwas Richtiges zum Grunde; solchem fehlt die treue Gesinnung gegen die, welche ihm die nächsten sind, und wer mag solchem denn auch übrigens trauen! Die Achtung gegen die Lehrer, und zwar gegen jeden derselben als solchen, wird natürlich durch ihren persönlichen Charakter, wenn er edel ist, gestärkt, insbesondere dabei durch ihre Geschicklichkeit. Der Jüngling ehrt von selbst den Mann, bei welchem er etwas lernt, er sieht mit Herzensergebenheit zu dem hinauf, der ihm als tüchtiger Führer liebevoll die Hand reicht. Haben doch schon die kleinen Knaben einen ziemlich richtigen Tact, womit sie ihren Lehrer würdigen, wie vielmehr versteht sich diese Jugend darauf, welche in der Geistesbildung heranwächst, und täglich in den Schriften auf die Trefflichkeit oder Schwäche der Männer aus alter und neuer Zeit aufmerksam gemacht wird. Hat ein Lehrer die Achtung der Schule verloren, so kann ihm nichts helfen, am wenigsten wenn der äußerliche Rechtsanspruch auf den schuldigen Respect von oben herab geltend gemacht werden soll; der Schüler verbeugt sich dann höchstens vor ihm mit dem Kopf, aber dann wohl mit spottender Miene und kochendem Herzen. Der Lehrer ist und bleibt in allem diesen auf sich selbst hingewiesen; seine Persönlichkeit muß den Schülern die Achtung einflößen, und wo sie unglücklicher Weise verloren wäre, sie wieder gewinnen. Sein Ernst und seine Würde muß den Herzen gebieten, wenn er in dem rechten Verhältniß zu den Schülern stehen soll; und so ist es auch in der Regel der beste Weg selbst da, wo er eine Blöße gegeben hätte, mit Würde seinen Fehler zurückzunehmen. Daß der Classenlehrer vorzugsweise in dem rechten Ansehen bei seinen Schülern stehen soll und stehen kann, bedarf keiner weiteren Erinnerung, aber es soll doch auch jedem Lehrer, der nur irgend an der Schule arbeitet, von jedem Schüler, auch von dem, der nicht sein Schüler ist, diejenige Ehrerbietung gezollt werden, die einem Theilnehmer an dem Erziehungsgeschäfte des Ganzen gebührt. Jeder Lehrer gehört zu dem Ganzen der Obrigkeit, unter welcher der Schüler steht. Um so weniger wird der edle Lehrer, wenn er bei diesen Untergebenen etwas gilt, sich irgend etwas erlauben, wodurch er einen seiner Collegen bei ihnen herabsetzen könnte, und um so mehr wird er seine Auctorität auch dem geringsten derselben zu statten kommen lassen; dadurch gewinnt wiederum die seinige und die der ganzen Schulordnung. Es besteht damit sehr wohl, daß der einzelne Schüler sich an irgend einen Lehrer hingezogen fühlt, und an ihn sich hält. Auch das sollen die andern gerne sehen, und überhaupt alles neidlos begünstigen, was den Schüler innerlich an seinen Führer und an die Schule bindet. Das Wohl des Ganzen blüht ja dadurch mehr auf, und die Blüte der Anstalt ist das Wohl eines jeden, der daran arbeitet. Der Director nun, der gleichsam als das Herz des Ganzen dieses alles lebendig erkennt und fühlt, ist dann der, welcher nicht bloß von der Obrigkeit zu dieser ehrenwerthen Stelle berufen ist, sondern dessen göttlicher Beruf dazu auch von den Lehrern und Schülern im Ganzen mit Ergebenheit und Liebe anerkannt wird.

Wo indessen eine Vergehung gegen den Lehrer vorkommt, darf sie nicht nachgesehen werden, denn auch die äußere Achtung gegen die Vorgesetzten muß bestehen. Vorerst möchte am besten der Lehrer selbst, gegen welchen sich der Schüler unartig bewiesen, demselben sein Unrecht zu Gemüth führen, und das so ganz väterlich; oder traut er sich nicht die hierzu nöthige Ruhe und Sanftmuth zu, so mag er diese Zurechtweisung einem andern Lehrer übertragen. Hört der Schüler hierauf nicht, so ist die Sache vor den Director zu bringen, der sie ebenwohl erst durch einen Privatverweis abzuthun suchen möge. Hilft auch dieses nicht, oder war die Beleidigung zu groß, etwa vor den Mitschülern, so ist sie vor die Conferenz zu bringen, und von dieser die Strafe zu bestimmen. Nur im äußersten Falle wäre sie einem höheren Gericht zu übergeben, wo sie dann nicht wohl anders als mit der Ausweisung des Schülers, gänzlicher oder gefristeter, endigen kann. Bei einem solchen stufenweisen Verfahren eines väterlichen Ernstes hat man keine Erbitterung zu besorgen, im Gegentheil auf die verstärkte Ehrfurcht der ganzen Schule gegen die Lehrer überhaupt zu rechnen. Ueberall soll der Schüler fühlen lernen, daß er in jedem einzelnen Lehrer die Gesamtheit ehrt. Gesetzt aber, er hätte sich gegen einen seiner Vorgesetzten zu beklagen, so sey ihm das gestattet, jedoch nicht unbescheiden, sondern mit der gehörigen Ehrerbietung trage er seine Beschwerden dem Director vor, welcher sie dann auch nicht abweisen darf. Auch in diesem Falle, der bei tüchtigen Lehrern kaum zu besorgen ist, schlage man erst den glimpflicheren Weg ein, indem der Director dem Kläger sowohl als dem Verklagten wohlwollende Vorstellungen macht, um das gute Vernehmen herzustellen; käme die Sache weiter, so wäre sowohl für das collegialische Verhältniß der Lehrer als für den guten Ton der Schule viel zu fürchten. Derjenige Lehrer nun, welcher das Unangenehme erfährt, von einem Schüler verklagt zu werden, hat noch ein Mittel den schlimmen Eindruck auszulöschen und sogar sein Ansehen zu vermehren; es besteht darin, daß er diesen Schüler nicht das mindeste deßhalb empfinden läßt, sondern ihn wie jeden andern behandelt, und die christliche Sanftmuth beweiset, welche es gerne dem Nächsten vergißt, wo er uns wehe gethan.

Die Schüler unter einander sollen durch jenen Gemeinsinn verbunden seyn, der sich durch die Wohlordnung der Anstalt erzeugt. Dann fühlen sie sich unter einander als Mitbürger, sie haben eine gemeinsame Sache, jeder nimmt sich des andern an, es erwächst gegenseitige Achtung und Liebe. Auch hierzu können die Lehrer viel beitragen, sie können diesen Patriotismus begünstigen und leiten. Sie dürfen übrigens nur nichts machen wollen, das sich nicht von selbst unter den jungen Leuten macht, und sie in einer gewissen Freiheit gewähren lassen. So z. B. ist es natürlich, daß sich nicht leicht die oberen Classen zu den unteren gesellen, und daß die Schüler in diesen mit Bescheidenheit auf jene hinsehen müssen; nur müssen sie gegen Mishandlungen von jenen geschützt werden. Das Verklagen der Schüler unter einander ist immer schon ein schlimmes Zeichen, man suche es möglichst zu verhüten, wenn es aber vorkommt, so urtheile der Richter zugleich als ein Vater über Söhne, welche Streit haben, führe einen jeden auf seine Gesinnung zurück, und schlage immer zuerst den Weg der milderen Ausgleichung ein. Dieses pädagogische Verfahren ist zugleich das eigentlich gerechte bei der noch zu erziehenden Jugend.

Zu allem diesen wird denn eine Gesetzgebung erfordert, welche sich mit möglichster Bestimmtheit ausspricht. Wir meinen aber damit nicht eine Reihe von Verboten und Geboten, die bis ins Kleinste eingehe, oder gar einen Schüler wie den andern nach dem Buchstaben behandle, denn das widerspricht dem Geiste der Erziehung. Vielmehr dürfen es der Schulgesetze nur wenige seyn, und auch diese müssen der Schulregierung noch freie Hand lassen, sie nach der Individualität des Schülers anzuwenden, denn darin unterscheiden sie sich von den bürgerlichen, daß sie hauptsächlich auf die Gesinnung achten, daß sie erziehen und in das Herz einwirken. Damit aber auch dieses gesetzlich und nicht willkührlich geschehe, so ist die Berathung der Lehrer nöthig, und damit diese eine sichere Basis habe, so muß ein Buch vorliegen, worin die Beobachtungen über einen jeden Schüler aufgezeichnet sind. Diejenigen, welche sich besonders strafbar gemacht, kommen dabei in ein sogenanntes schwarzes Buch, und werden deßhalb im Falle neuer Bestrafung strenger angesehen als diejenigen, deren Betragen überhaupt sittlich ist. Das Eintragen in ein solches Register ist schon selbst eine starke Strafe.

Damit nun die Gelehrtenschule in diesem Organismus bestehen könne, darf sie nicht zu zahlreich seyn, weil sonst die erziehende und regierende Kraft nicht alle Schüler genug erreichen kann, und auch die Wechselwirkung, in welcher das Schulleben fröhlich gedeiht, bald hier bald da erkrankt. Schon jede Classe hat ihr Maximum, und wenn sie z. B. gegen 50 Schüler zählt, so hat der Lehrer Noth sie alle zu übersehen und jeden zu befriedigen, auch kommen sie dann nicht genug zum Aufsagen. Die obersten Classen dürfen nur so viele haben, daß jeder in mündliche Thätigkeit kommen und speciell von dem Lehrer beschäftigt werden kann. Die untersten Classen dürfen am wenigsten überfüllt seyn, weil die Knaben in denselben noch gar sehr der individuellen Aufsicht und Behandlung bedürfen, und bei größerer Anzahl ihr unruhiges Wesen kaum zu bändigen ist; wir würden in die Infima höchstens 30 Schüler einlassen. In die folgenden Classen möchten höchstens 40, in Prima höchstens 20 und in Selecta noch wenigere kommen, und in die ganze Schule höchstens 250 Schüler, die acht Classen zusammen begriffen. Ueberhaupt gereicht eine große Frequenz meist mehr zum äußeren Ruhm als zum inneren Vortheil einer Gelehrtenschule. Auch liegt es in der Natur der Sache, daß die Zahl derer, die sich dem Gelehrtenstande widmen, immer nach Verhältniß gering ist, und daß daher die oberen Classen minder frequent sind. Sollte indessen eine überfüllt werden, so wäre das beste Mittel sie doppelt anzuordnen.

Der Ort, wo sich eine solche Schule befindet, hat nicht nur ökonomische Vortheile, sondern auch intellectuelle und moralische, wenn anders die Schule gut ist, und es muß die Freude und Ehre der Einwohner seyn eine solche Anstalt zu besitzen. Um so mehr muß ihnen also das Wohl dieser Jugend am Herzen liegen, und sie werden sich gerne aufgefordert fühlen alles beizutragen, was zur Sittlichkeit derselben dient. Väterliche und mütterliche Aufsicht, häusliche Pflege, öffentliche Fürsorge, hierzu auch anständige Geselligkeit, das alles werden die Lehrer wünschen, die einheimischen Eltern wie die auswärtigen, und die Jünglinge selbst. Die Schuldisciplin muß, wie oben bemerkt, hierauf rechnen.

Wo nun dieses alles nach Wunsch sich findet, da sind Lehrer und Schüler in fröhlicher Thätigkeit, und die Schule blühet als eine gesegnete Bildungsstätte.

Vierter Abschnitt.

Einige Einrichtungen für mehrere Schulen.

Noch haben wir einige Puncte zu betrachten, welche in jeder Schule von Wichtigkeit sind, die Wiederholungen, die Prüfungen und die Schülertabellen. *) In der Elementarschule ist dieses noch am wenigsten bedeutend, mehr schon in der mittleren Volksschule, noch mehr in der oberen, am meisten in der Gelehrtenschule.

1. Die Wiederholung. Wer lernt nimmt etwas ins Gedächtniß auf, und dieses Aufnehmen ist immer ein, wenn gleich oft unbewußtes Wiederholen. So werden die Sinneneindrücke, die Worte, die Begriffe u. s. w. in die Seele gleichsam niedergelegt, und das geschieht fortwährend bei jedem Unterricht. Keine Lehrstunde ohne solche Wiederholung, ja ohne sie geschieht nicht der geringste Fortschritt. Diese ist es indessen nicht, welche wir hier meinen, sondern die, welche das einzelne Erlernte nochmals vornimmt und in ein Ganzes zusammenfaßt, z. B. die verschiedenen Arten der Dreiecke, die Casus einer Declination, die Benutzungen eines Gewächses, einen mathematischen Beweis, die lateinischen Geschlechtsregeln, eine ganze Geschichtserzählung, welche Beispiele zugleich andeuten, wie man in kleinerem und größerem Umfang wiederholen kann. Je jünger der Schüler ist, um desto kleiner sey dieser Umfang und um desto kürzer die Station; je

*) Der Verf. nimmt einiges aus seinen früheren Abhandlungen in den Freimüthigen Jahrb. für die deutschen Volkssch. In dem 5ten B. 1tem H. (1825) befindet sich die Abh. Von Schulprüfungen, worin er auch von der Repetition und Revision redet aus dem Gesichtspunct der Prüfungen.

höher ihre Classe, um desto weiter dehnt sich beides aus; so liegt es in der Natur des geistigen Wachsthums, doch darf der Unterschied so groß nicht seyn, daß das Einzelne mittlerweile verlösche. Im Anfange beginne jede Lehrstunde des folgenden Tags mit kurzer Wiederholung der vorhergehenden, nach einiger Zeit werde etwa über einen andern Tag, endlich etwa alle Tage repetirt, nicht nach längerer Frist; indessen hat auch hierin vieles der Lehrer nach der Beschaffenheit der Sache und der Lernenden zu bestimmen. Da dieses Verfahren unmittelbar für die Fortschritte des Schülers dient, so muß es auch ganz für denselben berechnet seyn. Bei dem Zielpunct, den der Lehrer für diese ausdrücklicheren Repetitionen gesetzt hat, läßt er den Schüler etwas anhalten, um vorerst auf den durchwanderten Weg zurück zu sehen. Das stärkt wie den Wandrer so den Arbeiter, und muthiger schreitet er weiter voran; auch schon der kleinste Schüler fühlt sich da angespornt, daß ihn der Lehrer nur noch zurückhalten muß, damit er erst recht festen Fuß fasse. Es ist für ihn ein Anhaltpunct, wo er nochmals den Gang in seinem Ueberschauen zurücklegt, um nun nichts zu überspringen und alles auf demselben sich völlig anzueignen. Und wie der einzelne Schüler, so die ganze Classe. Angelangt an der kleinen Station, werden sie alle bei dem Rückblick ihres Erlernten und ihrer Gesamtthätigkeit froh. Auch theilen sie da alles so recht als Gemeingut, und so zeigt sich uns in diesen Wiederholungen das eigentliche Mittel für den Zweck, den wir oben wünschten, welches nämlich die beiden Ordnungen einer Classe, d. i. die hinzugekommenen Schüler mit den bisherigen, zu gleicher Zeit mit einander in voller Lernthätigkeit erhält. Man sieht das auch, wenn der Lehrer das gut versteht, wie die ganze Schule in solchen Wiederholungsstunden in einem rührigen Leben sich bewegt, keiner bleibt zurück, auch der Träge kommt nach; auch wird keiner vorgezogen, keiner zurückgelassen und jeder gehört. Jenen fordert der Lehrer auf, daß er etwas erkläre, beweise, erzähle u. s. w., dieser drängt sich mit seinem aufgehobnen Finger heran, um eine Frage zu beantworten, und so mehrere, unter welchen es bald dem schwächeren bald dem stärkeren vergönnt wird, je nachdem es ihm selbst dient, oder die ganze Schule aufmerksam macht, dann wird durch den einen dem andern nachgeholfen, dann hilft auch wohl der Lehrer selbst auf die Spur, und manchmal wird etwas von der ganzen Classe im Chor ausgesprochen und somit unauslöschlich eingeprägt. Es ist klar, daß solche Anhaltspuncte die besten Fortschritte sind, und so dürfen diese Wiederholungen in keiner Schule fehlen.

Eine Erweiterung derselben sind die sogenannten Revisionen. Sie nehmen eine größere Strecke vor, die nochmals durchlaufen wird, und auch wohl mehrere Lehrgegenstände zusammen, werden also in längeren Zwischenräumen angestellt, in den niederen Classen etwa alle halbe Monate, in den höheren nach Verlauf eines ganzen auch wohl einiger, wie es grade der Zustand der Schule erfordert. Jede Revision ist also eine Wiederholung mehrerer Repetitionen, und eine Verstärkung derselben. Die einfache befaßt nur einen Gegenstand, z. B. die Lehre von den Dreiecken, so weit man von einem gewissen Punct an bis hierher darin gekommen, die 5 lateinischen Declinationen, die griechischen Conjugationen, eine Periode in der Geschichte u. dgl. Die combinirende Revision vereinigt mehrere Lehrgegenstände zum Ganzen in der Bildung des Schülers, z. B. die lateinischen und die griechischen Declinationen, das Geographische eines Landes und das Historische seiner Bewohner. Auch kann manchmal die Revision ohne solche Combination statt finden, indem man bloß mehrere Lehrgegenstände durchgeht, oder vielleicht alle der ganzen Classe, und hiernach kann man sie in die specielle und allgemeine abtheilen. Jede Art ist nützlich oder vielmehr nöthig, die combinirende aber gewiß die vollkommenste, denn sie lehrt alles Erlernte zu der Einheit des

Geistes verarbeiten. Der Zweck der Revision ist derselbe wie der von jeder Repetition, aber er geht noch etwas weiter. Der Schüler bemerkt seine Fortschritte und seine Lücken noch deutlicher, und lernt sich selbst zugleich im Verhältniß zu seinen Mitschülern kennen. Der Lehrer steht da, wie der Künstler vor seiner Staffelei, er sieht wo es fehlt, und freut sich wo es gelungen. Er lernt seinen Schüler besser kennen, dessen Bildungsgang genauer beobachten, und sorgfältigere Aufmerksamkeit auf jedes Individuum verwenden; auch er gewinnt an praktischer Selbsterkenntniß, und nichts fördert mehr unmittelbar die Lehrfreudigkeit. Eine allgemeine Revision einer höheren Classe erfordert die Gegenwart aller Lehrer und ist daher auch für alle nützlich. Sie lernen sich gegenseitig in ihrem Wirken schätzen, können sich ihre Bemerkungen mittheilen zur gemeinsamen Ausbildung, und finden sich zu desto mehr collegialischer Eintracht in wetteifernder Liebe aufgefordert. Hierdurch wird denn auch die Leitung der Schule erst recht möglich, und zur freien Sache der Schule selbst gemacht, so daß der Director ebenso wie jeder andere Lehrer dasteht, sie alle einander eine Art von Rechenschaft ablegen, und er nur das Organ der Gesamtheit zu seyn braucht. Solche förmliche Musterungen sind eine wichtige Ergänzung der Schulconferenzen. Die ganze Schule, Lehrende und Lernende, vereinigen sich hierdurch zu einem innigeren und gedeihlicheren Schulleben.

2. Die Prüfung. Schon das, was wir eben angegeben, sind zugleich Prüfungen, und das sowohl der Schüler, die täglich, ja stündlich über jeden und jeden über sich selbst belehren, als auch der ganzen Classe; insbesondere sind das die Revisionen. Werden sie gehörig angestellt, so erkennt man jedesmal durch sie, wenigstens in vielen Puncten, den ganzen Schulzustand. Indessen ist doch eine umfassendere Kenntniß desselben nothwendig, die zugleich der Regierung, den Eltern, dem Publikum zu Theil werden kann, und worin die Schule von sich selbst

öffentlich Rechenschaft ablegt. Man nennt eine solche feierliche Prüfung gewöhnlich das Schulexamen. Es hat den Zweck, die Beschaffenheit und Stufe der Bildung darzulegen, welche bis dahin die Schule in jeder ihrer Classen und jeder Schüler derselben gewonnen hat. Daher ist es so einzurichten, daß die unterste Classe bis zur obersten und jeder Genosse derselben möglichst genau geprüft wird, um gerechte Urtheile hierauf zu gründen. Hiernach sind die Classen unter einander zu vergleichen, die Schüler in ihrer jetzigen Stufe gegen einander zu würdigen, auch jeder in seinem Bildungsgange zu erkennen, wie er zugenommen oder zurückgeblieben sey und weiter fortzuschreiten habe, ebenso die ganze Schule in ihren Fortschritten und Mängeln zu beurtheilen, und endlich dem Einzelnen wie dem Ganzen sein Ziel bis zum nächsten Examen zu stecken. Es lassen sich aber mehrere Arten der Prüfung anordnen, specielle und allgemeine, für einzelne Lehrzweige, für einzelne Classen, auch wohl für einzelne Schüler, und es fragt sich, ob nicht öfters ein oder das andere Specialexamen der Art nützlich sey? Das Hauptexamen würde dann besser anzuordnen seyn, weil die Lehrer dann in eine so genaue Kunde gesetzt werden, daß sie bei demselben alles, was zur Entscheidung dient, treffender vorzulegen im Stande sind. Diese Hauptprüfung ist es denn auch, welche die Schul-Oberen anzustellen verpflichtet sind, weil sie sich in beständiger Kenntniß von dem Schulbestand erhalten sollen, ja sie soll eine Angelegenheit des ganzen Volks seyn, wie die Schule es ist, und also auch jedem den Zutritt gestatten; sie verlangt also Oeffentlichkeit im vollesten Sinne. Die vorhergehenden Nebenprüfungen mögen zwar auch billiger Weise von den Vorgesetzten und Eltern besucht werden, indessen sind sie doch zunächst nur für die Schüler und Lehrer, um ihren Zustand vorerst selbst völlig ins Auge zu fassen. Die oben angegebene Revision ist schon eine solche Prüfung.

Die feierliche Prüfung ist schwer einzurichten, wenn

sie ihren Zweck erreichen soll. Am meisten kommt man mit der Zeit ins Gedränge. Ist die Schule frequent, sind es der Lehrgegenstände viel, wie viel Stunden und Tage sind da nöthig um alles durch zu examiniren, und jeden Schüler sich zeigen zu lassen! Und jeder will doch sein Recht haben, und kein Gegenstand soll zurückbleiben. Für ein Gymnasium sind dazu Wochen nöthig. Wenn denn auch dieses Examen nur alljährlich statt findet, und wenn gleich die Zeit, welche auf dasselbe verwendet wird, nicht als ein Aufwand, sondern als ein Gewinn für das Lernen selbst anzusehen ist, so verliert es dafür an Theilnahme und an Feierlichkeit, da nicht jeden Tag die Vorgesetzten da seyn werden, und noch weniger die übrigen Zeugen. Soll aber die Sache in ein Paar Tagen abgethan werden, dann sind Visitatoren, Examinatoren, Lehrer, Schüler, Zuhörer von jedem Glockenschlag geängstigt, und da muß oft mitten im besten Zuge abgebrochen werden, wie der Handarbeiter schnell sein Werkzeug niederlegt, sobald die Feierstunde schlägt. Das Unbehagliche dieser Eilpost bemächtigt sich da der ganzen Schule, und der Zweck wird nicht erreicht. Es muß also ein Mittel gefunden werden, wodurch mit möglichster Ersparniß der Zeit alles dargelegt wird, was zur Kenntniß des Ganzen und Einzelnen nöthig ist. Dieses Erforschungsmittel ist nicht weit zu suchen. Die Lectionen, in welchen unterrichtet worden, sind bekannt, die Schüler sind in ihrer Classe versammelt, mehrere Prüfungsstunden sind für jede bestimmt, der Examinator lasse sich den Gegenstand erst auf der Stelle angeben, und fordre bald diesen bald jenen Schüler auf, der Visitator frage dazwischen oder übernehme selbst das Examiniren: versteht er das, wie es von solchen Männern zu erwarten ist, so kann er mit wenigen Fragen und in kurzer Zeit den Zustand der Classe erfahren, und es bleibt noch Zeit genug, einen jeden Schüler an die Reihe kommen zu lassen, welches nicht einmal in allen Gegenständen nöthig ist, um ihn im Verhältniß zu den andern kennen zu lernen. Das setzt aber etwas ganz anderes voraus, als die bisher leider noch hier und da üblichen Vorbereitungen zum Examen, wo die Schüler abgerichtet werden, um dann ihre Kunststücke zum Besten zu geben, so daß am Ende zur Vollständigkeit des Schauspiels nichts fehlt als das Klatschen der Zuhörer. Nein, es sey bloß die Vorbereitung, die in dem Lernen während des jährlichen Lehrcurses unmittelbar liegt, die aber durch jene kleineren Prüfungen hindurch zu der Hauptprüfung führt. Denn eben jene Revisionen, so wie sie zum Unterricht selbst gehören, so geben sie auch kund, was bisher erlernt worden, und setzen den Lehrer in den Stand, bei dem Examen sich darauf beziehend, worin er vielfach controlirt ist und immer controlirt werden kann, dasjenige hervorzuheben, was als Moment entscheidet. Sie vermitteln also die genaue Erkundung und möglichste Zeitersparung. Gehen keine Revisionen voraus, so ist diese letztere kaum möglich, da der Examinator nur im Dunkeln tappt, wenn er dieses oder jenes auswählt, also immer recht viel vornehmen muß. Daß aber jenes Examiniren erst alsdann das gesuchte Mittel sey, den Bestand der Schule zu erforschen, wenn der ganze Schulorganismus die rechte Einrichtung hat, und wenn der Examinator und Visitator die hohe Gabe und Gewandtheit samt dem Scharfblick besitzt, die zu entscheidenden Fragen und Aufgaben erfordert wird, brauchen wir nicht weiter zu entwickeln. Mangelt es hieran, so helfen keine Vorschriften und Protokolle. Auch hier kommt es auf die Persönlichkeit des prüfenden Mannes an, papierne Instructionen führen zu nichts, wenn sie das Detail bestimmen wollen.

Auf solche Art kann der Zweck der öffentlichen Prüfung vollkommen erreicht werden. Alle Lehrgegenstände werden vorgenommen, in jedem wird die Stufe der Classe sorgfältig erkundet, und kein Schüler wird übergangen. Dabei soll, wie sich von selbst versteht, keiner chicanirt werden, auch nicht etwa als Strafe wegen Unfleiß, sondern jeder in seine natürliche Stimmung sich versetzt fühlen, worin er frei, aber nicht keck auftritt. Bei allen dem berechtigen doch diese wenigen Stunden und wären es auch Tage der Prüfung noch nicht zu einem entscheidenden Urtheil über den Schüler. Denn wie viel hängt von seiner Stimmung ab! wie viel vom Zufall! wie viel bleibt bei ihm noch ungefragt! Allein in Verbindung mit den Revisionen und überhaupt mit seinem Bildungsgange, den die Lehrer beobachtet haben, können sie doch im Ganzen etwas Bestimmtes zu seiner Würdigung sagen und ihn selbst erkennen lassen. Auch hier ist das Urtheil der Mitschüler gewöhnlich ein richtiges.

Auf solchem Wege werden die Ziele in grader Linie für die Classen und ihre Zöglinge abgesteckt, von einem Haltpunct und Zeitpunct zum andern, und bei jeder Hauptprüfung erscheint der Zustand der Schule in seinem Ganzen. Noch aber ist zur vollständigen Beurtheilung und Fortbildung etwas weiter nöthig.

3. Dieses sind die Schülertabellen.*) Schon länger her ist es viel im Gebrauch, daß man in die Verzeichnisse der Schüler bei jedem Namen etwas über seinen Fleiß und sein Betragen hinzubemerkt, oder auch, daß die Lehrer jedem in sein Büchelchen ihr Zeugniß schreiben. Diese letztere Art hat ihren Nutzen, aber sie erfüllt nicht ganz den Zweck den Schüler zu charakterisiren. Die erstere Art könnte das, aber in der bisherigen unbestimmten und oberflächlichen Weise ist sie sehr unbefriedigend und meist täuschend. Es ist da nöthig, daß man diejenigen Züge auffasse, wodurch der junge Mensch sein ganzes Wesen bekundet, und nicht bloß diese und jene, vielleicht bloß vor-

*) Der Verf. hat in einer Abhandl. von Schultabellen u. Schülerkenntniß in den oben angef. Freim. Jahrb. ꝛc. 3ten B. 1tem H. nebst Nachtrag im 4ten B. 1tem H. Vorschläge hierzu gemacht, aus welchen er oben mehreres wörtlich ausgezogen. Mehreres ist dort zur Begründung ausgeführt, manches auch zu berichtigen.

überziehende Erscheinung von Fleiß oder Unfleiß, von Ruhe oder Unruhe, von Folgsamkeit oder Unfolgsamkeit — auch nicht bloß seine Fortschritte oder Rückschritte in der letzteren Zeit u. dgl., sondern man muß in sein ganzes Thun und Treiben, in den Gang seiner Entwicklung, bis in seine Natur und seine Anlagen einschauen, wenn man sehen will, was an ihm ist, was er bis jetzt geworden, was er werden könnte, und was man von ihm zu erwarten hat. Diese Aufgabe ist zwar nie völlig zu lösen, auch wenn man den Menschen von seiner Geburt an bis in das Greisenalter beobachtet, denn nur der Allwissende durchschauet ihn, aber es ist und bleibt doch eine Aufgabe, wie überhaupt für das Mitglied der menschlichen Gesellschaft, so insbesondere für den Erzieher. Jeder soll mit seinem Nächsten so umgehen, wie er ihm zu seinem Besten dienen möge, dieses will die Humanität und ist die ausdrückliche Vorschrift des Christenthums; hierzu aber ist nöthig, daß er ihn möglichst genau kenne, und für den edelsinnigen Beobachter ist auch eine solche praktische Menschenkenntniß gar wohl möglich. Ganz besonders ist sie für den Erzieher möglich und nothwendig. Kinder geben sich uns in ihrer Natur, wie sie sind; ihr Wesen spricht sich offener aus, in ihrem Aeußeren erscheint in der Regel noch rein und unvermittelt ihr Inneres, und das vielleicht am deutlichsten mitten unter ihres Gleichen, während des Lernens vor den Augen des Lehrers, so daß er nicht einmal einen außergewöhnlichen Scharfblick zu haben braucht. Da nun in jedem Kinde ein Mitglied des Gemeinwesens heranwächst, so kann es schon diesem nicht gleichgültig seyn zu wissen, was ihm in diesem jungen Menschen heranwachse; *) die Erziehung erfordert ohnehin möglichst

*) Es ist bekannt, wie bestimmt Platon in seiner Republik verlangte, man solle die Knaben beobachten, um beizeiten zu wissen, wozu sie im Staate tauglich seyen oder nicht (s. Gesch. d. Erz. 1te Abth. S. 397 fg.), aber daß man diesen Gedanken gleich als un-

genaue Kenntniß dessen, der erzogen werden soll, welches auch durchaus von der Schulerziehung und ihrem Unterrichten gilt. *) Es ist also die unerläßliche Aufgabe für die Lehrer, ihre Schüler genau kennen zu lernen. Hierzu ist aber eine sichere Beobachtung erforderlich, und zwar nicht bloß heute und morgen, nicht bloß in dieser oder jener Classe, nicht bloß bei dem einen oder andern Lehrgegenstand, nicht bloß von einem einzelnen Lehrer, sondern durchaus von allen die ganze Schulzeit hindurch. Was der Lehrer über jeden Schüler irgend bemerkt, das ihm bedeutend scheint, muß er dann in das Ganze seiner Beobachtungen verweben, und deßhalb ein Tagebuch führen. Diese einzelnen Tagebücher werden von Zeit zu Zeit verglichen, und das allgemeine Ergebniß, jedoch nicht ohne die besonderen Bemerkungen, wird in ein Schülerbuch eingetragen, welches dann die Basis zur Schülertabelle giebt, aber mit derselben bei dem Examen den Visitatoren vorgelegt wird. Dem Director liegt es zunächst ob, vorher das Buch zu durchgehen, und so wie er durch das Eingezeichnete berechtigt ist, die Tabelle hiernach zu entwerfen, dann aber mit seinen Collegen zu berathen und gemeinsam zu bestimmen. In den Volksschulen hat dieses Geschäft der oberste Lehrer, und wo nur Einer ist, wie auf dem Lande, wird es am schicklichsten dem Geistlichen, der über die Schule gesetzt ist, übertragen, welcher dabei Gelegenheit hat, den Schullehrer über diese wichtige pädagogische Thätigkeit zu unterrichten. Noch zur Zeit werden diese Schulbücher samt den Tabellen an manchen Mängeln leiden, aber sie werden sich von Jahr zu Jahr

---

fruchtbar und mit dem Ideale einer Platonischen Republik in Luft zerrinnend ansah, war eine Bequemlichkeit, ein Mangel tieferen Nachdenkens über die pädagogische Bedeutung.

*) Wir verweisen auf das, was wir in der Erziehungslehre im 2ten u. 3ten B. an mehreren Orten entwickelt haben, zunächst auf den 3ten B. den Unterricht betreffend S. 50—80.

verbessern, und es sind immer bessere Beobachtungen und richtigere Urtheile zu einer sicheren Schülerkenntniß zu erwarten.

Was aber ist es, das durch die Beobachtung aufgefunden werden soll, um den Schüler zu kennen und zu beurtheilen? Das Urtheil soll ihn völlig würdigen, also weder unbestimmt noch einseitig bestimmt seyn. Jene gewöhnlichen Rubriken in den Tabellen, z. B. gut, mittelmäßig, schlecht, leiden an dem Fehler der Unbestimmtheit, sie geben dem beobachtenden Blicke gar keinen Gesichtspunct, und lassen ihn so unsicher herumschweifen, daß jene eingetragenen Urtheile rein zufällig sind, und also leicht in große folgenreiche Ungerechtigkeit ausschlagen. Wird etwa der fleißige Schulbesuch und das ruhige Betragen so hervorgehoben, daß man auf vieles andere nicht sieht, z. B. nicht auf die innere Anstrengung, auf die Lernfähigkeit, auf die Gemüthsart des Schülers, so wird er ebenfalls nur halb erkannt, und das kaum, er wird auch dann falsch im Ganzen beurtheilt. Das ist auch der Fall, wo sein Verhalten nur in der Schule zum Gegenstand genommen wird, ohne daß sich der Lehrer bemüht ihn überhaupt zu beobachten, auch außerhalb, so viel er nur irgend Gelegenheit hat, wie z. B. bekanntlich schon die Spiele der Kinder sie charakterisiren. Dieses ist nun freilich eine schwierige Sache, damit es nicht auf Späherei oder Anbringerei hinauslaufe, allein sind denn nicht die Eltern zu befragen? kommt nicht auch vieles, sehr vieles in der Schule vor, was Zeugniß von dem giebt, wie es zu Hause war, z. B. über Fleiß und Unfleiß? besitzt nicht der Lehrer Mittel genug, dem Schüler tiefer in sein Inneres zu blicken, sein Vertrauen zu gewinnen u. s. w.? Wir können daher getrost die Hauptpuncte angeben, auf welche sich die umsichtigen Blicke zu richten haben, um den Charakter des Schülers in seinem Wesen und in seiner Entwicklung richtig zu erfassen. Wir nehmen das Wort Charakter, wie sich von selbst versteht, hier nicht in dem strengeren Sinne, wo er die entschiedne Bestimmtheit in der Sinnes- Denk- und Handlungsart bezeichnet, denn wir reden von der Jugend, bei welcher das alles noch nicht entschieden ist, sich aber zu seiner Bestimmtheit allmählig entwickelt, daher handelt es sich hier um die Grundanlage, die Richtung und den Entwicklungsgang. Das ist es also, was wir an unsern Schülern beobachten wollen. Der Zweck ist, wir wiederholen ihn, um jeden Misverstand zu begegnen, nicht ein Urtheil über Seligkeit und Verdammniß, oder über Leben und Tod, nicht ein göttliches, nicht ein obrigkeitliches, sondern ein väterliches Urtheil, wie es für die Erziehung verlangt wird, damit die werdende Kraft geleitet und gebildet werde zu ihrem Urbilde, und also der Schüler, soweit der erziehende Unterricht hierzu wirken kann, seinen wahren Charakter zur Vortrefflichkeit entwickle.

Wir haben hiermit die drei Hauptpuncte angedeutet, worauf es ankommt. Es ist a) die Anlage des Schülers, b) seine dermalige Beschaffenheit, c) sein Bildungsgang. Aber keins darf ohne das andere aufgefaßt werden, denn in dem Individuum ist es Einheit des Lebens, und wenn es in der Beobachtung ausgeschieden wird, so geschieht das nur um es alsobald in einem Gesamtblick wieder zu vereinigen, und eins immer wieder in dem andern zu sehen. Auch in dem kleinen Kinde, noch ehe es die Anfangsschule besucht, ist keine Anlage mehr reine Natur, sondern alle Keime sind schon von vielfach einfließenden Dingen in irgend eine Form mehr oder weniger hervorgedrungen. Was aber gestaltet ist trägt doch die Anlage in sich, und in jeder Entwicklungsstufe erscheint das, was in dem Keime lag und in dem Fortwachsen forttreibt. Eben darum ist in der Naturanlage die fortgehende Entwicklung begründet, und das Gesetz derselben läßt sich wenigstens vermuthen, ihr weiterer Gang aber folgt aus dem, was bisher in dem Schüler geworden ist, sofern die Grundanlage ihm Kraft und Richtung fortwährend ertheilt. So weiset eins auf das andere hin und wird durch das andere gegenseitig erkannt. Das mußten wir zu den drei Rubriken unserer Schultabellen vorbemerken; wir geben sie nun einzeln an.

a. Die Naturanlage, unter welchem Begriff wir alles das zusammenfassen, was das Kind mit auf die Welt bringt, und was nicht nachmals geworden oder hinzugekommen ist. Gewöhnlich bleibt uns das bei unserm Schüler fremd, sollte es aber nicht. Auch soll es nicht auf einem bloßen Gefühl beruhen, wie es Eltern und Erzieher dunkel haben, wohl nicht ganz unrichtig, aber doch unsicher, und worin sie sich meist zu täuschen pflegen. Wer die Grundanlage des Kindes richtig auffindet, der hat den Genius desselben erkannt, und möge nun von ihm die Winke vernehmen, um es zu seiner Bestimmung zu bilden. Man bemerke also die verschiednen Seiten, in welchen sie uns erscheint (ingenium); es sind diese drei: das Naturell, die Fähigkeiten und die Gemüthsart. Das Naturell ist die Anlage, wie sie im Physischen und Psychischen ausgesprochen ist, sonst auch das Temperament genannt. *) So hört man auch wohl von aufgeweckten und von in sich gekehrten Naturen sprechen, und das könnte uns allenfalls genügen; sehen wir aber genauer nach, so unterscheiden wir vier Naturarten, die feste, die lebhafte, die weiche, die innige, und das mit hinreichenden Kennzeichen. Daß übrigens kein Kind so scharf von dem andern nach seinem Naturell unterschieden sey, daß nicht

---

*) Der Verf. hat in seiner Erziehungslehre II. seine Theorie über das Naturell auseinander gesetzt, und glaubt das Anwendbare derselben so gezeigt zu haben, daß er wiederholt die Eltern, Erzieher und Lehrer auffordern muß, diesem praktisch wichtigen Gegenstande mehr Aufmerksamkeit zu schenken als bisher geschehen zu seyn scheint; er verweiset zunächst auf S. 60 fg. 231—238 unter der Rubrik: Zeichen. Naturart (vor welcher Ueberschrift unrichtig a. steht), u. S. 321 fg. Auch hat die Abh., aus welcher mehreres oben genommen ist, noch manches für die Anwendung angegeben.

immer Mischungen und Uebergänge statt fänden, das liegt in der Natur selbst, die in allen ihren Formungen die schneidenden Linien meidet und die fließenden liebt; indessen läßt sich doch die vorherrschende Richtung entdecken und somit in die Tabelle bringen. Die Fähigkeiten, gewöhnlich auch Naturgaben bezeichnend benannt, sind etwas, das mehr für zufällig gilt, weil es zunächst im geistigen Leben gefunden wird, jedoch so, daß es die Natur als gütige Mutter dem Menschenkinde zur Aussteuer mitgegeben hat (dotes naturae). So vielerlei Geistesvermögen wir annehmen, so vielerlei Fähigkeiten; eigentlich vorerst nur zweierlei, die auffassende und die darstellende, wovon denn eine mehr oder weniger vorherrscht. In jenen ist das Anschauungs- und Denkvermögen begriffen, und man hat die Sinnenthätigkeit, den Verstand und die Urtheilskraft, das Gedächtniß und die Einbildungskraft des Schülers zu bemerken, in wieferne ihn die Natur mit viel oder wenig in dem einen und andern ausgestattet. Die Mathematik kann einerseits und die Grammatik andrerseits hierin am meisten Zeugniß ablegen, überhaupt der Unterricht, welcher das Mathetische betrifft. *) Das darstellende Vermögen, das wir nur mehr im Aeußeren auf das Technische beziehen, zeigt sich äußerlich in den mechanischen und künstlerischen, innerlich in den productiven und schöpferischen Anlagen, also z. B. in der körperlichen Bewegung, in dem mündlichen Vortrage, im Schreiben, Zeichnen, in der Combinationsgabe, im Sammlergeist, in Erfindungen, in eignen Gedanken, in Ideen; und so konnte man wohl die Genialität eines Klopstock schon auf der Schulpforte entdecken. — Die Gemüthsart ist schon schwerer in ihrer Ursprünglichkeit aufzufinden, denn so tief man da in die Kindheit zurücksieht, so hat schon immer etwas die freie Selbstbestimmung in der Naturanlage verändert. Wir reden zwar von bös- und gutartigen Kin-

*) Erziehungsl. III. S. 33 fgg. 85. 273 fgg.

dern, legen manchem ein gutes Gemüth bei, vermissen es bei andern u. s. w., allein diese Urtheile befassen zugleich das durch innere Freiheit und äußere Einwirkung Gewordene in sich, und können daher für diesen Zweck nicht gelten. Indessen giebt es doch auch Kennzeichen, worin sich die Gemüthsanlagen kund geben, es sind die Richtungen des Herzens, ob zur Offenheit oder zur Verschlossenheit, ob zum Eifer oder zur Ruhe, ob zur Wärme oder zur Kälte, ob zur Geselligkeit oder Zurückgezogenheit. Nimmt man alles zusammen, was man bei dem Schüler in der Art seines Lernens, im Benehmen mit seinen Mitschülern, in seinem ganzen Betragen, in seinen Unarten und seinem Guten, selbst in seiner Physiognomie bemerkt, so wird man auch hierin auf eine sichere Spur kommen, um sein Gemüth in seiner ursprünglichen Individualität zu erforschen.

b. Die dermalige Beschaffenheit des Schülers begreift eigentlich alles in sich, was bisher in ihm geworden, und wollte man sie angeben, so müßte man ihn in allem schildern, wie er leibt und lebt. Aber das wird hier nicht gefordert, denn man will nur das wissen, was seine Schulbildung betrifft; alles übrige, so vielfach es auch damit zusammenhängt, bleibt für den Zweck der Schultabelle auf der Seite liegen. Wir beobachten also an ihm, wie weit er seine Anlagen ausgebildet habe oder darin zurückgeblieben sey, d. i. über seine Aufmerksamkeit, seinen Fleiß, seine Kenntnisse und Lücken u. dgl. — ob seine Fähigkeiten in Fertigkeiten übergegangen und in welchen Gegenständen, also was er gelernt, wie weit er es in diesem oder jenem gebracht, was er vernachlässigt habe, z. B. in einer Sprache, im Zeichnen, im Gedächtniß bei dem Geschichtsunterricht, im Ausdenken mathematischer Beweise u. dgl. — endlich wie er sich in seiner Gesinnung zeige, ob edel oder unedel, welche Tugenden, welche Unarten an ihm bemerkt werden, seine Lieblingsneigungen, sein Aeußeres, z. B. ob reinlich, ordnungsliebend, gerne gut gekleidet, oder nachlässig in diesem und jenem, ob er mehr Hang zur Eitelkeit, oder mehr zum Stolz, mehr zur Sinnenlust, zur Ehrsucht verrathe, u. s. w. Die Tabelle muß sich indessen hierin nur auf das beschränken, was zur Charakteristik zunächst für die Schule als Hauptzug gehört.

c. Der Gang seiner Bildung bezieht sich auf das, was aus seinen Anlagen bisher geworden ist und noch werden kann. Der Schüler ist hiernach zu beobachten, wie er sich selbst zu seiner Bildung verhalte, ob er den Unterricht suche und welchen am liebsten, ob er fortschreite oder zurückbleibe und worin, ob seine Fortschritte stetig oder gehemmt, ob schnell oder langsam seyen, ob er sich eifrig in seinem Streben oder träge beweise, und worin das eine oder das andre, worin er mit dem meisten Glück oder mit der größten Lust arbeite, und welche Talente sich in ihm offenbaren, was sich also im Ganzen als sein innerer Beruf ankündigt, wie er zu denselben geleitet, wie er überhaupt behandelt werden müsse. Auch ist die Entwicklung seines Charakters genau zu beobachten, seine Verirrungen und Fehler, und wo er sich bessere und veredele, wohin sich seine Hauptrichtung entscheide, und welche Leidenschaften etwa aufkeimen, welchen Dämonen man also begegnen müsse, ob dem Ehrgeiz oder der Sinnenlust oder der Besitzeslust, um den Jüngling seinem guten Genius zu erhalten — überhaupt was die Familie, der Staat, die Welt von ihm zu erwarten habe, und welche Bedingungen eintreten müssen, wenn man die guten Hoffnungen will erfüllt sehen. Auch hierin darf sich die Tabelle nicht in das Vielfache verlieren; sie hat nur die Hauptmerkzeichen aufzustellen. Wir können sie auf die drei: Schulbesuch und Fleiß, Talente und Fortschritte, Charakter und Beruf, zurückführen.

Das Schulbuch enthält alle Bemerkungen über den Schüler, welche die Motive der weiteren Beobachtung und Beurtheilung mit einschließen; und werden sie seine Schuljahre hindurch fortgeführt, so müssen sie bei seiner Entlassung ein so zuverlässiges Urtheil über ihn begründen, als es kaum die scharfsichtigsten Väter und Mütter, auch kaum die vertrautesten Freunde sich erlauben dürfen, und wie es nur irgend einem Menschen über den andern möglich ist. Zunächst nimmt nun die Schultabelle, welche jährlich aufgestellt wird, ihre Gründe aus diesem Buche, jedoch so, daß bei diesem Auszuge noch die persönlichen Urtheile der Lehrer, wie ja jeder einen gewissen Gesamteindruck von dem Schüler hat, berücksichtigt werden, und daß diese Conferenz hieraus die bestimmten Ergebnisse zieht. Diese werden denn in die Schultabelle zu möglichst einfacher Uebersicht und mit kurzen, nur andeutenden Worten eingetragen. Wir glauben in folgender Rubricirung dieses am bestimmtesten nach der angegebnen Idee ausführen zu können, und sind davon so überzeugt, daß wir diesen Vorschlag befolgt wünschen.

Die erste Rubrik enthält Namen und Alter des Schülers.

Die zweite unter der Ueberschrift Naturanlage, oder wenn man es vorzieht Angeboren, die Unterabtheilungen Naturart, Naturgaben (Fähigkeiten), Gemüthsart, mit weiterer Classification, nämlich für die erste: aufgeweckt, und dieses weiter bestimmt: mehr fest, mehr lebhaft; in sich gekehrt, und das entweder mehr weich oder mehr innig (tief); für die zweite Unterabtheilung: Auffassung — Sinnen-Verstandes-Gedächtniß-Phantasie-Fähigkeiten; Darstellung — mechanisch, künstlerisch, schöpferisch; für die dritte, die Gemüthsanlage: die Aeußerung, offen oder verschlossen; das Streben, eifrig oder träge; das Gefühl, warm oder kalt; wobei es natürlich immer nur auf das Mehr oder Weniger ankommt.

Die dritte hat die Ueberschrift: Geworden, oder: Dermaliger Bildungsstand, und geht in die Unterabtheilungen auseinander: das Lernen, Kenntnisse und Fertigkeiten, Gesinnung; in der ersteren wird bemerkt, ob aufmerksam oder unaufmerksam, und ob geordnet oder lückenhaft, in der zweiten: in welchen Kenntnissen und Fertigkeiten er in seiner Classe vorzüglich, in welchen er zurück und in welchen der Schüler mittelmäßig sey; in der dritten: ordentlich oder nachlässig, verträglich oder streitsüchtig, folgsam oder widerstrebend, frohsinnig oder ernst, seine guten oder schlechten Neigungen.

Die vierte Rubrik bezeichnet den Bildungsgang (das Werden) des Schülers in folgenden Unterabtheilungen: Fortschritte, Streben, Beruf. Die erste: worin er gerne fortschreite, und worin ungerne, worin schnell, worin langsam, ob stetig oder gehemmt; (hierbei muß jedoch die Art des Unterrichts in Betracht gezogen werden, und es läßt sich nur da, wo in allen Lehrgegenständen methodisch gut unterrichtet wird, ein sicherer Schluß ziehen); die zweite: eifrig oder träge, beharrlich oder veränderlich, kräftig oder schwach; die dritte: Talente, Charakter, Ziel und Zeit seiner Berufsfähigkeit. *)

Ein tabellarisches Schema wollten wir nicht grade hinzeichnen, weil wir wohl einsehen, daß in den untersten Abtheilungen manches erst noch durch Versuche richtiger classificirt werden mag, auch nach Zeit und Umständen vielleicht Aenderung erleidet. Eine Sache, die man nur erst vorschlägt, und noch nicht im Leben gesehen hat, darf noch nicht auf dem Papier so bestimmt vorgeschrieben werden, denn die Praxis hat mit einzusprechen. Ueberzeugt aber sind wir von dem Bedürfniß einer solchen Schultabelle

---

*) Schon diese letzte Rubrik ist von großer Wichtigkeit, denn sie giebt die Hauptgründe an, welche den Lebensberuf des Knaben und Jünglings entscheiden sollen, aber sie besteht nur als zuverläßig durch die vorhergehenden Rubriken. — Eine Kön. Sächsische Verordnung v. 4ten Jul. 1829 macht es den Rectoren der Gelehrtenschulen zur Pflicht, strenge zu beurtheilen, wer keine genugsame Geistesgaben zum Studieren habe, und solchen nicht in die höheren Classen zuzulassen. Gewiß eine gute Verordnung, sofern es nicht bloß der subjectiven Ansicht des einzelnen Mannes überlassen ist.

nach ihren Hauptrubriken, wenn sie zur wahrhaften Schülerkenntniß dienen sollen.

Die Schulzeugnisse sind denn nach diesen Grundlagen auszustellen; dann sind sie auch ebenso gerecht als zweckdienlich. Bleibt man nur bei den sogenannten Noten des Grades hinsichtlich der Kenntnisse, oder wenn es hoch kommt dabei auch des Betragens, so läßt man damit noch so vieles unbestimmt, daß die Eltern oder Oberen am Ende doch nicht recht wissen, was sie an dem jungen Menschen haben, der nun von seiner Schule entlassen ist, und was weiter aus ihm werden soll, was sie also im Verhältniß zu seiner äußeren Lage mit ihm vornehmen. Ob nun diese Zeugnisse einfach oder in doppelter Form auszustellen seyen, nämlich eins zum öffentlichen Vorzeigen, dabei aber auch ein ausführlicheres für die Eltern und Behörden, *) und ob es pädagogisch rathsam sey, den jungen Menschen selbst dieses lesen zu lassen, geben wir einer weiteren Erwägung anheim.

Daß wir in diesem Anhang am meisten die Gelehrtenschulen im Auge haben, liegt in der Natur der Sache. Denn da sind jene Beobachtungen der Schüler am besten zu machen, und da kommt auf die Kunde, welche namentlich auch der Staat von dieser Jugend nimmt, am meisten an. Zeugnisse fordert man auch gewöhnlich nur von diesen Schulen. Indessen gilt doch vieles auch für die Volksschulen, und man sollte sich genauer in die Kenntniß der Volksjugend setzen, als es bis jetzt noch geschieht.

„Die angegebnen Schultabellen haben hoffentlich noch

*) In unsern Zeiten wird über das Gedränge der Studierenden geklagt, und die Regierungen lassen sonst kein Mittel unversucht um dasselbe zu vermindern; warum wird nun grade dieses vernachlässigt? Sicherer giebt es doch das an, was man sich von dem jungen Menschen versprechen oder nicht versprechen darf, als alle jene Zeugnisse negativer Art; die oben angegebne positive Art könnte auch zu einer Disciplinarordnung auf Universitäten, die noch immer so viel zu wünschen übrig läßt, wenigstens etwas beitragen.

einen unmittelbaren Nutzen für den Lehrer. Sie schärfen ihm den Blick in den Schüler nach oben und nach unten. Die Würde des Menschen, das göttliche Ebenbild, das in dem Kinde auch durch die Verdorbenheit hindurchblickt, die herrliche Bestimmung des unsterblichen Geistes wird keinem so klar, als dem, welcher in das innere Wesen einzuschauen sucht, und sich einzeln vorlegt, was sich neben und nach einander in der heranwachsenden Jugend entfaltet. Eben diesem Blicke in das Innere kommen aber auch desto widriger die trüben Wolken entgegen, welche schon den ersten Frühlingshimmel der Kindheit verderben, und der strafende Ernst zur Besserung wird um so gewisser in dem erziehenden Beobachter aufgeregt. So entsteht die rechte Würdigung des Schülers mit jener ächten Vaterliebe, die auch zu rechter Zeit zürnt, und die nicht in der bekannten unglaubigen Nachsicht der Natur die Fehler zuschiebt, die in dem freien Wesen liegen, und gegen welche der Erzieher schon das Kind mit freundlichem Ernst in die Zucht nehmen muß. Daß aber diese Wirksamkeit, die gottähnliche, dem Schullehrer werde, dazu helfen freilich keine Tabellen, und nichts von allen diesen äußeren Mitteln, die den Sinn und Verstand des Lehrers schärfen, wenn nicht das Eine was Noth ist in ihm wohnt und lebt und treibt. Gottähnlich wirkt nur der, der Gott vor Augen und im Herzen hat. Alle unsere Bildungsanstalten für den Lehrstand so auch für die Volksschullehrer werden in dem Grade ihren hohen Zweck verfehlen, als sie die religiöse Gesinnung der Lehrer vernachlässigen. Denn je mehr Kenntnisse und Lehrgeschicklichkeit, um so mehr Gottseligkeit ist nöthig, damit die Bildung ihren Geist habe, und wahrhaft bildend fortwirke. Es bleibt ewig wahr, und wird sich auch durch alle Verirrungen der Schulpraxis immer bestätigen, nur der lebendige Geist des Christenthums lehrt wahrhaft erziehen. Und er lehrt auch wie überhaupt den Menschen recht kennen, so insbesondere die Kinder. Wir verlangen also für unsere Schülerkenntniß nicht bloße Geschäftsmänner des Schulwesens, sondern Christen als Lehrer und Aufseher.“ *)

Fünfter Abschnitt.

Die Nebenschulen.

Da wir die Volks- und die Gelehrtenschule an sich betrachtet haben, ohne noch Rücksicht darauf zu nehmen, ob sie sogenannte öffentliche d. h. vom Staate angeordnete seyen, so können wir auch unter dem Wort Nebenschulen nicht solche verstehen, die nicht öffentliche sind, sondern wir nehmen es im Gegensatz gegen jene Anstalten, welche ihrer völligen Einrichtung für die ordentliche Bildung der Jugend sich erfreuen. Wir theilen sie daher ab in die unvollständigen und in die außerordentlich hinzukommenden Schulen. Unter jenen begreifen wir diejenigen, welche entweder der hinlänglichen Lehrerzahl entbehren, oder welche nicht auf die hinlängliche Zahl der Schüler rechnen können; unter den hinzukommenden Schulen aber alle diejenigen Anstalten, die man nicht bedürfte, wenn die Schulbildung vollständig im Volke wäre, die man also noch außer den gewöhnlichen anordnen muß, um gewisse Mängel zu ergänzen, theils für die Fortbildung der nur mangelhaft unterrichteten, theils für die Verbesserung der verwahrloseten Jugend. Es bieten sich nach dieser Uebersicht folgende Anstalten zur Betrachtung dar, die

*) Von dem Verf. im J. 1824 niedergeschrieben und in der angef. Abh. Freim. Jahrb. der Volksch. im 4ten B. 1ten H. abgedruckt. Da er es jetzt noch in keinem Worte zu ändern wüßte, und da es hierher gehört, so darf er es sich erlauben wörtlich hierher zu setzen.

wir auch sämtlich schon in der Wirklichkeit finden: 1. diejenigen Schulen, welche nur Einen Lehrer, oder nur einige haben, und mehrere haben sollten, wir bezeichnen sie als die nicht genug besorgten Schulen; 2. die Lancasterschulen; 3. die Armenschulen; 4. die Sommer- und Winter-Schulen; 5. die Sonntagsschulen; 6. die Abendschulen (Nachtschulen); 7. die Verbesserungsschulen; 8. die Zwangsschulen. Die Erziehungsanstalten sind als etwas zu betrachten, das zur Vollkommenheit der Schulbildung dienen soll. Die Institute für Taubstumme und Blinde müssen wir hier ganz übergehen, weil das Schulmäßige dabei am wenigsten in Betracht kommt, und das Lernen in denselben für Erwachsene wie für Kinder mit einer Behandlung in Verbindung steht, die noch auf andern Grundsätzen beruht. Wenn aber einzelne viersinnige Kinder an dem Schulunterricht Theil nehmen, so muß der Lehrer verstehen sie zu behandeln. *)

---

1. Schulen, denen es an der Lehrerzahl mangelt.

Unter diese Rubrik müßten wir nicht weniger als fast alle Volksschulen bringen, denn wie selten ist noch diejenige, welche alle die Lehrer hätte, die zu einer vollständigen Einrichtung nothwendig sind? Die Landschulen leiden noch fast durchaus an diesem Mangel, öfters auch die Stadtschulen, mit den Gelehrtenschulen ist es hierin seit einiger Zeit im Ganzen noch am besten bestellt, und die Elementarschulen bedürfen meist nur des Einen Lehrers, der sie besorgt. Daher müssen wir auch erwarten, daß unsere oben angegebnen Plane an vielen Orten nicht ausgeführt werden, ohne manches von ihren Fordrungen nachzulassen, und wir haben nur noch anzugeben, was denn

*) Daher ist in der Unterrichtslehre hiervon die Rede; s. Erziehungsl. II. S. 108—111. Gelegenheitlich ist auch bemerkt, daß wir auch für schwachsinnige Kinder Institute haben sollten. Ueber die Institute für Taubstumme und Blinde s. auch Erziehungsgesch. 2te Abth. S. 504.

am ersten nachgelassen werden könne. Der Grundsatz muß uns hierbei leiten, daß der kleinere Mangel dem größeren vorzuziehen sey. Die Anwendung ist kurz die: man lasse diejenigen Lehrgegenstände weg, welche die minder nothwendigen sind, damit die Lehrstunden für die Hauptsache zureichen. So würden unsere mittleren Volksschulen, welche nur Einen Lehrer haben, vor allen Dingen Religion, Lesen, Schreiben, Rechnen, Singen lehren müssen, und nur in dem Maaße, als ihnen Zeit übrig bliebe, Erd- und Naturkunde, andere gemeinnützige Kenntnisse und Zeichnen unter ihre Lehrgegenstände aufnehmen können. Denn der Eine Lehrer muß alle Kinder, die Anfänger und die Geübten zu gleicher Zeit unterrichten, und also auf jeden Gegenstand so viel Zeit mehr verwenden; selbst in dem seltnen Falle, daß die Classen zu verschiednen Zeiten die Schule besuchen, drückt dieser Zeitmangel, da auf jede Classe um so wenigere Stunden kommen, und der einzelne Mann doch nicht im Stande ist vom Morgen bis zum Abend zu lehren. Daß es noch am ersten in der Anfangsschule angeht, haben wir schon bemerkt. Aber auch für die Gelehrtenschule tritt manchmal ein solches Bedrängniß ein. Da muß denn ebenfalls hier und da abgebrochen werden, und das minder wichtige bleibt ganz weg; so ist es eben gekommen, daß manche dieser Schulen sich bloß an das Lateinische halten mußten, und man noch froh war, wenn das Griechische einigen Raum fand. Indessen zeigt sich da nicht selten eine Paradoxie. Wir haben Beispiele, daß ein einziger Mann als Schulrector seine Schüler, freilich in keiner zu großen Zahl, sämtlich in allem, was zur Vorbereitung auf die Universität erfordert wird, recht tüchtig unterrichtet hat. Und ist bei Vätern und Privatlehrern, welche den Jüngling bis zu jenem Ziele bringen, nicht öfters jene erfreuliche Erfahrung zu bemerken? Wo nur Ein Zögling oder nur einige sind, läßt sich das aus der Geschicklichkeit des lehrenden Mannes begreifen, wo es aber in einer ganzen Schule vorkommt, da ist die persönliche Trefflichkeit eines solchen Lehrers noch mehr zu bewundern, und von ihr hängt alles ab. Die Geschichte zeigt uns solche Männer, welche sich denn auch wohl selbst ihre lateinische Schule schufen, die dann mit ihnen blühete, und mit ihnen wieder hinschwand. *) Es gehört dazu, daß ein solcher Rector die Schüler zum Theil als Gehülfen regiere, indem er die Geübteren zum Unterrichten der Geringeren anstellt. Diese Art von wechselseitigem Unterricht geht unter einem solchen Manne in der Gelehrtenschule oft trefflich von statten, vielleicht besser noch als in der Volksschule, in welcher ebenfalls von demselben Gebrauch gemacht werden muß, wenn der Lehrer zu sehr allein steht. Doch davon gleich unter der folgenden Rubrik. Mehr haben wir für die Schulen, die am Lehrerpersonale leiden, nicht zu sagen, weil alles Weitere nur nach Ort und Umständen verfügt werden kann; den tüchtigen einzelnen Lehrer aber, der eine solche Schule ihren Mangel nicht fühlen läßt, halte man doppelter Ehre werth.

---

2. Die Lancasterschule.

Wir möchten diese Anstalt, die in der neuesten Zeit entstanden, und nach ihrem Erfinder benannt worden, mit dem allgemeinen Namen Behelfschule bezeichnen, wenn

*) J. J. G. Scheller ausführliche lat. Sprachlehre, Vorr. zur 1ten Ausg. (1781) berichtet: „der im Reiche der Schriftsteller zwar unbekannte, aber im Andenken seiner vielen Schüler — annoch wohl bekannte, Rector der Trivialschule in Apolda Schneegaß brachte seine Schüler, wenn sie Köpfe hatten, insgemein so weit, daß sie im 11ten oder 12ten J. ihres Alters den Cicero, Virgil ꝛc., und im Griech. den Hesiodus lasen und verstanden. Wie konnte er es möglich machen? und warum nicht jeder Lehrer? Und Schneegaß unterwies in einer Stunde sehr verschiedene Schüler, z. E. Einige fingen an zu decliniren ꝛc. Freilich war er ein sehr geschickter, angenehmer und feuriger Mann, ob er gleich damals, da ich ihn kennen lernte, fast ein 70jähriger Greis war. Alle vorgeschlagene Schulverbesserungen laufen auf den Satz hinaus: man schaffe geschickte Schulmänner ꝛc.“

wir nicht die übele Nebendeutung scheueten, da wir sie doch vielmehr, wo sie an ihrem Orte ist, in Ehren gehalten wissen wollen.*) Ihr Wesen besteht in dem wechselseitigen Unterricht, und hiernach pflegt man sie jetzt mit Recht zu benennen. Diese Schule besteht darin, daß jeder Schüler unter der Leitung eines einzigen Lehrers selbst Lehrer von andern Schülern seyn kann, und zugleich Schüler von einem und dem andern seiner Mitschüler ist; in dieser Beziehung heißt der Unterricht gegenseitig. Nicht also, als ob jeder Schüler jeden lehre und von jedem belehrt werde — außer dem Zusammenseyn in dem ganzen Organismus — sondern so, daß manche Schüler die Lehrer von manchen und wieder von manchen die Schüler sind, je nachdem es der Schullehrer für gut findet. Daß eine solche Einrichtung möglich ist, davon gab Lancaster in London einen bewundernswürdigen Beweis, indem er der einzige Lehrer unter Tausend Schülern war; und seitdem haben sich solche Anstalten in vielen Ländern als ausführbar bestätigt; und auch als nützlich, insbesondere da, wo es an Lehrern fehlt und die Menge der Kinder sonst gar keinen Unterricht erhalten könnte.

Man hat indessen auch einen starken Tadel dieser Anstalten vernommen. Denn, sagt man, wie kann der lehren, der erst selbst lernen muß? Nimmt man nämlich das Lehren in seiner vollen Bedeutung, so ist es keine Sache des bloßen Buchstabens, sondern es soll in den Geist eingehen, und es erfordert also Geist, der Schüler aber hat ihn noch nicht, er haftet selbst noch zu viel im Buchstaben, und er vermag ihn noch nicht bei seines Gleichen zu erwecken. Das vermag nur der gebildete Mann, der die Lehrkunst versteht. Wo man nun auch einen Schüler den andern lehren sieht, da ist es nur Schein, nur ein äußerliches Hersagen, ein mechanisches Abhören, ein gedankenloses Vor- und Nachsprechen, eigentlich gelernt wird nichts,

*) Erziehungsgesch. 2te Abth. S. 506.

weil nicht eigentlich gelehrt wird. Eine solche Schule ist also eine Art Fabrik, wo man die Arbeiten des Mundes und der Hand austheilt und unter Aufsicht hält, allenfalls durch Dampfmaschinen in Bewegung setzen könnte, eine wahre Schule ist sie nicht.

Dagegen ist aber vieles erwiedert worden, und das nicht ohne Grund, indem man zeigt, daß auch in einer solchen Vertheilung und Beaufsichtigung des Lehrens und Lernens gar wohl eine geistige Wirksamkeit möglich sey, und daß es nur auf den eigentlichen Lehrer ankomme, um seinen Geist überall wirken zu lassen, und in dieser äußeren Thätigkeit der Schüler, die lehrend lernen und lernend lehren, auch ihr inneres geistiges Leben zu erwecken. Er kann vielmehr die ganze Schule so recht ins Leben setzen, und diese lebenvolle Bewegung sagt der jugendlichen Entwicklung auch sehr zu; es ist hier so recht das Gesellige des Unterrichts, die wahre Schule. Zugleich gewährt diese Einrichtung den Vortheil, daß sie vieles erspart.

In der Mitte liegt die Wahrheit. Der wechselseitige Unterricht kann allerdings die Kraft ganz in die Lernthätigkeit setzen, und alle Schüler gemeinsam dazu anregen; auch ist es nicht zu läugnen, daß je näher einer dem andern steht, er um so sicherer auf ihn einwirkt und von ihm verstanden wird. Es ist da eine Art Gespräch, wo man sich gegenseitig in völliger Aufmerksamkeit an einander festhält, und es ist das Einzelne, worauf die Aufmerksamkeit festgehalten wird, um es desto tiefer einzuprägen. Es ist also wirklich eine solche Schule ein Organismus für das Lernen. Allein das gilt doch nur unter der Bedingung, daß der Lehrer selbst seinen Geist in den lehrenden Schüler legt und durch denselben lehrt, welches eine gleichsam allgegenwärtige Wirksamkeit des Lehrers verlangt, und nur unter einem recht methodischen, belebenden und begeistigenden Unterricht statt findet. Soll aber dieser statt finden, so muß der Lehrer überall das Seinige thun, jedem Schüler unmittelbar nahe seyn, und jeden einzeln belehren. Geschieht das, so geht alles in der Schule grade den Gang, wie wir ihn oben vorschreiben mußten, und es bleibt nur wenig für den Unterricht übrig, welchen der Lehrer einem der geübteren Schüler aufträgt. Folglich kann der wechselseitige Unterricht nur dann tadellos seyn, wenn er nicht die Hauptsache ausmacht, sondern nur als eines der Mittel um die Schulthätigkeit zu beleben angewendet wird. Wo es nicht so ist, da ist er auch nur ein unvollkommner Zustand der Schule, und nur in Ermangelung des besseren zulässig. Aus diesem Grunde wollen wir die Lancasterschulen für alle diejenigen Länder loben, welche noch nicht so glücklich sind Schulen zu besitzen, wie sie schon länger her Deutschland besitzt.

Wenn nun eine solche Anstalt eingerichtet werden soll, so hat man folgende Regeln zu beobachten. Das Zimmer mit den Schulbänken u. dgl. muß so angeordnet seyn, daß die Kinder Raum genug haben, ihre Plätze geräuschlos wechseln zu können, und alle unter den Augen des Lehrers sind. Ordnung, wornach alles zu seiner Zeit geschieht und seinen Ort hat, ist das erste Gesetz. Diese Ordnung ist eine äußere und wird auch durch äußere Mittel erhalten, weßhalb da eine Strenge der Zucht nöthig ist, die oft in den Lancasterschulen in grausame Strafmittel gerathen ist; überhaupt ist die äußere Form der Anstalt militärisch. Der Regent derselben macht den Mittelpunct, und hat eine Zahl von den obersten Schülern um sich, gleichsam als seine Adjutanten, welche ab- und zugehen, nachsehen ob alles in der Ordnung geht, ihm Rapport abstatten, und seine Befehle an die Unterabtheilungen überbringen; er selbst wird hierdurch in rastloser Wachsamkeit erhalten. Außer diesen Achtgebern (monitors) sind die Lehrer (tutors) unter den Schülern bestellt, über je fünf bis zehn einer, welchen aufgegeben wird, was sie abzufragen oder zum Nachsprechen vorzusagen haben, und die dann über diese ihre vorjetzigen Schüler Bericht erstatten, entweder einem jener Achtgeber oder dem Herrn selbst.

Sie unterrichten in den verschiednen Lehrgegenständen, es kann also der Fall seyn, daß der eine z. B. im Lesen der Lehrer ist und in einem andern Gegenstand der Schüler dessen ist, der in jenem sein Schüler war. Es ist also die genaue Sorgfalt des Schulregenten nöthig, um diese Lehrstellen gut zu vertheilen und je nach dem Erfolge weiter anzuordnen. Die unterrichtenden Schüler müssen so viel möglich aus derselben Classe oder doch einer nur zunächst über ihr stehenden genommen werden, weil sonst, wenn die Schüler der oberen nur zu diesem Geschäfte verwendet würden, diese mehr im Lehren als im Lernen zu thun hätten, und die in den unteren gar nicht dazu gelangten. Was die Gegenstände des Unterrichts betrifft, so ist der wechselseitige um so mehr anwendbar, je mehr sie als Einzelnes aufgefaßt werden, also vornehmlich im Buchstabenlernen, Lautiren, Lesen, Zählen, Rechnen, Auswendigherſagen, etwas weniger schon im Technischen wie Schreiben, Zeichnen, Singen, und in den körperlichen Uebungen, weil bei allem diesen mehr oder weniger eine verständige Leitung nöthig ist. Der wechselseitige Unterricht ist dagegen nirgends anwendbar, wo unmittelbar auf das Ganze hingewiesen, oder das Nachdenken aufgefordert, oder das Herz erwärmt werden muß, also durchaus nicht in der Religionslehre. Das Abhören der Sprüche dabei kann ihm in soferne nur nachgegeben werden, als dieses bloß zur Gedächtnißsache gemacht wird.

Reifere Schüler könnten eine solche Bildungsanstalt unter sich errichten, und bedürften dazu nur eines leitenden Meisters, wie etwas der Art unter den Lehrjüngern im Alterthum möchte gefunden werden. Im Grund ist jeder wissenschaftliche Verein, jedes Freundesgespräch über geistige Gegenstände ein wechselseitiger Unterricht. Das ist seine höhere Bedeutung, die bis in das Greisenalter hineinreicht, am vollkommensten aber in der Gemeinschaft der heiligen Lehren.

3. Die Armenschulen.

Nicht als ob die Kinder der Armen nicht ebenso gut auf vollständige Belehrung ein Recht hätten wie die andern, und als ob deßhalb eigne Schulen für sie nöthig wären, worin sie weniger lernten; vielmehr sollen sie, wo es nur irgend möglich ist, an den allgemeinen Volksschulen Theil nehmen, wie man denn auch jetzt fast überall dafür Sorge trägt. Allein es giebt eine Classe von Menschen, besonders in volkreichen Städten, deren Kinder an den Nahrungsgeschäften zu viel Theil nehmen müssen, als daß sie an allen den Lehrstunden der öffentlichen Schule Theil nehmen könnten, für welche also eine Lehranstalt ausgemittelt werden muß, die sie an dem Broderwerb nicht hindert, und sie doch mit dem nothwendigen Unterricht versorgt; das ist die eigentliche Armenschule. Sie kann oft schicklich mit einer Arbeitsanstalt verbunden seyn, worin die Kinder selbst Geld verdienen, und dabei auch wohl in nützlichen Arbeiten unterrichtet werden; man nennt sie dann Industrieschule.*) Nur von dieser haben wir hier noch zu reden, denn jene, worin nur die nothwendigsten Lehrgegenstände vorkommen, ist wie jede unvollkommene Schule zu betrachten, wovon oben. Sie bedarf also eigner Lehrer oder Lehrerinnen für die Handarbeiten, und einer Berathung, welche die zweckgemäße-

*) Von Entstehung der Industrieschulen s. Gesch. d. Erz. 2te Abth. S. 497 fg. Seitdem giebt es mehrere eigne Schriften und viele Abhandlungen über diese Arbeitsschulen sowohl als über die Armenschulen; vornehmlich s. man Krünitz Encyklopädie unter diesen Artikeln, die in einem Auszuge 1794 erschienen sind, und A. Wagemann über die Bildung des Volks zur Industrie (1791) u. dessen Magazin für Industrie und Armenpflege, 1789—97. Niemeyer giebt in seinen Grunds. d. Erz. u. d. Unterr. wo er von diesen Anstalten redet, II. §. 149. u. III. §§. 64. 71. 81. 85. 89. zugleich die Literatur an, die wir jetzt indessen nicht mehr für die Einrichtungen solcher Anstalten bedürfen.

sten Geschicklichkeiten seyen, die sie für ihren künftigen Unterhalt zu lernen haben. Auf diese Weise kann sie für die Cultur des Orts, vielleicht eines ganzen Volkes sehr nützlich werden, wie bereits manche Erfahrung beweiset. Da indessen nunmehr die Industrie so allgemein und verbreitet, insbesondere durch die Fabriken so vielfältig und so vollkommen geworden, so hat man in dieser Hinsicht kaum noch eigne Lehranstalten nöthig, und die Zeit der Industrieschulen scheint beinahe vorüber zu seyn. Dagegen bleiben sie als Arbeitsanstalten für arme Kinder, welche versorgt werden, immer in ihrem Werth, und sind mit dem Schulunterricht, den diese Jugend erhält, in Verbindung zu setzen. Man hat da den Vortheil, daß vieles gelehrt werden kann, während die Kinder stricken, nähen, spinnen, schnitzen, formen u. s. w. Es kann da z. B. etwas vorgelesen oder erzählt werden, das von einem der Kinder wieder erzählt wird; sie können Aufgaben im Kopfrechnen, sie können Räthsel und Charaden lösen, in mancherlei Sinnen- und Verstandesübungen unterhalten werden, sie können ein Lied zusammen singen, u. dgl. m. Und der größere Vortheil ist noch die physische, sittliche und religiöse Bildung dieser Kinder, die man mehr in seiner Gewalt hat, als in einer andern Schule, und die fast so, als in der oben angezeigten der kleinen Kinder, zur Verbesserung der neuen Generation dienen kann. Grade die Classe der Armen erhält hierdurch eine Wohlthat, welche gemeiniglich die wohlhabende entbehrt, und wird selbst zu einer wohlthätigen für das gemeine Wesen. Was hierzu in dieser Kinderanstalt geschehen müsse, ist aus den übrigen oben genugsam zu ersehen und folgt unmittelbar aus den Grundsätzen der Erziehung. Es versteht sich also auch von selbst, daß für die Gesundheit dieser Jugend gehörig gesorgt werde. Ein guter Armenvater, eine wohlwollende verständige Hausmutter sind da fast noch wichtiger als der Lehrer selbst, am besten wenn sie zugleich den Unterricht ertheilen. Sind sie christlich fromm, so wirken sie desto gesegneter, und sie machen diese Armenanstalt zu einem wahrhaft reichen Erziehungshause.

---

4. Die Sommer- und Winterschulen.

Auf dem Lande hindert gewöhnlich die Jahreszeit den Schulbesuch, im Sommer wegen der Feldarbeit, woran die Kinder Antheil nehmen, im Winter an denjenigen Orten, welche entfernt von der Schule liegen, und wo wenigstens an manchen Tagen die Kinder nicht ohne Gefahr den Weg machen können. Es ist also eine Einrichtung nöthig, welche in denjenigen Monaten, wo der Schulbesuch nicht so wie sonst statt findet, die Schüler nicht ganz den Unterricht entbehren, und etwa in den Hauptgegenständen so erhalten werden, daß sie das Erlernte nicht wieder verlernen. In der Absicht hat man in vielen Gegenden Deutschlands die Sommerschulen. Sie pflegen von Ostern bis in den October gehalten zu werden, weil während dieser ganzen Zeit die Feldarbeit wenig ruht, und nur in einer, höchstens in zwei Stunden des Tags zu bestehen. Da kann denn nur das Nöthigste, der Katechismus, das Lesen, etwas Schreiben und Rechnen vorgenommen werden, damit es doch in einiger Uebung bleibe. Gut ist es noch, wenn der Lehrer zwei Stunden dafür hat, so nämlich, daß er in der einen die Geringeren, in der andern die Oberen unterrichten kann. Oefters ist grade die Mittagszeit dazu bestimmt, wo denn die Kinder natürlich müde und schläfrig kommen; viel besser da, wo ihnen die Morgenstunde vergönnt ist, die man wohl überall recht gut dazu wählen könnte, wenn die Eltern einwilligen wollten.*)

*) Wer das Landvolk kennt, der weiß, daß es da eigne Schwierigkeiten mit Schuleinrichtungen giebt, und daß Verordnungen von oben, welche nicht von Localkenntnissen ausgehen, nur den Schullehrern und Geistlichen Noth machen. Der Verf. dieses kann da manches aus eigner Erfahrung sagen. Er wollte einst auf einem seiner Schuldörfer die Sommerschule statt der Mittagszeit auf die Frühstunde verlegen,

Es hängt da überhaupt viel von Localumständen ab. Wenn man es so einrichten kann, daß an Regentagen die Schule ganz regelmäßig gehalten wird, so ist damit doch etwas gewonnen; und wenn in dem Dorfe eine gemeinsame Aufsicht über die kleinen Kinder veranstaltet ist, wovon wir oben redeten, so können alle diejenigen Schüler, welche, während die Eltern draußen sind, auf ihre Geschwisterchen Acht geben müssen, sie ordentlich besuchen; ein nicht geringer Nebenvortheil dieser guten Anstalt.

Auch in Städten können Zeiten im Jahre eintreten, wo eine ganze Classe von Einwohnern ihre Kinder zum Nahrungsgeschäfte nothwendig brauchen, und da muß denn ebenfalls gesorgt werden, daß diese Schüler täglich zu einer schicklichen Zeit, wäre es auch nur auf eine Stunde, ihre Schule besuchen, um wenigstens im Lehrgange und was an solchen Orten noch mehr ist, in der Schulzucht erhalten zu werden. Die ordentliche Schule darf allerdings nicht darunter leiden, es ist also eine besondere Stunde für jene Kinder zu bestimmen, die dann so gut wie möglich in den Hauptgegenständen nachkommen müßten, um in ihren ordentlichen Schulbesuchen in ihren Classen nicht ganz zurückzustehen.

Die Winterschule ist an jenen Orten die unvollkommne, wo die Kinder an dem ordentlichen Schulbesuche durch die Entlegenheit gehindert sind. Hier muß also gesorgt werden, daß sie zu Hause doch irgend einigen Unterricht erhalten, und da nicht grade auf die Väter oder Mütter zu rechnen ist, so wären da Schulgehülfen auf so

---

aber sein Vorschlag, den er den Eltern machte, wurde verworfen, ohne seine Gründe zu verwerfen. Anfangs schien ihm, daß die Verhätschelung der Kinder, die bei den Bauern gewöhnlich ist, die Ursache sey, weil die Eltern ihre Kinder gerne noch in den Betten lassen. Das mochte auch wohl mit Ursache seyn, aber die wahre entdeckte ihm einst ein Vater; „die Kinder fordern sonst des Morgens zweimal Brod,“ sagte er. So mußte also die Morgenstunde unterbleiben, weil sie ein Stück Brod mehr für das Kind kostete!

lange hinzugeben. Man findet auch wohl hier und da in einsam gelegnen Höfen und kleinen Orten solche Lehrer, die dafür in Kost und Lohn genommen werden, und das manchmal nicht ohne den Nutzen, den sonst studierte Hauslehrer gewähren. Eine Aushülfe für solche abgelegne Orte ist um so mehr nöthig, weil grade die Winterschule auf dem Lande die eigentliche Schulzeit ist, und sie im Sommer wieder aus anderem Grunde den vollständigen Unterricht entbehren.

Sollte uns das nicht den Wunsch beleben, daß die Familienväter auf dem Lande dahin kämen, um ihre Kinder in der Lehre zu unterhalten? Wie patriarchalisch wäre es, wenn jeder auf dem Lande sein Haus zu einer Kirche und Schule machte! Oder vielmehr dann erst wäre das Christenthum recht in die Familie aufgenommen. Unsere christlichen Volksschulen sollten billig das künftige Geschlecht zu diesem christlichen Zeitalter vorbereiten.

---

5. Die Sonntagsschule.

Sie kam in England in der letzten Hälfte des vorigen Jahrhunderts auf, als ein Ersatz für die tägliche Schule, weil diese dort meist fehlte; also zu einem ähnlichen Zweck wie die eben angegebne Sommerschule; früher aber war sie schon im Badischen vorhanden, wo sie neben den täglichen Schulen, die in guter Ordnung eingeführt waren, zum Zweck einer weiteren Forbildung verordnet worden. *) Für den ersteren Zweck ist sie freilich

*) Erziehungsgeschichte 2te Abth. S. 502. Die Sonntagsschule ist jetzt in mehreren deutschen Ländern zur Fortsetzung und Erweiterung des Unterrichts verordnet, im Königreich Würtemberg unter dem Namen Wiederholungsschule. Die jungen Leute beiderlei Geschlechts mußten sie da bisher bis zum 22ten Lebensjahr besuchen, jetzt ist aber diese Zeit bis zum zurückgelegten 18ten beschränkt, welches auch im Großherz. Baden die Verordnung ist. Eine Abh. über die Dauer der Pflichtigkeit zur Wiederholungsschule von dem Schulinsp. Stadtpfarrer Moll,

ein Nothbehelf und kann ihn nur schwach erreichen. Denn wie will sich von einem Sonntage zum andern das wenige Erlernte erhalten, da in den zwischenliegenden sechs Arbeitstagen die Sorgen des Lebens oder auch die Spiele der Jugend alles so leicht mit sich dahin nehmen! Indessen ist sie doch besser als gar kein Unterricht. Wo nun noch dieser dürftige Zustand ist, den wir wohl nirgends in Deutschland finden oder zu besorgen haben, da ist die strengste Auswahl in den Lehrgegenständen zu treffen, daß also vor allem die wichtigsten Religionsbegriffe, Lesen, Schreiben, Rechnen, auch wohl Singen gelehrt werde, dieses aber in einer Methode, die dem Gedächtniß so viel möglich einprägt und den Verstand genugsam erweckt, damit die Kinder zum Selbstdenken und Lernen im Leben Lust und Geschick bekommen. Solche Schulen erfordern ganz vorzügliche Lehrer, die jedes Wort wissen als ein Saatkorn in die Seele des Kindes zu legen, jede Minute als eine Saatzeit zu benutzen, und jeden edlen Trieb zu ergreifen.

Diejenigen Sonntagsschulen aber, welche den gewöhnlichen Schulunterricht erweitern, haben grade umgekehrt diejenigen Lehrgegenstände auszuwählen, die nicht zu den nothwendigsten gehören, weil diese in den Wochentagsschulen gelernt werden, also etwa die, welche in Ermangelung einer höheren Volksschule wünschenswerth sind, z. B. Zeichnen, vollkommneres Rechnen, Geometrie, Naturkenntnisse, — und in soferne sind sie ebenfalls eine Art von Ersatz für jene höheren Anstalten. Man hört wohl hier

---

in den Freim. Jahrb. f. d. d. Volksch. 10ten B. 3tem H. (1830) giebt Kunde von diesen Schulen im Würtemb., wo sie Sonntags von halb 1—2, Uhr vor dem Nachmittags-Gottesdienst gehalten werden, und er stimmt für die Herabsetzung des Besuchs bis zu dem Alter von 18 Jahren, weil der Schulzwang für die Jugend nicht zu lange dauern dürfe. Auch in Baiern ist die Sonntagsschule verordnet bis zum 18ten Jahre; s. Fuchs, die Sonntagsch. u. Sonntagsfeier, 1826.

und da einen Tadel, als ob damit die Feier des Sonntags einige Störung erlitte, weil dergleichen Schulgegenstände die Gedanken auf etwas anderes lenken als auf die heiligen Lehren, wozu der Tag bestimmt ist, auch die Zeit für die häusliche Andacht, für das Bibellesen, wegnehmen. Erwägt man aber dagegen, daß die Jugend selten noch in unsern Zeiten zu einer Andachtsstille zu Hause kommt, daß sie vielmehr zu Zerstreuungen schlimmer Art leicht hingerissen wird, und daß jene Beschäftigungen des Lernens sie doch eigentlich ernster stimmen, auch durch einen würdigen Lehrer für die religiöse Stimmung benutzt werden können, so beseitigt sich jener Tadel, und es erscheint vielmehr jene Einrichtung als lobenswerth und segensreich. Nur soll sie nicht zu viel der Jugend zumuthen, und ihr nicht die Zeit eines freien Spielraums für die erlaubten Vergnügungen des Feiertages wegnehmen, ihr also auch nicht diese Lehrstunden dadurch verleiden. Wir würden sie darum etwa nur auf zwei Stunden setzen.

Auch hier will sich uns ein Blick eröffnen auf eine Zeit, wo die Sonntagsfreuden und die Jugendbildung im Christenthum erblühen.

---

6. Die Abendschule.

An manchen Orten findet sich die Veranstaltung, daß Schulknaben, oder auch junge Leute, die der Schule entlassen sind, an Winterabenden noch einigen Unterricht von dem Schullehrer erhalten, hauptsächlich um sie noch in Gegenständen des bürgerlichen Lebens weiter zu belehren. Diese sogenannten Nachtschulen *) dienen also ebenfalls zum Ersatz für die höheren Volksschulen. Man

*) In den Freim. Jahrb. für die d. Volksch. 8ten B. 1tem H. (1828) spricht ein Aufsatz über diese Schulen, die im Großherz. Baden unter diesem Namen vorhanden sind, ausführlich von dem zwar guten Zweck, aber ihren unvermeidlichen Nachtheilen, unter der Aufschrift: Bringen die Realschulen als Nachtschulen mehr Nutzen oder Schaden? rc. von D. W. Schwarz (Sohn

pflegt daher auch in demjenigen Unterricht zu ertheilen, was grade an Ort und Stelle außer dem Gewöhnlichen der niederen Schule noch verlangt wird. Uebrigens könnten auch wohl die Abendstunden da für diese Schule selbst gewählt werden, wo die Kinder des Tages über durch häusliche Geschäfte abgehalten sind. Ob diese Einrichtung irgendwo vorkomme, wissen wir nicht, aber anrathen könnten wir sie nicht, weil der Schlaf die durch Arbeit ermüdeten Schüler dann gewiß eher heimsuchen würde, als daß sie lernten. Aber auch für jenen Fall ist die Abendzeit nicht günstig, denn gesetzt auch, es fehlte nicht an Munterkeit und Aufmerksamkeit, so verführt die Nacht bekanntlich die jungen Leute, wenn sie so zusammen über die Straße ziehen, zu mancherlei Unfug, der weder von den Eltern noch von der Polizei genug verhütet werden kann, wie bisher wirklich die Erfahrung gezeigt hat.

Eigentlich sollte jeder Hausvater des Abends die Seinigen angenehm und nützlich beschäftigen, und die Kinder zur häuslichen Eingezogenheit gewöhnen.

---

7. Die Verbesserungsschule.

Wir haben oben bei der Disciplin in den Volksschulen bedacht, daß es manchmal Kinder giebt, bei welchen

---

des Vf. dieses). Es wird da gesagt: „auf dem Lande und in kleineren Städten sind die Gewerb= oder Realschulen den Volksschullehrern in Nebenstunden übertragen; da werden sie in den Wintermonden Abends zwischen 6 und 8 Uhr mit den confirmirten Knaben bis zu ihrem achtzehnten Jahre wöchentlich viermal gehalten. — Außerdem bestehen für diese, wie für die confirmirten Mädchen bis zum 18ten Jahre noch die wohlthätigen Sonntagsschulen, welche den Zweck der fortgesetzten Volksschule als einer Vollendungsschule haben.“ — Der überwiegende Nachtheil jener Nachtschulen ist mit den triftigsten Gründen vor Augen gelegt. Wir verweisen auf diese Abh. zugleich auch in Betreff der Vorzüge, welche die Sonntags=Realschule hat, und wie sie zur Heiligung dieses Tages wahrhaft dienen kann, und dabei zur Sittlichkeit der Jugend.

die Strafen in derselben nicht mehr ausreichen, weil die Bildungsanstalt kein Zuchthaus werden darf. Das führte uns auf die Nothwendigkeit solcher Verbesserungsanstalten, worin die Verdorbenen dieses Alters wo möglich für die Gesellschaft der gesitteten Schuljugend gewonnen würden. So lange dergleichen fehlen, wird auch dem besten Ton einer Schule die Gefahr pestartiger Ansteckung drohen, oder wenigstens der Fall zuweilen eintreten, daß ein Schüler nur Noth macht, und doch nicht gebessert wird. Unsers Wissens hat man noch keine Anstalten der Art, daß aber das Bedürfniß gefühlt wird, bemerkt man an den allenthalben laut gewordnen Klagen und an dem, was Menschenfreunde für die verwahrloste Jugend thun. Es sind besondere Anstalten auch für jenen Zweck nöthig, weil sie grade für das frühere Alter der Schulfähigkeit eingerichtet seyn müssen, denn sonst würden sie allen Grundsätzen der Erziehung widersprechen. Das ist auch die Ursache, warum man Kinder nicht den sogenannten Correctionshäusern — im gemeinen Wortwitz nicht eben ohne Grund Corruptionshäuser genannt — zuweisen darf; sie sollen zum Besseren zurückgeführt werden, so wie das Bäumchen, das schon verwachsen, aber noch weich genug ist, mit Gärtnerkunst grade gestreckt wird, oder wenn man an etwas, das in der Jugendbildung selbst vorkommt, denken will, wie man orthopädische Anstalten hat, welche den verwachsenen Gliederbau, oft sogar mit hartem Zwang, in Ordnung bringen.

Wie nun die Verbesserungsschulen einzurichten seyen, läßt sich schwer angeben, da bis jetzt noch kein Versuch vorliegt. So viel ist klar, daß die wegen böser Sitten aus der Gesellschaft der gesitteten Schüler ausgewiesenen Kinder in strenge Aufsicht und Gewöhnung müssen genommen werden. Sie müssen den ganzen Tag beschäftigt seyn, wobei ihnen jedoch die nöthige Erholung und körperliche Bewegung, selbst die Unterhaltung mit zuträglichen Spielen nicht versagt wird. Sie dürfen nicht mit andern

Kindern in Berührung kommen, und ihren Aufenthaltsbezirk gar nicht verlassen, bevor sie sich dazu würdig gemacht. Körperliche Anstrengung, belehrende Uebung, Unterricht in den Schulgegenständen so viel nur immer möglich, Ordnung im Essen, Schlafen, Aufstehen, in Reinlichkeit und Thätigkeit u. s. w. muß ihnen angewöhnt werden, und hierzu ist die Strenge der Aufsicht, aber auch die Milde der väterlichen Fürsorge nöthig. In solcher Behandlung sollen sie nämlich zu den edleren Gefühlen geleitet werden, und was äußerlich als gute Sitte angewöhnt ist, soll innerlich der sittlichen Gesinnung ins Leben helfen. Die christliche Religion wird auch hier ihre Wunderkraft beweisen, wenn der Vorsteher sie selbst kennt und sie wirksam zu machen weiß. Da es sich voraussetzen läßt, daß sobald nur einmal eine solche Anstalt besteht, schon der Gedanke daran die ganze Jugend einer Gemeinde zurückschrecken werde, zu solchen Züchtlingen irgend zu gehören, und da die Bedrohung, dahin geschickt zu werden, schon eine furchtbare Strafe für den Schüler seyn wird, so läßt sich auch erwarten, daß sich aus den Landgemeinden selten solche finden, die man wirklich dahin schicken müsse, und daß also die Verbesserungsschulen nur in Städten nöthig seyn möchten, und auch das nur noch zur Zeit etwa in Mittelstädten. In den größeren werden sie vielleicht immer bestehen müssen, als eine nothwendige Polizeisache. Das sind sie nämlich überall, und sie sollten daher billig die Angelegenheit des Staats seyn, so gut wie die Correctionshäuser, die Irrenanstalten u. dgl.

Sie sind ein nothwendiges Uebel, wie Krankenhäuser, *) aber sie werden sich selbst mehr und mehr unnöthig

*) Wie ist es mit denjenigen Schulkindern zu halten, die sich mehr für ein Krankenhaus als für das Schulzimmer eignen? Soll man die mit der Krätze u. dgl. oder mit der Epilepsie Behafteten zulassen? Diese letzteren nur, soweit man versichert ist, daß ihnen der Anfall nicht kommt; für die ersteren sind eigne Bänke nicht genug,

machen. Denn sie verbessern gleichsam die Atmosphäre gegen ein Miasma und Contagium, das die Jugend verpestet, und hiermit sind sie eine wichtige Förderung der Sittlichkeit im Volke. Unsere bewegte Zeit, worin selbst die Schuljugend von dem Geiste der Unruhe, wo nicht des Aufruhrs ergriffen wird, bedarf ganz besonders solcher Anstalten zur Verbesserung dieser Jugend, aber sie wird sie hoffentlich nicht lange bedürfen, wenn sie einmal da und wohleingerichtet sind. Auch von dieser Seite eröffnet uns das Christenthum eine Aussicht auf bessere Zeiten.

8. Die Anstalten für die verwahrlosete Jugend.

Die Krankheiten des Zeitalters fordern immer zum Nachdenken über die Heilung auf, und es gehört zu den Lichtblicken, welche die Vorsehung an den Wolkentagen durchscheinen läßt, daß, so wie ein Uebel Noth macht, auch das Rettungsmittel sich ankündigt, wenn auch nur erst von weitem. Auch ist es ein Beweis, wie mitten in den Klagen über das Verderben der Zeit die göttliche Kraft der Hülfe in den Herzen der Menschen selbst durchbricht. Wir erfahren das insbesondere seit dem letzteren Jahrzehend, wo die öffentlichen Berichte das zunehmende Sittenverderben, insbesondere auch unter der Jugend, in den cultivirtesten Ländern laut bekennen, und wo man alsobald auch Menschenfreunde Mittel ersinnen und ausführen sieht, wodurch Rettung bewirkt werde. Von dieser Art sind vorzugsweise die Rettungs-Anstalten für die verwahrlosete Jugend. *)

und wenn ihr Uebel langwierig wäre, so müßte man einen Privatunterricht für sie besorgen.

*) Die Anstalten, wozu schon Pestalozzi gegen das J. 1775 die Idee hatte, wie zu Hofwyl durch Fellenberg gegen 1808 eine treffliche entstand, dann auch zu Weimar durch Falk gegen 1818, sind zwar von obiger Idee in manchem verschieden, aber doch im Wesentlichen

Sie sind dazu bestimmt, daß diejenigen heranwachsenden jungen Leute, welche in Verwilderung gerathen sind, in einen Zustand der Ordnung und Sittlichkeit zurückgeführt werden, und die dazu erforderliche Schulbildung erhalten. Die Erziehung muß bei ihnen noch nachkommen. Nicht sowohl für kleine Knaben und Mädchen sind diese Rettungsanstalten nöthig und heilsam, denn für diese ist immer noch die Volksschule oder etwa die Armenschule der Ort, wenn sie bis dahin der Erziehung entbehrten, und auch für die schon verdorbnen Kinder wären doch erst diese Schulen zu versuchen. Auch unterscheiden wir diese Rettungsanstalten von jenen Verbesserungsschulen, die wir so eben betrachtet haben, welche für Schüler der gewöhnlichen Schulen bestimmt sind; nur auf den Fall, als sie durch dieses Strafmittel nicht gebessert würden, weisen wir sie der Anstalt zu, von welcher wir jetzt reden. Sie ist zunächst für dasjenige Alter einzurichten, wo schon die beste Zeit der Erziehung vorüber ist, und welches darin verwahrloset worden, und hat also die Aufgabe, junge Leute von etwa 14 Jahren, nach Umständen auch darunter, bis zu 18 oder 20 Jahren so zu behandeln, daß die Erziehung möglichst nachgeholt werde. Eine schwere Aufgabe! Doch ist manches zur Lösung derselben zu thun, und die Erfahrung zeigt bereits erfreuliche Beweise davon auf.

---

derselben Art. Bestimmt aber hatte diese Idee der Graf Adalbert von Vollmarstein gefaßt, und führte sie zu Overdyk aus, bald nachmals seit 1824 aber vollständiger zu Düsselthal bei Düsseldorf (s. Erziehungsgesch. 2te Abth. S. 504.), welche Schreiber dieses als Augenzeuge als ein ausgezeichnetes, heilbringendes Werk beschrieben hat in den Freim. Jahrb. für die deutsch. Volkssch. 7ter B. 2tes H. (1827.) Seitdem sind nun mehrere solche Rettungsanstalten in Deutschland entstanden, unter welchen die zu Berlin unter Hn. Inspector Kopf sich vorzügliche Verdienste erwirbt. Sowohl daß es solche Männer giebt, welche sich einem so schweren Werke widmen, als daß sie unterstützende Herzen und Hände finden, das stärkt den Glauben an die Menschheit.

Wir wollen zur deutlicheren Erkenntniß der Aufgabe diejenigen, an welchen sie gelöset werden soll, in Classen abtheilen. *)

Erste Classe. Heimathlose, verwilderte junge Leute. Sie sind vielleicht in manchen Gegenden selten, indessen finden sie sich doch mitunter. Was soll das gemeine Wesen mit ihnen anfangen? So lange sie nichts Gesetzwidriges begangen haben, kann man sie auch nicht einmal in ein Correctionshaus schicken, und selbst wenn dieses geschähe, so werden sie nach einiger Zeit entlassen, und die Welt steht ihnen offen. Werden sie auf dem Schub fortgebracht, so schickt man sie nur weiter ins Elend, und am Ende werden sie Verbrecher. Länder, welche Arbeitshäuser haben, können sie wohl da unterbringen, aber sie bedürfen doch auch der Erziehung, und so müßten die Arbeitshäuser zugleich auch dafür Anstalten seyn, beide Zwecke lassen sich indessen nicht so ganz mit einander vereinigen. Noch weniger würde man sie in andere Erziehungs- oder Schulanstalten bringen dürfen, theils wegen ihrer selbst, da sie eine eigne Aufsicht und Behandlung erfordern, theils wegen der andern Schüler, da man kein räudiges Schaf unter die Heerde führen soll. Für solche sind also eigne Anstalten nothwendig, und wo sie fehlen bleibt eine Lücke in polizeilicher und pädagogischer Hinsicht, denn die öffentliche Sicherheit wird gefährdet, und der Knabe oder das Mädchen wird dem Verderben preißgegeben. Malt man dieß mit seinen natürlichen Farben aus, so kann kein wohldenkendes Gemüth das Bild ertragen, weil die Ungerechtigkeit, und man darf wohl sagen die Unmenschlichkeit darin, daß die Gesellschaft nichts für ihre Rettung thut, hell und stark erscheint.

Zweite Classe. Verlaufene junge Leute, welche noch ihre Eltern haben, aber in der Verwilderung herumirren.

---

*) Das Folgende ist aus des Verf. eben angef. Auff. in den Freim. Jahrb. rc. genommen.

Von diesen können manche wohl dadurch gerettet werden, daß man sie ihren Eltern zurückgiebt, aber manche werden auch eben dadurch verschlimmert, im Falle die Eltern selbst nichts taugen, etwa herumziehendes Gesindel, vielleicht gar Verbrecher sind. Hier treten dieselben Gründe wie bei der ersten Classe ein, daß es einer Rettungsanstalt für sie bedarf. Selbst für solche unglückliche Kinder, deren Eltern heimathlos sind, und die daher verwildern, tritt die Rettungspflicht ein.

Dritte Classe. Elternlose Kinder, Waisen, Kinder ohne Versorgung. Sie gehören allerdings in Waisenanstalten, wie aber, wenn sie fremd sind, und keine Rechtsansprüche zur Aufnahme haben? Sie sind alsdann in gleicher Lage wie die in der vorigen Classe, und bedürfen derselben Anstalt wie diese.

Vierte Classe. Ungerathene Kinder. Leider ist es kein seltner Fall, daß Väter und Mütter nichts mehr bei ihren verdorbnen Söhnen oder Töchtern ausrichten können. Geben sie sie auch etwa in eine Erziehungsanstalt, so thut das gewöhnlich auch nicht gut, und welche wird verpestete Zöglinge einlassen? Ehedem gab man wohl ungerathene Söhne unter das Militär, aber jetzt ist auch dieses besser in der Erziehung und Ordnung versorgt, als daß verdorbene junge Leute da aufgenommen würden, und wo es geschähe, wäre für solche nicht viel zu hoffen. Es bleibt also den Angehörigen, welchen die Taugenichtse zur Last fallen, nichts anderes übrig als ein solches Verbesserungshaus, das noch die Erziehung durch Unterricht und Zucht möglichst nachbringt.

Eine fünfte Classe würden die jungen Verbrecher ausmachen, für welche das Correctionshaus der Erwachsenen nicht angemessen ist. Wohl möchte es wünschenswerth seyn, daß diese Straforte wirklich zu Besserungsorten gemacht würden, und auch für Belehrung und Erziehung der jüngeren Sträflinge sorgten, indessen sind sie das doch nun einmal nicht, und wenn sie auch, wie sich hoffen läßt, dazu eingerichtet werden, so sind sie doch nicht so für die Verbesserung des früheren Alters geeignet, als diejenigen Anstalten, von welchen wir hier reden.

Die Rettungsanstalten für die verwahrlosete Jugend gehören als nothwendiges Zeitbedürfniß in das Ganze unsrer Volkserziehung, ohne sie wäre eine Lücke im Schulwesen, wie es jetzt in der Cultur steht. Aber hoffen läßt es sich aus ihrer Wirksamkeit selbst, daß sie mit der Zeit minder nöthig seyn werden. Vorjetzt müßten sie noch in nicht geringer Anzahl vorhanden seyn.

Indessen werden Gründe gegen die besonderen Rettungsanstalten vorgebracht. Der erste und hauptsächliche Grund ist, daß man schon an den Schulen, Waisenanstalten, Correctionshäusern genug habe, und man müsse nicht mit so vielen Instituten das gemeine Wesen belasten. Wende man nur auf jene recht die Sorgfalt, und gebe man allenfalls die verwahrloseten jungen Leute, die einer milderen Behandlung fähig sind, in brave Bauern- oder Handwerker-Familien, denen man die Pflicht auferlegt sie zur Schule zu halten, überhaupt sie zu erziehen, und damit zugleich eine ökonomische Unterstützung gewährt. Aber hierauf ist zu erwiedern, vorerst daß sich die Strafhäuser nicht zugleich zu Erziehungshäusern machen lassen, ohne die Zöglinge als Züchtlinge zu behandeln, welches doch dem Zweck der Rettungsanstalt ganz widerspricht, und ohne sie in eine höchstschädliche Verbindung mit erwachsenen Sträflingen zu bringen, welche auch dann selbst nicht zu verhindern wäre, wenn die beiden Anstalten in der Nähe zusammen lägen. Wir wünschen recht sehr, daß jene Sträflinge auch Belehrung erhielten, samt allem dem, was zu ihrer Besserung dienen mag, die Jugend aber, die von dem bösen Wege zurückgerufen werden soll, darf nicht unter Menschen leben, die das Schlechte gleichartig anregen, sondern muß in das gesunde Klima gutartiger Menschen versetzt werden, so daß auch unter ihnen selbst die bösen Beispiele mehr und mehr aufhören. Was aber das Einverleiben verwahrloseter Kinder in Familien betrifft, so möchte das selten genug angehen, verwilderte könnten ohnehin nicht so untergebracht werden; und wer wollte die Verantwortung auf sich nehmen, daß man durch solche Fremdlinge eine Pest, und das auch vielleicht im Physischen, einschleppen lasse. Nur die schon gebesserten jungen Leute, von deren Unschädlichkeit man versichert ist, mögen der Aufnahme in sittliche Familien würdig seyn.*)

Ein zweiter Grund gegen solche Anstalten wird in der Unternehmung selbst gefunden. Von wem soll sie ausgehen? Vom Staat? Wie es scheint mit Recht. Aber da wird denn nur zu viel von außen angeordnet, und grade das innere Leben, das von einem für die Sache begeisterten Manne ausgehen muß, wird dann wo nicht ertödet doch immer mehr oder weniger gedrückt; ohne diesen Geist aber kann grade die rechte Behandlung solcher Jugend

*) Der Verf. hat eine hierher gehörige Erfahrung einst selbst gemacht. In den ersten Jahren seines Pfarramts kam ein 14jähriger Knabe aus einer, wie er sich nicht ohne Wahrscheinlichkeit angab, vornehmen Familie und entfernter Heimath in dieses entlegene Pfarrdorf. Er hatte sich schon lange herumgetrieben, zuletzt als Bergknappe, und zeigte als solcher auch Kenntnisse, überhaupt Kopf und Lernbegierde. Daher ließ er sich gerne bestimmen bei mir zu bleiben und mit einigen Zöglingen, die ich damals hatte, sich der erziehenden Hand und dem geordneten Leben des Hauses zu untergeben. Es wurden einige Freunde gewonnen, welche sich für seine Unterstützung vereinigten. Die Sache ging nach Wunsch. Der junge Mensch schien mit Freuden aufzunehmen, was ihm ins Herz gesprochen wurde, gerne zu lernen und sich in unserm Hause wohlzubefinden. Aber das alles war nur auf ein Paar Wochen. Da hatte er einmal etwas Geld in der Hand, der Wanderungstrieb kam ihn an, und verschwunden war er wie ein Zugvogel; keine Spur mehr von ihm. Hätte es damals schon solche Anstalten gegeben wie z. B. die von der Reckische zu Düsselthal, so würden wir augenblicklich den Knaben dahin gebracht haben, und hätten ihn glücklich geschätzt, wenn er da wäre aufgenommen worden. So habe ich mehrere Fälle schon vor mehr als 30 Jahren erlebt, wo man eine solche Anstalt vermißte und auf die Gedanken an ein solches Bedürfniß gebracht wurde.

nicht bestehen. Bei jeder andern Bildungsanstalt ist es eher möglich, und bei den öffentlichen Schulen sogar zuträglich, daß die Regierung die Lehrer anstellt, alles ordnet, über das Ganze waltet, hier aber wird der Geist eines Mannes verlangt, der für dieses ganz eigne Geschäft ganz lebt, und das nach seiner Idee, damit er überall in die Herzen wirke. Es müßte also Privatunternehmung seyn. Aber da hängt alles von der Persönlichkeit des Einen Mannes, von seinem Leben und Sterben und von tausend zufälligen Umständen ab; und überdas muß doch auf irgend eine Weise der Staat dabei aufsehen, helfen, eintreten, und das führt zu störenden Collisionen. Auf dergleichen Einwendungen läßt sich erwiedern, was überall auf engherzige Bedenklichkeiten, sie beweisen zu viel, wenn sie gegründet wären, so dürfte man gar nichts zum Besten der Menschheit unternehmen. Auch widerlegt sie die Geschichte, da Gott sey Dank so manche Privatanstalt, z. B. die Frankische schon in jener früheren Zeit, und nicht wenige während unserer Zeit, mit großem Segen entstanden ist und auch Bestehen gewonnen hat. Als die Unternehmung eines Mannes, der durch innern Beruf dazu getrieben wird, scheint grade eine solche Anstalt am besten gedeihen zu können, indessen bedarf sie doch der Unterstützung von Menschenfreunden und der Begünstigung vom Staat. Auf beides hat sie gerechte Ansprüche zu machen, und die neueste Zeit hat die früheren erfreulichen Erfahrungen, wie sehr das thätig anerkannt werde, mit solchen vermehrt, welche jene Rettungsanstalten betreffen.

Endlich der dritte Gegengrund kommt ganz aus der Engherzigkeit. Woher nehmen wir das Geld? Hierauf ist nur jenes Wort zu hören: „o ihr Kleingläubigen!“ Jener Stifter des Hallischen Waisenhauses, und so viele Menschenfreunde nach ihm und vor ihm, sie giengen nicht erst mit einem kalten Rechnungsmanne zu Rath; das Werk selbst erwarb sich die Mittel. Nur sey die Unternehmung von Anfang klein, damit sie wie alles Große aus ihrem gesunden Keime erwachse. Mehr scheinbar, aber nicht viel besser ist ein vierter Einwurf, daß man nämlich durch wohlthätige Anstalten das Uebel vermehre, indem man nur dem Leichtsinn Vorschub leiste, so wie es da mehr Bettler giebt, wo die Frömmigkeit Almosen spendet, und indem man statt die Kräfte zur Selbsthülfe anzuregen vielmehr ihre Erschlaffung begünstige; man belästige da nur die fleißige Menschenclasse, über welche die Müssiggänger dann nur lachen. Insbesondere, so meinte man weiter, was solche Rettungsanstalten für die verwahrlosete Jugend betrifft, so schläfern sie leichtfertige Väter und Mütter vollends ein, so wie die Findelhäuser *) nur mehr unnatürliche Eltern machen, und wie da wo es keine giebt der Fall selten ist, daß ein Kind ausgesetzt wird, dann aber auch jemand findet, der sich seines Jammers erbarmt, so wird auch der unglückliche junge Mensch, der verlassen ist, schon jemand finden, der ihn aufnimmt, ohne daß es jener besondern und so kostspieligen Anstalten bedarf. Wir wollen diesen Einwurf, der vielleicht im Stillen

*) Wir benutzen diese Gelegenheit um zur Geschichte der Findelhäuser eine Notiz mitzutheilen, wie wir sie aus einem öffentlichen Blatt entnommen haben. Der Papst Innocentius III. stiftete das erste, und zwar zu Rom gegen 1200, aber in allen übrigen Ländern wurden sie erst viel später eingeführt, und vor dem Anfang des 18ten Jahrhunderts kannte man sie in England, Deutschland, Schweden, Rußland noch gar nicht, nachdem sie in Frankreich in der letzten Hälfte des 17ten Jahrh. durch den heil. Vincenz von Paula gestiftet worden. Seit 1640 befand sich eins zu Paris, worin sich die Zahl der Kinder fast beständig vermehrt hat; sie betrug in der ersten Zeit weniger als 400, im J. 1772 belief sie sich über 1700; von 1793 bis 1801 betrug sie gegen 4000, nnd im J. 1796 nur etwas über 3000, aber mit dem Anf. des 19ten Jahrh. vermehrte sie sich wieder, so daß man seitdem die Zahl auf 5000 in dem Pariser Findelhause auf das Jahr annehmen kann. In ganz Frankreich zählte man Findelkinder im J. 1784 gegen 40,000 von jedem Alter, im J. 1822 gegen 138,500. Ueber das ansehnliche Findelhaus in Dublin s. Erziehungsl. II. S. 490, Anm.

häufig vorkommt, nicht eben damit abweisen, daß er die Sprache der Trägheit oder Hartherzigkeit sey, denn er kann auch Menschenfreunden in den Sinn kommen, aber wir müssen auch ihm entgegnen, daß er zu viel beweise, und alle Wohlthätigkeit, alle Armenversorgung u. dgl. verwerfe. Er sagt also nichts weiter, als daß Vorsicht bei der Aufnahme in solche Anstalten nöthig sey, wie sich von selbst versteht.

Es ist und bleibt heilige Pflicht der Menschheit, kein Kind ein Kind des Verderbens werden zu lassen, sondern es dem Abgrund beizeiten zu entreißen, und keine unheilbringende Menschen der Gesellschaft erwachsen zu lassen, also es auch nicht dem Zufall anheim zu geben, ob ein unglückliches Wesen Erbarmung finde, bevor es in das tiefste Elend geräth. Daher müssen wir die Rettungsanstalten für die verwahrlosete Jugend als eine große Wohlthat anerkennen.

Fragen wir nun, wie sie zweckmäßig einzurichten seyen? so haben wir hier nur die Hauptpuncte zu bemerken. Geräumige, gesunde Wohnung mit umschlossenem Hofe und Garten, entfernt von lockendem Weltgeräusche; dabei Gelegenheit zum Feldbau, zu Handwerkern — und dergleichen mehr sind die Localerfordernisse. Die jungen Leute müssen ihrem Alter und Geschlechte gemäß mit körperlichen Arbeiten beschäftigt werden, von den nöthigen Erholungen unterbrochen, wie das so in einem wohlgeordneten häuslichen Leben der niederen Stände vorkommt. Hierbei muß der Schulbesuch regelmäßig statt finden, für die Kinder unter 14 Jahren ganz in der Einrichtung der gewöhnlichen Elementar- und der Knaben- und Mädchenschulen, für die älteren in besonderen Abtheilungen nach individuellen Bedürfnissen. Im Allgemeinen läßt sich darüber nicht viel mehr angeben als: die Geschlechter seyen getrennt; aller Unterricht sey auf das Gemüth berechnet; die Religionslehre sey die Hauptsache; diejenigen jungen Leute, welche sich durch Fähigkeiten auszeichnen, z. B. im

Zeichnen oder durch Geistesgaben, sind hierin zu bilden; es werde pädagogisch erwogen, inwiefern ein Zögling etwa vorerst einige Zeit einzeln unterrichtet werden müsse; die Lehrart suche Lust und Liebe einzuflößen; in der Schule wie bei den Tagesarbeiten werde strenge auf Ordnung gehalten und der Fleiß angewöhnt. Hiermit verbinde sich denn die ganze Tagesordnung und Lebensweise des Hauses, Schlafen, nicht ohne Beaufsichtigung, Aufstehen, Reinlichkeit, einfache gesunde Kost, schickliche Spiele; vornehmlich sind die Andachtsübungen für das jugendliche Herz einzurichten; Morgens beginne mit ihnen das Tagewerk, Abends werde es damit beschlossen, sie bestehe aus erbaulicher Betrachtung, Gebet und Gesang. Es werde über jeden Zögling in das Tagebuch alles eingezeichnet, was man über seinen Zustand, sein Betragen, seine Aendrung u. s. w. bemerkt, so daß die oben angegebne Schultabelle noch möglichst erweitert wird. *) Zu den Erholungen gehört insbesondere auch Instrumentalmusik; wir denken dabei an ihre sittlich bildende Macht, wenn sie gehörig angewendet wird, und man möchte sich selbst an den Mythus von einem Orpheus erinnern, dessen Lyra wilde Thiere bezähmte, denn sie vermag rohe Gemüther zu mildern. Choralgesänge mit Begleitung von solcher Jugend selbst aufgeführt würden Wunder thun. Nun kommt aber alles auf den Mann an, der als Vater in dem Hause waltet und die Gemüther gewinnt. Treibt ihn Gottes Geist in sei-

---

*) In dem angef. Aufsatz über die von der Reckische Anstalt zu Düsselthal hat der Verf. seine Vorschläge über den Schulunterricht und alles andere in einer solchen Rettungsanstalt ausführlicher angegeben. Sowohl von eben der in Düsselthal als von jener in Berlin sind dem Publicum seit mehreren Jahren die Berichte auch über die Zöglinge mitgetheilt, welches für die Pädagogik von großem Werth seyn, und ein wahres Studium für Erzieher und Schullehrer werden kann. Denn da gewinnt man tiefere Blicke in das jugendliche Herz als im gewöhnlichen Leben. Wir wiederholen daher den Wunsch, daß hierin die Erziehungskunde Fortschritte machen möge.

nem heiligen, ernsten Berufe, so werden die Früchte dieses Geistes auch bald in dieser Pflanzung erscheinen, und aus der Wildniß wird ein Garten aufblühen. Christlich, so recht christlich sey hier das ganze Leben, so wird das Werk über Erwartung gelingen.

Wir zeichnen noch einige einzelne Züge hierher, die wir aus jenem früheren Aufsatz nehmen. Religion, Landarbeit, Musik sind grade diejenigen Kräfte, welche das Gemüth ergreifen, um sich seiner für ein verbessertes Leben zu bemächtigen, wenn sie bei einer verwilderten Jugend zusammenwirken. Die Religion ist die tiefste Kraft, die christliche thut Wunder in den Herzen, sie bildet göttlich, sie übergiebt den Menschen seinem wahren Leben, und also auch einer geordneten Thätigkeit im Reiche Gottes. Wenn nun von Morgen bis Abend, in dem ganzen Tagesgeschäfte, die jungen Leute dieses erfahren, so wird ihr Gemüth von allen Seiten zur Frömmigkeit gestimmt und gewöhnt; es wird ein solches christliches Gesamtleben eine wahre Heilsanstalt.

Die Feld- und Gartenarbeit ist der Gesundheit für Leib und Seele zuträglich, sie gewöhnt an Einfachheit und geordneten Fleiß, an Stille der Seele, an ein gottgefälliges Leben. Schon der Knabe sieht da mit frommen Regungen zum blauen Himmel hinauf, schon ihm singt die Lerche in das Herz, und er betet sein Lied. Auch ist jene Arbeit die natürlichste, und sie verheißt der fleißigen Hand am sichersten Brod. Wie wollte man besonders diejenigen, welche an ein herumfahrendes Leben gewöhnt sind, durch einen besseren Uebergang zum geordneten führen! Für ihr physisches wie für ihr moralisches Wohlbefinden möchte es wenigstens nicht so heilsam seyn, wenn man sie an ein Wollenrad bände, oder in die Stube einkerkerte. Das Bild eines Landlebens, das in der heiligen Nähe des Herrn geführt wird, könnte in einer solchen Bildungsanstalt sogar ganzen Landgemeinden die Idee erwecken, wie sie so recht als christliche Gemeinden ihr Landgeschäfte betreiben sollen, und ihrem Geistlichen, wie er am Sonntage zur Heiligung dieses irdischen Berufes erhebe.

Nicht die Sinnenlust der Musik ist es, was einer solchen Besserungsanstalt dient, sondern ihre himmlische Gewalt. Der mehrstimmige Gesang von Liedern, in welchen sich reine Gefühle bewegen und welche die Kinder auch gerne unter sich anstimmen, der Kirchengesang in den werktäglichen und sonntäglichen Feierstunden, der Preißgesang mit Instrumenten im Freien — alles dieses wird auch dem verwüsteten Gemüthe wohlthun, und ihm den Sinn für das Himmlische, so tief vergraben er auch liege, wenn anders noch irgend etwas Sinnliches es vermag, eröffnen.

Indessen kann das nicht überall so grade ausgeführt werden, und nach Ort und Umständen giebt es auch noch andere heilsame Mittel. Auch ist es nothwendig, daß man die jungen Leute für einen künftigen Beruf vorbereite, daher auch an Arbeiten im Hause, in der Stube, in Handwerkern gewöhne. Ueberhaupt thue nur derjenige, der eine solche Rettungsanstalt unternimmt, in Gottes Namen das Seinige, auch wenn er sich beschränkt fühlt; wer im Kleinen treu ist wirkt dennoch Großes, und er kann nicht wissen, wie ihn der Herr, in dessen Reiche er wirkt, über viel setzt. Jeder, der so etwas unterstützen kann, wird durch das heilbringende Werk dazu aufgefordert. Und selbst eine solche Krankenanstalt wird den Gesunden zeigen, wodurch sie sich ihres Glückes würdig machen, und wird sichtbare Beweise der göttlichen Gnade darlegen, die auch in den Verirreten mächtig ist, und um so mehr zum Preiße die auffordert, die dem guten Hirten von Kindheit auf zugeführt sind.

Die Erziehungsanstalten.

Da in diesem Buche nur von den Schulen gehandelt wird, die eben genannten Anstalten aber das Ganze der Erziehung umfassen, so haben wir von denselben hier nur insoferne zu reden, als dabei etwas von Schule allerdings vorkommt. Es werden nämlich mehrere Kinder zugleich unterrichtet. Es vereinigt sich also auf gewisse Weise Familie und Schule, denn alle Erziehung geht von der Familie aus, und der schulmäßige Unterricht kommt als Ergänzung hinzu. Eigentlich soll aller Schulunterricht erziehend seyn, und was die Eltern für das Kind thun, zu seiner Bildung dienend, insbesondere auch durch Belehrung, ja das ganze häusliche Leben unterrichtend seyn. Inwieferne nun eine Anstalt die Erziehung der Kinder übernimmt, hat sie das Familienleben nachzubilden, und inwieferne sie ihren Unterricht besorgt, errichtet sie eine Schule, beides wird aber so vereinigt, daß es ein eignes Gesamtleben der jungen Leute ausmacht, welches indessen bald mehr die eine bald mehr die andere Richtung nimmt. Wir theilen hiernach die Erziehungsanstalten in zwei Classen, wo wir sie nur in ihren charakteristischen Zügen betrachten. *)

1. Die erste Classe begreift diejenigen Institute in sich, welche man als erweiterte Familien bezeichnen kann, denn es herrscht da die Erziehung vor, wie sie im häuslichen Leben besorgt wird. Mütterliche und väterliche Fürsorge, physische Pflege, sittliche Gewöhnung, Herzensbildung, gute Eindrücke auf Gemüth und Geist, alles dieses ist hier die Hauptsache, und der Unterricht wird durch dieses alles geordnet und bestimmt. Daher werden auch die verschiednen Berufsarten, zu welchen die Zöglinge heranwachsen, für einen jeden berücksichtigt, und somit jedem die dahin gehörigen Lectionen ertheilt. Jene allgemeinen Lehrgegenstände treten allerdings auch hier ein, und je nachdem mehrere Zöglinge auf gleicher Stufe stehen, werden sie schulmäßig gelehrt, wie wir oben bei den Volksschulen angaben, wobei der Lehrer zwar den Vortheil hat seine Schü-

*) Mit Hinweisung auf Erziehungsl. III. S. 301—303. und was die Geschichte betrifft I. 2te Abth. S. 462.

ler noch weit mehr individuell behandeln zu können, z. B. im Versetzen aus einer Classe in die andere, oder in der Anwendung der Strafen u. dgl. als das in der eigentlichen Schule möglich ist, aber das Reizmittel der geselligen Aneifrung mehr oder weniger vermißt. Was nun der Zögling für seinen künftigen Stand gelehrt wird, geschieht durch eine Art von Privatunterricht mit allen Vortheilen und Nachtheilen, welche sich bei demselben finden, es sey nun daß er zum Gelehrtenstande oder zum Handelsgeschäfte oder sonst zu einem vorzüglichen Fache vorbereitet werde. Denn auf eine so große Anzahl von Zöglingen, wodurch sich eine Vielheit für die einzelnen Lehrstufen ergäbe, läßt sich da nicht rechnen, wo das Ganze der Erziehung die Hauptsache ist, welches doch eigentlich nicht den Kreis einer erweiterten Familie überschreiten darf.

2. Die zweite Classe macht den Unterricht zur Hauptsache, ist also mehr Schule, und muß nach den Grundsätzen, welche für diese gelten, ihre Vollkommenheit suchen. Sie hat dabei den großen Vortheil, daß sie keinen Störungen des Lebens außerhalb der Schule ausgesetzt ist, vielmehr durch das häusliche Leben unterstützt wird, sie kann also, wenn Schüler genug da sind, das Lehren und Lernen in ein vollkommneres Gedeihen setzen, als es die Volksschule und die Gelehrtenschule an sich vermag. Dagegen wird in demselben Maaße etwas an der Erziehung verloren, weil die zahlreichere Jugend das Verhältniß wie zwischen Eltern und Kindern weniger möglich macht. Für kleine Knaben wird natürlich dieser letztere Nachtheil mehr empfunden, als für solche, die schon in das Jünglingsalter eintreten. Da kann denn recht viel zur Bildung geschehen, wenn nur Lehrer genug da sind, welche für die verschiedene Bestimmung der Zöglinge den Unterricht ertheilen, und sie zugleich Pädagogen genug sind, um jeden nach seiner Individualität zu behandeln. Vorschriften darüber sind weiter nicht zu geben, da wir sie bei den Schuleinrichtungen oben gegeben haben.

Ein Uebel droht jeder Erziehungsanstalt, am meisten der von der zweiten Classe, und drückt manchen Unternehmer sehr schmerzlich, das ist der öftere Wechsel der Lehrer, und die Schwierigkeit sich tüchtiger Männer zu versichern. Wir wollen aber damit es nicht für unmöglich erklären, dieses wahre Uebel zu vermeiden, denn so manche blühende Anstalt hat das bewiesen und beweiset es noch. Der Mann, welcher ein solches Werk schafft, muß nur von einem heiligen Triebe beseelt seyn, ohne den es auch nicht einmal in ein dürftiges Daseyn treten wird, dann wird er auch tausend Schwierigkeiten, die einem engsinnigen Berechner nur abschreckend sind, nicht nur überwinden, sondern auch statt ihrer Begünstigungen gewinnen, die nur durch die persönliche Kraft eines solchen Mannes gewonnen werden. Er wird nicht nur Zöglinge und ihre Eltern, sondern auch Lehrer und Gehülfen für sein Institut anziehen, da es jedem, der sich mit innerem Berufe dem Erziehungsgeschäfte widmet, grade in solchen Verhältnissen wohl seyn wird. Dabei hat der Vorsteher immer freie Hand den Lehrer, der nicht gut ist, los zu werden, das bei einer öffentlichen Anstalt nicht angeht, er hat überhaupt die freie Wahl und Gewalt des Meisters; mag auch da der Wechsel seiner Gehülfen noch so häufig seyn, so wirkt doch beständig sein Geist, eben der Geist, durch welchen das Werk entstanden ist und in seinem Wesen besteht. Die einzige Schwierigkeit, die ihm noch bleibt, sind die größeren Kosten, diese aber bezahlen die Eltern gerne für eine gewünschte Erziehung ihrer Kinder.

Eine andere Idee entwickelt sich uns aus diesem allem, Vereinigung der häuslichen mit der Schul-Erziehung. Sie wird herbeigeführt, theils wo Familien gemeinsam für den Unterricht ihrer Kinder sorgen, theils wo die Schüler zu Hause alles das finden, was sie außer der Schule zur Erziehung bedürfen. Wie hieraus eine höhere Blüte der Volkserziehung erwachse, davon werden wir in dem folgenden Theile reden.

Zweiter Theil.

Die Schulen

in

ihren äußerlichen Verhältnissen.

Uebersicht.

Die Schule besteht aus einer Mehrheit von lernenden jungen Leuten, welche noch im Alter der Erziehung stehen, und gemeinsamen Unterricht erhalten. Das Verhältniß derselben zu dem Lehrer ist das innere Verhältniß der Schule, ihr äußeres ist aber das, worin die Lehrer samt der ganzen Anstalt nach außen hin stehen, da hier mancherlei Beziehungen statt finden. Wir können sie der Natur nach eintheilen in die der Lehrer, nämlich was ihre Bildung und Anstellung betrifft, und in die des Schulganzen nach seinen Rechten und seiner Bestimmung in der Gesellschaft. Es ergeben sich also zwei Abschnitte.

Erster Abschnitt.

Die Schullehrer.

Erstes Kapitel.

Bildung der Schullehrer.

1. Erfordernisse. 2. Vorbereitung.

1. Erfordernisse.

Wer irgend lehren will, muß die Fähigkeit dazu besitzen, welche sowohl in denjenigen Kenntnissen oder Geschicklichkeiten die er lehren soll besteht, als auch in der

Gabe sie auf die rechte Weise zu lehren. Man kann in beiden die Fordrungen mehr oder weniger strenge machen, und man macht manchmal so überspannte, daß man nur noch hinzusetzen sollte: sie werden aber nie befriedigt; eben darum hört man oft das andere Extrem, daß man es gar nicht genau nimmt. Wir werden das, was man von dem Schullehrer mit Fug und Recht fordern kann, dadurch ausmitteln, daß wir auf den Culturstand Rücksicht nehmen, worin das Volk steht, und wornach also seine Lehrer ihre Bildung erhalten können; und so müssen denn auch die Fordrungen an sie mit den Fortschritten der Cultur steigen. Uebrigens versteht es sich von selbst, daß man von dem Lehrer an der Gelehrtenschule weit mehr verlangen muß, als von dem Elementarlehrer an der Volksschule, und so müssen wir nach ihrer verschiednen Bestimmung das Bild von jedem entwerfen, das wir ohne zu idealisiren in der Wirklichkeit finden können, das aber auch jedem vorhält, was ohne Erlaß von ihm gefordert werden muß. *)

1. Der Elementarlehrer. Weil er den Grundunterricht zu ertheilen hat, so muß er alles das verstehen, was darin gelehrt wird, sowohl in dem materialen als in dem formalen. Die Elemente vom Lesen, Rechnen, Schreiben ꝛc. sind freilich noch das Wenigste, und man kann sie im gemeinen Leben schon fast bei jeder Mutter erwarten, weßhalb auch in dieser Hinsicht Schüler, selbst kleinere, zum Unterrichten der Anfänger fähig sind. Etwas viel Größeres müssen wir von dem Lehrer grade der Kleinen verlangen. Er muß das kindliche Herz verstehen, er muß so recht in die Pädagogik und Methodik eingeweihet seyn; das sind die Kenntnisse, welche er besitzen muß, und wenn

*) Was Erziehungsl. III. S. 65 fgg. im Allgemeinen vorgezeichnet ist, wird hier im Speciellen ausgeführt. Dort sind die moralischen Züge des Lehrers wie er seyn soll am genauesten angegeben, wir setzen diese hier voraus.

er sie noch nicht besitzt, so ist er zu diesem Amte auch noch unfähig; vieles andre Wissen können wir ihm erlassen, nur dieses nicht. Er muß aber auch in die kindliche Seele sich einlassen können, und sein Wissen verläugnend, aus dieser Seele herausbilden, was in ihr liegt; und was er in sie pflanzen soll, ihr so mittheilen, daß sie es auf die beste Art in sich aufnehme; er muß sich durch diese eigne Lehrgabe auszeichnen, und in der Lehrkunst sein Talent geübt haben; auch das ist unerläßlich, denn sonst könnten wir dem ersten besten Schüler einen Unterricht übertragen, der eben darum weil er der erste Unterricht ist und die Grundbildung geben soll, den Meister erfordert. Und hierzu muß auch unser Elementarlehrer noch eine höhere Weihe empfangen haben, er muß von der Liebe zu seinem Geschäfte ganz durchdrungen seyn, von jener frommen Lust und Liebe, welche die Kinder zu sich ruft; die Lehrer in den übrigen Schulen bedürfen sie kaum so, als der, welcher die Anfänger unterrichtet, und immer wieder Anfänger zu unterrichten hat. Da müßte denn derjenige bald erkalten und abstoßen, der nicht das höhere Interesse hat, welches der himmlische Trieb gewährt, der sichtbare Schutzengel der Kleinen durch ihre Belehrung zu werden. Wohl hört man hier und da einen kenntnißreichen und sonst tüchtigen Lehrer nur immer seinen Wirkungskreis an höheren Classen wünschen, allein solcher hat noch nicht einmal erkannt, noch weniger praktisch eingesehen, was zu einem guten Elementarlehrer gehört, und er ist noch nicht würdig einer zu werden; wer nun vollends mit Seufzen in dieser Schule arbeitet, wird es wohl nie. Wir müssen also die Fordrung an ihn machen, daß er die Erziehungs- und Unterrichts-Grundsätze wisse, daß seine Lehrkunst noch mehr sey als dieses Wissen, und daß der göttliche Geist in seinem Lehrtriebe wirke. Ueberspannt ist auch diese Fordrung nicht, denn unsere Zeit hat uns zu dieser Stufe geführt, wo sich jeder Elementarlehrer hierzu leicht bilden kann, sobald er nur jenen inneren Beruf hat; und wo wir in Deutschland Gott sey Dank! überall solche Männer finden, wenn wir sie nur zu suchen wissen. Daß übrigens auch das Aeußere zusagen müsse, z. B. verständliche Stimme, anständige Haltung, gesittetes Benehmen — brauchen wir nicht weiter zu erinnern. — So sind denn auch wirklich unsere Anfangsschulen großentheils recht gut versorgt.

2. Die Lehrer an der mittleren Volksschule. Wir wollen nicht das wiederholen, was wir von dem Elementarlehrer verlangten, denn im Wissen, Können, Wollen wird dasselbe auch von ihnen verlangt, und dieselbe Lust und Liebe zu dem heiligen Geschäfte, wenn es mit ihrer Schule gut stehen soll. Man könnte allenfalls noch etwas mehr Wissen von ihnen verlangen, weil sie in mehr Kenntnissen und Geschicklichkeiten als jene zu unterrichten haben, allein diese müssen doch jene auch besitzen, denn sonst würden sie nicht in der etwas niederen Stufe das Angemessene auswählen und gut lehren. Aber mehr Uebung müssen wir von diesem Lehrer verlangen, um eine schon stärker aufgeregte Jugend zu behandeln, er muß besonders bei der Knabenschule einen gewissen Ernst in seinem Charakter behaupten, wornach er auch seiner Freundlichkeit ihre Würde giebt, und seine Schule mit Festigkeit zu regieren weiß. Solcher Charakter wirkt oft mehr als kenntnißreiche Geschicklichkeit, welche indessen nicht fehlen darf. Man denke aber nicht, daß der Lehrer der Mädchenschule mehr Nachgiebigkeit beweisen müsse, gleichsam eine Art von Galanterie, damit würde er nicht einmal sich selbst in Achtung setzen; vielmehr will das weibliche Geschlecht zum Lernen ein ernstes Lehren, und man wird finden, daß eine Mädchenschule, die einen Lehrer hat welcher tändelt, grade den schlechtesten Anblick darbietet. Nur muß er das Eigenthümliche des weiblichen Geistes und Gemüths verstehen, um hiernach den Unterricht und das Schulregiment zu führen. Ein Hauptzug, den wir zunächst hier fordern, aber doch ebenso gut von jedem Lehrer, an welcher Schule

es auch sey, ist eine unerschütterliche Ruhe und Heiterkeit. Er hat überall mit Unarten der Kinder zu kämpfen, wird er von einer gereizt, dann kommt bald auch die andere, und seine Reizbarkeit wird mit jedem Tage schlimmer, das wirkt zurück auf die Kinder, wo soll das am Ende hinaus! Soll das Schulzimmer nicht ein Qualort werden, wo die innere Seuche nicht aufhört, so muß der Lehrer in unverwüstlicher Stärke dastehen, und sein heiterer Blick muß den Herzen jedes Widerstreben verbieten, seine unverdrossene Liebe allen Achtung und freudige Folgsamkeit gebieten. Das sind Erfordernisse, auf die man nothwendig sehen soll, das Wissen und alles übrige darf freilich nicht fehlen, aber ohne jenen Charakterzug sind sie doch kaum von halbem Werth; auch finden sich solche Lehrer, wenn man sich nur recht umsieht. *)

3. **Die Lehrer an der oberen Volksschule.** Alle jene Erfordernisse, die wir eben angegeben, sind auch

---

*) Grade bei diesem Punct müssen wir eines trefflichen Buches gedenken, das vieles hierzu bestimmter sagt: **Lehren der Erfahrung für christliche Land- und Armen-Schullehrer. Eine Anleitung zunächst für die Zöglinge der freiwilligen Armen-Schullehrer-Anstalt in Beuggen. Von Chr. Fr. Zeller, Schul-Inspector. 3 Bde. 1826—28.** Insbesondere gehört im 3ten B. (4ter Th.) **von der Schulzucht**, und zunächst B. **der Lehrer als christlicher Erzieher** hierher. Indessen bedarf manches einiger Berichtigung, da der Lehrer an unsern Volksschulen, so wie der jetzige Culturstand ist, noch mehreres zu berücksichtigen hat, er soll den Geist des christlichen Schullehrers in diesem Buche tiefer kennen lernen. Derselbe Geist spricht auch aus dem zu gleichem Zwecke empfehlenswerthen Buche: **Das Leben der sorbischen Lehrer Christian und David Wowanus, oder der Sieg des Glaubens. Eine Geschichte unserer Zeit, beschrieben von D. T. Kopf, Lehrer und Erziehungs-Inspector, 1830.** welches zugleich in die Geschichte der neuesten Lehrerbildung für die Volksschulen blicken läßt, so daß die Aufmerksamkeit auf das, was in allen dem neueren Treiben meist zurücksteht, und doch das Eine was Noth ist bleibt, anschaulich hingewiesen wird.

diesen unerläßlich, aber es kommen weitere hinzu. Diese Lehrer haben in höheren Kenntnissen zu unterrichten, und zwar Schüler von einer mehr entwickelten Kraft, die also ihren Mann an ihrem Führer finden müssen. Da ist eine ansehnliche Stufe von wissenschaftlicher Bildung erforderlich, wenn der Lehrer gut lehren, und wenn er sich auch dabei die persönliche Achtung verschaffen soll. Um so nothwendiger ist es aber auch, daß die Würde des christlichen Geistes seinen ganzen Charakter durchdringe. Die Kenntnisse und Geschicklichkeiten speciell anzugeben, würde etwas ganz Ueberflüssiges seyn, sie sind unmittelbar aus dem zu entnehmen, was der 1te Theil im Kapitel von den Volksschulen sagt, und auch allbekannt. Ebenso ist auch Deutschland glücklich genug, der wissenschaftlich gebildeten Lehrer für diese Schulen nicht wenige zu besitzen, so daß man nur diejenigen auszuwählen hat, deren persönlicher Charakter der verlangte ist. Da möchten nun allerdings diejenigen nicht leicht zu finden seyn, welche den Forderungen hinsichtlich der christlichen Geistesbildung entsprechen.

4. **Die Lehrer an der Gelehrtenschule.** Was an sie gefordert wird, davon wäre viel zu sagen, weil viel darüber in der neuesten Zeit ist gesagt worden, und es nichts geringes ist, das Richtige heraus zu finden.*) Daß sie selbst dem Gelehrtenstande angehören müssen, darüber ist kein Zweifel, auch verlangt man mit Recht, daß sie in der Gelehrtenbildung ausgezeichnet seyen. Nur ist noch die Frage, ob sie sämtlich der classischen bedürfen, und ob nicht z. B. der Fachlehrer in der Mathematik und Naturkunde sie entbehren könne? Doch wird auch darüber noch kaum ein Streit obwalten, indem selbst diejenigen, welche den höchsten Werth auf die classischen Studien

---

*) Wir verweisen auf die im 1ten Th. im Kap. von den Gelehrtenschulen angeführten Schriften. Man lieset da über diesen Punct meist nur fromme Wünsche, denn wie ist es zu machen, solcher Lehrer an den Gymnasien versichert zu seyn?

legen, eine solche Ausnahme bereitwillig zugeben. Mehr Schwierigkeit hat die Frage über das religiöse, und was in der neuesten Zeit vielleicht noch mehr in Betracht kommt, über das politische Glaubensbekenntniß. *) Der jetzige Culturstand hat die Gelehrtenschulen bei uns allen Glaubensgenossen eröffnet. In den ansehnlichsten sieht man katholische und protestantische junge Leute freundschaftlich und um die Wette die alten Heiden in ihrem Homer und Cicero ehren, der junge Jude neben ihnen, thut es ihnen vielleicht noch zuvor; und vielleicht sieht man auch bald junge Muhamedaner und Bramadiener brüderlich unter diesen allen, die ebenfalls nicht zurückbleiben wollen. Wie soll es da nun der Lehrer in seinen Religionsmeinungen halten? Soll er sie gar nicht äußern? Soll er bloß in den allgemeinen und eben darum nur vagen sittlichen Grundsätzen und unbestimmten frommen Gefühlen bleiben? Das geht nun wohl so lang es geht, aber kann es immer gehen? Am bequemsten befinden sich da die Schulversorger mit der Art Lehrer, an denen in unserer Zeit eben auch kein Mangel ist, deren Liberalität nur Indifferentismus, wo nicht völligen Unglauben zum Grunde hat. Aber können solche Männer wahre Jugendbildner seyn? Kein Volk der Erde, welcher Religion es auch sey, würde sie als solche dulden, nur die christliche Religion scheint auch zu dieser Duldung aufzufordern. Aber grade sie will doch auch, daß das kindliche Herz in das Reich Gottes eingeführt werde, welches nicht mit allgemeinen Redensarten geschieht, sondern mit der bestimmtesten Hinweisung auf das Positive; und der Christ kann auch nicht einmal wollen, daß z. B. der Jude eine so obenhin schwebende

*) Was seit dem J. 1815 von deutschen Gymnasien vorgekommen und wegen politischer Parteinahme der Lehrer beklagt worden, ist bekannt, und die Klage hört nicht auf. Wie aber Verordnungen dagegen, die man in Tagesblättern lieset, dagegen helfen, ist nicht wohl abzusehen.

religiöse Erziehung seinen Kindern gebe, die im Grunde keine ist, weil grade der christliche Lehrer tiefer in das menschliche Herz und in das Wesen der Religion einzuschauen vermag. Daher wird er, wenn er andere Glaubensgenossen zu Schülern hat, öfters in Verlegenheit kommen. Er wird um alles nicht ihre Pietät verletzen, die in der Liebe zur Religion des Vaters und der Mutter wurzelt, aber er kann doch auch nicht die der Christenkinder vernachlässigen, nicht seinen eignen Glauben verläugnen. Glücklich wird er sich allerdings fühlen, daß er als Lehrer dem Christenthum angehöre, weil er täglich erfährt, daß doch mittelbarer Weise das Licht der göttlichen Religion auch zu denjenigen seine Strahlen sende, die noch einer andern zugethan sind, aber um so weniger kann er doppelherzig oder herzlos in religiöser Hinsicht lehren. Denke man auch nicht etwa, daß es sich hier um den Unterricht in der Religion handle, dieser kommt hier gar nicht in Frage, weil ihn jeder Schüler nur von dem Lehrer seines Glaubens erhält; auch denken wir nicht einmal an den Unterricht in der Geschichte, weil er ebenfalls, wenigstens in manchen Partieen derselben, den verschiednen Religionsverwandten besonders ertheilt werden mag; nein wir bedenken wohl, daß der Lehrer auch der Sprachen, auch der Mathematik manchmal ein religiöses Wort zu sprechen sich gedrungen fühlen wird, und daß auch, wie wir im 1ten Th. im Kap. von der Schulzucht sahen, dieses zur Stimmung und Unterhaltung des rechten Tones nothwendig gehöre. Aus allem diesem scheint hervorzugehen, daß man in die Gelehrtenschule nur Schüler von einerlei Glaubensgenossen aufnehmen dürfe, und in der That wird das auch von manchen Schulbehörden praktisch so gehalten, wie z. B. in den Städten zu ersehen ist, wo sich ein protestantisches und ein katholisches Gymnasium neben einander befinden. Und doch — wer wird es nicht beklagen, wenn ein so großes Mittel, die durch Kirchenthum getrennten Gemüther in dem Volksthume einander näher zu bringen, wieder verworfen werden sollte, nachdem unsere Zeiten sich dieses Fortschritts der Humanität so eben zu erfreuen angefangen? Ja, wir Deutsche fühlen wohl in einer frommen Ahnung, daß es unsers Gemüths und unserer Schulen würdig sey, grade durch jene gemeinsame Bildung des bildenden Standes die verschiednen Glaubensgenossen mit einander auszusöhnen. Nur darf die Religion selbst nicht zum Opfer gebracht werden; solche Hingabe verneint aufs entschiedenste das fromme deutsche Gemüth.

Aber wie es nun zu machen sey? Wir gestehen gerne, daß wir keinen Rath zu finden wissen, der nämlich von Seiten der Schulbehörde leicht auszuführen wäre. Das weiß ich wohl, wenn ich Gymnasiallehrer wäre, — und es wird mancher der es ist dasselbe erklären, — was ich thun würde, ohne anzustoßen, ohne den frommen Sinn irgend eines Schülers von andrer Religionsgemeinschaft zu verletzen, und ohne das eigne Glaubensbekenntniß zu verläugnen. Denn es läßt sich thun, und manche Erfahrung bestätigt das. *) Aber es liegt so in dem persönlichen Charakter des Lehrers, daß es sich durch keine Schulgesetzgebung, nicht einmal durch Rath und Bitte machen läßt, sondern frei und wie von selbst aus dem Wesen des Lehrers hervorgehen muß. Es bleibt also nur das Mittel übrig, daß man durchaus keinen Lehrer anstelle, dem man es nicht zutrauen könne, daß er von dem Geiste des Christenthums auch grade für eine solche liberal-religiöse gebildet sey. Allein da erheben sich neue Schwierigkeiten. Denn wie vorerst will man sich dessen versichern? Und wenn man auch von Anfang dessen bei dem Lehrer versichert wäre, kann er sich nicht ändern? und gehen nicht grade in Religionsansichten und grade bei Gelehrten öfters

*) Unter diese Erfahrungen darf der Verf. seine eigne Wirksamkeit setzen, als er in seinem Institut Jünglingen von verschiednen Religionsgemeinschaften Unterricht in den griech. und römischen Classikern und in der Geschichte ertheilte.

solche Aendrungen vor? Gesetzt nun, es sey Bedingung, ohne welche er kein Gymnasiallehrer seyn dürfe, wie wollte man es nachmals mit ihm halten? Ihn darum seiner Stelle entsetzen, das würde ihn zum Märtyrer bei dem großen Haufen darstellen, die ganze Schule in Aufruhr bringen, und der Religion, die man doch für die beste erklärt, nur einen übelen Namen machen. Nicht viel besser wäre es, wenn man einen tüchtigen Gelehrten, der sich übrigens für eine solche Lehrstelle ganz eignete, darum verwerfen wollte, weil man ihm die religiöse Gesinnung, die man verlangt, nicht zutrauen könnte; und wohin würde das führen? Vielleicht noch zu Schlimmerem, als in der Zeit der Klöster und der Barbarei. Ein äußeres Gesetz kann also hier eher verderben als gut machen. Doch kann es etwas thun, dem jeder classisch gebildete Lehrer von ganzem Herzen beistimmen muß, nämlich er kann sich dazu verpflichten, was ihn das ganze Alterthum von Moses bis auf die Apostel, von Homer bis auf Cicero und Plutarch lehrt, sich keinen Frevel gegen das was einem Herzen heilig ist zu erlauben, insbesondere den Witz hierin zu zügeln, und da, wo junge Leute verschiedner Religion in seiner Classe sind, zwar in die religiösen Vorstellungen des Heidenthums einzugehen, aber ohne einer der jetzt bestehenden Religionsgemeinschaften irgend zu nahe zu treten. Hierauf kann und soll man bei diesen Lehrern halten; wer dieses heilige Gesetz verletzt, hat kein Gewissen gegen die Jugend, wird das schon im Heidenthum heilig gehaltne Wort (maxima debetur puero reverentia!), das Christus aufs heiligste ausgesprochen, auch in andern Fällen mit Füßen treten, wo er etwa seinem Götzen — Witz, Spottsucht, Eitelkeit, Dünkel rc. — damit ein Opfer bringen kann, und ist also, sey er auch der gelehrteste Schulmann, eines Amtes unwürdig und unfähig, das in der Jugendbildung und zwar in einer vorzüglichen besteht. Welcher Lehrer wird nicht selbst solches Urtheil aussprechen, so entschieden wie jeder brave Kriegsmann den Räuder nicht unter sich duldet? Soviel verlangt wohl die äußere Gesetzgebung und Sitte, wir hoffen indessen von der inneren der Humanität alles, und diese trauen wir gerne einem jeden Humanisten zu.

Was er nun von Kenntnissen im Einzelnen besitzen soll, brauchen wir nur mit wenigen Worten zu berühren. Denn es versteht sich, daß der Lehrer das selbst wissen muß, was er lehret, und in dem Grade wissen, als er es in einer höheren Classe lehrt, also z. B. in den obersten Gymnasialclassen die griechische und lateinische Sprache in philologischer Vollkommenheit, in den unteren wenigstens die Grammatik; und ebenso braucht der, welcher die Anfänger in der Mathematik unterrichtet, grade nicht die Analysis des Unendlichen zu verstehen, die von dem gefordert wird, der die obersten Mathematiker zu belehren hat. Da nun nicht von jedem alles gefordert werden kann, so haben diejenigen Verordnungen sehr unrecht, welche jeden Lehrer so anstellen, daß er allenfalls in den verschiedenartigsten Gegenständen Unterricht ertheilen könne, und sie sind unweise, weil grade der, welcher in Allem etwas weiß — und nur Etwas kann es doch seyn — im Ganzen nichts recht zu wissen pflegt. Man sehe vielmehr darauf, daß jeder Lehrer sein rechtes Fach bekomme, und daß jede Classe grade mit denjenigen versorgt sey, die den Unterricht in derselben gut ertheilen.

Aber eine höhere Fordrung macht unsere Zeit an diese Lehrer als die bloß philologische oder sonst wissenschaftliche Bildung. Sie sollen nicht bloß für sich gelehrt seyn, sondern auch für ihre Schüler. Die Fortschritte in der Methodik und Pädagogik werden noch immer nicht genug von den Gelehrtenschulen beachtet, wie man daraus sieht, daß man sie gewöhnlich nur nach ihren materialen Kenntnissen wählt. Gleichwohl hat man jetzt genugsam die Wahl, um auch solche zu finden, die sich zugleich für das Lehr- und Erziehungsgeschäfte gebildet haben. Daß man einen solchen dem vorziehe, der nur das Wissen für sich besitzt, kann keinen Augenblick Bedenken machen, indem sogar, wie die Erfahrung genugsam zeigt, ein Schulmann, der im Wissen nachsteht aber in der Lehrkunst sich auszeichnet, vor jenem bei der Jugend erfolgreicher wirkt. Wenn wir also von jedem Gymnasiallehrer diejenige Gelehrtenbildung verlangen, welche er für seine Lehrgegenstände besitzen muß, dabei aber als unerläßliche Bedingung auch das Talent zu lehren und zu erziehen, und zwar nicht ohne Uebung in dieser hohen Kunst, so ist unsere Forderung keine überspannte, sondern eine ganz zeitgemäße, deren Erfüllung die in Deutschland bereits so allgemeine pädagogische Cultur erwarten läßt.

Die Wahl eines Gymnasiallehrers ist von einer vielleicht noch nicht genug bedachten Wichtigkeit. Denn von dem Gehrtenstand hängt die Bildung und hiermit der Wohlstand des Volkes ab; seine Bildung von den Studien und Sitten auf der Universität, diese Sitten und Studien von der Vorbereitung auf jenen höheren Schulen, und auf diesen wird der Jüngling an Geist, Gemüth, Charakter durch den persönlichen Einfluß seiner Lehrer gebildet; hat er nun das Unglück, unter den mehreren auch nur von einem schlimmen Einfluß zu erfahren, so ist der Nachtheil unabsehbar, von dem würdigen Schulmann dagegen geht auf sein ganzes Leben hin ein Segen der Unsterblichkeit aus. Steht es mit den Gelehrtenschulen unter würdigen Lehrern gut, so hat der Staat die sicherste Bürgschaft für seine zunehmende Blüte. Alle die, welche die Rechte und die Regierung verwalten, in Kirchen und Schulen lehren, das physische und sittliche Wohlseyn besorgen, dem Wachsthum der Wissenschaft und des Geistes auch für die Nachwelt dienen, gehen hauptsächlich aus jenen Anstalten hervor, und diejenigen, die nicht grade aus denselben hervorgehen, finden doch in ihnen den Maaßstab und die Anregung. Ja, wir sagen nicht zu viel, wenn wir den Gymnasiallehrer wie er sein soll eine Freude der Menschheit nennen.

2. Vorbereitung.

Die Schule für das Leben und das Leben für die Schule. *) Dagegen hielt man es vor alten Zeiten so, als ob die Schule nur für die Schule da sey, und so wurden auch ihre Lehrer gebildet, wenn man anders den Schlendrian, den sie lernten, und die ganze Schulmeisterei eine Bildung nennen will. Erst in der neueren Zeit wurde es in Deutschland hierin anders; es entstanden eigne Bildungsanstalten für die Lehrer, Seminarien genannt, welche in der Verbesserung des Schulwesens eines der wichtigsten Momente wurden. **) Hiernach wäre nun von diesen Anstalten zu reden, wenn die Frage ist, wie sich die Lehrer zu ihrem Berufe bilden sollen, allein es giebt für diese auch noch andere Wege, und da sich der Zustand des Schulwesens verbessert hat, so haben vielleicht die Seminarien an ihrem Werthe verloren, wie man in unsern Zeiten schon manche Stimme vernimmt. Wir wollen die Beurtheilung aus der Sache selbst hervorgehen lassen, und daher auch hier wieder die verschiednen Schulen ins Auge fassen, um zu sehen, wie sich der Lehrer für jede am besten vorbereite.

1. **Wie der Lehrer für die Elementarschule?** Es scheint da wenig erforderlich zu seyn. Er braucht nur zu lernen, was jeder Schüler in einer gewöhnlichen Bür-

---

*) In der neueren Zeit wird der Unterricht in der Volksschule selbst mehr für das Leben behandelt, wozu in besonderer Weise die Grasersche Idee führt, das Haus u. dgl. zum Grund des Elementarunterrichts zu legen; nur kann auch selbst das zum Pedantismus und zur Zerstreuung verleiten. Eine Abh. Wie kann die Schule für das Leben bilden, sowohl durch ihre Lehrgegenstände, als Lehrform und Disciplin, vom Lehrer Tröster (in den Freim. Jahrb. 10tem B. 2tem u. 3tem H.) beantwortet die Frage sehr gut.

**) Die Erziehungsgesch. 2te Abth. S. 498 fg. sagt über die Entstehung der Seminarien das Weitere.

gerschule weiß, um die Anfänger in dem Lesen ꝛc. unterrichten zu können, weßhalb ja auch nicht nur in den Lancasterschulen, sondern auch manchmal in andern solche kleine Lehrer auftreten. Allein bedenken wir, wie grade für die Anfangsschüler weit mehr geschehen muß, als ein Vorsagen und Abhören, wie grade dieses Alter der väterlichen oder mütterlichen Behandlung bedarf, wozu nur die fähig sind, die schon in der Kenntniß des menschlichen, insbesondere des kindlichen Herzens reif geworden, und mit den Kleinen gut umzugehen gelernt haben, so finden wir eine weit höhere Vorbereitung für den Elementarlehrer nothwendig. Er soll sich erst manche Kenntnisse erwerben, die man doch nur zum Theil aus dem Buche, mehr aber aus dem Leben lernt, namentlich Seelenkunde, Pädagogik, Methodik, auch wohl noch einiges andere, wie z. B. eine mehr wissenschaftliche Religionslehre u. s. w. Lehrvorträge, welche über diese Gegenstände ertheilt werden, reichen nicht hin, denn es muß erst im Praktischen alles das, was sie enthalten, erkannt werden, wenn sie nicht großentheils in hohlen Begriffen bestehen sollen, die nur den Dünkel des Wissens erwecken da wo es eben fehlt. Das ist der Grund, warum manche, die alle Erziehungsschriften gelesen und die besten Lehrer gehört haben, dennoch andern nachstehen, die nichts von allem dem gethan, aber mit Talent und innerem Berufe im Leben selbst sich gebildet haben. Da sehen wir manchmal auch wohl eine Lehrerin unter den aufmerksamen Kleinen sitzen, die ganz auf eigne Hand dieses unternommen hat und nun so viel Beifall findet, daß die öffentlich angestellten Lehrer, die eine vollständige Seminarienbildung erhielten, sich vielleicht gegen diese „Winkelschule" ereifern. Hiermit wollen wir keineswegs jene förmliche Vorbereitung herabsetzen oder als unnütz erklären, denn wir wissen wohl, wie dieses Argument zu viel beweisen würde, und wie zu der Naturgabe die schulmäßige Bildung hinzukommen müsse: wir wollen vielmehr gegen die Einseitigkeit und Ueberschätzung jener Vorbereitungsweise warnen. Einseitig ist sie überall, wo dem Seminaristen keine Gelegenheit gegeben wird, die Lehrkunst selbst zu üben, oder wo er sie vielleicht nicht einmal üben sieht; einseitig ist sie, wo man auf die Kenntnisse, die er sich erwerben soll, den größten und einzigen Nachdruck legt, aber auch da, wo man das höchste zu erringen meint, wenn man z. B. die Katechisirkunst gut übt, die Geschicklichkeiten in der Singkunst sich aneignet u. dgl.; einseitig ist sie, wo der junge Mann nicht das kindliche Gemüth in seinen guten und schlimmen Richtungen beobachten kann; einseitig ist sie, gesetzt daß auch alles das statt finde, auch noch dann, wenn der kindliche Sinn und die fromme Begeisterung des künftigen Kinderlehrers nicht genug erweckt, gehegt und gepflegt wird. Aber nicht minder ist sie einseitig, wenn im entgegengesetzten Punct immer nur auf die christliche Gesinnung gehalten wird, *) ohne daß man auf die Kenntnisse, Geschicklichkeiten, auf die Verstandesbildung genugsam hält; denn wo diese fehlen, ist der Elementarlehrer ebenso untauglich, wie es der ist, dem jene Gesin-

*) Der Verf. will damit nicht die rühmlichen Bemühungen, worin sich jetzt auch Israelitische Lehrer in solchen Bildungsanstalten auszeichnen, in Schatten stellen, vielmehr hat er selbst manchen kennen gelernt, den er manchem christlichen Elementarlehrer auch in seiner frommen Gesinnung vorziehen möchte, allein er muß auch hier seine feste Ueberzeugung laut bekennen, daß nur in dem Christenthum das Heil auch für die Jugendbildung zu finden sey. Hätten wir nur überall recht christliche Elementarlehrer, dann erst würde das an den Früchten erkannt werden. Der Verf. will hier nicht wiederholen, was er in den Freim. Jahrb. der d. Volksch. im 10ten B. 1tes H. (1830) als ein Gespräch mitgetheilt hat, worin die Einfalt des Gemüths, die Selbstbeherrschung, die christliche Frömmigkeit des Elementarlehrers geschildert wird; er will nur den Schluß, der dort noch fehlt, mit drei Worten hierher setzen: nur die Liebe in ihm bildet, der Geist Gottes bewirkt diese Liebe, das Christenthum giebt diesen Geist.

nung fehlt. Soll sich also beides durchdringen, so muß die Art und Weise seiner Vorbereitung dieses alles einigen.

Wir verlangen daher von einem Seminarium für Elementarlehrer, daß ihnen 1) Gelegenheit gegeben werde, in einer wohlgeführten Elementarschule zugegen zu seyn; 2) daß sie selbst allmählig in das Unterrichtgeben eintreten, was uns schon unsere Darstellung dieser Schule (im 1ten Theile) als thunlich und nützlich zeigt, die Erfahrung auch bestätigt; 3) daß sie fortwährend Unterricht in jenen Kenntnissen und Geschicklichkeiten erhalten, welche sie besitzen müssen, nicht durch Kathedervorträge, sondern mit den Uebungen verbunden; 4) daß ihnen überall die Aeußerungen einer sittlichen Lebensweise und christlichen Frömmigkeit entgegen kommen, und das Gleichartige in ihrem Gemüthe erwecken; 5) daß also der Vorsteher der Anstalt als der Mann voll evangelischer Kraft und von vorzüglicher pädagogischer Bildung im vollkommensten Sinne vorstehe. Wenn nun jene Tagebücher und Schultabellen geführt werden, wie wir es oben von jeder wohleingerichteten Schule verlangten, da giebt es für den künftigen Lehrer die beste Gelegenheit das Herz und die Entwicklung der Jugend zu studieren. Wir meinen nämlich die Beobachtungen über die Elementarschüler; daß außer diesen der Vorsteher des Seminariums auch über die Zöglinge dieser Anstalt ein solches Buch führe, wird man aus gleichem Grunde als zweckmäßig erkennen, aber als zweckwidrig ihnen in dieses die Einsicht zu gestatten. Können sie eine Kleinkinderschule besuchen, so wird ihnen diese, wie oben bemerkt, das beste Studium gewähren.

Diese Vorbereitung mag nun selbst eine Schule genannt werden, indem der Seminarist schulmäßig lernt, aber sie ist doch zugleich das Leben eines Lehrers und Erziehers, der sich mitten in den äußerlichen Verhältnissen befindet, und hierin seine Studien mit freier Selbstständigkeit zu betreiben anfängt. Das führt denn zu der Frage, ob es denn überhaupt einer besondern Anstalt bedürfe, um künftige Lehrer vorzubereiten, und ob es nicht besser sey, sie ganz ihrem freien Gange zu überlassen, nur daß sie sich zu irgend einem Lehrer einer Elementarschule begeben, und dort bei ihm praktisch und theoretisch lernen? *) Für das Seminarium spricht der Hauptgrund, daß sich an demselben alles zusammenfindet, was der künftige Lehrer erlernen muß, und das er vielleicht an zehn verschiednen Orten zusammen suchen müßte. Da findet er den Unterricht in allen Gegenständen seines Wissens, da findet er ihn in allen Handgeschicklichkeiten, im Schreiben, Zeichnen, Papparbeiten u. dgl., da findet er ihn, worauf so viel ankommt, im Gesang, Klavier- und Orgelspiel, und sonst auf musikalischen Instrumenten; und grade in solchen Anstalten kann auch für den besten Unterricht in allem diesem gesorgt werden, so daß es nirgends leicht so zu finden seyn mag. Wider das Seminarium spricht, daß der junge Mann zu sehr von dem wirklichen Leben abgezogen und von einem ganz eignen Schulgeist befangen wird, der sich auf mancherlei misfällige Weise bemerkbar macht. Dort ist der Schulcandidat burschikos, dort ist er kopfhängerisch, dort in der Stadt drängt er sich in die Gesellschaften der Gelehrten oder auch der Wirthsstuben, oder er besucht Theater und Bälle,

*) Es ließen sich viele Abhandlungen über Schulseminarien anführen, wenn es uns obläge eine Literatur anzugeben, die nicht grade unmittelbar in der Sache entschiede. Wir geben dafür oben, wie in einem Auszuge, die Hauptgründe Für und Wider, deren Ausführung bis zum Ueberdruß in die Breite getrieben, und noch dabei mit allerlei Nebengründen, die oft nur eine vorüberziehende Wolke betreffen, oder — kleinliche Localitäten, umgeben werden. Statt aller andern Schriften verweisen wir vorerst auf Niemeyer, Grunds. d. Erz. u. des Unterr. III. dritte Abth. §. 45. — wo man auch die Misbräuche in Besetzung der Schulstellen gerügt findet, dann aber auch auf die mehrmals angef. Hauptschriften über die Volksschulen von Denzel, Zerrenner, Harnisch, und bringen grade hier die von Chr. H. Zeller in Beuggen und von Kopf in Berlin in Erinnerung.

oder pietistische Conventikeln, dort auf dem Dorfe erscheint er in dem Frack nach neuestem Zuschnitt, macht den Aufklärer, kann es in dem armseligen Schulhause mit seiner allzu ökonomischen Umgebung nicht aushalten, oder wirft sich durch die Noth bezwungen in einen mehr als bäurischen Hausdienst, und nirgends trifft er das Rechte. So hat man denn manchmal gesehen, daß noch die Invaliden, nach des Königs Friedrichs II. bekannter Verordnung, bessere Schulmeister wurden, nicht etwa bloß als die abgenutzten und zu versorgenden Bedienten, *) sondern auch als die aufgestutzten Seminaristen. So hört man bittere Klagen, wie der ehemalige sogenannte Sparren in einen noch unerträglicheren Hochmuth übergegangen, und man bietet von den Lächerlichkeiten, die aus den Schullehrer-Seminarien hervorgehen, dem, der Geschmack für so etwas haben mag, Carricaturen sogar in Steindrücken dar.

Um ganz unparteiisch in dieser nicht unwichtigen Frage zu entscheiden, muß man dagegen auch das Für und Wider einer freigelassenen Vorbereitung noch besonders erwägen, wenn gleich schon in dem vorhergehenden das meiste liegt. Für dieselbe spricht der Hauptgrund, daß freie Wahl der Studien überall dem, der inneren Beruf hat, am gedeihlichsten zusagen, und nur mit sol-

---

*) Zu dem Vater des Verf., der als Professor der Theologie zugleich das Amt hatte Schulmeister zu examiniren, kam einst ein schon ziemlich abgelebter Mann, der sich für eine Schulstelle auf seinem Dorfe wollte examiniren lassen. Die Prüfung begann mit Lesen — der arme Competent konnte es nicht; nun denn Buchstabiren? das habe er auch nicht gelernt! doch die Buchstaben? Er konnte nicht das ABC, ganz buchstäblich genommen! „Nun, wie ist es möglich, daß er Schulmeister werden wolle?“ Ach, war die Antwort, er sey lange Kuhhirte gewesen, nun aber könne er dem Vieh nicht mehr nachkommen, und da habe ihm die Gemeinde die Gnade erweisen wollen und ihm die Schule geben. Das ist Thatsache vom J. 1772, daß er aber die Schule nicht bekam, ist indessen auch Thatsache.

chem Berufe soll sich der junge Mann dem Lehrstande widmen, nicht aber durch irgend eine äußere Anreizung, selbst nicht durch die einer trefflichen und anziehenden Anstalt überwältigt sich dazu bestimmen. Dann wird er sich auch schon seinen Weg selbst bahnen, und die Mittel für seinen Zweck selbst aufsuchen; und giebt es eine kräftigere und segensreichere Bildungsschule für den künftigen Lehrer als diese Aufforderung der Selbstkraft. Lasse man also nur jeden seinen Weg in Gottes Namen gehen; die gewöhnliche Schule wird ihn wohl noch vor seinem 15ten Jahre es in sich fühlen lassen, wenn ihn eine Stimme zum Lehrstande ruft, und in seinem freien, darum auch recht eifrigen Streben wird ihn dann schon die Vorsehung leiten. Hundert Beispiele lehren das. Ueberhaupt müssen die Menschen nicht so alles machen wollen, auch aus den Menschen; eine höhere Hand waltet da doch gewöhnlich ganz anders und führt die Sache besser hinaus als das vorgeschriebene Regelwerk. Darum giebt es weit mehr von Menschen angestellte als von Gott berufene Lehrer. — W i d e r solches Freistellen ist aber ebenfalls viel zu sagen, welches sich darin zusammenfaßt, daß man eine heilige Angelegenheit dem Zufalle überlasse, wo ebensowohl wie bei der Erziehung der Kinder die größte Sorgfalt unsere Pflicht sey. Wir wissen nämlich dann nicht, ob wir auf künftige Schullehrer hoffen können, wir wissen nicht, ob die würdigen Jünglinge die Gelegenheit zu ihrer Bildung finden, wir bieten ihnen nicht die Hand dazu, und wenn auch vorbereitete sich zu Lehrstellen anbieten, so können wir nie so genau wissen, was wir uns zu ihnen zu versehen haben, als wenn wir die Anstalt kennen, aus welcher sie kommen. Ihnen selbst und der Vorsehung das alles zu überlassen, wäre ebenfalls ein Argument, das mehr beweiset, als dem Beweisführer lieb seyn wird. Denn daraus würde folgen, daß die Menschen in den wichtigsten Pflichten nichts thun dürften, Erziehung des Kindes, Schulen ꝛc., wozu dann das alles?

So liegt das doppelte Für und Wider vor, und ein großer Actenstoß könnte noch darunter gelegt werden; wie wird nun das Urtheil lauten? Unmöglich kann es den Seminarien allein das Recht der Vorbereitung zusprechen, aber ebenso wenig dem Princip einer die Seminarien ausschließenden Freistellung; denn das geht aus den Gründen Für und Wider hervor, die doch wirklich Gründe sind. Das unparteiisch abwägende Urtheil muß also beides gelten lassen, ohne daß die eine Art der Vorbereitung die andere verdränge. Wir dürfen Elementarlehrer annehmen, die ihre Bildung in einem Schullehrer-Seminarium gemacht haben, und auch solche, die sie auf ihrem eignen Wege fanden; wer sich zu einer solchen Lehrstelle vorbereitet, darf z. B. auch bloß unter einem Schullehrer, zu dem er Vertrauen hat, sich zu bilden suchen; es kann ihm weder der eine noch der andre Weg an sich das Recht versagen, für die Stelle erwählt zu werden. Wird er nur tüchtig erfunden, gleichviel wie er es geworden! Weg mit allem Zwang und Bann in Sachen der Geistes- und Herzensbildung! Ob das gerne gehört werde, von dieser oder jener Partei, von Directoren und andern Oberen, darum kümmert sich der Schriftsteller nicht, welcher die Sache sprechen läßt; und wie sie entscheidet, möge der Leser nur unbefangen sehen. Wir erinnern an den Grundsatz: nicht die Schule für die Schule, sondern sie für das Leben und das Leben für sie.

2. Vorbereitung des Lehrers an der mittleren und oberen Volksschule. Das vorige Urtheil hat auch hierauf seine Anwendung. Seminarien sind gut, andere Wege sind auch gut. Ja es fragt sich, ob nicht grade für diese Lehrer höherer Bildung freigewählte Wege besser seyen. Der eine kann auf einer Schule, der andere im Privatunterricht, der dritte im Besuchen mehrerer Anstalten Kenntnisse, Uebung, Erfahrung, Vielseitigkeit gewinnen, wie es ihm vielleicht das beste Seminarium nicht gewähren kann. Wie mancher wackere Lehrer ist

unsern Schulen geworden dadurch, daß er sich eine Zeit lang am Pestalozzischen Institut aufgehalten, dann auch wohl andere besucht hat. Diese Bildung in einem mehrfachen Schulleben sollte man eher begünstigen als verschließen. Hierzu kommt, daß äußerst selten an einem Schullehrer-Seminarium alle Wissenschaften, die der junge Mann zu erlernen hat, so vollkommen gelehrt werden, als er sie etwa an einem andern Ort, z. B. in einer polytechnischen Schule erlernen kann.

Indessen giebt es noch eine eigne Art der Vorbereitung für diese Lehrer; sie ist das Amt eines Elementarlehrers selbst. Wer dieses mit Eifer und Tüchtigkeit Jahre lang bekleidet hat, konnte sich leicht die weiteren Kenntnisse erwerben, manche Geschicklichkeiten auch wohl zu einer hohen Stufe üben, und nun wird er sich auch nach einem andern Wirkungskreise sehnen, den wir nicht grade höher nennen wollen, — denn welcher kann höher seyn als die Bildung der Kleinen? — aber der seinen Kräften nunmehr angemessener seyn mag, und den er auch gegen die Erschlaffung bei dem alljährlichen Einerlei sich wünschen muß.

Auf diese Weise hat man auch weder bei den Lehrern dieser höheren noch jener niederen Schulen ein Gewicht darauf zu legen, ob sie lange Zeit auf ihre Vorbereitung verwendet, ob sie den Seminaristen-Cursus nach Vorschrift genau durchgemacht — genug, wenn sie tüchtig befunden werden, und es kommt nur darauf an, wie man dieses hinreichend erfahre.

3. Wie aber erhält der Lehrer aller dieser Lehrer seine Vorbereitung, der Vorsteher der Seminarien? Hier ist es allgemein anerkannt, daß er seine Schule im Leben selbst muß gemacht haben. Und denkt man an die verdienstvollen Männer, welche diesen Anstalten vorstehen, und deren mehrere unserm deutschen Schulwesen Ehre machen, so findet man in ihrer Lebensgeschichte dieses bestätigt. Da ist es denn nun recht eigentlich der innere

Beruf, der einen solchen Mann treibt, für seinen Wirkungskreis sich zu bilden, und er würde das kümmerlich, wenn er an irgend eine Anstalt, heiße sie nun Universität oder Seminarium, oder an irgend einen Uebungsplatz gezwungen wäre. Hier hört völlig alles Zunft- und Bannrecht auf; man wählt den Mann, der sich im Leben beweiset.

4. Vorbereitung der Lehrer an den Gelehrtenschulen. Grade für diese wichtigen Schulmänner wurde später als für jene auf Bildungsanstalten gedacht,*) und grade sie, welche das ganze Volksleben zu bilden bestimmt sind, lebten gewöhnlich nur in der Schule auf und das, was sie in derselben geworden, blieb denn auch meist mit dem Schulstaube bedeckt. Daher denn auch die stärkere Aufregung gegen die Gelehrtenschulen, als bildeten sie am wenigsten für das Leben. Indessen hat man sich doch nun seit länger als einer Generation her ganz andrer Gymnasiallehrer zu erfreuen, wie die ehemaligen grammatisch- oder kritisch-pedantischen Schulrectoren waren, und es wird bereits die glückliche Erfahrung öfters gemacht, daß sie sich als ächte Pädagogen vorbereitet haben. Auf welchem Wege sie das am besten können, das ist ebenfalls nicht engsinnig zu bestimmen.

Vor allem versteht es sich, daß diese Lehrer selbst ihre vollständige Schulbildung gemacht haben, und die philologischen Studien mit allem Eifer betreiben. Hierzu giebt ihnen schon das Gymnasium Gelegenheit, indem es demjenigen Schüler, welcher Talent und Trieb besitzt, dieses so entwickelt, daß er seines inneren Berufes recht inne wird, und sich zugleich im Lehren üben kann; wie die Classe Selecta diese Vorbereitung fördere, ist im 1ten Th. bei den Gelehrtenschulen bemerkt worden. Indessen würden wir schon hier die Bildungsbahn solcher Jünglinge zu sehr beschränken, wenn wir es zum Gesetz machen wollten,

*) Gesch. d. Erz. 2te Abth. S. 445 fg.

daß er das Gymnasium und zwar bis in die oberste Classe müsse besucht haben. Das könnten wir nur dann, wenn wir die Lebensgeschichten vorzüglicher Schulmänner nicht kenneten, oder die mehrfachen Wege, auf welchen die Kraft sich selbst Bahn macht und oft eben dadurch ein höheres Ziel erringt, nicht sähen, sey es nun aus Mangel der Umsicht oder aus engsinnigem Pedantismus. Genug, daß jedem die Gelegenheit durch die Schule sich vorzubereiten dargeboten wird. Das akademische Studium setzt nicht nur jene classische Bildung fort, sondern führt auch tiefer in die Philologie, in die sogenannten Humaniora, und überhaupt in die Geistesbildung ein. Es giebt dem künftigen Lehrer zugleich das, was er grade für die Gelehrtenschulen besitzen muß, eine encyklopädische Bildung, wodurch er, gegen Einseitigkeit bewahrt, seinen Blick in das ganze Gebiet der Geistescultur erweitert, und sich in allen Regionen derselben umsieht. Dieser Hauptvorzug der deutschen Universitäten giebt schon allein ihrem Namen eine höhere Bedeutung, als das Wort Hochschule sagt, er besteht in einer Universalität der Bildung, welche jedem zukommt, der in der Gesellschaft auf der Stufe steht, wo er regieren, verwalten, anordnen, und diejenigen, die zu solchem höheren Berufe bestimmt sind, belehren soll. Wir sehen also nicht, wie man den Schulmann, der selbst im Gelehrtenstande stehen muß, um für denselben zu bilden, von dieser unseren wesentlichen und nationalen Vorbereitung zu diesem Stande entbinden könne. Er soll demnach die Universität besuchen und die akademischen Studien für seinen Lehrerberuf wählen. Die äußeren Verhältnisse machen es den meisten dieser Studierenden rathsam, daß sie zugleich ein sogenanntes Brodstudium wählen; was schon dieses Wort sagt, überhebt uns alles weiteren Urtheils darüber. Daß nun gewöhnlich die Theologie als ihre Facultät gewählt wird, hat jedoch vieles für sich, vorausgesetzt daß sie nicht zum äußeren Mittel der Ernährung herabgewürdigt sey, sondern daß der Beruf zum Lehrstand überhaupt sich darin ausspreche. Auch entscheidet sich gewöhnlich erst im reiferen Alter und bei mehrerer Welt- und Menschenkenntniß die bestimmtere Richtung in diesem heilig gefühlten Berufe; mancher dachte Anfangs auf das Predigtamt zu studieren und wurde Schulmann, mancher studierte auf diesen und wurde von ganzer Seele Geistlicher. Die theologischen und philologischen Studien sind auch so verwandt oder vielmehr großentheils so ganz dieselben, daß jenes Facultätsfach von dem künftigen Lehrer der Gelehrtenschule recht gut gewählt werden mag. Nur soll man es nicht zum Gesetz machen, am wenigsten für die katholischen Schulmänner. Denn mancher entscheidet sich doch schon früher bloß für die Schulthätigkeit, und gewinnt auch weiter keine Neigung für die kirchliche, und so findet sich häufig der Fall bei Protestanten, weßhalb man da auch schon länger her bei der Anstellung an den Gymnasien nicht darnach fragt, ob es ein Theologe sey; und warum sollte das, daß er es nicht wäre, aber dafür ein mit Lehrtalent begabter tüchtiger Pädagoge und Philologe, ein Hinderniß seyn und vielleicht einen vorzüglichen Lehrer der Schule entziehen? In der katholischen Kirche hält man bekanntlich in manchen Ländern noch strenge darauf, daß die Gymnasiallehrer zugleich der Geistlichkeit angehören, und also Priester werden müssen, aber die nachtheiligen Folgen davon für die Gelehrtenschulen sind auch bekannt genug; und weil da das theologische Studium mehr mit der frühzeitigen Entscheidung für die Priesterweihe zusammenhängt, so dürfte man es wenigstens in dieser Hinsicht nicht zum Gesetz für die künftigen Schulmänner machen. Von welcher Confession aber diese auch seyen, welche sich für die Gelehrtenschulen auf der Universität vorbereiten, so wird es zu ihrer vollständigeren Bildung dienen, wenn sie auch die theologischen Wissenschaften studieren.

Die akademischen Studien sind an sich wissenschaftlich, aber sie sollen doch für das Leben seyn, und daher auch die Anwendung in dem Leben zeigen. Daher hat man schon längst das Theoretische, wie es in den Vorlesungen vorgetragen wird, auch auf das Praktische hinüber zu führen gesucht, und das in eigens dafür eingerichteten praktischen Collegien. In der Jurisprudenz und Medicin ist das schon längst gewöhnlich und bewährt. So hat man denn auch in der Theologie praktische Collegien, nunmehr vielleicht auf allen deutschen Universitäten eingeführt, mit gutem Grund und gutem Erfolge. Man hat auch diese Einrichtung erweitert, und homiletische, katechetische, Pastorial-Seminarien angeordnet, ebenfalls mit augenfälligem Nutzen. Und so findet sich denn seit A. H. Franke die Idee von Seminarien für künftige Lehrer an höheren Schulen, welche mehr und mehr ins Leben trat und sich seit der Mitte des 18ten Jahrhunderts ausbildete, wo J. Matth. Gesner zu Göttingen das erste eigentlich philologische Seminarium übernahm, nachdem schon früher zu Halle von Cellarius das Seminarium doctrinae elegantioris gestiftet worden. Eben an diesem Orte der großen Frankischen Stiftung hatte sich auch die Idee eines pädagogischen Seminariums entwickelt, und ist durch Niemeyer daselbst in vollkommnes Leben getreten. Hiermit war denn auch die Verbindung von beiden Seminarien schon ziemlich verwirklicht; auf der Universität Heidelberg wurde sie zuerst als nothwendig anerkannt und thätig ausgesprochen. *) Seitdem sind auch auf andern Universitäten ähnliche Einrichtungen ent-

*) Gesch. d. Erz. 2te Abth. S. 439. 445. 498. Da der Verf. und gemeinsam mit ihm sein Freund Creuzer die Seminarien zu Heidelberg, von dem unsterblichen Karl Friedrich gestiftet, Anfangs mehr in ein Ganzes verbunden errichtet, aber nachher jedes für sich in freierer und freundlicher Wechselwirkung bestehend, bis jetzt nicht ohne den fortwährend erfreulichen Erfolg seit nunmehr 25 Jahren fortgeführt haben, so ziemt es ihm nicht mehr darüber zu sagen, als was die Sache zur gerechten Beurtheilung verlangt, daß sie sich trefflich bewährt habe.

standen. Ueberhaupt scheint es sich immer deutlicher durch die Erfahrung zu ergeben, daß grade die Seminarien auf der Universität die besten für den Gelehrtenstand, und wenn sie ihre gute Einrichtung haben, alle weiteren überflüssig sind. Denn für alles Weitere ist das Leben die Schule. Man wird vielleicht Versuche machen, Seminarien für die künftigen Lehrer an Gelehrtenschulen auch an andern Orten anzulegen, als wo Universitäten sind, aber man wird zuverlässig davon wieder zurückkommen, wenn man anders etwas besseres als jene oberflächliche Bildung, die dem Zeitgeist huldigt, bewirken, nämlich durch Geist und Gelehrsamkeit die Männer der Gelehrtenschule weihen will.

Der akademische Unterricht hat noch das ganz Eigene, daß er den Geist frei macht. Dieses unterscheidet ihn durchaus von dem, der auf der Schule, so hoch sie auch sey, ertheilt wird, und grade das ist es, was den Lehrer für die Gelehrtenschule bildet. Zwar sollten auch die Lehrer für die Volksschulen zu solcher Freiheit gelangen, welche doch immer in den abgesonderten Seminarien mehr oder weniger beengt wird, allein ihnen mag eher eine Abhängigkeit von der Person des Directors, seinen Grundsätzen, Ansichten, Lehrformen, Manieren — nachgesehen werden, als denjenigen Lehrern, von welchen die höhere Bildung zur Humanität ausgehen soll. Diese nun werden in ihren akademischen Studien über alle Pedantereien, Schulmeistereien und literärische Einseitigkeiten hinaufgehoben, und in die freie Beurtheilung dessen, was die alte und die neue Zeit darbietet, durch die gelehrten Vorträge und das wissenschaftliche Nachdenken versetzt. Sie sind da weit weniger in Gefahr einem Buchstabensystem zu unterliegen. Das akademische Seminarium befördert diese Freiheit, indem es dem Studierenden Gelegenheit giebt, seine Gedanken selbstständig auszusprechen, sie durch Gründe berichtigen zu lassen, und seinem Führer eben dadurch die rechte Verehrung zu beweisen, daß er von ihm lernt auf eignen Füßen zu stehen und die freigewählte Bahn zu betreten. *) Zu wünschen ist, daß er auch Gelegenheit habe während dieser Zeit zu unterrichten, und sein Lehrer ihn hierin beobachte; daß dieses in Universitäts-Städten leicht möglich ist erfahren wir täglich.

Hiermit aber ist der künftige Lehrer erst angeleitet, wie er im Leben selbst sich weiter vorbereiten möge, und diese Schule beginnt jetzt erst für ihn. Werde er nun Hauslehrer, gehe er auf Reisen, übe er sich an einer Privatanstalt, oder als Privatdocent, — in allen diesen Verhältnissen wird er sich zum tüchtigen Schulmanne ausbilden, wenn ihm das Herz dazu schlägt. **) Gesetzt aber es schlüge ihm mehr für den Katheder, so wird er sich in diesen mehrfachen Lebensverhältnissen schon kennen lernen, um nicht mit Leichtsinn oder Eitelkeit zu wählen. Denn grade er muß eher als irgend ein andrer, dessen Fach nicht so in das menschliche Gemüth blicken lehrt, zu der Einsicht gelangen, wie es ganz verschiedene Richtungen sind, das Gelehrtenleben als Philologe für sich zu cultiviren, und dem Schulleben als Pädagoge sich zu widmen, auch muß grade er, der die innere Gottesstimme und den äußeren Wirkungskreis erkennt, das Ehrenwerthe und Segensreiche, wozu jede dieser Richtungen führt, verstehen und über den kleinlichen Stolz sich erheben, der lieber den

---

*) Auch hier berufen wir uns auf die Lebensgeschichte der trefflichsten Schulmänner. Um nur einiger bereits verstorbener und verewigter Meister zu gedenken, so fragen wir, ob nicht viele Schüler von Heyne, Wolf, Niemeyer, als lebendige und vollgültige Zeugen öffentlich dastehen?

**) Da hört man denn immer noch bald das Hofmeisterleben, bald das Privatinstitut, bald das Reisen rc. als ein Verderben für den künftigen Schulmann anklagen, während schon längst Niemeyer die Vortheile und Nachtheile von jedem mit seiner Besonnenheit abgewogen und zu dem Ergebniß geführt hat, daß der Mann von Beruf jede solcher Lagen zu seiner besten Vorbereitung benutzen kann, und während die Erfahrung jeden Tag davon Beispiele giebt.

akademischen Lehrstuhl besteigen, als unter seinen fleißigen Schülern wie ein Vater herumwandeln will. Jedem seine Würde, und dem am meisten, der in dieser Wahl dem rechten Rufe folgt. Wir verweilten bei diesem Puncte, weil wir oft schon bedauern mußten, daß mancher wackere Mann diesen Ruf verkannte, und eben nicht zum Vortheile seiner Wirksamkeit und der Welt nach Rücksichten wählte, die der göttlichen Stimme seines wahren Berufs widersprachen. Eben darum dient es ganz zur glücklichsten Vorbereitung für das Lehramt an einer Gelehrtenschule, wenn der junge Mann sich in mehrfachen Verhältnissen versucht, und wir müssen es für eine recht nachtheilige Einengung halten, wenn man ihn sogleich nach seinem allgemeinen Candidaten-Examen in einen bestimmten Uebungskreis einschließen will.

Noch ist ein Schritt zur Vorbereitung übrig, die Uebung an der Schule selbst. Sehen wir auf den ganzen Weg zurück, den der junge Mann bis dahin gemacht hat, so finden wir ihn im ersten Stadium als fleißigen Schüler, im zweiten auf der Universität als treuen Musensohn, im dritten in mehrfachen Lebensverhältnissen, in welchen er sich frei bewegt, die Welt kennen lernt, selbstständig zu wirken anfängt, und nunmehr in das Amt einzutreten sich berufen fühlt. Aber das wäre doch eine Art von Sprung, da er dieses Amt noch nicht ganz kennt, und sich noch nicht ganz dafür versucht hat. Er muß also, wenn er in allem den natürlichen Gang des stetigen Vorschreitens befolgen will, jetzt noch jenen Schritt thun, um zu erfahren, wie er sich in das Lehramt an einer Gelehrtenschule zu finden weiß. Das muß unter einer gewissen Leitung geschehen, damit er sich eben recht auch in diesem letzten Stadium vorbereite. Und so ist eine Anordnung nöthig, nach welcher die Candidaten für diesen Wirkungskreis zu einer solchen Vorübung gelangen.

Eben das ist leicht anzuordnen. Wir wünschten oben, als wir im vorigen Theil von den Gelehrtenschulen sprachen, daß den angestellten Lehrern Gehülfen beigegeben würden, damit sie auf den Fall einer Verhindrung einen Stellvertreter hätten, und in der Schule keine Hemmung ihrer geordneten Thätigkeit entstände. Wir sahen dabei, daß schon Schüler der obersten Classe fähig seyen solchen Dienst zu übernehmen, und daß die Schule nicht einmal etwas dabei verliere. Wie viel weniger würde sie nun verlieren, wenn schon gebildete angehende Lehrer dafür eintreten, und welche Beruhigung für die ganze Anstalt! Es darf also nur den Gymnasiallehrern erlaubt werden, solche junge Männer zuzulassen und ihnen manchmal, wenn sie selbst zugegen sind, Lehrstunden zu übertragen, dann auch, wenn sie gesetzlich verhindert sind, zum Vicariren zu verwenden, so werden sich aller Wahrscheinlichkeit immer solche Adspiranten an diesen Schulorten einfinden.

Damit nun der junge Mann dieses zu seiner eignen Schulübung auf die beste Art mache, so muß er von dem Director sowohl als von dem Classenlehrer, oder für wen er etwa eintritt, dazu angeleitet und auf schickliche Art zurecht gewiesen werden. Am natürlichsten dünkt es uns, daß man ihm Zutritt in allen Classen gestatte, wo er dann beobachten und zuhören mag. Er wird dabei manches lernen und bedenken, worauf er sonst nicht gekommen wäre; auch wird er bald fühlen, wohin grade ihn sein Lehrtrieb führt und wozu er sich gewachsen glaubt. Hierzu biete er sich dann dem zugehörigen Lehrer und zugleich dem Vorsteher des Gymnasiums an. Nun werden ihm erst kleinere, allmählig größere Lehrthätigkeiten unter Aufsicht des eigentlichen Lehrers angewiesen, von welchem er mit derjenigen Achtung vor den Schülern dieser Classe behandelt wird, die ihn bei seinem Unterrichte ermuthigt. Nach der Lehrstunde theilt ihm jener Lehrer seine Bemerkungen mit; und so auch der Vorsteher, der ihn denn doch selbst auch bisweilen hören muß. Indessen soll unser Candidat nicht bloß in einem Zweige oder in einer Classe unterrichten, sondern wenigstens in einigen, am besten wenn er sich in vielem versucht. Hierdurch lernt er sich und die Schule lernt ihn kennen, so genau, daß man für sein eigentliches Fach gar nicht mehr zweifelhaft seyn kann. Auch bietet sich um so mehr Veranlassung dar, daß ihm die Männer sagen können, was ihm etwa mangelt, was er Vorzügliches hat, und wie er sich weiter ausbilde. Er kann sich mit ihnen im Gespräche unterhalten, seine bescheidnen Bemerkungen ihnen mittheilen, und somit das Leben des Ganzen erfrischen, auch wohl erheitern. Beweiset sich der junge Mann trefflich, und hat er etwa auch das aufgeweckte Wesen, was jedem Lehrer wünschenswerth ist, so gewinnt die ganze Schule durch ihn. Es hänge dabei von dem Director ab, inwieferne er ihn an den Conferenzen, nämlich als Zuhörer, Theil nehmen lasse, damit er auch von dieser Seite ganz in das Schulleben eingeweihet werde. Auf jeden Fall lerne er die Schüler beobachten und suche sich möglichste Kenntniß von ihnen zu erwerben, indem er seine Gedanken über diesen und jenen mit den Lehrern bespricht. So wird er in diese Thätigkeit eintreten als stehe er schon in dem Amte, indem er noch in seiner Vorbereitung steht, die er hiermit auf die rechte Weise beschließt.

Dieser letzte Schritt in der Bildung für die Gelehrtenschule ist so naturgemäß, so vielversprechend, und so offenbar auch für diese Schulen selbst ersprießlich, daß man sich nur wundern muß, warum er kaum irgendwo geschieht, und nicht selbst verordnet ist. Wir können auch kein anderes Hinderniß absehen, als in dem Schlendrian, wo nicht hier und da in egoistischer Bequemlichkeit. Denn sollte es in den Kosten liegen, so ließe sich das ohne große Schwierigkeit überwinden, indem theils schon die kurze Zeit von einem Semester hinreichen könnte, theils der Candidat von dem Gymnasium selbst einige Unterstützung verdiente, da seine Dienste der Anstalt zu statten kommen, theils Privatunterricht ihm zuzuweisen wäre, z. B. zur Nachhülfe zurückgebliebener Schüler, vielleicht auch für die auf eine

Zeit lang verwiesenen, wie wir oben seines Orts vorgeschlagen.

Und so dürfte denn dieses letzte Stadium der Vorbereitung, aber auch nur dieses nach dem akademischen Studium dem Bewerben um eine Stelle an der Gelehrtenschule zur Bedingung gemacht werden.

Zweites Kapitel.

Anstellung der Lehrer.

1. Prüfung. 2. Uebertragung des Amts. 3. Besoldung.

1. Prüfung.

Jeder hat sich vor allem selbst zu prüfen, und kein rechtschaffener Mann wird ein Amt suchen, bevor er mit sich selbst gewissenhaft zu Rath gegangen, ob er auch dazu tüchtig sey. Wer nun nach dem, was im vorigen Kap. angegeben worden, sich vorbereitet und seine Kräfte versucht hat, vermag sie nun abzumessen und wird sich weder zu viel noch zu wenig zutrauen. Denn die ächte Bescheidenheit vermißt sich weder nach oben noch nach unten, sondern verlangt auch gerechte Selbstwürdigung. Daher eben muß dem jungen Mann sehr viel an dem Urtheile der Urtheilsfähigen liegen, auf welches er sich auch in seinem edlen Selbstgefühle stützen möge, und das er auf keine Weise umgehen darf. Er wird sich also auch gerne von solchen Männern prüfen lassen, und so wird er auch von dem Dünkel entfernt seyn, als müsse man ihn suchen, d. h. kennen, ehe er sich kennbar gemacht hat. Schon die ganze Vorbereitung des künftigen Lehrers ist eine fortwährend sich entwickelnde Selbstprüfung, wobei er sich zugleich Andern bekannt macht; sie geht unvermerkt in diejenige Prüfung über, welcher er sich unterziehen muß, um von Andern als des Schulamts würdig erkannt zu werden. Von diesem sogenannten Examen der Schulcandidaten haben wir jetzt zu reden, und da die Fordrungen an sie nach den Schulen, bei welchen sie angestellt seyn wollen, verschieden sind, so muß auch die Prüfung für jede von andrer Art seyn. Wir betrachten also die drei Arten nach einander.

1. Für die untersten Schulen. Die Kenntnisse, welche dafür verlangt werden, sind bald abgefragt, die Handgeschicklichkeiten bald erprobt, aber die Hauptsache, die Lehr- und Erziehungsgabe, wird durch kein solches Examen erforscht. Zwar sollen auch die Grundsätze erfragt werden, aber auch das ist bei weitem noch nicht genug. Man muß also den Lehrer oder die Lehrerin in ihrer Thätigkeit beobachten, und das nicht in einer feierlichen Stunde oder vorübergehenden Stimmung, sondern auf eine längere Zeit, wo sie an dem Geschäfte selbst auf gewisse Art Theil nehmen. Am leichtesten ist das in den Seminarien, wo dann die Examinatoren sich auf das aus denselben mitgebrachte Zeugniß stützen können, aber nun noch Fragen vorlegen und Uebungen aufgeben müssen. Das ist denn auch bei denjenigen nöthig, die in keinem Seminarium waren; sind sie bei einem Schullehrer gebildet worden, so verhält es sich mit ihrer Prüfung ganz auf dieselbe Art, da sie ihre Zeugnisse sowohl von diesem Lehrer als von dem Schulaufseher mitbringen müssen, welches möglichst ausführlich, bestimmt und positiv seyn muß. Wäre der Examinande noch in keiner Uebung und unter keiner Beobachtung gewesen, so müßte man ihm vorher noch eine Schule anweisen, wo er wenigstens einige Wochen lang thätig seyn könnte. Daraus muß es sich denn schon ergeben, ob er fähig zum Schulamte sey oder nicht. Im letzteren Falle wird er weiter nicht zum Examen zugelassen, im ersteren Falle ist aber um deßwillen noch ein besonderes nöthig, damit ihn die Examinatoren persönlich kennen lernen, und sich von dem, was das Zeugniß enthält, vergewissern. Fände er da irgend einen Anstand, so kann er sich darüber Auskunft geben lassen, und so kann

alles das sogar durch äußere Gesetze bestimmt werden, welche möglichst Willkühr und Chicane verhüten, ohne die Geistesprüfung durch solchen Buchstaben zu beengen. Es ist wenigstens Controle genugsam da, aber allerdings muß vieles in dieser Sache des Geistes dem Charakter der Examinatoren vertraut werden. Wir reden von ihnen in der Mehrzahl, und so sollte es in der Regel seyn, aber für die niederen Schulstellen muß man es doch öfters nur Einem Manne überlassen, und was wäre nach jenen Zeugnissen auch dabei noch für Bedenken? Daß auch Frauenspersonen solche Prüfungen bestehen müssen, folgt aus gleichem Grunde; was die weiblichen Geschicklichkeiten betrifft, so muß der Examinator urtheilsfähige Frauen zuziehen.

Indessen kommt noch etwas ganz anderes in Betracht, das sich nicht so leicht erprüfen läßt, und das doch grade für diese Schulen, namentlich auch der ganz kleinen Kinder, von der größten Wichtigkeit ist, wie wir oben seines Orts sahen, die christliche Frömmigkeit. Wo sie sich findet, giebt sie sich zwar bald kund, und am entschiedensten da, wo sie sich nicht kund zu geben sucht. Wie aber, wo nichts davon bemerkt wird? Darf man darum den Lehrer oder die Lehrerin verwerfen? Wer wäre als solcher Herzenskündiger dazu berechtigt? Und würde das nicht Heuchler machen? Oder vielleicht grade in unsern Zeiten Gegner gegen die christliche Schule, und die bekannte Opposition gegen die als Mysticismus geschmähete Frömmigkeit noch verstärken? Wir müssen gestehen, daß wir vorjetzt noch keine Auskunft hierin wissen, und lieber keinen Rath ertheilen, als einen solchen, der noch nicht des guten Erfolgs sicher ist; wir rechnen das unter diejenigen Dinge, welche wir der freien Entwicklung im Reiche Gottes anheim stellen müssen, der Herr dieses Reiches wird schon auch hierin walten, und er will nicht, daß die Menschen durch ihre Satzungen den Weg versperren. Nur das liegt uns da zu beachten vor, daß wir unbefangen erforschen, ob bei denjenigen Personen, welchen der religiöse Sinn zu fehlen scheint, wirklich ein irreligiöser herrsche; nur in diesem Falle wäre man berechtigt, sie von dem Schulamt abzuweisen; oder ob nicht vielleicht bloß ein Mangel da sey, und das berechtigt noch nicht zur Abweisung; ja es findet sich ja nicht selten, daß manchem es bloß an der Erweckung und Belebung dieses Sinnes in der Jugend fehlte, und was vermag sie besser zu bewirken, als der Umgang mit den Kindern, und das in einer wohl geleiteten Schule unter einem würdigen Vorsteher? Der kindliche Sinn, der zu diesem Umgang erfordert wird, darf nur nicht fehlen; er gehört zu wesentlich zu diesem Lehrgeschäft, als daß nicht gesetzlich jeder von demselben abzuhalten wäre dem er fehlt, und solcher Mangel fällt bald und entschieden in die Augen.

2. Die Prüfung für die oberen Volksschulen. Da der Lehrer derselben in Kenntnissen und Geschicklichkeiten sich auszeichnen muß, so hat das Examen diese zu erkunden, und das erfordert eine größere Strenge und Ausführlichkeit als jenes für die niederen Schulen. Die Lehrgabe und pädagogische Gewandtheit muß ebenfalls erforscht werden, indem der Examinand Proben davon abgelegt hat und jetzt noch ablegt, ungefähr auf dieselbe Weise wie dort. Weil auch mehr Vielseitigkeit verlangt wird, so ist es schicklicher, daß Männer von verschiednen Fächern die Prüfung anstellen. Die Zeugnisse sind wie dort beizubringen und ebenso wie dort zum Grunde zu legen. Auch ist der sittliche und religiöse Charakter ein Erforderniß, von welchem man sich versichern muß, so viel es irgend möglich ist, nur daß es grade bei Schülern, die über die Kindheit hinaus sind, nicht in dem Grade wie dort auf den kindlichen Sinn ankommt, aber desto mehr auf einen frommen Ernst und feste Kraft. Wenn man unter Lehrern zu wählen hat, die schon einer Elementarschule vorstanden, so war diese selbst ihre Prüfung, und man hat dann wenig weiter zu examiniren. Solches Aufsteigen zu einer höheren Schule ist auch meist dem

Lehrer wünschenswerth, da er doch mit der Zeit bei einem Zuwachs von Kenntnissen unter dem Einerlei der ersten Elemente leicht ermüdet, und der Fall selten vorkommt, wo sein kindliches Gemüth bis er ergraut an die Kleinen fesselt.

Die meisten Examinanden finden sich im Allgemeinen für die Volksschulen ein, ohne auf den Unterschied zwischen den Elementar- und Realschulen sehr zu achten, wie denn auch in dem Leben selbst dieser Unterschied fast nur in Städten vorkommt. Die Landschullehrer sind bei weitem die Mehrzahl, und so muß das Examen das verbinden, was wir unter N. 1. und 2. trennten, jedoch ohne die Fordrungen so groß zu machen, als sie bei Bürgerschulen gemacht werden müssen. Wegen der starken Concurrenz, auf welche man in unsern Zeiten zu rechnen hat, *) sey denn auch diese Prüfung durchaus nicht nachsichtig; aber wir reden damit nicht jener Strenge das Wort, welche Furcht einflößt, die den Examinanden außer seiner natürlichen Fassung setzt, und mehr abstößt als abwägt. Auch sagen wir keineswegs, daß nur das Wissen auf dieser Wagschale den Ausschlag gebe, denn wichtiger ist ja hier das rechte Können, und so entscheidet nicht nur unter Gleichstehenden in den Kenntnissen, sondern auch einigermaßen gegen Voranstehende die vorzüglichere Lehrkunst mit dem zugehörigen Charakter.

3. Die Prüfung für die Gelehrtenschulen. Hier zeigt sich am bestimmtesten, wie die Vorübung an der Schule selbst, deren wir im vorigen Kap. gedachten,

*) In Deutschland scheint hierin grade das umgekehrte Verhältniß statt zu finden, wie in den Verein. Staaten von Nordamerika. Dort fehlt es gar sehr an Schullehrern, und bei der so stark steigenden Bevölkerung hätte man dort nach Berechnungen mit jedem Jahre 1000, sage Tausend mehr nöthig, während man den jetzigen Bedarf noch bei weitem nicht befriedigen kann, und es an tüchtigen Volksschullehrern fast ganz fehlt.

das beste Mittel ist den angehenden Lehrer kennen zu lernen, und wie es auf dieses gute Zeugniß hin nicht viel Examiniren mehr Noth ist, aber ohne dieses Zeugniß auch das glänzendste Examen noch nicht die Versichrung giebt, daß die Schule ihren Mann gewinne. Doch soll er auch noch eine strenge Prüfung bei den Gelehrten der Schulbehörde bestehen, und zwar bei mehreren, die ihn gemeinschaftlich examiniren. Denn das erfordert die Achtung für diese höhere und mehrseitige Bildung, und die Pflicht der Oberen sich alsobald möglichst genau mit den untergebnen Lehrern bekannt zu machen. Nur werde denn auch zweckmäßig examinirt. Ein elender Schlendrian nahm da öfters Subtilitäten und Kleinlichkeiten vor, in welchen sich mancher Lehrer gefällt und das Wichtigste setzt. Allerdings muß der, welcher das Lehramt übernimmt, das Lateinisch und Griechisch gründlich lehren soll, die Grammatik auch in den kleinsten Puncten inne haben, allein das kann der Examinator bald bemerken, und besser noch, wenn er ihn mit mehr Achtung behandelt als einen Schulknaben. So ist es auch mit den Fragen in der Geschichte. Dem trefflichsten Geschichtslehrer kann vielleicht das nicht augenblicklich zu Gebot stehen, was so ganz speciell ist, oder was von Namen und Jahrzahlen gefragt wird. Man gebe ihm also nur auf, irgend eine Begebenheit aus der Geschichte vorzutragen, man lasse ihn Classiker interpretiren, man frage ihn dazwischen über Sprache, Alterthümer u. s. w. man lasse ihn auch eine Lehrstunde selbst halten, obwohl wie jeder andere Lehrer nach gehöriger Vorbereitung, man gebe ihm schriftliche Aufgaben, man spreche mit ihm lateinisch, wenn auch nicht die ganze Prüfung hindurch —; und so ergiebt sich noch mehreres, wo es einem geschickten Examinator möglich wird, in Zeit von wenigen Stunden ein Urtheil zu begründen, das nicht nur den jungen Mann in Hinsicht der Kenntnisse, die er besitzt, sondern auch der Art, wie er sie besitzt, gerecht und entscheidend würdigt. Es fehlt auch nicht an gutem Rath, wie diese Prüfungen bestimmter vorzunehmen seyen, auch nicht an obrigkeitlichen Verordnungen aus der neueren Zeit, die vieles recht zweckmäßig vorschreiben. *).

Nur sey es uns erlaubt zwei Fehler, die uns da noch häufig erscheinen, zu rügen. Der eine besteht in der Prüfung über alle mögliche Schulgegenstände, weil man meint, der Lehrer müsse für jedes Fach gerecht seyn, da ihm vielleicht die Tragödieen des Sophokles oder die Geometrie, die Metrologie oder die Mineralogie übertragen wird, je nachdem es in den Schulplan paßt. Wir haben schon oben auf das Widersinnige hierin aufmerksam gemacht. Nein, man examinire jeden besonders in dem Fache, wozu er sich bekennt, und weil er doch nicht einseitig und beschränkt gebildet seyn darf, so wird er sich von selbst zu mehrerem bekennen, zumal da mehreres genau zusammenhängt, z. B. die alten Sprachen beide, und mit ihnen die alte Geschichte u. s. w. Uebrigens muß er auch encyklopädisch alles Uebrige kennen, was in dem Schulkreise der Gelehrten- und Volksbildung liegt. Nur in dieser Beziehung mag man den Grammatiker auch auf Mathematisches, auf Physik rc. examiniren.

Die andere fehlerhafte Weise finden wir in der sogenannten Concurs-Prüfung. Da werden aus dem ganzen Lande die Lusttragenden aufgeboten, und sie müssen dann ihr gutes Glück versuchen auf dieser Olympischen Rennbahn. Oder man entbietet sämtliche Adspiranten zu einer bestimmten Zeit, um sich zu einem Examen zu versammeln, worin sie nach ihren Graden numerirt werden, sey es nun ein einmaliges oder ein mehrmaliges. Man wird da

---

*) Wir enthalten uns aller weiteren Citate und verweisen nur auf die mehrmal angeführten Werke namentlich von Niemeyer und Thiersch, welche eben hierin guten Rath ertheilen. — So eben erhalten wir das Königl. Preußische Reglement für die Prüfungen der Kandidaten des höheren Schulamts (1831), das eine recht erfreuliche Erscheinung ist; im §. 33. wird dazu ein Probejahr verordnet.

unwillkührlich an die jährliche Gelehrten-Heerschau der Tsintse, Hanlins und wie die dortigen Doctorgrade heißen in den Chinesischen Großstädten erinnert. Was soll dergleichen bei uns? Bequem mag es wohl für die Behörden seyn, als Kampfrichter so kurzweg zu entscheiden, aber das Urtheil kann weder gerecht noch zweckmäßig ausfallen. Nicht gerecht, denn unmöglich sind die Vorzüge oder Mängel des Einzelnen in einem solchen Zusammentreffen zu durchschauen; schon der höchstgespannte Zustand hindert den jungen Mann an freier Darlegung, und die Aufgaben müssen doch allgemein genug seyn, so daß man nicht einmal Zeit hat, sich mit dem Einzelnen so ganz wie es sich gebührte abzugeben. Nicht zweckmäßig ist aber auch solche Gesamtprüfung, weil man doch die Hauptsache nicht erfährt, nämlich ob der junge Mann zum Schulamt tüchtig sey; und so blriben die Gymnasiallehrer im Lande der Schulbehörde ganz unbekannt, da sie höchstens nur mancherlei Kenntnisse in diesen Wettkämpfen entwickeln, aber von ihrer Lehrgabe und pädagogischen Wirksamkeit kaum etwas aufzeigen.

Um so lieber kommen wir auf den im vorigen Kapitel angegebnen Vorschlag zurück, für die Vorbereitung zu diesem Lehramt bestimmt zu verlangen, daß der Candidat eine Zeitlang als Gehülfe an einer Gelehrtenschule thätig sey.*) Er mag etwa vorher ein erstes Examen bestehen, das mehr seine Kenntnisse betrifft, und ehe er ein Amt erhält, hat er denn nach dieser Uebung das mehr praktische auszuhalten. Wer nun vollends schon als guter Schulmann in einem Amte sich gezeigt hat, darf keinem weiteren Examen unterworfen werden.

*) Die Verordnung, daß die Gymnasiallehrer erst auf Probe angestellt werden, ist etwas der Art; nur ist es zu mislich jemanden nachher abzuweisen, wenn er vorher schon Hoffnung hatte.

2. Uebertragung des Schulamts.

Es ist ein Amt, das der Lehrer übernimmt, eine bestimmte Thätigkeit, zu welcher er sich öffentlich verpflichtet. Er ist nicht berechtigt die öffentliche Schule nach Willkühr zu übernehmen, wie er etwa ein Privatinstitut unternehmen mag, sie muß ihm vielmehr von denjenigen übertragen werden, welche in der Gesellschaft dazu verordnet sind. Hier ist noch nicht der Ort von dieser Anordnung zu sprechen, wer das Recht dazu habe, ob der Staat, ob die Kirche, ob ein besonderer Verein, genug der Lehrer wird von Berechtigten für sein Amt in Pflicht genommen, indem er sich freiwillig dazu verbindlich macht. Wenigstens kann das aber nicht von den Schülern selbst ausgehen — man müßte denn das revolutionäre Prinzip bis dahin ausdehnen, daß sich die Kinder ihre Väter wählen, und daß die Schulknaben es als ihr Menschenrecht reclamiren sollten, einen zu ihrem Lehrer zu machen wie es ihnen gelüstet. *) Wenn man einmal eine ständische Verfassung in den Schulbänken einführt, so ist in der That dieser glänzende Fortschritt ganz nahe.

Ideal genommen sollten überall nur vollkommen Urtheilsfähige die Bildner der Jugend berufen, d. h. denjenigen, welche sie für die Tüchtigsten zu diesem Amte erkannt haben, dasselbe übertragen. Aber das läßt sich nicht so realisiren, und wir wollen gerne zufrieden seyn, wenn nur die Berechtigten immer die Urtheilsfähigen wo sie es etwa nicht selbst sind doch zu Rathe ziehen. Um dieses der Idee nach so viel nur möglich auszuführen, muß die Anstellung nach der Prüfung erfolgen, und ohne daß man

*) Haben wir doch wirklich Auftritte der Art erlebt; in Pariser Schulen haben sogar Knaben ihre Lehrer hinausgetrieben, und ihre Oberen mußten es gelten lassen — ganz folgerichtig nach dem Prinzip „der Bewegung.“ Nun, das Beifallklatschen oder Auspfeifen, das man dort in den Hörsälen vernimmt, ist ja schon etwas von solcher Machthaberei der Schüler.

sich darüber verläßigt hat, daß der Mann für das Schulamt würdig sey, wäre sie eine Verletzung eines heiligen Rechts, die Jugend würde da in ihrem göttlichen Rechte verletzt und der Mishandlung Preiß gegeben. Denn ein schlechter Lehrer mishandelt sie, wenn auch nur durch Verwahrlosung; ja schon dadurch erfährt sie diese Ungerechtigkeit, daß ihr der bessere Führer vorenthalten wird. So ist denn die Anstellung eines Lehrers sey es an einer Volksschule oder an einer Gelehrtenschule eine hochwichtige Sache. Sie erfolgt aber auch ebenso natürlich aus seiner Prüfung, wie diese aus seiner Vorbereitung, auch hier sehen wir einen stetigen Uebergang. Der Lehrer hat sich durch sein wohlbestandenes Examen schon selbst gewissermaßen angestellt, nämlich nur noch ganz unbestimmt als einen Arbeiter in diesem Stande, es bedarf daher nur der Bestimmung seines besonderen Wirkungskreises, und diese muß allerdings von denjenigen ausgehen, welche die Fürsorge über die Schule tragen. Sie berufen den Lehrer. Aber zugleich geht sie auch von ihm selbst aus, entweder indem er zuvorkommt und sich meldet, oder indem der Beruf ihm zuvorkommt und er zusagt. Das letztere ist freilich ehrenvoller, indessen ist doch auch das erstere nicht ohne Ehre, denn er bietet seine Dienste an mit der Bescheidenheit, daß er nicht verlangt gesucht, aber sich doch zutrauen darf nicht unwürdig befunden zu werden.

Es möchte Manchem wünschenswerth scheinen, daß die Lehrer an einer größeren Schule sich selbst durch die Wahl eines Collegen ergänzten, weil doch ihnen grade die Bedürfnisse und die Männer am besten bekannt, auch der College nicht gleichgültig seyn kann. Ein wohlgedeihender Organismus ersetzt am besten selbst, was er verliert. Wer indessen die Menschlichkeiten in allen diesen Verbindungen kennt, wird die Idee für die Ausführung nicht rathsam finden. Nur das könnte gut seyn, daß man die Gesamtheit der Lehrer bei der Anstellung eines neuen vernähme, wie es sich denn auch in der Erfahrung als gut bewährt, daß der Director zu Vorschlägen zugezogen wird. Wo indessen jene Prüfung, die sich auf Zeugnisse von Schulmännern über die praktische Vorbereitung bezieht, eingeführt ist, da hat man schon etwas der Art. Grade entgegen gesetzt ist die Weise der Besetzung erledigter Schulstellen, die von äußeren Gerechtsamen abhängt, z. B. von Patronaten; da ist nicht das Amt der Zweck, sondern der Mann, und oft nicht einmal dieser an sich, sondern der Privatvortheil dessen, der das Patronatsrecht hat. Wir wollen nicht in Abrede stellen, daß dieser manchmal recht gut wähle, und wer wollte einem von Rochow nicht nachrühmen, daß die Schule seines Dorfes und deren Besetzung in keinen besseren Händen seyn konnte, seyn durfte, als grade in den seinigen? Das war aber ein seltner Fall, wo der Schulpatron auch der Schulmann war, und zwar der, welcher unter den vorzüglichsten in der Geschichte glänzt. Auch wissen wir von manchem rühmlichen Beispiele solcher Gutsherren, die das Gedeihen ihrer Landschulen besser besorgen, als es von den Schuloberen selbst besorgt werden könnte. Solche verdienten allerdings bei Besetzung ihrer Schule gehört zu werden. Indessen kann es nicht Regel seyn, eine Sache von so großer innerer Bedeutung irgend äußeren Gerechtsamen Preiß zu geben; wir kennen ja genugsam das Elend der Landschulen, deren Lehrer von den Gemeinden selbst gewählt, oder vielmehr wie Viehhirten und Nachtwächter gemiethet werden; und wie es ehedem deßhalb in den Stadtschulen aussah, ist bekannt genug.*) Etwas ganz anderes ist es, wo der Magistrat wählt, weil er die Regierung verwaltet, und also gesetzlich verfährt; wie trefflich da die Schulen be-

*) Gesch. d. Erz. 2te Abth. S. 347—361. giebt mehrere Züge an, die hierher gehören. Die Klagen aus den Verein. Nordamerik. Staaten, die uns so eben zugekommen sind, zeigen, wie schlimm es da stehe, wo die Gemeinde ihren Schullehrer erwählt; die Schule geht an den Wenigstnehmenden hin!

setzt zu werden pflegen, sagt besonders die neuere Geschichte. Misbräuche sind übrigens nirgends in menschlichen Dingen ganz zu verhüten, und überall bedarf es der Mahnungen an Pflicht und Gewissen; hier denn an die heilige Angelegenheit der Schulen.

Welche Schule es denn auch seyn möge, und wer auch das Recht habe sie mit ihren Lehrern zu versorgen, so werde nur das Gedeihen grade dieser Schule zum Gesichtspunct genommen, und hiernach der Mann gewählt, dessen sie grade bedarf, und der sich am besten grade für sie eignet. Was auch sonst für Rücksichten bei Besetzung der Schulstellen statt finden mögen, sie müssen diesem Hauptziele alle untergeordnet seyn. Es ist z. B. billig, daß dem Lehrer auch diejenige einträgliche Stelle zu Theil werde, die er verdient, allein schlimm ist es doch, wenn sich hiernach seine Anstellung entscheidet, da er vielleicht an einer andern Schule besser gewirkt hätte, und die Schulen, die so unglücklich sind ein schlechtes Einkommen zu gewähren, auch nicht die Lehrer erhalten, die sie bedürfen. Von dieser Seite müßte also gesorgt werden. Es versteht sich übrigens, daß man über das Lehrgeschäfte nicht militärisch verfügen, und den Lehrer gegen seine Neigung hier oder da anstellen kann, wie man es etwa für das Wohl der Schule rathsam fände; man könnte in solchen Fällen ihm etwa die Sache an das Herz legen, jedoch ohne irgend einen psychologischen Zwang. Wo denn nun auf dem Dorf oder in der Stadt, wo an einer Volksschule oder an einer Gelehrtenschule eine Stelle zu besetzen ist, da werde unter den geprüften Männern derjenige gewählt, der sich grade dahin am meisten eignet, und der denn auch diese Stelle wünscht. Ob noch eine besondere Prüfung für die besondere Stelle nöthig sey, darüber läßt sich nur nach Localumständen urtheilen. Im Allgemeinen müssen wir jenen Grundsatz festhalten. Wir verkennen übrigens nicht, daß man in der Anwendung auf nicht geringe Schwierigkeiten stößt. Aber können wir deßhalb das nachgeben, was wesentlich zum Heil der Schule gehört? Um der menschlichen Unvollkommenheit willen, welche jede Ausführung drückt, darf man nicht die Idee selbst verdrängen.

Dem Lehrer werde sein Schulamt auf diejenige Weise übertragen, welche in der Sache liegt. Er wird von der Schulbehörde in Pflicht genommen, und diese verpflichtet sich für die Beschützung aller seiner Rechte. Was er verspricht, kann er nur so im Allgemeinen versprechen, daß der Geist, in welchem er doch wirken soll, nicht gebunden wird. Recht gut daher, daß er eine Instruction erhalte, mit derselben auch vorher sich bekannt mache, und sie zu befolgen mit Mund und Hand und — Herz gelobe: aber dieses letztere kann er nur dann, wenn die Instruction das frei läßt, was frei zu lassen ist; die Entwerfung derselben ist die Aufgabe für einen Meister und die Berathung aller ihrer Puncte, bevor sie gesetzlich wird, verlangt mehrere Meister und hört erst gerne jeden erfahrnen Schulmann. Der Lehrer, welcher das Amt übernimmt, muß dagegen die Versicherung erhalten, daß er in seiner Thätigkeit geschützt werde, nicht bloß äußerlich und so von oben herab, sondern auch innerlich durch ermunternde Theilnahme der Vorgesetzten, und durch alle diejenige Fürsorge, welche ihm eine freudige Führung des an sich schweren Amtes möglich macht. Dabei muß ihm sein äußeres Bestehen gesichert seyn, denn sonst wäre ihm schon eben diese Amtsführung nicht möglich, er müßte in steter sorgenvoller Spannung wegen der Zukunft leben, und es würde mehr als menschliche Kraft dazu erfordert, daß er sich so mit ganzer Seele seinem Amte widme. Es ist aber auch die strenge Fordrung der Gerechtigkeit, daß der Mann, welcher der Gesellschaft Kraft und Leben von Jugend auf weihet, von derselben seine ganze Lebenszeit hindurch und auch im Alter versorgt werde; und könnte er darauf nicht rechnen, so würde er nur gleich dem Lastthiere abgenutzt. Das wird denn auch gefühlt. Wer als ein tüchtiger Lehrer anerkannt ist, der wird auf Zeitlebens angestellt, und nicht auf Widerruf, ob er gleich immer seinen freien Willen behält von seinem Amte nach Belieben abzutreten. Auch hierin liegt keine Ungleichheit, als ob er da in dem Vertrage mehr vor dem andern Theile voraus habe; denn es liegt in der Sache, und alle Verträge, die vor der Gerechtigkeit bestehen sollen, müssen dem Wesen der Sache entsprechen, inwiefern sie sich im Wesen der Menschheit gründet. Das ist nun hier der Fall. Der Lehrer kann seine Freiheit für das Abtreten von seinem Amt so wenig aufgeben, als er beim Uebernehmen desselben irgend einem Zwang unterworfen worden, weil grade das Lehrgeschäfte nur mit dem freiesten Willen, mit voller Lust und Liebe, gedeihlich geführt werden kann. Unter solchen Bedingungen werde sonach jeder Lehrer, an den niederen Schulen wie an den höheren angestellt.

Die Einführung in sein Schulamt ist sehr schicklich mit einer gewissen Feierlichkeit zu verbinden, denn das Amt ist sehr wichtig, und das äußere Wort muß dieses aussprechen. Er wird den Schülern zunächst in seinem väterlichen und erziehenden Verhältnisse zu ihnen vorgestellt, aber auch den Eltern und der ganzen Gemeinde, die auf irgend eine Weise an der Schule Theil nimmt. Die Vorgesetzten der Schule sind es, welchen dieses Geschäft zukommt, als eines ihrer wichtigsten in ihrer Fürsorge. Man muß es also in jeder Hinsicht misbilligen, wenn die Einsetzung eines Lehrers nur so wie eine Alltagssache abgethan wird; da ist es dann kein Wunder, wenn Gleichgültigkeit überall in der Schule herrscht. Am besten möchte man nun die feierliche Zeit vor einem neuen Curs und zwar bei dem öffentlichen Examen für diesen Act wählen.

Der neue Lehrer übernimmt also da öffentlich sein Amt, d. h. er erklärt seinen freien Entschluß, in Gottes Namen alles das, was sein Lehramt fordert, aus seinem inneren Triebe mit Freuden und nach seinem besten Vermögen zu thun, und fordert die Schüler auf, ihm mit ihrem Zutrauen entgegen zu kommen, und ihn stets als ihren väterlichen Führer und Lehrer anzuerkennen. Die Schüler werden von dem Vorgesetzten dazu aufgefordert, ihm das zu versprechen, indem ihnen die Pflicht hierzu vorgehalten wird, da sie noch nicht selbst über die Würdigkeit der Lehrer zu urtheilen im Stande seyen und noch unter der Vormundschaft der Oberen stehen, daß sie sich mit Vertrauen einer Verfügung überlassen, die sie hoffentlich auch bald recht mit Dank erkennen würden. Und so wird es für ihr Gemüth, für die künftige Wirksamkeit des Lehrers, für das ganze Schulverhältniß höchst angemessen seyn, wenn die ganze Schule mit ihrem neuen Führer einen solchen Herzensbund auch durch förmliche äußere Erklärung schließt. Man hört in unserer Zeit der Staatsconstitutionen von der Souveränität des Volks die der Nation unterscheiden, und mit der letzteren scheint das Ideale gemeint zu seyn, das freilich nicht mit dem, wie die Menschen in der Wirklichkeit sind, verwechselt werden sollte. Indessen fühlt man doch dabei, wie es überall die höhere Idee ist, worauf sich die menschlichen Einrichtungen beziehen sollen, und daran denken wir auch bei diesem Bund zwischen dem Lehrer und seinen Schülern. Denn das wird doch niemand gerne wollen, daß er ihnen aufgedrungen, und ihm die Schule wie ein Zuchthaus übergeben werde; vielmehr will man da das Verhältniß wie zwischen dem Vater und seinen Kindern nachgebildet sehen. Das geschieht aber nur durch die Herzen. Und man darf sicher auf die Herzen der Jugend rechnen, wo sie den Mann vor sich sehen, der ihnen die führende Hand mit freundlichem Ernste darbietet. Nicht aber dadurch, daß man ihr ein Recht zugestehn wollte, das ihr die Natur versagt hat, als hätten sie über ihren Lehrer und die Wahl desselben im mindesten etwas zu urtheilen, sondern dadurch, daß man sie ihr wahres und schönes Recht fühlen läßt, mit ihrem bescheidenen, folgsamen, kindlichen

Vertrauen ihre Herzen dem Manne ihrer Bildung entgegen zu bringen.

Wir reden nicht weiter von diesem Gegenstand, ob sich gleich noch manche Gedanken über die Einsetzung in ein so geheiligtes Amt herzudrängen. Uebersehe man aber doch nicht was wir mit diesen Winken bezeichnen wollten, damit der Geist der wahren Bildung auch hierin walte.

---

3. Besoldung.

Der Arbeiter ist seines Lohns werth. Welches aber ist der Lohn für den Lehrer? Das Geistige ist unwägbar, also kann es nicht mit Gold und Silber aufgewogen werden. Was wolltet ihr also dem Lehrer der Schuljugend geben, das seine geistige Thätigkeit belohne? Das kann doch nur Geistiges seyn; es ist der Erfolg seiner Mühe, das Werk, welches den Meister lobt, die Jugend, welche in der Schule wohlgeräth und aus derselben für die nächste Generation wohl gebildet und segensreich heraustritt. Das allerdings ist der wahre Lohn des treuen Lehrers *) in der niedersten wie in jeder höheren Schule, ohne welchen das, was man sonst Lohn nennt, nicht den Namen verdient, sondern etwa nur Entschädigung heißen mag. Aber sie ist ebenfalls nothwendig, sie ist eine Ausübung der Gerechtigkeit von denjenigen, welche die Dienste des Lehrers für ihre Jugend empfangen, namentlich der Schulbehörde, welche ihn angestellt hat; man nennt sie erinnernd an den Ehrensold recht gut Besoldung. Das Gemeinwesen, welches der Schulen bedarf und die Lehrer, wie wir im Vorigen sahen, vertragsmäßig in diese Dienste nimmt, ist daher verpflichtet sie auch zu besolden, und wie sich versteht, ihren Stufen, ihrem Amt und Wirkungskreise angemessen. **)

---

*) Erziehungsl. III. S. 76 fg. ist die Begründung nachzusehen.

**) Man vergleiche die verschiedenen Arten, wie die Lehrer bezahlt

Es ergibt sich hieraus schon unmittelbar ihr Maaßstab. Der Lehrer soll nämlich für seinen Aufwand an Zeit und Kraft so entschädigt werden, daß er seinem Berufe und seiner Stellung gemäß ungestört seinem Amte leben könne. Ganz bestimmen läßt sich hiermit noch nicht das Maaß seiner Besoldung, weil erst die Stellung, die er im Gemeinwesen einnimmt, nach den Verhältnissen, in welchen alle Andere stehen, abgemessen werden muß, wovon weiter unten, aber im Allgemeinen bleibt doch der Grundsatz, daß jeder Schullehrer genugsam besoldet werden müsse, um in einem häuslichen Leben gut bestehen zu können und auch zeitlebens versorgt zu seyn. Dieses letztere ist mit seiner Anstellung, wie wir oben sahen, nothwendig verbunden, oder vielmehr die Ausführung eines Vertrags, welcher nur allein als der gerechte gelten kann; denn der Lehrer hat seine Jugend und ganze Bildung seinem Berufe gewidmet, er muß also für die Verwendung aller seiner Kräfte seine beste Lebenszeit hindurch auch auf die ganze Folgezeit so lange er lebt, und auch für die, wo er krank, kraftlos, altersschwach würde, gesichert seyn.

Auch ergibt sich hieraus die Art, wie der Schullehrer besoldet wird. Auch hierin muß Entschädigung für Zeit und Mühe liegen, nicht eine neue Aufopferung von ihm verlangt werden. Also finden wir jede Art von Besoldung, wo sie der Lehrer sich selbst herbeischaffen muß, durchaus ungerecht und seiner Amtsthätigkeit nachtheilig; nur diejenige ausgenommen, welche ihm eine angenehme und zuträgliche Beschäftigung gewährt, wie etwa Gartenbau. Am verwerflichsten ist die Erhebung, welche mit Verdruß, Streit, gehässiger Form verbunden ist, denn sie widerspricht gradezu dem freundlichen Verhältniß mit den

---

oder besoldet werden, in der Geschichte der Erz. 1te Abth. S. 62. 370. 475. 497 — 504., 2te Abth. 24 fg. 30. 36 fg. 50 fg. 57. 108. 122 fg. 127. 187 fgg. 219. 313 fg. 334. 354 fgg. 359. 499 fg. um zu sehen, wie die jetzige Zeit dieses besser würdigt.

Schülern und Eltern, welches zur guten Wirksamkeit des Lehrers verlangt wird. In vielen Landschulen ist das bisher so gewesen, aber das Uebel ist auch so widrig in die Augen gefallen, daß man es fast überall abzuschaffen sucht, und schon länger her bestehen Landesverordnungen, wornach die Geld- oder Frucht-Beiträge u. dgl., die der Schullehrer erhält, von den Ortsvorgesetzten erhoben und ihm dann im Ganzen überliefert werden. Dahin gehören auch die Nebengefälle, z. B. die Schulscheiter, welche die Kinder zur Feurung des Winters bringen, oder die Arbeiten, zu welchen sie der Schullehrer gebrauchen darf; Ueberbleibsel aus den Zeiten, wo die Volksschulen noch erst vegetirten, und das kümmerlich. Dahin gehört aber auch die Besoldung des Schullehrers durch ein andres hinzugefügtes Amt, z. B. wenn ihm zugleich die Gerichtschreiberei übertragen ist, noch etwas Schlimmeres für ihn, als wenn man ihm die Aufsicht über die Viehställe übertragen wollte, denn da kämen doch wenigstens nicht solche Streitsachen in seinen Kopf. Weniger schlimm ist es, wenn der Lehrer nebenbei ein Nahrungsgeschäft treibt, sofern es nur nicht irgend für sein Schulgeschäft störend ist. Es gibt manches Handwerk oder künstlerisches Gewerbe, welches für ihn zulässig seyn kann, so auch Gartenbau und einige Feldarbeit; nur sey ihm alles Betreiben von Handel, außer den eignen Producten, strenge untersagt, denn das nimmt ihm nicht nur die Zeit weg, sondern auch die Gedanken an seinen Beruf und die eigentliche Lebenskraft für sein Amt. Daher ist auch schon der Landbau und die Viehzucht für ihn so zu beschränken, daß er nicht die Märkte und den Schacher in sein Wachen und Träumen hereinziehe. Vermag man dergleichen durch bestimmte Gränzen abzuschneiden, so ist die ländliche, häusliche, gewerbliche Thätigkeit in mehrfacher Hinsicht für die rechte Lage des Landschullehrers ersprießlich. Er entgeht dadurch der Klippe des Müssiggangs, er lebt selbst in den Verhältnissen, für welche er die Jugend bildet, er weiß alles hierzu dann auch zu beurtheilen und steht ihrem Zutrauen um so näher, er steht nicht zu abgesondert von den Landleuten da, und ihre Achtung gegen ihn gewinnt durch ein wohlgeordnetes Hauswesen, das ihnen ein Muster seyn kann, er befindet sich heimisch an seinem Ort, dadurch werden ihm die Kinder mit ihren Eltern lieber und er selbst hat in seinen Nebenbeschäftigungen eine physisch und moralisch zuträgliche Erholung, ja er wird dabei auf manche Gedanken für seine Schulthätigkeit hingeleitet und mit vielen Eindrücken bereichert, die ihn geschickter und freudiger in derselben machen. Daher fehlt auch in den Schilderungen trefflicher Landschullehrer nicht solches ländliche Leben. Im Gegensatz erscheint der städtisch verwöhnte, wie es so leicht der ist, der aus einem Seminarium kommt, als ein Fremder, der den Leuten im Dorfe und am Ende auch sich selbst da nicht gefällt und entweder in ein müssiges Herumgehen oder in ein Lesen und Studiren von falscher Richtung geräth. Dem Dünkel, den viele in dieses Amt mitzubringen pflegen, widert es freilich davor, daß sie nicht wie vornehme Leute, sondern sogar wie Bauern leben sollen, indessen können wir nicht anders urtheilen, als daß ein Schullehrer, der als edler Landmann unter den Bauern lebt, vorzüglich in Ehren steht, und gewiß höher als der, welcher vornehm seyn will. Die wahre Bildung erhöht auch das Gleichartige im äußeren Leben.

Der Lehrer an einer Stadtschule befindet sich in einer andern Lage, oder genauer genommen in derselben, nur in einer verschiednen Aeußerlichkeit. Denn auch bei ihm soll das Gleichartige im Leben mit den Stadtgenossen eintreten, und sein Lebensunterhalt statt finden. Seine Besoldung muß im Allgemeinen unter denselben Bedingungen, wie wir sie oben für jeden Lehrer bemerkt haben, ihm zugetheilt werden, und ebenso können ihm auch unter obigen Beschränkungen bürgerliche Gewerbe gestattet seyn. Indessen ist es darin gewöhnlich bei ihm anders, daß mehr seine Thätigkeit für den Unterricht, etwa auch in Privatstunden in Anspruch genommen wird. Das liegt nun zwar seinem Berufe am nächsten und ist ihm in dieser Hinsicht zu gestatten, allein es kann ihm doch auch sehr störend in demselben seyn. Er könnte nämlich auf die Privatstunden mehr Eifer verwenden als auf die Schulstunden, ja er könnte diese zu vernachlässigen versucht werden, um jene zu vermehren; er könnte Sinn und Gedanken mehr auf Gegenstände seines Privatunterrichts verwenden, als es gut ist um seinen öffentlichen lieb zu behalten; er könnte von seiner Erholungszeit zu viel wegnehmen; er könnte sich mit Stunden überladen — und so findet sich bei diesem Erwerbzweige manches Nachtheilige für sein Schulamt, und vielleicht manchmal ebenso viel, wie bei der Landschule, wenn der Lehrer verbauert und sich in fremdartige Dinge verwickelt. Deßhalb müssen auch den Lehrern an den Stadtschulen gewisse Gränzen für ihren Nebenerwerb vorgeschrieben werden, selbst auch im Unterrichtgeben; aber eben darum müssen sie so besoldet seyn, daß sie auch ohne das bestehen können.

Die Lehrer an den höheren Schulen gehören in der Regel zum Gelehrtenstand und bedürfen daher eine diesem Stande angemessene Besoldung. Auch für sie gelten die obigen Grundsätze und Bedingungen, auch sie dürfen durch anständigen Nebenverdienst ihre Lage verbessern, ohne daß sie dadurch jedoch Zeit und Kraft ihrer Amtsthätigkeit entziehen. Und so wäre z. B. derjenige Gymnasiallehrer, der fremdartige, seiner pädagogischen Bestimmung widersprechende Schriftstellerei treibt, um nichts besser als der Landschullehrer, der die Viehmärkte besucht. Selbst derjenige, welcher mehr schreibt in den Studien seines Berufes als ihm dieser erlaubt, sey es nun um des Erwerbs willen oder aus dem edlen Grunde der Wissenschaft und des Lehrtriebes, würde sein Amtsgewissen verletzen. Indessen läßt sich ihm nicht wohl eine Gränze vorschreiben, weil die literärische Thätigkeit mit seinem Amte so sehr enge verbunden seyn kann, daß man das völlig seinem Gewissen frei lassen muß; dient doch seine schriftstellerische Celebrität dem Ansehen seiner Person bei den Schülern und der Schule bei dem Publikum. Sie wird beiden aber nur dann recht dienen, wenn er in seinem Fache sich als Schriftsteller Ruhm erwirbt. Wenn man die Besoldung von der Zahl der Gymnasiasten abhängig macht, so ist das eine verwerfliche Weise. Denn da ist der Lehrer genöthigt recht viele Schüler zu suchen und festzuhalten, und die Meinung wird begünstigt, als sey die starke Frequenz der Vortheil einer Gelehrtenschule, da sie doch oft ein großer Nachtheil ist; überfüllte Classen sind etwas schlimmeres als die nur wenige Schüler haben. Am verwerflichsten ist diese Weise, wenn sie den Classenlehrer nur an seine Classe in diesem Einkommen anweiset; da muß er wohl die Schüler möglichst lange in derselben aufhalten, und ihn mit seinen Collegen in beständigen Streit setzen. Wenn also auch die Besoldungen der Lehrer auf diesen Fonds berechnet sind, so müssen sie doch für jeden unabhängig davon festgesetzt seyn, und so erhoben werden, daß auf keinen Lehrer ein gehässiges Licht falle. Daher ist den Rechnern strenge aufzugeben, daß sie sich aller Seitenblicke enthalten, ob einmal mehr oder weniger Honorar eingehe.

Doch dürfen wir das nicht übersehen, woran uns eben dieses letztere Wort erinnert, das Gefühl, welches sich in der Gabe aussprechen soll, und öfters auch aussprechen will. Den Schüler treibt sein Herz, dem verehrten Lehrer seine Dankbarkeit darzulegen; und nicht selten würden auch seine Eltern sich gedrückt fühlen, wenn sie ihre Erkenntlichkeit nicht äußern dürften. Würde ihnen das wirklich versagt, so würde eine Pietät verdrängt, deren man sich vielmehr erfreuen sollte; und ließe man es auf freie Geschenke ankommen, so möchten diese als Ehrensache oder Gunstbewerbung von einer andern Seite Nachtheile haben. So würde man denn auf das Schulgeld zurückkommen, das der Schüler unmittelbar dem Lehrer als Ehrensold entrichtet. Bei den niederen Schulen, wo das nicht so verstanden wird, möchte es allerdings unterbleiben, aber bei den höheren scheint es ganz schicklich zu seyn. Allein es bleibt da doch jener größere Nachtheil, dessen wir gedacht haben, und so können wir für diese Art den Lehrer zu besolden nicht stimmen. Dafür aber lassen wir gerne Geschenke und Ehrenbezeigungen zu, worin die Schüler z. B. an dem Geburtstage des Lehrers ihre dankbare Liebe darlegen; nur werde für eine solche Beschränkung gesorgt, die einem Rivalisiren und jedem Misbrauche vorbeugt. Wie das geschehen könne? Theils durch die Schulordnung, theils und am besten durch ein Schicklichkeitsgefühl, womit sich die Lehrer selbst dabei benehmen müssen.

Zweiter Abschnitt.

Das Schulrecht.

Das Recht ist im Allgemeinen die moralische Möglichkeit zu handeln. *) Da wir nicht von vorhandnen Ge-

*) Bekanntlich ist der Begriff des Rechts einer der schwierigsten; wir verweisen auf Kants Metaph. Gründe der Rechtslehre, 1797. Einl. S. XXXI fg. „Das Recht ist der Inbegriff der Bedingungen, unter denen die Willkühr des einen mit der Willkühr des andern nach einem allgemeinen Gesetze der Freiheit zusammen vereinigt werden kann." Auch bringen wir grade hier in Erinnerung, was dieser Philosoph gegen die so gewöhnliche Tautologie vorher bemerkt: „was Rechtens sey, d. i. was die Gesetze an einem gewissen Ort und zu einer gewissen Zeit sagen — kann man wohl angeben, aber ob das, was sie wollten, auch recht sey, und das allgemeine Kriterium, woran man überhaupt Recht sowohl als Unrecht (justum et injustum) erkennen könne, bleibt verborgen, wenn man nicht rc." —

setzes-Sammlungen hier zu reden haben, welche gewöhnlich unter der Benennung von Rechten vorkommen, sondern von den Prinzipien, aus welchen sich ein Schulrecht entwickeln muß, wenn es als das rechte Recht erkannt werden soll, so müssen wir auch von jenem allgemeinen Begriff ausgehen, welcher in dem freien Wesen der Menschheit gegeben ist, und auf die geselligen Verhältnisse angewendet wird. Da uns noch ein Schulrecht fehlt, und das Kirchenrecht, welches ohnehin im gewöhnlichen Sprachgebrauch nur als Inbegriff gewisser Rechte gilt, uns hierzu nicht viel gibt, so müssen wir wenigstens die Grundsätze angeben, aus welchen eine Entwicklung aller der Rechte versucht werden kann, welche den mehrfachen Verhältnissen der Schule ihre Bestimmtheit vorzeichnen, und also auch allen Schulverordnungen zum Grunde zu legen sind. „Wir verstehen aber unter einem Schulrecht die Grundlage allgemeiner Gesetze, welche feststehen, und aus welchen die besonderen für Zeit, Ort und Umstände einer öffentlichen Schule abgeleitet oder als verbindend bestimmt werden. Diese allgemeinen Gesetze müssen in dem Wesen der Schule liegen, und aus demselben mit völliger Bestimmtheit entwickelt seyn als in sich selbst wahr und fest.“ *) Das unwandelbare Prinzip ist das göttliche Recht der Menschheit, und dieses gilt auch dem Kinde. Gott hat es erschaffen, damit es zu einem vernünftigen Wesen in der menschlichen Gesellschaft heranwachse und erzogen werde; und er, der Herr der Natur und der freien Wesen hat es so eingerichtet, daß der Mensch mit Anlagen und unter Verhältnissen geboren wird, wornach er zugleich unter Naturge-

*) Der Verf. hat dieses in den mehrmals angef. Freim. Jahrb. für die d. Volkssch. im 5ten B. 1tem H. (1825) S. 81 fgg. unter der Aufschrift: Ein Schulrecht ist Bedürfniß, gesagt, nachdem er im 3ten B. 2tem H. (1823) S. 178. die Gränzen bezeichnet, innerhalb welcher die Gesetzgebung das Recht der Schule halten müsse, damit es nicht die häuslichen, bürgerlichen und kirchlichen Rechte und Pflichten verletze.

setzen stehend zur Freiheit nach dem Gewissensgesetz gelangen kann, und in dem Reiche des geistigen Lebens ein Kind Gottes werden soll. Diese Einrichtungen bestehen 1. in der Naturordnung — das Kind kommt durch seine Eltern auf die Welt; 2. in der Freiheitsordnung — das Kind lebt als Familienglied auf, um in die erweiterte Gesellschaft einzutreten; 3. in dem Reiche Gottes — das Kind soll in jene höhere Gemeinschaft aufgenommen werden. Hiernach ergibt sich ein Dreifaches in dem Menschheitsrechte, das Gott in dem Kinde geheiligt hat, und wornach sich die Rechte in Absicht des Kindes bestimmen, die häuslichen, bürgerlichen und kirchlichen Rechte. Da nun die Schule einen Theil der Erziehung übernimmt, so hat sie auch sowohl die dazu gehörigen Rechte des Kindes zu behaupten, als auch diejenigen Rechte, welche in jener dreifachen Beziehung über das Kind gebieten, gelten zu lassen. Betrachten wir sie nun nach dieser Eintheilung, so handelt das Schulrecht von den Rechten, welche statt finden zwischen der Schule und 1. den Eltern, 2. dem Staate, 3. der Kirche. In einer vollständigen Ausführung wäre jenes Grundprinzip vorerst weiter zu entwickeln, wir gehen indessen, jenes der Rechtswissenschaft überlassend, sogleich zu der Anwendung in jenem dreifachen Verhältniß über.

Erstes Kapitel.

Das Schulrecht in Beziehung auf die Eltern.

„Das Elternrecht ist das erste, so wie die Familie die erste von dem Schöpfer gestiftete und geheiligte Gesellschaft ist, aus welcher die beiden andern durch Gottes Willen eingesetzten, der Staat und die Kirche, geschichtlich erwachsen sind. Das Kind gehört zunächst seinen Eltern an, durch sie aber auch dem Gemeinwesen, in welchem sie sich befinden. Vater und Mutter haben also das nächste Recht auf das Kind, und jeder Eingriff in dieses Recht wird von ihnen durch ein geheiligtes Naturgefühl als eine Verletzung der Menschheit empfunden. — — So weit nun den Eltern das Kind angehört, so weit ist ihnen das Recht von Gott geheiligt. Aber wie weit gehört es ihnen an? Sie besitzen ihr Kind nicht als Sache, nicht als Sclaven, nicht zum beliebigen Gebrauche oder Verbrauche, sondern soweit überhaupt der Mensch den Menschen besitzen kann, ein freies Wesen das andere, insbesondre in dem Christenthum dem himmlischen Vater, dessen Kind es ist, für das anvertraute Gut verantwortlich. Das Recht der Eltern, ganz in seiner Heiligkeit betrachtet, besteht also darin, daß ihnen das Kind soweit angehöre, als sie dasselbe nicht gegen die Bestimmung eines freien Geschöpfs behandeln, und als sie es wenigstens nicht hindern zu einem Kinde Gottes heranzuwachsen. So wie sie sein geheiligtes Menschenrecht verletzen, so begehen sie ein Verbrechen, und da der Staat die Rechte eines jeden Einzelnen schützt, so darf er so etwas nicht zugeben, und wenn je, so muß er seinen Schutz den Unmündigen angedeihen lassen, und die Kinder gegen jede Mishandlung sichern. — Die cultivirte Gesetzgebung, ohne welche es gar keinen Staat gibt, hat also das Kind in seinem Menschheitsrechte, dem Rechte erzogen zu werden, zu schützen, und von den Eltern, die in dem Staate leben, als Zwangspflicht zu fordern, daß sie ihrem Kinde die Erziehung nicht versagen. — — Ein ähnliches Verhältniß hat das Recht der Eltern gegen die Kirche, welcher sie zugehören. Sie selbst stehen in dieser Gemeinschaft, und haben derselben auch ihr Kind in gewisser Beziehung übergeben. — Die christliche Kirche verlangt von ihnen, daß sie ihm eine christliche Erziehung geben, und erkennt also das Elternrecht in seiner wahren Heiligkeit an. — Hiermit wären denn die Gränzen für das Elternrecht gegen Staat und Kirche hin gezogen." *)

*) Aus der eben angef. Abhandlung.

Wie verhält sich nun die Schule zu den Rechten der Eltern? Vorerst übernimmt sie den Theil derselben, der ihr übertragen ist, und übt sie für den Zweck aus, für welchen sie ihr übertragen worden. Die Schule hat aber den Unterricht der Kinder übernommen, der zum Zwecke der Erziehung dient, und mehreren gemeinsam ertheilt wird. Auch ist die Schulzucht, soweit sie in diesem Bereiche liegt, wie wir im 1ten Theile seines Orts sahen, eine Pflicht und ein Recht, welche die Eltern der Schule dadurch zugestanden haben, daß sie ihr Kind der Schule übergeben, weil sie ohne die Ausübung derselben gar nicht bestehen, vielweniger ihren Zweck erreichen kann. Wir würden die Sache kurz abmachen, wenn wir sagten, daß die Eltern in alle die Bedingungen der bestehenden Schulgesetze vertragsmäßig eingehen, und also hierin ihre Rechte aufgeben und der Schule überlassen, wenn nicht die Frage erst wäre, welche Bedingungen statt finden dürfen, ohne das Elternrecht zu verletzen, und wir nicht lieber auf den Grund gehen als uns im Kreise herum bewegen wollten. Nun dürfen aber die Eltern nichts zugestehen, das dem heiligen Recht des Kindes zu nahe tritt, und wodurch es körperlich oder geistig beschädigt würde, denn sie besitzen es als ein Vernunftwesen, welches erzogen werden soll. Wenn also eine Schule die Kinder barbarisch behandelt, so dürfen die Eltern das nicht zugeben; auch dürfen sie sie nicht eine Schule besuchen lassen, worin sie an der Gesundheit leiden, von Krankheiten, wie etwa auch Krätze, angesteckt werden; auch keine, worin sie böse Sitten, etwa auch geheime Laster lernen; ferner auch keine, worin die Kinder nicht das lernen, was sie zu lernen bestimmt sind. Wollte man gegen diesen Grundsatz, der doch unmittelbar in dem Menschheitsrechte des Kindes und keineswegs in der beliebigen Macht der Eltern liegt, einwenden, daß er die Schule jedem unverständigen Vater, jeder schwachen Mutter Preiß gäbe, und daß vielmehr die Eltern alles das zutrauensvoll der Obrigkeit, welcher diese Fürsorge zukommt, zu überlassen verpflichtet sey, so antworten wir auf dieses, daß eine solche Verpflichtung unrecht sey, und auf jenes, daß möglicher Misbrauch ein feststehendes Recht nicht umstoßen könne. Die Oberen sind um so strenger verpflichtet für den Wohlstand der Schule zu sorgen, jede gerechte Klage der Eltern zu verhüten, und sich das allgemeine Zutrauen zu erwerben, welches auch nicht fehlen kann, da doch immer der bei weitem größere Theil das Gute einer wohleingerichteten Schule anerkennen wird. Unvernünftige Klagen von verzärtelnden Müttern und wunderlichen Vätern müssen da von selbst verstummen; sie geben sich damit nur Preiß. Wir haben deßhalb ehe wir von den Rechten der Schule reden konnten vorausgehen lassen, was ihre Pflichten betrifft, und was die jetzige Zeit von ihnen strenge verlangt. Was im ersten Theile darüber bestimmt worden, ist hier als Bedingung zum Grunde zu legen. Die Obrigkeit aber hat für die Einrichtung und den Wohlstand der Schule so zu sorgen, daß diese Erwartungen möglichst befriedigt werden; nur insoweit kann sie Zutrauen fordern und wird es auch erhalten. Es ist leicht zu befehlen, daß die Eltern sich den Schulgesetzen unterwerfen sollen, und diese Gesetze sind bald zu Papier gebracht, aber sind sie auch gerecht? und werden die Befehle auch befolgt? Und soll der Zwang sie durchsetzen, so müssen sie gerecht seyn oder es entsteht ein Unheil aus dem andern. Darum vernimmt man noch immer so viele Beschwerden in dem Schulwesen, besonders so manche Widersetzlichkeit der Eltern, und die Oberen kommen in so manche Verlegenheit, wo sie dann entweder durch die Finger sehen oder empörende Maaßregeln ergreifen müssen. Es ist doch auffallend, wie unsere Zeit, welche den revolutionären Grundsätzen so hold ist, grade hier einen Absolutismus gelten läßt, der despotischen Schulvorstehern freie Hand läßt, aber im Grunde die Pietät untergräbt, und also insgeheim das revolutionäre Prinzip begünstigt. Denn nichts führt es sicherer herein, als wenn man die Herzen der Eltern und Kinder von einander reißt; eine Schule, welche dieses thut, begründet mehr als man vielleicht denkt den Geist der Impietät und Empörung. *) Wir verlangen daher von den Schulordnungen, daß sie alles das ausdrücklich enthalten, was die Eltern beruhigen kann, und ihnen für jede Mishandlung des Kindes den Weg der Klage bei den Oberen eröffnet, und den gerechten Schutz zusichert, indem von der andern Seite der Schule ihr Wirkungskreis frei, ungestört und heilig erhalten wird.

Doch ist es mit diesen allgemeinen Grundsätzen nicht genug, denn grade in Rechtssachen kann der abstracte Satz das strengste Recht in das härteste Unrecht verwandeln, welches dann da, wo es so in das Innerste eingreift wie in Sachen der Erziehung, um so ärger ausschlägt. Wir müssen uns daher die Aufgabe machen, die einzelnen Verhältnisse soweit zu durchgehen als es nöthig ist, um die Beurtheilung der vorkommenden Fälle richtig zu leiten. Der sicherste Weg hierzu möchte wohl der seyn, den wir oben mehrmals eingeschlagen haben, wenn wir die verschiedenen Arten der Schulen nach einander in Betracht ziehen.

1. Die Rechte in Betracht der Elementarschulen. Je jünger das Kind, desto mehr steht es

*) Man lobt zwar die vergangene Zeit, daß die Kinder in der Schule an eine strengere Zucht gewöhnt waren, und besser gehorchen lernten. Der Verf. muß bei dieser Gelegenheit erklären, daß er in dieses Lob nicht mit einstimmen kann, so sehr er in die Klage mit einstimmt, daß die Kinder jetzt zu wenig an den Gehorsam gewöhnt werden. Denn in jenem Lobe vermischt sich allzuviel Falsches mit dem Wahren. Eine Sclavenzucht gewöhnt nicht zum Gehorsam, zu dem wir erziehen sollen, und eine wohleingerichtete Schule weiß ihn auf besserem Wege zu erwirken. Grade umgekehrt mußte jener Schuldespotismus eine Zügellosigkeit herbeiführen, unter welcher unsere Zeit seufzt. Wollte man die spartanische Erziehung rühmen, wo die Eltern fast gar kein Recht hatten, so war da der Staat die Familie, und wir sind keine Spartaner, sondern leben im Christenthum.

unter dem elterlichen Einfluß und desto wichtiger ist derselbe für die Erziehung. Fehlt er nun oder ist er verderblich, so muß er auf andere Weise ersetzt werden, und wenn eine Schule das Kind übernimmt, so tritt sie insoweit in die Rechte und Pflichten der elterlichen Wirksamkeit ein. Daher sind die Kleinkinderschulen, wie wir im 1ten Theile sahen, so ungemein wichtig, kommen aber auch leicht in Collision mit dem Elternrecht. Ein wahrer Widerstreit könnte eintreten, wenn das Kind gegen den Willen der Eltern aufgenommen, wie auch, wenn es gegen ihren Willen behandelt würde; und in beiden Fällen entweder so, daß ihr Wille, oder daß das Verfahren der Schule unvernünftig und also gegen das Kind ungerecht wäre. Auf welcher Seite nun die Ungerechtigkeit ist, da soll sie zum Besten des Kindes abgewehrt werden, und da die Obrigkeit seine Rechte vormundschaftlich schützt, so muß sie zu solcher Abwehr einschreiten, und also in dem einen Fall eine bessere Einrichtung der Schule verlangen, oder in dem andern das Kind aus dem Gewaltwillen seiner Eltern befreien. Außer diesen beiden Fällen könnte der Widerstreit nur scheinbar seyn, und durch gegenseitige Verständigung gehoben werden. Hieraus bestätigt es sich, daß die Kleinkinderschule die gewissenhafteste Fürsorge erfordert, und daß man der neuen Generation wegen derselben, wie sie in unsern Zeiten schon dastehen, Glück wünschen kann.

Man möchte wohl auf den Gedanken gerathen, daß die Eltern im Namen der Menschheit oder wenn man lieber wollte der Nation gezwungen würden, ihre Kinder einer solchen wohlthätigen Anstalt zu übergeben, damit ein besseres Geschlecht erwüchse; hat ja doch ein berühmter Philosoph für die Idee einer solchen Nationalerziehung die Deutschen aufgerufen. *) Aber ferne sey jeder Ein-

*) Fichte in seinen Reden an die deutsche Nation, wobei wir im 1ten Theile bei Gelegenheit der Kleinkinderschulen verwei-

griff der Art in eines der unverletzbarsten Rechte; auch wenn der herrlichste Zweck dadurch erreicht würde, er heiligt doch nie das Mittel. Sonst dürften wir es nicht dem mönchischen Eifer in den dunkeln Zeiten verargen, daß er Kinder in die Klöster zu gewinnen suchte, um sie der bösen Welt zu entreißen, und auch nicht dem muhamedanischen Religionseifer, welcher die in Gefangenschaft gerathenen Kinder zum Koran zwingt. Wie scheinbar auch das Prinzip sey, etwa nothwendige Verbesserung der niederen Volksclasse, wozu in England die Infants-schools auffordern könnten, oder eine Volkssouverainetät, wie sie in Frankreich gepriesen wird, oder die Idee einer Souverainetät, unter welcher die Nation steht, wie sie der Deutsche gerne allzu speculativ denkt, und kämen höhere Wesen auf die Erde herab, und wollten den Eltern gebieten, ihnen ihre Kinder zur Erziehung zu übergeben, — es gibt nirgends einen Grund, der das Recht umstoßen könnte, welches Gott den Vätern und Müttern geheiligt hat. Das Kind ihnen gewaltsam entreißen wäre ein gleiches, wo nicht größeres, Verbrechen, als Ehegatten grausam aus einander reißen. So lautet das Gesetz der Natur, und so lebt es im Herzen des Christen. Aber darum hört es nicht auf ein bedingtes Gesetz zu seyn. Es sichert den Eltern nur soweit ihr Recht über das Kind zu verfügen, als sie ihm nicht sein ihm von Gott geheiligtes Recht versagen, das Recht erzogen zu werden; denn das ihrige gab ihnen Gott nur zu dem Zweck und unter der Bedingung, daß sie die Erziehung ihres Kindes besorgen. So wie sie nun diese vernachlässigen, so schreitet die Obrigkeit obervormundschaftlich ein, so gut wie sie das Kind gegen Wahnsinn oder mörderische Hand der Eltern in Schutz nimmt. Einer rasenden Mutter wird man doch den Säugling nicht lassen; und so ist die schützende Re-

len mußten, um gegen jene falsche Begeisterung zu warnen, die den ärgsten Despotismus gut heißt.

gierung berechtigt und verpflichtet Kinder aus einer Familie, in welcher sie zu Grunde gehn müßten, wegzunehmen und in eine Erziehungsanstalt zu bringen, so gut wie sie Mann und Weib allenfalls mit Gewalt trennt, wo eins dem andern nach dem Leben steht. Nur in solchem Falle dürfen Kinder mit obrigkeitlichen Zwang einer Anstalt übergeben werden, wie wir sie in der Kleinkinderschule kennen. Aber wann tritt dieser Fall ein? Das zu entscheiden ist das Schwierige in der Sache. Wir müssen sie also näher beleuchten.

Der Fall, wo die Obrigkeit verpflichtet und berechtigt ist kleine Kinder in die Schule vermöge ihrer vormundschaftlichen Gewalt zu bringen, geht in folgende einzelne Fälle aus einander: 1. Wo die Eltern und ihre Stellvertreter ganz fehlen, also Waisen- und überhaupt verlassene Kinder; hier ist keine Collision und keine Frage weiter. 2. Wo jene moralisch fehlen, sey es nun daß Geisteskrankheit sie unfähig macht, oder daß sie den bösen Willen darlegen, dem Kinde die Erziehung, namentlich das Lernen, wie es die allgemeine Cultur verlangt, zu versagen, denn auch in diesem Falle ist kein Bedenken, weil die entschiedene Verrücktheit so wie der entschiedene böse Wille der Eltern ihr Recht vernichten. 3. Ebenso ist es der Fall, wenn die Eltern aus körperlicher Schwäche oder aus Armuth nicht im Stande sind die Fürsorge für ihr Kind zu tragen, und also entweder gerne in die Aufnahme desselben in jene Anstalt einwilligen werden, oder wo nicht, sich nach dem vorigen Falle ihres Rechts verlustig machen. Endlich verscherzen sich die Eltern ihr Recht 4. auch dadurch, daß sie ihr Kind mishandeln, sein Leben bedrohen, es zu Verbrechen anhalten, oder selbst Verbrechen begehen, welche sie zur Erziehung ihrer Kinder unfähig machen. Diese vier Fälle sind es, wo die Obrigkeit in das Elternrecht eintritt, weil sonst das Kindesrecht vernichtet wäre; aber es muß einer oder der andere dieser Fälle auch ganz entschieden vorliegen. Der Schule wird alsdann dieses

Recht in gewisser Art übertragen, und kein Widerstreit kann statt finden, weil die Obrigkeit die Verantwortung hat. Wir wiederholen es, daß diese Fälle entschieden seyn müssen, wenn sie rechtskräftig eintreten sollen. Denn wo es irgend bloß auf Muthmaßung, Besorgniß, auch selbst nur auf Wahrscheinlichkeit beruhete, daß das Kind von seinen Eltern in seinem Rechte verletzt würde, darf noch kein Zwang verfügt werden, weil sonst auch die besten Erzieher vielfacher Beeinträchtigung ihrer Rechte und Pflichten Preiß gegeben wären. Höchstens würde daraus die Verpflichtung der Obrigkeit folgen, genaue Erkundigung einzuziehen. Aber auch ein solches Aufsichtsrecht über die Erziehung darf nicht dahin ausgedehnt werden, daß die Oberen das Haus visitirten und gleichsam Nachsuchung hielten, wie Polizei und Mauthbeamte; nur offenkundige Thatsachen berechtigen zu Nachfragen, welche indessen mit Schonung der persönlichen und häuslichen Ehre geschehen müssen. Auch wollen wir nicht übersehen, daß hier nur von kleinen Kindern unter sechs Jahren die Rede ist, bei welchen in der Regel noch nicht einmal ein eigentliches Lernen statt findet, und also den Eltern durchaus kein Vorwurf zu machen ist, wenn sie denselben noch gar keinen Unterricht ertheilen.

Nun sind aber auch die Rechte der Eltern an die Kleinkinderschule in Betracht zu ziehen. Ist sie eine Privatanstalt, so steht alles in der freien Verfügung der Väter, Mütter, Versorger, und sie mögen, je nachdem sie es gut finden, ihre Kinder denselben anvertrauen, ohne daß es hier eines Gesetzes bedarf. Ist sie eine öffentliche Anstalt, so steht sie allerdings unter der Gewährleistung der Obrigkeit, und es muß den Versorgern der Kinder frei stehen, ihre Klagen über wirkliche oder vermeintliche Mishandlungen derselben vorzubringen. Auch soll man nicht nur ihnen, sondern jedermann vergönnen seine Bemerkungen über den Zustand einer solchen Anstalt, versteht sich mit Bescheidenheit, zu äußern; sie gehört ja dem Gemeinwesen an, und ist der Natur nach unter das öffentliche Urtheil gestellt. Indessen wird das Zutrauen und wird selbst die dankbare Anerkennung des Publicums gewiß nicht fehlen, wenn die Kleinkinderschule ihrem Ideale entgegenstrebt, und auch die Sorgfalt der Oberen wird da nicht fehlen, wo das Werk so öffentlich und als eine Ehre des Gemeinwesens dasteht.

Die Rechte bei der eigentlichen Elementarschule, in welcher nämlich die lernfähigen Kinder, in der Regel vom siebenten Lebensjahre an, in den Elementen, nämlich im Lesen, Schreiben ꝛc. unterrichtet werden. Wir betrachten sie hier sogleich als öffentliche Schule, weil bei einem Privatinstitut kein Gesetz den Eltern gegeben werden kann, sondern ihrem Gutbefinden die Wahl überlassen bleibt, das Institut selbst aber nur den allgemeinen Bedingungen, wovon weiter unten, der Achtung für die Jugend und das Gemeinwesen unterworfen ist. Für die öffentliche Elementarschule gelten alle die Rechte, die wir so eben bei der Kleinkinderschule erkannten, nur nach folgenden Verhältnissen genauer bestimmt.

Obige vier Fälle geben der Obrigkeit auch hier das Recht, die Kinder in diese Schule zu bringen, und hier noch dringender, weil es den nothwendigen Unterricht des lernfähigen Alters betrifft, und also die Verwahrlosung der Kinder der Obervormundschaft um so mehr zur Verantwortung gereicht. Aus demselben Grunde tritt nun auch das Recht der Nachfrage ein, ob die Kinder von diesem Alter zu Hause vernachlässigt werden, oder ihre Erziehung erhalten. So wie aber die Obrigkeit sich versichert halten kann, daß die Eltern wirklich ihre Kinder erziehen, so hat sie auch nicht das mindeste Recht weiter nachzufragen, und sie etwa wegen ihrer Erziehungsgrundsätze zur Rechenschaft zu ziehen; denn das muß sie dem Gewissen derselben überlassen, weil sie darin nur Gott, und so lange sie nicht ihr Kind verwildern lassen, keinem Menschen verantwortlich sind. Doch bedarf der Begriff von solcher Vernachlässigung eine weitere Bestimmtheit. Wenn das sechs- bis zehnjährige Kind noch nicht Lesen und Schreiben lernt u. s. w., das kann an sich noch nicht als Vernachlässigung gelten, denn der Erzieher kann dazu seine guten Gründe haben; wir berufen uns hier auf die Pädagogik. Es muß also etwas hinzukommen, welches beweiset, daß das Kind wirklich vernachlässigt wird und verwildert. Das kann nun nichts anderes seyn als ein offenkundiges unsittliches Betragen des Kindes, und noch bestimmter, wenn eine entschiedene Gleichgültigkeit der Eltern in dieser Hinsicht bekannt wird. Dann tritt die strenge Pflicht der Obrigkeit ein, dem Kinde sein Recht erzogen zu werden geltend zu machen, und es in die Elementarschule zu fordern. Weil nun die gemeine Volksclasse wegen ihrer Sitten und Beschäftigungen in der Regel nicht erwarten läßt, daß sie die Kinder nach Grundsätzen erziehe, welche jenes Nichtlernen rechtfertigen, so ist der Schulbesuch das einzige, was diese Kinder gegen Verwilderung sichert, und das Urtheil, daß die Eltern, welche sie nicht in die Elementarschule schicken, sie wirklich vernachlässigen, ist im Allgemeinen begründet; Ausnahmen können nur selten vorkommen. Daher ist mit allem Recht das schulfähige Alter gesetzlich bestimmt, und die Obrigkeit hat das Recht diese Kinder als schulpflichtige in die öffentliche Anstalt zu fordern, wenn nicht die Eltern beweisen, daß sie zu Hause für die Erziehung derselben — nicht grade für jenen Unterricht — sorgen. In den meisten Fällen wissen das schon die Oberen, weil man die Familien kennt, und würden dann durch Mistrauen das Elternrecht verletzen. Daher ist es mit Recht bei vielen Schulbehörden üblich, daß sie bei Vätern, Müttern, Versorgern in den gebildeten Ständen nicht nach den schulfähigen Kindern Nachfrage halten; man muß ihnen die Erfüllung ihrer Erziehungspflichten zutrauen, bis das Gegentheil erscheint. — Doch werden wir unten noch in anderer Beziehung diesen wichtigen Punct im Schulwesen betrachten.

Desto stärker macht sich das Recht der Eltern an die öffentliche Elementarschule geltend. Denn sie ist der wichtigste Theil in der Erziehung jenes Alters, insoferne sie die Eltern außer den Händen gegeben haben. Sie verlangen daher nach ihrem heiligen Recht, daß die Schule das leiste, wozu sie bestimmt ist, und daß die Oberen dafür sorgen. Zwar sind sie schuldig diesen Zutrauen zu beweisen, so lange nicht entschiedene Gründe dagegen eintreten, und mit diesem Zutrauen sich der ganzen Schuleinrichtung zu unterwerfen, aber die Oberen sind ihnen dagegen schuldig dieses Zutrauen zu begründen und zu unterhalten. Das geschieht denn durch eine gewisse Oeffentlichkeit, namentlich der Prüfungen u. dgl. Auch muß es ihnen frei stehen, allenfalls Klagen bei den Vorgesetzten vorzubringen und von diesen Abhülfe oder Belehrung zu erhalten. Ebenso steht es jedem Freunde der Jugend zu, seine Gedanken über die Mängel und möglichen Verbesserungen der Schule bescheiden zu äußern, welches eigentlich der Behörde willkommen seyn muß. Denn die öffentliche Schule ist eine Anstalt, welche nie die Vollkommenheit ihrer Idee erreicht hat, und ihr Ansehen gewinnt nur dadurch, wenn sie ihr Streben nach ihrem Ideal bekundet.

2. Die Rechte in Betreff der mittleren Volksschule. Es sind im Allgemeinen dieselben, welche wir so eben bei der Elementarschule erkannten. Aber sie treten für die mittlere Schule strenger ein, weil es einer Jugend gilt, in deren Alter der Unterricht nicht mehr fehlen darf; es ist das Alter zwischen etwa zehn und vierzehn Jahren. Daher wird auch die obrigkeitliche Nachfrage hier noch mit einem stärkeren Grunde gerechtfertigt, und die Verordnungen, welche die schulpflichtigen Kinder zum Besuchen dieser Volksschule anhalten, treten hier um so mehr in Kraft. Aber sie dürfen nicht diejenigen zwingen, welche zu Hause oder anderswo erzogen werden, denn sonst würden sie in das Elternrecht eingreifen. Ebenso steht es diesem Rechte zu, daß jede Beschwerde, welche gegen die

Schuleinrichtung, Schulzucht, Behandlung des Kindes geführt wird, von den Oberen angehört werde, und wo sie gegründet ist, Abhülfe, wo nicht, Zurechtweisung erhalte. Denn auch der Schein der Willkühr muß bei so heiligen Rechten um so mehr wegfallen, als die Eltern gezwungen sind, ihr Kind in die Schule zu schicken. Indessen verhütet auch bei dieser wie bei obiger Schule ihre Trefflichkeit und Oeffentlichkeit unverständige Klagen; wer sie führen wollte, würde nur Gefahr laufen öffentlich beschämt da zustehen, und seinem Kinde selbst hinderlich zu seyn.

Ob nun auch die Mädchen ebenso schulpflichtig als die Knaben seyen, könnte bezweifelt werden. Denn sie gehören dem Hauswesen und der mütterlichen Hand mehr an als dem Buch und der Schule; auch lernen sie mehr im Leben selbst, was zu ihrer Bestimmung dient, während das männliche Geschlecht von frühem an des schulmäßigen Unterrichts bedarf. Das ist denn wohl auch der Grund, warum die öffentlichen Töchterschulen erst in neuerer Zeit entstanden sind, und immer noch im Gefühl des gemeinen Volks hier und da ein gewisses Widerstreben gegen diesen Schulzwang bemerkt wird. *) Fast möchten wir auch behaupten, daß dieser Zwang hier und da despotisch eingetreten sey, und die häusliche Erziehung des weiblichen Geschlechts nicht genug beachtet worden. Indessen verlangt doch nun einmal unsere Volkscultur, daß auch jedes Weib in der Volksclasse nicht nur lesen und schreiben, sondern auch manches andere können muß,

*) Verf. dieses erinnert sich noch mancher Widersetzlichkeit von Landgemeinden, als man bei den Mädchen mehreres Lernen, z. B. das Schreiben einführte. Es war in den 70ger Jahren, als die Vorsteher einer Gemeinde seinem Vater, der Schulinspector war, gradezu erklärten, sie litten es nicht, daß ihre Töchter schreiben lernten, weil sie sonst Liebesbriefe schrieben. Nun wurden sie aber glücklicher Weise auf der Stelle durch eine eben nicht ehrbare Thatsache zum Schweigen gebracht, wo eine Tochter, die nicht schreiben konnte, sich vergangen hatte.

was es nicht zu Hause, sondern nur in der Schule lernen kann. Deßhalb sind denn die Mädchen schulpflichtig wie die Knaben, unter denselben Rechten und Bedingungen, nur nicht grade in derselben Strenge, was die Zeit der Schulbesuche betrifft.

3. Die Rechte in Beziehung auf die höhere Volksschule. Bei dieser beruhen die gegenseitigen Berechtigungen auf einem Vertrage, worin mehreres nach Gutbefinden bestimmt seyn kann, weil die Benutzung dieser Anstalt frei steht. Denn nur die niedere Volksschule lehrt das, was zur allgemeinen Volkscultur nöthig ist, die höhere ist für die Gebildeteren, und es muß dem Gewissen der Eltern überlassen bleiben, wenn sie dem Sohne nur das Nothwendige der Erziehung nicht versagen, ob sie ihm eine höhere Bildung geben wollen oder nicht. Für diese Schule findet also durchaus kein Zwang statt. Nur uneigentlich können hier Knaben oder Jünglinge schulpflichtig heißen, nämlich nur insoferne als sie vertragsmäßig in die Anstalt eintreten, und also alle Bedingungen derselben zu erfüllen verpflichtet sind. Als eine öffentliche Schule steht sie unter der Gewährleistung der Obrigkeit, kann daher auf Zutrauen Anspruch machen, steht aber unter Gesetzen, wornach die Eltern die Leistungen rechtlich fordern können, welche sie verspricht, und wie bei den niederen Schulen Klagen anbringen und Rechenschaft verlangen dürfen.

4. Ebenso verhält sich die polytechnische und die Gelehrtenschule in ihren Beziehungen auf die Eltern. Es ist hier an kein Zwangsrecht zu denken, denn die Wahl des Standes steht frei, und die allgemein verlangte Bildung des jungen Menschen wird außer jenen höheren Schulen ertheilt. Nur muß den Eltern die Sicherheit gewährt seyn, daß ihre Söhne in diesen Anstalten weder physisch noch moralisch mishandelt werden, und sie wird ihnen schon durch die Oeffentlichkeit gewährt. Uebrigens haben sie das Recht Beschwerde zu führen, und insbe-

sondre verdienen sie gehört zu werden, wenn sie über das leider nicht seltene Vergehen der Lehrer klagen, wo diese die Pietät der Schüler sey es in dem kirchlichen oder in dem kindlichen oder auch bürgerlichen Verhältnisse untergraben.

Man sieht aus dieser kurzen Entwicklung des Rechts der Schule und der Eltern, daß in den niederen Schulen das Menschheitsrecht des Kindes am bestimmtesten entscheidet, und hiernach von der Natur selbst die gegenseitigen Gränzen gezogen sind, daß aber in den höheren mehr dem Gutdünken zu einem gegenseitigen Vertrage frei steht. Je jünger das Kind, desto mehr soll sein Recht geschützt werden; hierauf gründet sich der Zwang, der in Absicht der Volksschulen statt findet. So wie der Knabe zu einem besonderen Stande erzogen wird, fällt diese Strenge weg, und was die Eltern hierin mit ihm verfügen, muß ihrem Gewissen überlassen bleiben, die Anstalten aber, welche sich hierzu darbieten, sind verbunden ihrem Zweck zu entsprechen. — So weit nur erst von der Beziehung auf das Elternrecht. Aber hierauf allein können noch nicht die Gesetze für das Schulwesen gegründet werden, denn sie haben noch auf andere Rechte Rücksicht zu nehmen, welche wir nun in den folgenden Kapiteln betrachten.

Zweites Kapitel.

Das Schulrecht in Beziehung auf den Staat.

Der Staat hat in zwiefacher Beziehung Rechte und Pflichten gegen die Schule: einmal indem er als Beschützer aller Rechte auch die des Kindes schirmt, und zugleich die, welche den Eltern und der Schule gegenseitig zustehen, unter seine Obhut nimmt; fürs andere, indem er durch die Heranbildung der Jugend sein eignes Bestehen sichert und seinen Wohlstand bezweckt. Beides läuft oft so in einander, daß man kaum die eine oder die andere

Begründung dieser seiner Rechte vorziehen kann, und sie also zwar in solcher Einigung um desto mehr befestigt sieht, aber dafür auch leicht beide verwechselt und hiermit in unrichtige Urtheile und Maaßregeln geräth. Wir wollen deßhalb jene beiden Beziehungen nach einander einzeln ins Auge fassen.

1. Der Staat hat die strenge Pflicht jedem, der ihm angehört, seine Rechte zu schützen, in der Art und Weise, welche seine gesetzliche Verfassung hierzu vorschreibt. Die Kinder gehören ihm an durch die Eltern, er hat also auch beiden ihre gegenseitigen Rechte zu sichern, und so darf er nichts zulassen oder gar selbst verfügen, wodurch sie irgend beeinträchtigt würden. Die Väter und Mütter, oder wer an ihrer Statt steht, befinden sich in dem Staat als Menschen, welche selbst ihre Rechte verwalten, und welchen der Staat darin freie Gewalt lassen muß, so lange sie nicht die Rechte des Kindes verletzen, ihnen aber Hülfe schafft, wo die ihrigen verletzt werden, worüber er übrigens von ihnen selbst erst die Klagen erwarten kann, weil sie mündig sind. Die Kinder dagegen sind nicht mündig, und wenn ihnen zu Hause ihr Recht erzogen zu werden versagt oder sonst ihr Bestehen gefährdet wird, so bedürfen sie eines Vormundes, der sie vertritt, und das um so mehr, je weniger sie noch selbst verstehen, daß sie und wie viel sie dadurch leiden. Der Staat würde sie an Leib und Seele Preiß geben, und also grade denen seinen Schutz entziehen, die dessen am meisten bedürfen, wenn er nicht die Obervormundschaft über sie führte, und also aus eigner Bewegung, ohne erst die Klagen abzuwarten, für die Erhaltung ihrer Rechte wachte und sorgte. In dieser Hinsicht kann der Staat als Vater aller unter seinen Gesetzen gebornen Kinder gelten. Er ist zu der obervormundschaftlichen Fürsorge strenge verpflichtet, denn es liegt in der Idee eines solchen Gemeinwesens, und also auch berechtigt. Daher ist die Obrigkeit da einzuschreiten verbunden, wo die Kinder

zu Hause nicht erzogen werden, und für sie etwas zu veranstalten, wodurch ihnen die Erziehung ganz oder theilweise gewährt wird. Schon in dieser Hinsicht hat sie für Schulen zu sorgen, und diejenigen Kinder, welche sonst vernachlässigt wären, in die Schule zu fordern.*) Je nachdem die Kinder mehr oder weniger verwahrlost werden, erweitert und beschränkt sich dieses Recht. Ebenso besteht es in manchen Fällen in der Uebernahme der Pflichten, welche die Eltern nicht selbst auszuüben vermögen, und dankbar an die fürsorgende Obrigkeit abtreten; wenigstens sollte die Volksclasse, welche den Unterricht der Kinder nicht besorgen kann, die Schule als eine solche Wohlthat ansehen, und viele thun das auch. Diese Beziehung des Staates auf die Schule war es, welche wir im vorigen Kapitel geltend machten. Daß sie den Eltern ihre Gewalt lasse, wo sie selbst für die Erziehung des Kindes sorgen, liegt in dem Elternrecht, welches ebensowohl als das Kindesrecht unter dem Schutz der Regierung bestehen soll, wir brauchen also hier nicht weiter

---

*) Ein berühmter Rechtsgelehrter, K. S. Zachariä, sagt im 4ten B. seiner Vierzig Bücher vom Staate (1830) S. 128. „Das Recht der Regierung, Maßregeln dieser Art zu ergreifen (sich des Jugendunterrichts anzunehmen, so daß sie z. B. Schulanstalten auf öffentliche Kosten zu stiften und die Eltern zu verpflichten hat, ihre Kinder in diesen Anstalten unterrichten zu lassen) kann schlechterdings nicht in Zweifel gezogen werden. Denn die Regierung ist rechtlich verpflichtet, das Kind wegen der Ansprüche zu vertreten, die es an seine Eltern zu machen befugt ist, da das Kind nicht im Stande ist, diese Ansprüche selbst in Vollziehung zu setzen. Man kann hinzufügen, daß die Kinder der Unterthanen zugleich als Landeskinder zu betrachten sind. Ganz so hat sich der Staat auch der Geistesschwachen, der Gemüthskranken, der Taub- und Stummgebornen u. s. w. anzunehmen.“ Die Zustimmung von einem der ersten Lehrer des Staatsrechts, in diesem Punct, welchen ich ganz unabhängig davon oben niedergeschrieben habe, glaubte ich den Lesern grade schuldig zu seyn, weil es die Rechtssache betrifft; auch übrigens finden wir vieles in jenem Werke, das uns über das Schulwesen belehrt.

an die Gränzen zu erinnern, welche der Staatsgewalt hierin gezogen sind.

2. Die andere Beziehung, in welcher der Staat verpflichtet und berechtigt ist für die heranwachsende Jugend zu sorgen, daß sie auch erzogen werde, geht unmittelbar aus seiner Pflicht, die er gegen sich selbst hat, hervor, denn er selbst steht und fällt mit der Beschaffenheit der neuen Generation. Verwildert die Jugend, so sinkt das Volk unter die Idee des Staates herab, das gesetzliche Band löst sich auf, es erfolgt eine Zerrüttung, die in einen thierischen Zustand ausschlägt. Das ist das Naturgesetz der Menschheit. Wird sie auch nur vernachlässigt, so nimmt die Cultur ab, mit ihr die Civilisation, und es geht in den folgenden Generationen auf jenes Unheil hinaus. Je besser sie erzogen wird, um so festere Wurzeln gewinnt die bürgerliche Gesellschaft und um so hoffnungsreicher blühet der Staat auf. Daher ist die Erziehung der Jugend eine Angelegenheit für ihn, wie die Selbsterhaltung für die einzelne Person, und hierzu kommt noch, daß er seinen Wohlstand nicht anders begründen und steigern kann, als wenn seine Landeskinder für ihre und die künftige Zeit gut gebildet werden.*) Er ist aber strenge zu dieser Fürsorge verpflichtet, weil er im Namen des ganzen Volkes, ja der Menschheit steht, und von Gott dazu eingesetzt ist, um die Ordnung und Bildung der Menschenwelt zu fördern. Zwar hat er diese Rechtspflicht nur gegen die Seinigen, also nur gegen die ihm zugehörige Jugend, aber hiermit erfüllt er zugleich eine Liebespflicht gegen die andern Völker, weil die bessere Cultur des einen auch den andern zu gut kommt, wenn sie da-

---

*) Daher vernimmt man die Klagen einsichtsvoller Männer aus den Verein. Nordam. Staaten, daß sie bei dem Mangel einer Schulverfassung eine trübe Aussicht auf die Zukunft hätten, indem ohne die Bildung der Jugend keine Republik bestehen könne; — wir behaupten, kein Staat in unserer europäischen Cultur.

von Gebrauch machen, und wenigstens ein Lichtpunct ist, der rund umher leuchtet. Eben dadurch gibt ein so cultivirter Staat seinen Beitrag zu dem allgemeinen Besten der Menschenwelt auf die natürlichste und gedeihlichste Weise. Und so stehet ein Staat, welcher für die Erziehung seiner Jugend gesetzlich sorgt, in sich selbst gehalten da, behauptend sein heiliges Recht und erfüllend seine Selbstpflicht gegen sich selbst und zugleich seine weltbürgerlichen. Darum steigt mit der Fürsorge für Bildungsanstalten der Ruhm der Staaten bei der Mitwelt und Nachwelt.

„Was schon jeder Verein für das Gemeinwesen mit sich bringt, die Sorge für seine Selbsterhaltung, also dafür, daß die heranwachsende Generation ihm nicht zu seiner Zerrüttung, sondern vielmehr zu immer besserem Gedeihen zuwachse, das wird auch nunmehr wohl allgemein eingesehen; wir erkennen darin ein Recht des Staats zu seiner äußeren und inneren Selbsterhaltung. Daher denn sein Recht in Betreff der Schulen. Es besteht aber mit dem Elternrecht in der Weise, daß der Staat das seinige der Natur nach zugleich durch das ihrige ausüben läßt, sich der Pflichtthätigkeit dieser natürlichen Erzieher der Kinder erfreut, und nur da, wo diese fehlt, sie selbst übernimmt. *) Das Elternrecht ist ihm heilig, aber auch das Recht der Kinder und des Gemeinwesens, er verlangt also die Ausübung von jenem, wie sie diesem entspricht. So lange daher die Eltern ihre Kinder zur allgemeinen Cultur erziehen, also zu verständigen, sittlichen Menschen, und sie das lernen lassen, wodurch sie im Stande sind gute

*) Zachariä zeigt nach der eben angef. Stelle in jenem Werke weiter, daß die Regierung Zeit und Umstände in ihrer Fürsorge für den Jugendunterricht berücksichtigen müsse, und daß es allemal der bessere Fall sei, wenn sie dieselbe den Eltern überlassen könne, und die Unterrichtsanstalten nur entweder örtliche und Stiftungen oder Privatunternehmungen sind; wie wolle es auch die Regierung unternehmen, zu ihrem Gebiete bei allen Kindern Vaterstelle zu vertreten, da doch jedes nach seiner Individualität erzogen werden müsse? u. s. w.

Bürger des Staats zu werden, bleiben sie in der Ausübung ihrer Gewalt ungestört, und die bürgerliche Gesetzgebung darf kein Einschreiten der Regierung erlauben. Was sie allgemein verlangt, ist die Aufsicht über das ganze Erziehungswesen, um sich zu versichern, daß kein Kind verwahrlost werde. Dabei verlangt aber die Rechtspflicht des Staats, daß den Vätern, Müttern, Versorgern das Mittel dargeboten werde, wodurch sie ihren Kindern das für jenen Zweck gewähren können, was sie nicht für sich zu leisten im Stande wären. Dieses Mittel nun ist die öffentliche Schule. Der Staat ordnet sie an als eine Wohlthat für diejenigen, die sich ihrer freiwillig zur Bildung ihrer Kinder bedienen wollen, aber zugleich als eine Nothsache für diejenigen, welche dazu müssen gezwungen werden, weil sie ihre Kinder zu Hause verwahrlosen. Hiernach wird dem Rechte des Staats in Beziehung auf das der Eltern seine Gränze scharf gezogen, um jeden gegenseitigen Eingriff zu verhüten. Der Punct von dem Schulzwang und der Schulpflichtigkeit ist nur hierdurch, nicht aber durch Machtsprüche zu entscheiden; jedoch hat er in der Ausführung seine große Schwierigkeit, weil man dabei nothwendig auf Volk, Cultur, Zeit, Ort, Stadt, Land, Gemeinde, ja bis auf das Individuelle jeder einzelnen Schule Rücksicht nehmen muß, wenn nicht Rechtsverletzungen einschleichen sollen." *) Hierin liegt zugleich das Recht des Staates, die Oberaufsicht über die Schulen zu führen. Denn er muß versichert seyn, daß in denselben nichts vorkomme, was das Gemeinbeste untergräbt (ne quid detrimenti respublica capiat). Es könnte ja einem Lehrer einfallen, den Kindern Haß gegen ihr Vaterland, Gesinnungen des Aufruhrs, Verachtung der Obrigkeit u. dgl. einzuflößen, oder sie Mord, Raub, Diebstahl u. s. w. als erlaubt ansehen

*) Aus seiner schon angef. Abh. der Verf. in den Freim. Jahrb. für die d. V. über das **Bedürfniß** eines Schulrechts mit einigen Abänderungen.

lassen. Auch schon um der Kinder selbst willen, wegen ihrer sittlichen Erziehung darf der Staat so etwas nicht zugeben, er muß sich daher in der Kunde von dem Unterricht in der Schule und überhaupt von ihrem ganzen Zustand erhalten.

So sehen wir ganz klar die Bedingungen, unter welchen der Staat sein Recht über die Erziehung seiner Landeskinder, insbesondere über die Schulen mit dem Rechte der Eltern und der Kinder einigt, und also seine Pflicht in jener doppelten Beziehung erfüllt. Wir sehen hiermit zugleich, welche Anforderungen in Betreff der Schulen an den Staat gemacht werden müssen, und daß er nur durch offene Darlegung seiner Bemühung für die möglichste Vollkommenheit der Bildungsanstalten zu sorgen, also auch durch Oeffentlichkeit der Prüfungen, durch Bereitwilligkeit gegründeten Klagen abzuhelfen und Verbesserungsvorschläge anzuhören, und durch Begünstigung der Fortschritte im Schulwesen sich des allgemeinen Zutrauens versichern wird.

Der Staat gibt die Gesetze, er hat also um so mehr Vorsicht nöthig, daß er nicht in seiner Macht zu weit gehe und in jene Rechte eingreife, wenn er seine Schulverordnungen erläßt und überhaupt hierin verfügt. Die Regierung muß daher grade hier eine Liberalität kund geben, welche jedem Muth macht, sich über Misbräuche in Schulsachen zu äußern, und den Unterricht so weit wie möglich frei stellt. Die Bedingungen, unter welchen er frei zu lassen ist, haben wir schon öfters ins Auge gefaßt, und wir können sie mit drei Worten ausdrücken: wenn nur das Kind zu einem guten Menschen erzogen wird. Damit aber jener Liberalismus als der ächte bestehe, hat der Staat Sorgfalt, Strenge und Festigkeit nöthig, um das Erziehungsrecht da auszuüben, wo es ihm zukommt, und seine Gesetzgebung muß sich grade in dieser allen Herzen so nahe liegenden Sache auf das klarste und bestimmteste aussprechen. Dabei hat sie denn auch auf das kirchliche

Verhältniß Rücksicht zu nehmen. Von dem Unterricht, welchen der Staat für seine künftigen Bürger verlangt, und wie ihm die Schule hierin dienen müsse, werden wir schicklicher in dem folgenden Abschnitte reden.

Drittes Kapitel.

Das Schulrecht in Beziehung auf die Kirche.

„Das Recht der Kirche auf die Schule muß denjenigen einleuchten, welche überhaupt die Rechte auf das Historische gründen; denn die Volksschulen sind in der christlichen Kirche und durch sie entstanden, und gehörten ihr unter den christlichen Völkern an, bis erst in der neuesten Zeit die Schulen mehr und mehr von derselben losgerissen werden. Wir müssen aber auf den tieferen Grund jenes Verhältnisses zurückgehen, und wir finden ihn in der Religion selbst, namentlich der christlichen, als in dem höchsten Bildungsmittel der Menschheit und dem Geiste der wahren Erziehung. Die Kirche ist das äußere Leben der christlichen Religion und die nothwendige Anstalt für ihr inneres Leben. Wer nun in derselben sich befindet, kann auch für die Kinder nichts dringender wünschen, als daß sie ihr vom frühesten an ebenfalls angehören. Darum ist von christlichen Eltern vorauszusetzen, daß sie ihr Kind in die Kirchengemeinschaft gerne aufnehmen lassen, und den Einfluß der Kirche auf seine Erziehung dankbar benutzen. Sie gestehen hiermit der Kirche ein Erziehungsrecht zu.“ *) Dieses nun kann in zwiefacher Hinsicht statt finden, einmal vermittelst des Einflusses auf die Eltern überhaupt zur Erziehung der Kinder, fürs andere unmittelbar auf

---

*) Auch diese Stelle entnimmt der Verf. mit kleinen Aenderungen aus seiner eben angef. Abhandlung.

die Kinder selbst und auf die Schule. Wir betrachten auch dieses nach einander.

1. Das häusliche Leben gewinnt durch das Christenthum seinen wahren Wohlstand und Segen. Die Familienglieder sind da durch das heiligste Band zur gegenseitigen Achtung und Liebe innigst verbunden, und den Kindern wird ihr volles Recht zu Theil. Das gibt denn der Erziehung ihren rechten Geist, so daß man kühn behaupten darf, die christliche würde Wunder thun, wenn sie nur recht eingeführt wäre. *) Selbst denjenigen Eltern, die nicht im Christenthum stehen, kommt dieser Geist an ihren Kindern zu gut, da er in der Kirchengemeinschaft waltet und gleich der Sonne Licht und Wärme zu ihrem Gedeihen hervorbringt, sie auch mit guten Beispielen umgiebt und mit christlichen Lehrern versorgt. Dagegen fordert die Kirche von denjenigen Familien, welche ihr angehören, daß die Kinder in dem Geiste des Christenthums erzogen werden, und verpflichtet sie zur gewissenhaftesten Sorgfalt hierin, also auch zur Benutzung der Schule. Das sind also gegenseitige Pflichten zwischen den Eltern und der Kirche hinsichtlich der häuslichen und öffentlichen Erziehung, welche noch kein äußeres, sondern nur bloß ein inneres Recht gegenseitig ertheilen, insofern auch der Gesetzgebung keinen Widerstreit zu lösen aufgeben.

2. Das unmittelbare Verhältniß der Kirche zu der Schule bringt aber auch äußere Rechte mit sich, welche eine genauere Festsetzung verlangen. Vorerst hat die Kirche die Pflicht, und soferne sie im Staat anerkannt ist, auch ihr äußeres Recht die Kinder, welche ihr durch die Familien angehören, in Religionsunterricht zu nehmen, und darauf zu sehen, daß sie zu Christen gebildet werden. Das liegt in ihrem Wesen, so verschieden auch sonst die Mei-

*) Wir erinnerten das schon im 1ten Th. mit Hinweisung auf die Erziehungsl. 2ten B. wo dieses an mehreren Orten begründet ist.

nungen über die wahre Kirche seyn mögen, und so gewiß als ihr die Kinder von ihren Eltern übergeben sind, welches in der Regel durch die Taufe geschieht, so gewiß darf sie auch strenge von denselben fordern, daß sie ihnen den kirchlichen Unterricht nicht versagen. In dieser Hinsicht sind es auch ihre Kinder, und sie ist für die religiöse Bildung derselben verantwortlich. Daher muß die Kirchenregierung bei der bürgerlichen Schutz und Hülfe suchen, wo ihr dieses Recht streitig gemacht würde, wie es z. B. auch in den Landesgesetzen anerkannt ist, welche es verbieten, daß junge Leute unter den Jahren der Urtheilsreife zu einer andern Kirchengemeinschaft als die ihrer Eltern herübergezogen werden. Mit dem Recht, das die Kirche in einem Staate besitzt, daß sie bestehen darf, ist ihr auch jenes Recht auf die in ihr gebornen Kinder zugestanden; denn nur auf diese Weise kann sie sich ihr Bestehen sichern, und es ist, wie wir es oben dem Staate zuerkennen mußten, ihr Recht der Selbsterhaltung. Es kann ihr nicht gleichgültig seyn, ob das in ihr geborne neue Geschlecht auch für sie heranwachse oder nicht, und sie muß dafür sorgen, daß sie in dem beständigen Zuwachs, den sie an den Kindern erhält, auch gute Glieder der Gemeinde gewinne. Weil indessen das Religionsbekenntniß völlige Gewissensfreiheit verlangt, so darf keine Kirchengemeinschaft die jungen Leute zwingen ihr fortwährend anzugehören, nachdem sie zur Erkenntniß und Altersreife gelangt sind, um sich selbst zu entscheiden; sie kann da nur noch durch die Gewalt der Ueberzeugung wirken.

Die Kirche hat eben darum auch ein Recht auf die Schule, zunächst den Religionsunterricht betreffend, inwieferne dieser in der Schule ertheilt wird, dann aber auch, weil das religiöse Prinzip als das eigentlich erziehende die ganze Schulbildung durchwalten muß, für das ganze Schulwesen. Das ist es denn auch, was uns die Geschichte von alten Zeiten her überliefert hat, und was immer auch da noch gefühlt wird, wo man der Kirche dieses Recht nimmt oder wenigstens streitig macht. Es ist ja doch immer eine besondere Kirchenform, welche es für sich ausübt, und es gibt mehrere sehr von einander abweichende Formen. Welche ist nun da die rechte? und wie vollends, wenn sie mit einander in Betreff der Schule, oder mit dem Staate, oder mit den Eltern in Streit kommen? Man denke an die Machthaberei des Klosterwesens in Erziehungssachen, an die Kinder aus gemischten Ehen, an den Despotismus mancher Staaten, welche hier einen falschen Glauben, dort den Unglauben begünstigen, das Christenthum selbst, oder die protestantische, oder die katholische Kirche u. s. w. verfolgen, oder zu der herrschenden die Kinder nöthigen, u. dgl. — und man wird verlegen seyn, wie in allen diesen Verwicklungen der Kirche der Kreis ihres Rechts auf die Schule mit sichrer Hand zu ziehen sey, damit sie ihre gehörige Gewalt habe, ohne daß sie die Rechte der Kinder, der Eltern, des Staates gefährde. Sieht man von den bestimmten Formen und Verfassungen der Kirche ab, so entscheidet sich alles leichter, denn da bleibt nur die Idee von dem Reiche Gottes, und diese verlangt nur, daß das Kind zu einem Unterthan dieses Reiches, zu einem Kind Gottes erzogen werde, daß also die Eltern dieses ihnen anvertraute Wesen Jesu Christo zuführen, dem es angehört. Darüber spricht aber kein Zwangsrecht, sondern es ist bloß Gewissenssache. Die nichtchristlichen Religionen machen ähnliche Anforderungen an die Eltern, aber mehr äußerliche und also auch wohl mit irgend einer Art Zwang. Der Herr unserer Kirche will, daß die Kinder zu ihm kommen durch freie Führung. Daher widerspricht ihr auch jede Gewalt, welche etwa der Staat anwenden würde, um die Kinder zur kirchlichen Erziehung anzuhalten, und es liegt in der Idee eines christlichen Staats, daß er das Reich Gottes auch hierin von innen kommen lasse. So ist es denn auch geschehen, daß das Christenthum unter den Völkern die

Finsterniß des Wahnes verscheucht hat, welcher sogar Kinder als Opfer morden hieß; es will auch den Wahn jedes Seelenmordes verscheuchen, und also aller gewaltsamen Nöthigung zu einer Religionsweise. Ja der Staat, weit entfernt so etwas zu begünstigen, darf es gar nicht zulassen, und muß eben auch hierin kirchlichen Anmaßungen gegenüber den Kindern und der Schule seinen Schutz beweisen.

Wollte man der Kirche ein ausgedehnteres Recht einräumen, welches sich indessen durchaus nicht begründen läßt, weder aus der Vernunft noch aus unsern heiligen Urkunden, so würde man auf allen Seiten in Widersprüche gerathen, bald mit dem häuslichen, bald mit dem bürgerlichen, vielleicht manchmal auch selbst mit dem kirchlichen Leben, bald mit andern Glaubensgenossen; unsere dermalige Cultur würde das auch gar nicht mehr ertragen. Selbst die Juden, deren Kinder man bekanntlich in mehreren Ländern in christliche Schulen einweiset, fangen an dieses als einen Zwang zu fühlen, da sie es bei dem noch häufigen Mangel eigner guter Schulen, bisher wenigstens oft als Wohlthat erkannten.

Wünschenswerth ist es allerdings, daß die Kirche über die Schule wenigstens mit gleicher Macht wie der Staat zu walten habe, soferne man ihr keinen Misbrauch dieser Macht zutrauen kann, ja daß sie unter dieser Bedingung die Regierung der Volksschule führe, jedoch in einer gewissen Verbindung mit dem Staate. Denn von der Kirche geht das beste Bestehen der Schulen aus, so wie überhaupt der Geist der wahren Volksbildung, wie wir oben bemerkten. In diesem Sinne behaupten Männer, deren Wort von Gewicht ist, daß es eine falsche Emancipation dieser Schulen sey, wenn man sie von der Kirche trenne, und daß sie nur ihr rechtes Gedeihen finden, wenn sie ihr eigentlich angehören, obgleich die Forderungen des Staats dabei befriedigt werden müßten. Am folgerichtigsten hat Krummacher diese Idee ausgeführt, indem er der Volksschule auch die Kirche zum Urbild aufstellt und sie gewissermaßen selbst zu einer Kirche gestaltet. *) Allein wo wäre der Rechtsgrund für solche fromme Wünsche? Wir müssen also dieses alles jener freien Entwicklung der Menschheit überlassen, welche herbeizuführen das Evangelium bestimmt ist, und uns bescheiden, daß man da nichts machen darf, wo etwas aus dem inneren Leben erwachsen soll; man würde sich sonst an dem heiligen Lebenskeime vergreifen. Genug die Kirche bietet ihren Einfluß als solchen und somit innerhalb des ihr angewiesenen Wirkungskreises an. Daher ist auch ihr unmittelbarer Einfluß hauptsächlich für die Volksschulen anzunehmen, für die polytechnischen Anstalten und die Gelehrtenschulen allerdings ebenfalls, aber sie liegen mehr im Bereiche der Wissenschaft, und sie genießen ihn mehr mittelbar, durch die christlichen Lehrer und den Religionsunterricht. Die Rechte der Kirche auf die Erziehung haben innerlich die weiteste Wirksamkeit, äußerlich aber sind sie in dem Maaße beschränkt, als diese eine einzelne Richtung nimmt, und so liegen die Schulen für die besondern Berufsarten fast ganz außer ihrem Kreise.

In einem früheren Zeitalter war die Familie zugleich der Staat und die Kirche. Ein herrliches Ideal, das wir gerne poetisch ausmahlen. Aber höher als der Patriarch der Vorwelt steht der christliche Hausvater, wenn einst das Himmelreich unter den Völkern vollkommen wird verbreitet seyn. Cultivirte Staaten der alten Welt standen unter Priesterkönigen; und auch hierin leuchtet uns so viel Gutes herüber, daß man die Priesterherrschaft allzusehr zu idealisiren geneigt ist, indem man sie äußerlich hinstellen möchte, statt ihr inneres Wesen im Reiche Got-

*) In seiner Schrift: die christliche Volksschule im Bunde mit der Kirche, 1823; 2te Aufl. 1825. — Mehrseitig betrachtet die Schrift von Hüffell, der Staat, die Kirche u. die Volksschule diese Verhältnisse.

tes zu schauen. Denn das Christenthum weihet zum wahren Priesterthum. Da ist denn jeder durch freien Gehorsam der von Gott verordneten Obrigkeit unterthan, und nimmt hiermit eben recht an der Regierung Theil; da lebt jeder mit den Seinigen frei in der Kirchengemeinschaft, und da werden alle Kinder dazu erzogen. Dieses ist denn auch das Ziel für die Schulen, in so weiter Ferne es auch liegt; es ist das einzige Ziel, für welches alle ihre Rechte und Pflichten ihr ertheilt sind; es ist das Endziel, in welchem die Rechte erlöschen, weil dann nur die Liebe waltet. Diese Aussicht eröffnet sich uns nicht etwa zu einem müssigen Hinsehen, sondern sie gibt den Gesichtspunct an, aus welchem das Schulrecht in allen seinen Beziehungen sein wahres Licht erhält. Und so darf ihn auch die Gesetzgebung nicht außer Augen lassen.

Noch ist eine Frage zu beantworten, die in der neuesten Zeit vielleicht aus Bewundrung der Schulverbesserungen aufgeworfen und von manchem alsobald bejaht worden: hat nicht die Schule ein Recht der Selbstständigkeit gleich dem Staate, der Kirche, der Familie, so daß sie nicht unter, sondern neben diesen Grundvereinen der Menschheit stehe, und sich also unabhängig behaupten müsse, nur mit gegenseitiger Begränzung der Gebiete? Wer diese Frage bejaht, muß ein Schulrecht verlangen, das aus sich selbst hervorgehe, gleich dem Staatsrecht. Wir müssen aber diese Frage verneinen. Denn die Schule ist ein Theil der Erziehung, eine gewisse Wirksamkeit, aber keine als Corporation ins Leben getretene Idee. Sie vereinigt zwar die Schüler zum gemeinsamen Unterricht, aber sie ist darum doch kein Verein der Schüler und Lehrer selbst, der aus seiner eignen Wurzel erwachsen und in sich selbst festgehalten wäre; sie ist vielmehr eine von Andern nach Gutbefinden eingerichtete Anstalt, an welcher die Kinder Theil nehmen können oder nicht, und zwar immer auf vorübergehende Zeit, ebenfalls nach Gutbefinden. Die elterliche Erziehung ist doch eigentlich der Grund, auf welchem alles dieses beruht, also die Familie, und hierzu wirkt der Staat und wirkt die Kirche mit in der Art, wie wir gesehen haben. Von diesen Vereinen hängt also die Schule durchaus ab. Worin sollte denn nun ihre Selbstständigkeit gesucht werden? Darin etwa, daß sie eine öffentliche Anstalt ist? Das ist auch die Krankenanstalt, die Irrenanstalt u. s. w. und so wäre in mancher Dorfgemeinde die Baumschule ebenfalls von den andern Behörden zu emancipiren. Aber es sind ja nicht Bäume, nicht Verrückte u. s. w., sondern Kinder! wendet man vielleicht ein. Also diese, die Schülerschaar, wären eine in sich selbst bestehende Gesellschaft? Dann müßten sie freilich in derselben festgehalten werden, und zwar von einer höheren Macht. Die Eltern lassen sich das nicht gefallen, es müßte also eine weltliche oder geistliche Gewalt despotisch einschreiten, und die Lernenden *) zu einem festen Verbande zusammen zwingen. Oder sollen die Lehrer als ein eigner Stand diese Corporation ausmachen? Nun, das wäre dann nichts anderes als der Gelehrtenstand. Die Elementarlehrer werden doch nicht wähnen, daß sie die Wissenschaften besitzen, weil sie sich in den Elementen bewegen? Zu solchem Dünkel halten wir unsere Schullehrer wenigstens dem größten Theile nach zu gut. **)

---

*) Der Name φοιτητής (Zugänger) sagt das selbst von den höheren Lehranstalten (Erziehungsgesch. 2te Abth. S. 20.); auch das frequentare deutet darauf hin. Noch nicht einmal die Lehrjünger waren ein bestehender Verein, z. B. bei Sokrates; die Prophetenschulen waren etwas ganz anderes als unsere Volksschulen, allenfalls den Akademieen von weitem ähnlich (Erz. Gesch. 1te Abth. S. 212 fgg.); Christus mit seinen Jüngern war keine Schule, sondern die wahre Kirche, die in den Christen fortbesteht.

**) Doch hört man noch Schulmeistereien, nur im Modefrack, wie z. B. ein Dorfschullehrer unlängst in s o l ch e r Begeisterung von seinem Stande an seinen Collegen schrieb: „Ew. Hochehrwürden — denn das gebührt uns so gut wie den Pfarrern — und wir werden bald die Freude haben auf der Kanzel stehend auf sie herabzusehn."

Noch am ersten könnten die Lehrer an den Gelehrtenschulen, wie auch an andern höheren Anstalten, auf eine solche unabhängige Stellung Anspruch machen, aber sie könnten das nur im Namen der Wissenschaft, welcher der Gelehrtenstand angehört, und hiernach wissen sie wohl, daß nicht die vorbereitende wenn gleich höhere Schule, sondern die gesamte Gelehrtenrepublik ihr unabhängiges Bestehen behaupten könnte. Die Universität oder Akademie ist diejenige Corporation, welche einen für sich bestehenden Verein bildet, wie keine Schule, sey sie auch eine Hochschule, weil sie in der und für die Wissenschaft lebt; und dennoch wurzelt auch sie in jenen Grundvereinen der Menschheit und ist in ihrem äußeren Leben mehr oder weniger abhängig.

Es bleibt also der Schule kein Recht, als inwieferne sie durch die Eltern, den Staat und die Kirche besteht, und den Zweck hat, die Erziehung der Kinder in der ihr zugetheilten Weise zu übernehmen. Das aber ist ein großes, ein heiliges Recht. So hatten wir das Schulrecht nach jenen drei Hauptbeziehungen zu betrachten, um zugleich die gegenseitigen Begränzungen zu bemerken. Wir wendeten das zwar nur auf die Hauptanstalten an, aber jene Nebenanstalten, z. B. für die verwahrlosete Jugend, wovon wir im 1ten Th. im 5ten Abschn. handelten, sind unter denselben Rechtsgrundsätzen begriffen.

Dritter Abschnitt.

Die Gesetzgebung für die Schulen.

Die Gesetze sprechen die Rechte aus, und bestimmen ihre Vollziehung. Diejenigen also, welche die Schulen betreffen, müssen alle jene Rechte ohne eins zu übersehen berücksichtigen und vereinigen, zugleich aber verordnen, wie sie ins Leben geführt und geltend gemacht werden. Diese Gesetzgebung bestimmt hiernach das, was wir in den beiden vorigen Abschnitten vorausschickten, die Bildung und Anstellung der Lehrer, das Bestehen der Schulen, und die Verhältnisse in jener dreifachen Beziehung, die wir bei dem Schulrecht erkannten. Wir versuchen ihre Grundzüge in dieser Ordnung.

Erstes Kapitel.

Gesetze, die Lehrer betreffend.

Was im ersten Theile betrachtet worden, wie die Lehrer vorzubereiten, zu prüfen, anzustellen, zu besolden seyen, soll hier nicht wiederholt werden, sondern wir haben nur das anzugeben, was für alles dieses gesetzlich bestimmt werden müsse, um den Zweck auf gerechte und möglichst vortheilhafte Weise zu erreichen. Der Staat ordnet öffentliche Schulen an, er hat daher auch für tüchtige Lehrer zu sorgen. Da nun das Lehrgeschäft aus innerem Berufe und also mit Freiheit unternommen werden soll, so kann auch keine Art von Zwang dazu nöthigen, wie das wohl für andre Thätigkeiten im Staate der Fall ist; das Lehramt ist am weitesten von allem Militärischen entfernt. Dafür aber ist die Prüfung jenes inneren Berufes desto nothwendiger, und sie richtet sich nach den jedesmaligen Adspiranten, welche sich zu derselben darbieten. Denn sind es überhaupt wenige, so muß man sich mit dem begnügen, was sich vorfindet, weil sonst die Schule verwaiset bliebe: sind es mehrere, als grade Stellen erledigt sind, so wählt man die vorzüglichsten aus, und macht also auch größere Forderungen im Examen. Ein noch ziemlich gemeiner Fehler ist es, daß man bei uns in Deutschland zu wenig fordert, weil sich in ehemaliger Zeit nicht so viele gut vorbereitete Lehramts-Candidaten vorfanden, aber jetzt bei dem viel größeren Andrange und den besseren Mitteln zur Vorbereitung, kann und soll man auch die Fordrungen an sie stärker machen, ohne sie jedoch zu überspannen. Es entscheidet also hierin der jedesmalige Culturstand des Volkes, und wo er noch sehr niedrig steht, ist das die beste Fürsorge, daß Anstalten zur Bildung der Lehrer errichtet werden, und daß man Anfangs auswärtige beruft, um nur erst eine bildende Kraft hereinzuführen. Wir bemerkten deßhalb oben die Wichtigkeit der Seminarien, aber auch ihre Entbehrlichkeit, sobald einmal so viel Bildung verbreitet ist, daß der Lehrstand in freier Wahl sich fortbildet. Indessen sind doch immer Seminarien so lange zu unterhalten, als diese Bildung grade solcher Erleichterung und höherer Steigerung bedarf. Wenn nun die Candidaten in der Prüfung so bestehen, daß sie dem Culturstande so genügen, wie diejenigen, die aus dem Seminarium kommen, so muß es der Schulbehörde einerlei seyn, wo sie ihre Vorbereitung erhielten. Nur alsdann, wenn man sieht, daß diejenigen, die das Lehramt suchen, im ganzen Lande gegen die geforderte Bildung zurückstehen, ist das Gesetz nothwendig, daß jeder der angenommen werden will, die angeordnete Bildungsanstalt muß benutzt haben. Dieses Gesetz ist aber auch dann nothwendig, wenn bei den Adspiranten eine falsche Richtung bemerkt wird, worin sie, obgleich mit den verlangten Kenntnissen versehen, zu Bildnern der Jugend untauglich sind, also z. B. wenn sie von einem Geiste der Unsittlichkeit, der Irreligiosität beseelt wären. Ueberhaupt aber haben die Gesetze nur da das Recht die Vorbereitung in einem Seminarium zur Bedingung zu machen, wo dieses in jeder Hinsicht den Fordrungen der pädagogischen Cultur entspricht, ganz besonders aber, wenn es in dem Christenthum bildet.

Das gilt hauptsächlich den Lehrern für die Volksschulen, von der niedersten an bis zu der höheren; für die höchste und noch mehr für die Gelehrtenschule dürfen die Gesetze noch weniger die Art der Vorbereitung ausschließlich vorschreiben, weil das unvermeidlich zu Einseitigkeiten führt, die Freiheit im Studium ohne Noth beengt, und die Auswahl unter den anzustellenden Lehrern verkleinert. Nur in dem Lande, worin sich ein Mangel an tüchtigen jungen Männern bemerken ließe, wäre es, wie bei den Lehrern an den Volksschulen, gesetzlich zu verfügen, daß sie sich in den dazu bestimmten Anstalten vorbereiten müßten. In jedem Falle aber muß die Art der Prüfung vorgeschrieben werden, welche, wie seines Orts bemerkt worden, grade über die gehörigen Unterrichtsgegenstände, zugleich über die Pädagogik und Methodik, aber dabei nicht bloß über das Wissen, sondern auch über das Können des Candidaten sich erstrecken, und auch seine Naturgaben und Geschicklichkeiten im Lehren und Schulhalten erproben müssen. Daher ist es eine weise Gesetzgebung, welche die Uebung selbst an einer Schule zur Bedingung macht, und also verordnet, daß wenigstens derjenige, der eine Stelle an der höheren Schule sucht, eine Zeit lang, wenn auch etwa nur ein halbes Jahr, an einer solchen sich muß geübt und tüchtig bewiesen haben. Für die niederen Schulen versteht es sich von selbst, weil es da die Vorbereitung schon gewöhnlich mit sich bringt; für den Fall aber, daß dieß nicht wäre, müßte auch eine Uebung als Gehülfe bei einem tüchtigen Schullehrer die Bedingung für jeden dieser Candidaten seyn, der sich zum Examen meldet.

Die Gesetze hätten also ungefähr folgendes zu verordnen:

Erster Titel. Die Wählbarkeit der Lehrer. Nur solche sollen an einer Schule angestellt werden, welche ihre Tüchtigkeit für dieselbe bewiesen haben. Es sollen Anstalten oder Gelegenheiten zur Vorbereitung für den künftigen Lehrer denen, die sich dazu bestimmen, angewiesen werden, mit möglichster Freistellung, welche sie wählen mögen. Die Prüfung soll der Anstellung vorausgehn.

Sie gebührt denjenigen Schuloberen, welche diese Schulerfordernisse völlig verstehen. Zur Prüfung gehören wenigstens drei Examinatoren. Ist es nur Einer, so ist Einseitigkeit der subjectiven Ansicht und wenigstens der Schein der Parteilichkeit unvermeidlich; sind es nur Zwei, so könnten die Stimmen getheilt und unentschieden bleiben; der Dritte gibt auch durch vermittelnde Hinweisung den Ausschlag; in mehrfacher Hinsicht gilt auch hier tres faciunt collegium. Jeder Bewerber muß an einer Schule der Art, für welche er sich meldet, sich geübt haben, und auch übrigens Zeugnisse seiner Sittlichkeit und Vorbereitung mitbringen. Das Examen besteht 1) in der Untersuchung der Zeugnisse über das bisherige Leben und die pädagogische Thätigkeit des Candidaten; wer hierin nicht besteht, also z. B. auch nicht die verordnete Zeit je nach seiner Bestimmung an einer niederen oder höheren Schule sich geübt hat, wird abgewiesen; 2) in schriftlichen Aufsätzen über vorgelegte Fragen; 3) in mündlichen Fragen und Unterredungen. Von der Schulbehörde sind die Gegenstände zu No. 2. und 3. nur im Allgemeinen vorzuschreiben, um die Examinatoren nicht zu beengen und sie zu Mitteln eines Mechanismus zu machen, da in allem, was das Lehren betrifft, der Geist frei walten muß: aber sie sind soweit vorzuschreiben, daß ihre Willkühr nicht theils den Candidaten einschüchtern oder begünstigen, theils unpassende Gegenstände erwählen möge. Die Examinatoren müssen die Geschicklichkeit besitzen, in der Art, wie der Candidat sich ausspricht, seine Lehrgabe zu bemerken, und sich dadurch leiten lassen, um ihn allenfalls zu Proben einer Darstellung aufzufordern, welche ihr Urtheil noch sichrer bestimmt. (Nicht etwa dürfen Schüler zugezogen werden, damit der Candidat an ihnen die Probe mache; denn kein Schüler darf zu irgend einer Probe sich hergeben, und es ist auch unter der Würde des Lehrers mit einem solchen Experiment aufzutreten.) Nach vollendetem Examen berathen sich die Examinatoren, und schreiben alsbald ihren Bericht an die Schulbehörde mit ihrem Urtheile nieder. Besteht der Candidat in N. 2. und 3. so schlecht, daß es seinen beigebrachten Zeugnissen widerspricht, so wird er bis auf weitere Erkundigung abgewiesen; besteht er nur halb und halb, so wird er zwar nicht abgewiesen, aber auch noch nicht als empfehlenswerth angenommen; in beiden Fällen wird an die Behörde berichtet, damit sie entscheiden könne. Die Schulbehörde aber entscheidet je nach dem Bedürfniß der Schulen, dem Mangel oder Vorhandenseyn tüchtiger Lehrer, und also nach der vorliegenden Wahl. Es kann auch ein doppeltes Examen angeordnet werden, ein früheres (praevium) über die Kenntnisse und den Lebenswandel des Adspiranten, wornach ihm der Zutritt als Gehülfe an einer Schule gestattet oder, wenigstens noch zur Zeit, versagt wird, und ein zweites (definitivum), welches seine Lehrgeschicklichkeit und praktische Tüchtigkeit prüft, also seine Kenntnisse nur insoferne noch einmal untersucht, als er zeigen muß, daß er, wenigstens in den Zweigen seines besonders gewählten Faches, fortgeschritten sey, mit Liebe darin arbeite, und was er weiß auch methodisch mitzutheilen verstehe. (Denn manche kommen grade in ihrem Fortstudiren von der pädagogischen Lehrgeschicklichkeit und Herablassung mehr ab.) Diese Gesetze sollen alle fünf Jahre revidirt werden, weil der Culturstand steigen kann, und sich hiernach die Fordrungen an die Lehrer steigern.

Das sind wohl die allgemeinsten und nothwendigsten Bedingungen, welche gesetzlich auszusprechen wären. Die weiteren bestimmen sich zu sehr nach Ort, Zeit und Umständen, als daß in einem Buche darüber mehr bestimmt werden dürfte. Deßhalb bescheiden wir uns auch nichts anzugeben, in welcher äußeren Form die Prüfungen für die Volksschulen, in welcher für die Gelehrtenschulen zu verordnen seyen, u. dgl. m. aber wir könnten keine Form gut heißen, worin die angegebnen Grundsätze unbefolgt blieben, z. B. wenn die Examinatoren für die Gelehrtenschulen nur aus Lehrern an Gelehrtenschulen genommen würden und nicht zugleich aus Männern, denen man eine höhere Stufe in dem Gelehrtenstand zutrauen muß. Schon solches Zutrauen zu den Examinatoren ist beachtungswerth, hinsichtlich des Candidaten, der Schule und der öffentlichen Meinung.

Zweiter Titel. Die Anstellung und das Bestehen der Lehrer. Da die Schulen öffentliche Anstalten sind, so werden die Lehrer von der Regierung angestellt, welche ihnen auch ihr Bestehen, also ihre Rechte und ihre Besoldung sichert. Es werden die Bedingungen bekannt gemacht, unter welchen die Lehrer angestellt werden können. Die Wahl geht von der Schulbehörde aus, gestützt auf die Prüfung. Sie wird dem Staatsoberhaupt berichtlich zur Genehmigung und Ernennung vorgelegt. Jeder Candidat, der im Examen bestanden ist, ist auch berechtigt in die Wahl zu kommen. Nicht Anciennetät gib ihm ein Vorrecht, sondern der Vorschlag zu einer Stelle hat den Tüchtigsten, und zwar der es grade für diese Stelle ist, auszuwählen; denn nicht die Versorgung des Mannes, sondern die beste Versorgung der Schule ist die Hauptsache. Sind tüchtige Landeskinder da, so kommen nur diese in die Wahl; denn sie sind als Kinder des Vaterlandes berechtigt als solche und nach ihren Kräften, welche sie demselben darbieten, zu gelten und also den ausländischen Bewerbern voranzustehen. Wenn es an tüchtigen Landeskindern fehlt, so ist die Regierung berechtigt auswärtige Lehrer zuzulassen, damit die Cultur des Landes nicht sinke, sondern steige. Besonders sind an die höheren Schulen alsdann vorzügliche Männer aus dem Auslande zu berufen, wenn es daran in dem Inlande fehlt, weil von solchen Anstalten die Bildung hauptsächlich ausgeht. Die Landesgesetze wegen des Indigenats u. dgl. müssen übrigens zustimmen. Die Rechte der Lehrer richten sich nach ihren Verhältnissen zur Schule, zu einander und zu dem Gemeinwesen. (Wir haben im

1ten Theile u. im 1ten Abschn. des 2ten Th. sie bezeichnet, inwiefern sie aus der Natur der Sache hervorgehen, und hierauf bezieht sich das Allgemeine, was wir hier angeben, das Speciellere bestimmt sich nach Ort, Zeit und Umständen.) Die Besoldungen sind nach Maaßgabe des Zeit- und Kraftaufwandes für die Lehrer verschieden; also müssen die Lehrer an den Gelehrtenschulen am stärksten besoldet werden, weil die gelehrten Studien am meisten Zeit, nämlich schon von früher Jugend an und fortwährend, und am meisten Kraft, nämlich die edelste, die geistige und das in beständiger Anstrengung kosten. Zugleich richten sich die Besoldungen in gehöriger Abstufung nach der Lebensweise des Landes, der Stadt, des Dorfes, worin sich der Lehrer befindet, und überhaupt nach den finanziellen Umständen des Staates. In jedem Falle soll der Schullehrer so besoldet werden, daß er mit einer Familie davon leben kann, um seinem Amte mit unverkümmerter Kraft vorzustehen. Dieser Gesichtspunct entscheidet bei der Regierung dahin, daß sie in solchen Besoldungen eine ihrer dringendsten Ausgaben findet. Die Einkünfte sollen den Lehrern in der Art angewiesen seyn, daß sie dieselben nicht erst durch besondere Anstrengungen erwerben müssen, oder auch in verdrüßliche Verhältnisse mit den Kindern und Eltern kommen. (Auch hier beziehen wir uns auf das, was wir oben seines Orts davon sprachen.) Die Besoldungen sollen möglichst dem Stande angemessen seyn, worin der Lehrer sich befindet, damit er anständig lebe, nicht aber über seinen Stand hinauf sollen sie gehen, da ein luxuriöses Leben sogar seinem Berufe widerspricht. *)

*) Vergleicht man die Schulrede eines Melanchthon de miseria praeceptorum mit den Ansprüchen der Schulmänner jetziger Zeit, so muß man sich freuen, daß sie jetzt jenem von dem praeceptor Germaniae mit starken Farben, aber wohl nach der Natur geschilderten Elend entrissen sind, aber billigen kann man doch nicht die Klagen mancher Lehrer in jetziger Zeit, daß sie es grade nicht den Reichsten und Vornehmsten im Aufwand gleich thun können. Auch

Jeder Stand hat seine Ehre und so auch jedes Amt. Das Verhältniß zu den andern Aemtern und Ständen bestimmt die Stufe der von denselben abhängenden Ehre d. i. den Rang. Der Lehrer an den niederen Schulen hat auch einen niedereren Rang als der an den höheren, und dieser hat im Allgemeinen den, welcher dem Gelehrtenstand gebührt. Das soll die Gesetzgebung jenem Verhältnisse gemäß nach Land und Amt bestimmt angeben, damit kein Rangstreit entstehe. Alle Lehrer sind Staatsdiener, denn alle dienen in Aemtern dem Staat. Sie werden, sobald sie definitiv angestellt sind, auf Zeitlebens in Dienste genommen, und wenn sie nicht mehr dienstfähig sind, anständig versorgt. (Wir gaben oben seines Orts den Grund hiervon an.) Die Titulaturen müssen das Amt anzeigen, also: Elementarlehrer, Schullehrer bei den Volksschulen, Schulgehülfen, Schulvorsteher, Schulaufseher, Professoren, Directoren. *)

---

die Schulmänner des Gelehrtenstandes sollen als dem höheren Mittelstande angehörig ein Beispiel einer anständigen aber nicht luxuriösen häuslichen Einrichtung geben. Aber man soll auch ihren nöthigen Aufwand in Büchern u. dgl. berücksichtigen.

*) Wir sind in unserer neueren Zeit mit diesen Titeln in immer größere Verlegenheit gekommen. Schon in den früheren Zeiten war man es; man sehe nur die wunderlichen Benennungen der Lehrer an den deutschen wie an den lat. Schulen um die Zeit der Reformation und vorher. (Gesch. d. Erz. 2te Abth. S. 346—352. 183—188.) Sonderbar! Das Wort Schulmeister, es komme nun von dem Meister in dem Zunftwesen oder von dem magister artium liberalium, ist jetzt so herabgesetzt, daß auch der unterste auf dem Dorfe übel dazu sieht, wenn er noch so genannt wird, ob es gleich mehr sagt wie Schullehrer, so daß wir es für den Director oder Inspector geeignet fänden. Dafür wäre das in ehemaliger Zeit gebrauchte Kindermeister den Elementarlehrern zu vergönnen. — Daß die Lehrer an den Gelehrtenschulen jetzt fast allgemein Professoren heißen, ist nicht unrecht, denn sie sind es, und wer zu Quintilianus Zeiten u. s. w. Professor hieß, hatte ein ähnliches Amt. Nun ist aber doch das ihrige wesentlich von dem des Lehrers auf der Univer-

Auch hier gehen wir nicht auf das Specielle ein, z. B. die Regulirung der Besoldungen, Witwen- und Waisen-Versorgungen, Bürgerrechte u. dgl., welches alles in der gesetzlichen Fürsorge des Staats begriffen seyn muß.

Dritter Titel. Das amtliche Verhältniß der Lehrer, unter einander und zu ihren Oberen. Die angestellten Lehrer haben ihren höheren oder niederen Rang je nach der Schule, an welcher sie stehen; die an einer und derselben Schule oder an einer derselben Art, haben in der Regel gleichen Rang und nur das Dienstalter in solchem Amte entscheidet den Vorrang. Bei einer Schule von mehreren Lehrern kann es schicklich seyn, daß die Classenlehrer je nach ihrer Schulclasse einander vorgehen. Kein Lehrer ist dem andern untergeordnet, aber es kann für gewisse Amtsthätigkeiten einem ein Vorsitz oder eine Leitung übertragen seyn, und hierin (quoad hoc) ist er seinen Collegen übergeordnet. Dieses ist die Stellung des Directors; übrigens ist er unter seinen Collegen im Range gleich, jedoch als der Erste (primus inter pares). Der Staat kann aber auch einen guten Grund haben demselben einen höheren Rang zu ertheilen, in der äußeren Beziehung auf die Gesellschaft und unbeschadet der Stellung gegen seine Collegen in der Amtsthätigkeit. (Bei dem Director ist das keine Zurücksetzung der Collegen, im Gegentheil sie selbst und die ganze Schule wird dadurch geehrt.) Dem Director steht das Recht und die Pflicht zu die Lehrstunden seiner Collegen nach Gutdünken zu besuchen; nicht um deßhalb Bericht zu erstatten als Aufseher, sondern um sich die völlige Kunde von dem Geiste der Anstalt zu verschaffen und allenfalls mit den Lehrern zu besprechen als Mitgenosse. Dasselbe Recht steht einem jedem der Lehrer zu, kein andrer ist aber dazu verpflich-

sität verschieden, wie sollen also diese heißen? Da muß man denn zu den Titulaturen seine Zuflucht nehmen, und die liebe Titelsucht der Deutschen noch steigern.

tet. Die Lehrerconferenzen sind regelmäßig zu halten, und das nach einer gewissen von ihnen selbst nach Ort und Umständen vorgeschlagnen und von den Oberen genehmigten Form. In denselben wird ein Protokoll geführt, und zugleich das Schülerbuch (wovon im 1ten Th. seines Orts) vorgelegt und fortgesetzt. Der Director ist das Organ des gesamten Lehrerpersonals an der Schule und zugleich der Schulbehörde; er vermittelt also zwischen beiden durch seinen Bericht und durch die Aufträge von jener; einseitig darf er nichts angeben. Es können Fälle vorkommen, wo er auch zwischen einem einzelnen Lehrer und der Schulbehörde vermitteln muß, von dieser gehört, wegen eines Collegen beauftragt wird; indessen soll dabei alles möglichst vermieden werden, was dem collegialischen Verhältniß Eintrag thut. Jede Schule wird von Zeit zu Zeit visitirt. Der Visitator ist von einer höheren Stelle, vollkommen urtheilsfähig über solche Schulen, die seinem Besuche untergeben sind, und von der Behörde beauftragt. Er wird mit der angemessenen Untergebenheit geehrt, jeder Lehrer hat das Recht ihm seine Angelegenheiten vorzutragen, so auch der Director seine allenfalsigen Beschwerden u. dgl. Walten Streitigkeiten vor, so versucht er sie gütlich zu schlichten; wo er kann, hilft er den Beschwerden auf der Stelle ab; was er bemerkt, Gutes wie Tadelnswerthes, theilt er den Lehrern mit, sey es nun unter vier Augen oder in Gegenwart des Directors oder der Gesamtheit; im Ganzen sucht er durch seine persönliche Einwirkung ein gutes Einverständniß der Lehrer unter einander, auch der Lehrer und Schüler zu fördern, soferne das Wohl der Schule nicht darunter leidet; über alles stattet er der oberen Behörde als ihr Beauftragter seinen Bericht ab. Es muß nämlich eine obere Behörde für jede Art der Schulen bestehen, sey es nun für jede eine besondere oder nur Eine für alle. Sie ist ein Collegium von urtheilsfähigen Männern; für die Gelehrtenschulen müssen daher Gelehrte Beisitzer seyn, welche zugleich das

Schulfach selbst verstehen. Keiner darf selbst ein Lehrer an einer Schule der Art seyn, über welche er gesetzt ist, denn sonst würde die gerechte Gleichheit gestört; aber der Lehrer an einer höheren Schule kann füglich in dem Rathe über die niedere sitzen; auch kann ein Lehrer von einer gleichartigen zur Berathung in manchen Fällen zugezogen werden. Die Schulbehörde soll sich in der genauesten Kunde der ihr untergebnen Schulen erhalten; je offener dieses geschieht, desto besser. Je nach der Größe eines Landes sind mehrere solcher Behörden nothwendig, z. B. in jedem Kreise, wenigstens über die Volksschulen, aber sie sind dann nur Vermittler der höheren, und überall muß eine oberste Schulbehörde angeordnet seyn, an deren Spitze ein Mann steht, welcher das Schulwesen vorzüglich kennt und liebt, und deßhalb das allgemeine Zutrauen besitzt. Die Gelehrtenschulen sind sehr schicklich auf gewisse Art der Landesuniversität unterzuordnen; die Volksschulen auf dem Lande zunächst dem Ortsgeistlichen, der dann das Amt des Directors und Inspectors in sich vereinigt, also das Organ der Oberen und der Schule ist; die Stadtschulen sind in den meisten Fällen nicht minder auf diese Weise am besten berathen. Die Verfügungen der Oberen sollen das Beste der Schule zum Hauptgegenstand haben, aber auch den Lehrern Achtung beweisen, und das selbst in dem Tone ihrer Erlasse.

Mehreres für diese Gesetze hier anzugeben erlaubt nicht die Rücksicht, welche man auf Zeit, Ort, Landesverfassung u. s. w. zu nehmen hat. Von den Schulvorstehern in einer Gemeinde können wir erst im folgenden Abschnitte reden, weil dabei in Betracht kommt, inwieferne Parochial- oder Communal-Schulen anzuordnen seyen. Auch für diesen Gesetzestitel soll man sich eine Revision von 5 zu 5 Jahren vorbehalten, weil die Folgezeit hierin Aendrungen anrathen kann.

Zweites Kapitel.

Das Bestehen der Schulen als Gegenstand der Gesetzgebung.

Alles was im Leben gedeihen soll, muß in seiner Wurzel festgehalten und zugleich von außen begünstigt seyn. So bedarf jede Schulanstalt ihrer Begründung und Sicherung, und als öffentliche hat sie beides von den Landesgesetzen zu erwarten. Weil aber das Schulrecht hierauf äußerlich beruht, so muß dasselbe in jedem dieser Gesetze berücksichtigt werden, und zwar in der oben angegebenen dreifachen Beziehung. Es ist also gesetzlich zu bestimmen, was unter diesen Bedingungen 1) das Errichten öffentlicher Schulen, 2) ihre Erhaltung in gutem Gedeihen, 3) ihr Verhältniß zu einander betrifft. Wir setzen das voraus, was wir in dem vorigen Abschnitt als die Rechte erkannten, welche nicht verletzt werden dürfen, und lassen auch die im vorigen Kap. vorgeschlagnen Gesetze nicht aus dem Auge, um denselben nicht in irgend einem Puncte zu widersprechen.

Erster Titel. Ueber die Errichtung der Schulen. Es sollen überall Schulen daseyn, wo und wie sie das Volk und der Staat bedarf. Finden sie sich schon vor, desto besser; sie sind zu bestätigen, jedoch zu ihrer Bestimmung aufs beste einzurichten. Wo sie noch fehlen, sind sie neu zu errichten. Da wir so glücklich sind in Deutschland Schulen fast aller Art und fast an allen Orten ererbt zu haben, und zwar so, daß sie mehr oder weniger fundirt sind, so sind diese vorhandnen in der Weise obrigkeitlich anzuerkennen, daß sie den Schulgesetzen unterworfen werden, sowohl in Betreff der Lehrer als der Einrichtung, denn sonst könnten sie nicht als öffentliche Schulen gelten, und möchten dann nur als Privatinstitute bestehen. Die Anstellung und Besoldung der Lehrer befolgt bei jeder öffentlichen Schule jene Gesetze, und hiernach müssen auch die Stiftungen verwendet werden. Bedingungen, welche mit eben diesen Gesetzen nicht vereinbar wären, müßte man entweder durch eine rechtsbeständige Uebereinkunft aufheben, oder nur als Privatanstalten anerkennen; dasselbe gilt bei Patronaten, die das Recht haben die Schulstellen zu besetzen. *) Wo eine neue Schulanstalt Bedürfniß ist, soll man es an das Herz legen, und zu frommen Stiftungen dafür auffordern; je mehr sie aus den Herzen des Volkes hervorgehen, um so mehr sprechen sie die Idee der Oeffentlichkeit aus; **) aber damit dürfen sie doch nicht von dem guten Willen der Stifter abhängig gemacht werden, denn das würde noch stärker als die Patronate dem Geiste der Schulgesetzgebung widersprechen. (Schon das ist ein störender Umstand, daß die Fonds der Besoldungen an die Schulstellen des Orts gebunden sind.) Die Stellen gleicher Stufe sollten in der Regel gleich besoldet seyn, jedoch so, daß es frei stehe, dem verdienstvolleren Manne Zulagen, dem gedrückten Unterstützung zu geben. Sie sollten in der Regel so besetzt werden, daß jeder Lehrer grade an seine rechte Stelle käme, also auch an diejenige Schule, welche seiner vornehmlich bedarf und welche er zugleich gerne übernimmt.

---

*) Wir kennen wohl die Schwierigkeiten, welche diesen Vorschlag oft unausführbar machen, demunerachtet mußten wir angeben, wie es für das Schulwesen seyn sollte. Es gibt da viele fromme Wünsche, aber man muß sie doch aussprechen, vielleicht fügt es sich allmählig, daß sie hier und da in Erfüllung gehen.

**) „In den deutschen Staaten sind fast alle gemeinnützige Anstalten und Anlagen das Werk der Regierung; in England sind sie großentheils Privatunternehmungen.“ Zachariä im angef. B. S. 143. Die Vorzüge, welche wir Deutsche hiernach für unsere Schulen genießen, sind nicht zu übersehen, und auch in jenem Buche von den Gesetzen ist das Väterliche der Regierungen in solcher Fürsorge erhoben. Die Nordamerik. Ver. St. entbehren eben dadurch ein Hauptmittel zur Sicherung ihres Wohlstandes, daß die Schulen fast ganz als Privatangelegenheit besorgt werden.

Die Einkünfte einer Schule müssen gesichert seyn; wird etwa ein Theil derselben von dem Schülergeld bestritten, so muß das Fehlende ersetzt, und überhaupt die Jahrbesoldung in ihrer Bestimmtheit dem Lehrer versichert seyn. Auch ist für Einkünfte zu dem nöthigen Aufwand für das Schulgebäude, für den Schulapparat u. dgl. zu sorgen. Beiträge von den schulfähigen Kindern, welche aber die Schule nicht besuchen, sind durchaus unstatthaft, denn sie verletzen das Elternrecht, und sind eine Besteuerung von der ungerechtesten Art.*) Nur die Glieder der Gemeinde, welcher die Schule angehört, sey es nun der bürgerlichen oder der kirchlichen, können als solche, gleichviel ob sie selbst Kinder haben oder nicht, zu diesen Beiträgen verpflichtet werden; am wünschenswerthesten ist es aber, wenn das nur als Zuschuß bei besonderem Bedürfniß, z. B. einer höheren Bürgerschule verlangt wird. Alle auf

---

*) Gesetzt ein Vater habe **10** Kinder, die er selbst erzieht, und vielleicht recht gut, soll er dieses wahre Vatergeschäft noch bezahlen? Gesetzt er sey dabei in geringen Vermögensumständen? soll er noch obendrein für andere Väter, welche ihre Erziehungspflicht aus Bequemlichkeit abgeben, die Schule bezahlen? Der Verf. kennt einen Vater, der auf solche Weise die Summe von wenigstens Tausend Gulden für seine Kinder hätte entrichten müssen, während er sie gut erzog. Welche ungeheure Besteurung! Das Ungerechte derselben fällt dadurch eben recht schwer aufs Herz, daß es heißt: je mehr Kinder, desto mehr zu zahlen. Wer hat nicht auch das Despotische gefühlt, als Napoleon eine Steuer auf die Lehranstalten des Reiches legte zum Besten der **Academie Imperiale** in Paris. Ein wahrhaftes Zoll= oder Mauthwesen dem Geiste auferlegt. Will man ein solches hartes Gesetz dadurch mildern, daß man Ausnahmen gestattet, so entsteht eine Inconsequenz und Inconvenienz aus der andern, wie in einer Verordnung, die vor einigen Jahren in einem deutschen Staate erschien, vor Augen liegt. Nun so gebe man das Gesetz für alle und befehle, — ob gerecht oder ungerecht, gleichviel — jeder soll von jedem schulfähigen Kinde die Schulsteuer zahlen, auch der Pfarrer auf dem Lande, auch der Schullehrer selbst, auch der Edelmann, der einen Hofmeister hält, auch der Vornehmste am Hofe — wohin würde das führen!

die Schulen zu verwendende Gelder sind eigentlich eine Staatsangelegenheit, und also in das Budget zu bringen, um sie nach Maaßgabe des bestehenden Schulwesens aus einer gemeinsamen Kasse zu verwenden. Es steht jedem frei Schulen zu eröffnen, als Privatanstalten, aber der Staat muß darum wissen, und sie insoweit genehmigen, als keines der Rechte, die er gewährleistet, und also auch keins seiner eignen darunter leidet. Eben darum darf er auch keiner solchen Bildungsanstalt ein ausschließendes Privilegium ertheilen. So steht es auch jeder anerkannten Kirchengemeinschaft frei eine Schule für sich zu errichten, unter derselben Bedingung. Die Kirche, welcher eine Gemeinde ganz oder zum Theil angehört, hat das Recht bei Errichtung einer Schule Kunde zu nehmen, ob ihre Glieder die Kinder in dieselbe schicken können oder nicht, ohne ihren Kirchengesetzen untreu zu werden. Die öffentliche Schule steht jedem Kinde offen, das sie bei der Prüfung fähig dazu findet, ohne daß eine andre Bedingung hinzuzufügen sey. So kann auch jeder in das Gymnasium eintreten, wenn er im Examen befähigt befunden wird, für welche Classe es auch sey. Wenn Landesgesetze verlangen, daß der Schüler von frühem an in den Cursus der Gelehrtenschule eintrete, so ist das ein Zwang, der dem Elternrecht zwar nicht gradezu widerspricht, aber es doch ohne Grund beschränkt; und er läßt sich auch nicht damit rechtfertigen, daß der Unterricht vom frühesten an ein zusammenhängendes Ganzes in einer vorgeschriebenen Form seyn müsse, da das für die wahre Methode gar nicht nothwendig ist, leicht einseitig macht, und das Examen ja entscheiden kann, ob und für welche Classe der eintretende Schüler gehörig vorbereitet sey. Ueberhaupt darf keine Verordnung erlassen werden, welche bloß das Bestehen der Schule bezweckt, ohne die Rechte der Kinder und Eltern zu beachten. Alles Aeußere, das zur Errichtung einer Schule erforderlich ist, muß zugleich begründet werden, also namentlich das Gebäude und die Lehrzimmer, der Gesundheit der Jugend und überhaupt dem Zwecke gemäß.

Diese Gesetze haben in der Ausführung manche Hindernisse und Collisionen; wir können sie daher nicht noch weiter ins Specielle angeben, und nur hinzufügen, daß da, wo sie sich nicht so ausführen lassen, die Obrigkeit nicht gewaltsam durchgreifen dürfe. Denn sie würde sonst bald in dieses bald in jenes heilige Recht eingreifen, und der Schule gleich bei ihrer Pflanzung einen Todeskeim einimpfen. Es muß auch hier das Gesetz der Stetigkeit herrschen; überall stoßen wir auf Mängel, lege man die Anstalt denn nur darauf an, daß sie mit der Zeit ihre Vollkommenheit entwickle. Ist die erste Anlage bescheiden und thut sie dem Guten nicht zu viel, so verdirbt sie auch nichts: *) pflanzt sie aber einen guten Keim, so läßt sie alles Gute hoffen.

Zweiter Titel. Die Erhaltung der Schule. Sie soll fortdauern und blühen. Hierzu muß alles verordnet werden, was in der Macht des Staats steht. Ein guter der Cultur und Zeit angemessener Plan soll zur allgemeinen Kunde vorgelegt werden. Dieser Plan befaßt die ganze Einrichtung in solcher Bestimmtheit, daß man der Befolgung versichert seyn kann, und doch jene freie Bewegung, ohne welche kein gutes Lehren besteht, nicht ein-

---

*) **Le mieux est l'ennemi du bien** läßt sich auch darauf anwenden, daß man sogleich alles aufs Beste hinstellen will, und durch solches Machen das Erwachsen zerstört. Wir nehmen jenes Warnungswort aus *van Heusde* **Brieven over den aard en de strekking van hooger onderwijs (te Utrecht 1829.** ins Deutsche übers. von Klein, Heidelberg **1830.)**, in welchen Briefen jener Gelehrte für die Schulen überhaupt viel Treffliches sagt, und auch manches, das unmittelbar hierher gehört. — Uebrigens verweisen wir hierbei auch auf Thiersch, über die gel. Schulen, besonders auf den 3ten B. über die Einrichtung und Führung der gel. Schulen, zugleich auf die Schulplane im Königr. Baiern von 1829 und von 1830 nebst der Beurtheilung bes. im Anhang.

engt. Hierzu kommt die Anstellung tüchtiger Lehrer. Die Methode, der Lehrgang und der Lehrton, alles dergleichen ist nur im Allgemeinen anzugeben, soweit es nothwendig in dem Wesen der bestimmten Schule liegt, aber nicht so weit, daß die Lehrer in ihrer Ueberzeugung und Lehrweise beschränkt seyen. Der Lehrer selbst muß das lebendige Gesetz seyn, wer erst durch Verordnungen zurechtgewiesen werden müßte, hätte nicht als Lehrer sollen angestellt werden. Das gilt auch von den Schulbüchern; in der Regel sollen nur die nothwendigsten vorgeschrieben werden, und die für die niederen Schulen; für die höheren muß den Lehrern dafür eine Hauptstimme bleiben. Indessen soll auch der beste die Nothwendigkeit gewisser allgemeiner Vorschriften anerkennen. In denselben sind die Rechte bestimmt auszusprechen, welche die Schule in Beziehung auf die Familie, den Staat und die Kirche besitzt, und welche diesen Vereinen gegen die Schule zustehn. Ganz besonders ist die Schulzucht genau zu verordnen, doch so, daß dem Lehrer freie Hand bleibe, um in jedem Kinde seine Individualität zu berücksichtigen, und daß er nicht Polizeidiener, sondern Erzieher sey. (Wir verweisen auf das, was wir im 1ten Th. 3tem Abschn. 5ten Kap. darüber gesagt haben.) Ob dem Lehrer ein Recht ertheilt werde auch die Vergehungen der Schüler außerhalb der Schule und ihrer Umgebung vor sein väterliches Gericht zu bringen, läßt sich nur nach Ort und Umständen bestimmen. Die Gelehrtenschule dehnt allerdings, wie wir im angeführten Kapitel sahen, dieses Recht auch außerhalb der Schule aus. Da dieses nach Ortsumständen geschehen muß, so läßt sich auch hier nichts weiter im Allgemeinen angeben, als daß die Vereinbarung mit den Eltern und Verpflegern dieser jungen Leute, wie auch mit der Ortspolizei die genaueste Umsicht erfordert, um den Erziehungsgrundsätzen in jeder Hinsicht zu entsprechen. — Die Befolgung des Lehrplans, welcher von einem Cursus zum andern angeordnet wird, muß dem Publicum gesichert werden. Die Prüfungen müssen ebenfalls ihre Oeffentlichkeit haben. (Die Grundsätze zur Einrichtung derselben sind im 1ten Th. im 4ten Abschn. aufgestellt.) Die Ermunterungen für Lehrer und Schüler dürfen nicht fehlen. Gesetzlich bestimmt soll auch die Schulzeit seyn; vorerst das Alter der Kinder, worin sie schulfähig werden, und dann auch die Tagesstunden für jede Classe, und die Ferienzeit.

Diese Ferien sind ein wichtiger Gegenstand für die Gesetzgebung, denn sowohl die Schüler als die Lehrer wie auch die Eltern müssen dabei bedacht werden. Die Schüler der niederen Schulen vertragen keine lange und häufige Ferien, und wenn sie nicht etwa in häuslicher Arbeit gebraucht werden, so sind diese Ferien auch öfters für die Eltern lästig. Dagegen sollen sie zu Gunsten der häuslichen Geschäfte auf dem Lande angeordnet werden. Die höheren Schulen vertragen schon längere Ferien, doch ist für keine eine längere Zeit als höchstens einen Monat, und das dann etwa zwei mal im Jahre zu rathen; besser noch, wenn nur einmal zusammenhängend 4 Wochen lang die Schule geschlossen ist, das andre mal etwa 14 Tage, und die übrigen 14 Tage auf die Festzeiten vertheilt werden. Auch dürfen die Ferien nicht zu nahe an einander liegen. Ostern und Michaelis ist in der Regel beizubehalten; Hundstagsferien bedarf man in dem deutschen Klima nicht nothwendig; Weihnachten mit dem Neuenjahre erfordern schon 14 Tage. Wo noch viele Feiertage der Kirche bestehen, müssen sie allerdings von den Volksschulen beobachtet werden, aber zu wünschen ist für sie eine Verminderung derselben. Die Gymnasien sollten von dieser Feier befreit seyn, kein Schüler der höheren Anstalten jährlich mit Inbegriff der Sonn- und Festtage in der Regel mehr als ein Vierteljahr im Ganzen Ferien haben; in den Volksschulen kann auch so viel Zeit gestattet werden im Falle, daß der Schüler mit häuslichen Arbeiten genugsam beschäftigt wird. Aber auch der Lehrer muß bei den Ferien berücksichtigt werden; jeder bedarf in der Regel des Jahrs mit Inbegriff der kirchlichen Feiertage ein Vierteljahr; der Lehrer vom Gelehrtenstand noch etwas mehr. Diesem ist jedes Jahr ein Urlaub zu den gewöhnlichen Schulferien zu vergönnen, so daß er im Ganzen außer den Sonntagen wenigstens 2 Monate frei habe. Der Staat soll die Einrichtung hierzu treffen, ohne daß die Schule leidet; das geht auf die oben angegebene Weise durch Schulgehülfen an, jedoch so, daß zu gleicher Zeit an einer Schule nur ein kleinerer Theil der angestellten Lehrer fehlen darf. Es wird gestattet, daß bei außerordentlichen Gelegenheiten die Lehrer selbst einen Tag frei geben, in niederen Schulen mit Bewilligung des nächsten Oberen, also auf dem Lande des Geistlichen, in höheren nach Beschluß der Conferenz. (Die Erfahrung lehrt, daß dergleichen Freiheiten, z. B. bei schönem Wetter zu einer allgemeinen Landpartie ungemein wohlthätig auf das Schulleben wirken.) Die Zeit des Examens ist nach jenen Rücksichten zu bestimmen, damit es den Hauptferien vorausgehe. Der Erfolg ist zur Kunde und weiteren Maaßnahme der Schulbehörde zu bringen, mit Einsendung der seines Orts vorgeschlagenen Schultabellen. Aber auch der Fleiß der Schüler soll öffentlich, etwa durch Prämien geehrt werden. Das Publicum ist zur Theilnahme einzuladen, und die Blüte der Schulen auch dadurch zur Volksangelegenheit zu machen, daß die Vorsteher die Urtheile, sie seyen nun lobend oder tadelnd, und die Vorschläge, sie seyen nun ausführbar oder unausführbar, gerne vernimmt, die jedoch in bescheidner Form und mit Nennung des Namens eingereicht werden müssen, so daß sie nicht die Lehrer oder die Anstalt in der Achtung herabsetzen. Anonyme Angaben sind gesetzwidrig. Die Lehrer müssen gegen persönlichen Anlauf und gegen jede Mishandlung gesichert seyn. Es steht jedem Schüler frei, Klagen gegen einen Lehrer bei dem Director, oder wäre es gegen diesen selbst, bei der Conferenz vorzubringen, aber er unterwirft sich dadurch selbst einer Strafe, im Falle sie unbegründet oder unbescheiden vorgebracht wären. Die Eltern oder Versorger dürfen ebenfalls ihre Klagen vorbringen, aber nur bei dem Schulaufseher oder der nächsten Behörde, z. B. auf dem Lande bei dem Geistlichen; auch sind sie nicht mit Unwillen anzuhören, wenn es nicht offenbare Beleidigungen sind, sondern allenfalls durch Belehrung zu beseitigen. Der Vorgesetzte hat übrigens den verklagten Lehrer zu vernehmen, und auch bei ihm erst den milderen Weg der Ermahnung einzuschlagen. Wer aber unmittelbar den Lehrer mit Vorwürfen angeht und ihn zur Rede setzt, soll von demselben sogleich abgewiesen, und auf dessen Klage wegen persönlicher Verletzung bestraft werden; ist es gar ein Schüler, so ist eine der schärfsten Schulstrafen über ihn zu verfügen, die nur eine Milderung verdient, wenn auf den Lehrer die erste Schuld fällt. Ueberhaupt sollen die Gesetze das Ansehen der Lehrer möglichst erhalten. Macht sich nun einer dessen unwürdig, so ist er nach Graden zurechtzuweisen und zu bestrafen, und wenn auch das nicht hilft, vom Amte zu entfernen. Die Schüler werden zwar durch die Schulzucht in der Ordnung gehalten, aber es muß doch ausdrücklich erklärt werden, daß die Schulstrafen von der Obrigkeit genehmigt und befohlen seyen, und daß die Angehörigen der Schüler, welche ihr Vergehen verschulden, zur obrigkeitlichen Strafe gezogen werden. Das ist denn besonders auf die Schulversäumnisse anzuwenden, einen der schwierigsten Puncte in den Volksschulen.*) Vorerst ist zu erkunden, an wem die Schuld liege, ob an dem Kinde, oder an den Eltern; im ersten Falle wird die Strafe über das schulsäumige Kind verfügt, und allenfalls den Eltern Nachricht gegeben, im zweiten sind die Eltern zur poli-

*) Der Verf. kennt seit 40—50 Jahren her so manchen Versuch und so manche Verordnung, um diesem Uebel abzuhelfen, aber er hat immer nur geringen Erfolg davon gesehen.

zeilichen Strafe zu ziehen, welcher Fall auch dann eintritt, wenn sie an dem Versäumniß des Kindes nur einigen Antheil haben. Nun ist aber das eben die Schwierigkeit in der Sache, wo die obrigkeitliche Strafe bei den Eltern einschreiten müsse, denn da ist die Gränze leicht überschritten. Die Gesetze müssen daher den Kreis der elterlichen Gewalt in Hinsicht auf die Schule möglichst scharf ziehen, nämlich so wie es Ort, Lebensweise und die ganze Lage der Dinge erlauben, weil sonst das Gesetz zum Schweigen gebracht wird. Weiter müssen sie die örtlichen Ursachen bemerken, warum die Eltern ihre Kinder leicht von der Schule abhalten, und sie wegzuschaffen suchen. Dann soll erst der Schulaufseher (der Ortsgeistliche), hilft das nicht, der gesamte Schulvorstand der Gemeinde, den gewissenlosen Vätern oder Müttern ꝛc. Vorstellungen machen, und ihnen die Strafen androhen. Hilft auch das nicht, so sind sie der Obrigkeit zur Bestrafung anzuzeigen. Diese Strafen sollen im Verhältniß zum häuslichen und öffentlichen Leben stehen, damit sie nicht empörend seyen oder die Ursache des Uebels (z. B. die Armuth) vermehren, sondern wirklich vollzogen werden können. Hilft endlich auch das nicht, so ist eine Anzeige an die höhere Behörde zu machen, und es muß dann der volle Zwang gegen die Eltern oder ihre Stellvertreter in Wirksamkeit treten, um dem Kinde sein heiliges Recht geltend zu machen. Solchen Fall muß die Schulgesetzgebung dadurch vorsehen, daß sie Armenschulen, Verbesserungs-, Arbeits-, Nothschulen u. dgl. anlegt (wie wir im 1ten Th. 5ten Abschn. angaben), wohin diejenigen schulsäumigen Kinder gebracht werden, welchen nur solcher Zwang die Schule gewährt. Das Gesetz gegen die Schulversäumnisse erfordert die verständigste Umsicht, selbst die Berücksichtigung der nationalen, ja der localen Denkart, weil es sonst nicht wirkt, was es wirken soll; insbesondere soll es auch das große Uebel möglichst vermeiden, die Eltern mit den Kindern zu entzweien, und auch die

Bestrafungen der Eltern so einrichten, wie ihr Ansehen am wenigsten bei den Kindern herabgesetzt wird.*) Wird irgend Weisheit der Gesetzgebung verlangt, so ist es hier, und ist irgend der Fall, daß ein Gesetz nicht für das ganze Land gleich, sondern nach den Ortsverhältnissen verschieden seyn muß, so sind es die Verordnungen gegen die Schulversäumnisse. Sie sollen daher vieles in das eigne Ermessen der nächsten Schulvorsteher stellen, und da, wo noch zu große Hindernisse vorwalten, es nur allmählig zu verbessern suchen. Der jährliche Hauptbericht über den Zustand der Schule hat vornehmlich zu bemerken, ob er sich hierin verbessert habe, und wo nicht, die Ursachen, wenigstens muthmaßlich anzugeben. Wir mußten bei diesem Puncte, einem der schwierigsten in der Schulgesetzgebung, nach Verhältniß länger verweilen.

Der Zustand der Schule sollte immer blühender werden; denn ist sie gut eingerichtet, so muß sie in der ihr eignen Lebenskraft auch mit jedem Jahre sich selbst zu größerer Vollkommenheit bilden. Hierzu sind alle Gesetze organisch zu vereinigen. Sie soll sich als eine durch die Familie, den Staat und die Kirche gepflanzte und wohl gepflegte Anstalt durch solchen Wachsthum beweisen. Damit sie nun in dem Ganzen des Gemeinwesens so gedeihe, werde sie auch durch möglichste Oeffentlichkeit die Freude des Landes, insbesondere der Gemeinde. Das ist das Ziel der Gesetzgebung für die Erhaltung der Schulen, und daß es erreichbar ist, beweiset die bisherige Annäherung, aber wir wissen, daß sie sich nur allmählig annähern könne. Befolge man also doch auch hier das Naturgesetz der Stetigkeit, das überall der Erzieher zu beobachten hat. Deßhalb sind fast alle dahin gehörige Verordnungen nur als provisorisch zu ertheilen, um sie etwa von 5 zu 5 Jahren zu verändern.

*) Auch der Staatsmann geht von dem gerechten Grundsatz aus, daß man die elterliche Gewalt nur mit der größten Behutsamkeit be-

Dritter Titel. Das Verhältniß der Schulen zu einander betreffend. Alle Bildungsanstalten eines Landes stehen in dem Verband, daß sie das Gemeinwohl durch die Entwicklung der Kräfte bewirken, und so sind insbesondere die Schulen noch näher mit einander verbunden, indem sie durch den erziehenden Unterricht hierzu zusammenwirken. Die öffentlichen Schulen sind durch die Gesetzgebung für diesen heiligen Zweck möglichst zu vereinigen. *) Vor allem ist also zu verordnen, daß Schulen jeder Art daseyen, so wie das Bedürfniß des Landes sie fordert. Elementar- und die andern niederen Volksschulen sollen in keiner Gemeinde fehlen; auch die Warteanstalten und Kleinkinderschulen sind überall nach Möglichkeit einzuführen. Höhere Volksschu-

---

schränken dürfe, in die elterliche Liebe Zutrauen setzen, daher ihnen auch die Fürsorge für die Erziehung und den Unterricht ihrer Kinder überlassen könne, bis das Gegentheil entschieden sey. Das ist aber noch nicht grade da entschieden, wo sie das Kind von der Schule zurückhalten; sie können sogar eine Ursache in ihrem Gewissen haben. Daher ist vorerst Rücksprache mit ihnen nöthig. Wenn aber die papiernen Verordnungen nur so von oben herab und ins Allgemeine hin sprechen, so bewirken sie entweder da, wo sie einen strengen Vollzieher finden, Erbitterung aller Art — gegen die Obrigkeit, den Ortsgeistlichen, die Schule, der Eltern gegen die Kinder rc. oder sie werden beiseite gelegt, allenfalls nach Gutdünken in Kraft gesetzt oder nicht, welches oft sogar die Oberen nicht undeutlich zu verstehen geben. Kann aber so etwas ein Gesetz heißen? Der Verf. spricht auch hier aus einer langen und vielfachen Erfahrung, deren Ergebniß übrigens erfreulich ist: das beste Mittel gegen Schulversäumnisse ist ein guter Zustand der Schule; sie nehmen ab, wie die Bildung zunimmt, und der Weg zu dem Herzen der Eltern geht am sichersten durch die Kinder.

*) Es ist bemerkenswerth, wie in ehemaliger Zeit eine Art von Kriegsstand zwischen den Schulen war (Gesch. d. Erz. 2te Abth. S. 194. 216 fg. 348. 361 fg.); man möchte da eine Aehnlichkeit in der Cultur des Schulwesens und des Verhältnisses der Staaten zu einander finden, sie streben aus jener roheren Stufe heran zu einem Gott gebe allgemeinen Friedenszustand.

len sind in jeder größeren Gemeinde, namentlich in den Städten anzulegen. Die polytechnischen Bildungsanstalten sind auf die Größe des Landes zu berechnen, damit nicht mehr daseyen als Noth thut; denn besser Eine gut besorgt, als mehrere mittelmäßig, weil es an Fonds fehlt, und sie können auch aus der Ferne von denjenigen besucht werden, die grade einen Beruf erwählen, für welche sie vorbereiten. So verhält es sich auch mit den andern Anstalten für einen speciellen Beruf, z. B. Handels=, Berg=, werks=, Kunst=Schulen u. dgl. Der Staat hat da in der Regel nur die Privatunternehmungen zu begünstigen, und ist er nicht grade ein großer Staat, so sind sie für ihn kein dringendes Bedürfniß. Anstalten für Taubstumme, Blinde, Schwachsinnige sollten auch in einem kleineren Staate nicht fehlen; ebenso wenig Rettungsanstalten für verwahrlosete Jugend, und jene oben verlangten Verbesserungsschulen. Die Gelehrtenschulen dürfen ebenfalls nicht fehlen, aber doch mögen sie eher einem Lande ganz mangeln, weil es ohnehin frei stehen muß ausländische zu besuchen, als daß mehrere daseyen, wie nach Maaßgabe des Gelehrtenstandes in einem Staate nöthig sind. Denn in Deutschland werden ohnehin mehr Jünglinge zum Studiren hingezogen, als sie Aemter oder Versorgung im Gelehrtenstande finden können. *) Aber begünstigen soll der Staat alle Privatanstalten zur Bildung der Jugend, denn jede ist ein dankenswerther Beitrag zum geistigen Wohlstand des Volks und überhaupt zum gemeinen Besten. Hier darf keine engsinnige Rücksicht statt finden, etwa daß eine öffentliche Schule durch eine Privatanstalt Abbruch leide;

*) Wenigstens müßte es ausdrücklich gesagt werden, daß das Besuchen der Gymnasien und das Studiren noch nicht zur Anstellung im Staatsdienste berechtige. Die Anlegung lateinischer Schulen an zu vielen Orten hat das gegen sich, daß dadurch zu viele zum Studiren verleitet werden, die sich grade nicht dafür eignen. In andern Staaten ist indessen das Verhältniß anders als in Deutschland.

vielmehr ist das ein Grund mehr sie zu begünstigen, weil sie etwas Besseres zu leisten verspricht und den bestehenden Schulen das stockende Leben auffrischen, sie aus dem Schlendrian reißen, und Verbesserungen lehren kann. Würde Abnahme der Einkünfte für die öffentliche Schule zum Grunde genommen, so hieße das nichts anderes als die Fortschritte der Volksbildung an eine privilegirte Schule verkaufen. (Darum müssen wir auf den im vorigen Kapitel vorgeschlagenen Besoldungen aus dem allgemeinen Budget des Landes bestehen.) — Sind mehrere Schulen gleicher Art an einem Ort, so sollen sie in Freundschaft zusammen leben, und die Lehrer in Hinsicht ihres gemeinsamen Zweckes collegialisch verbunden, vielleicht auch durch Conferenzen, und unter gemeinschaftlicher Behörde. Doch gestatte man auch einen gewissen Wetteifer. Eben dieser ist in einem ganzen Schulbezirk, und in einem ganzen Lande zu unterhalten. Zusammenkünfte der Lehrer nach Bezirken, zu Zeiten auch wohl allgemeine im Lande, wenn es nicht zu groß ist, Lesegesellschaften, Einlieferung von Aufsätzen, Preißaufgaben u. dgl. können sehr zum gedeihlichen Verhältnisse der Lehrer und Schulen eines Landes unter einander dienen; doch hängt darin vieles von Zeit- und Orts-Umständen ab, und es ist manches der Art mehr durch Aufmuntrungen als durch Befehle zu bewirken. Eine Unterordnung der Schulen unter einander findet nur nach den seines Orts (im 1ten Th. im 2ten und 3ten Abschn.) erwähnten Puncten statt; wir beziehen uns darauf, wie auch was oben über den Rang der Lehrer und mehreres gesagt ist, ohne daß wir für die Gesetzgebung im Allgemeinen etwas weiter hinzuzufügen hätten. Das Speciellere bleibt ohnehin den Umständen überlassen.

Vierter Abschnitt.

Das Schulwesen im Ganzen des Volkes.

Wir reden von dem Wesen einer Sache, wenn wir ihre Einheit, Selbstständigkeit und Eigenschaften denken. Jedes Naturwesen gibt uns diesen Begriff, und so wenden wir ihn auf die Schulen an, die in einem Volke bestehen sollen, damit dasselbe die Menschheit in sich ausbilde. Es ist da eine Vielheit der Anstalten zu dieser Bildung, wir denken sie aber für diesen Zweck vereinigt; es hat jede hierzu in ihrer Art als ein Theil des Ganzen zu wirken, und jede steht doch in ihrer Einrichtung organisch in sich selbst gehalten; sie haben sämtlich ihre Wirksamkeit für die äußeren Verhältnisse, aber es ist etwas Eigenes, wodurch die Schulen sich verdient machen, das auf keine andere Weise erwirkt werden kann, und weßhalb das Gemeinwesen sie bedarf. Wenn wir nun gleich die einzelnen Arten der Schulen nach diesen Momenten im Vorhergehenden betrachtet, und dann weiter die Rechtsverhältnisse derselben, welche ihr öffentliches Bestehen mit sich bringt, aufgefunden haben, so müssen wir doch dieses alles zu einem Ueberblick zusammen ordnen, um zu erkennen, wie sie zusammen ein Ganzes ausmachen und nach ihrer Bestimmung zum Heil des Volkes dienen. So betrachten wir denn was zu einem Schulwesen gehört nach den eben angegebenen drei Begriffen in den folgenden Kapiteln, und zwar mit Beziehung auf die wirklichen Verhältnisse.

Erstes Kapitel.

Von der Einheit der Schulen, und wie sie mit der Freiheit des Unterrichts zusammen besteht.

Man möchte da wohl an die Einheit denken, wie man sie manchmal durch Gesetze bewirkt, welche keine Verschiedenheit duldet und also alles Leben ertödet, die Ruhe im Friedhofe. Die Erziehung verträgt so etwas am wenigsten. Das Schulwesen verlangt aber doch Einheit im Lande, und muß daher unter gemeinsamen Gesetzen stehen, da meint man denn, das sey mit Verordnungen gethan, die für eine Schule wie für die andere gelten, und damit wird so häufig das Leben, welches sich da doch frei bewegen will, alsobald schon in dem Keime verkümmert. Das gibt wohl Einförmigkeit, und macht alles dem Geschäftsmanne so leicht, daß er es nur mit den Schulacten auf dem Schreibtische fertig machen kann, aber es gibt noch lange nicht jene Einheit, die tiefer gesucht werden muß, weil sie alles in den mancherlei Richtungen zum wahren Ziele hin, — welches doch nicht die Bequemlichkeit der Männer von der Behörde seyn soll? — mit dem rechten Geiste beleben soll. Denn alle die verschiednen Arten von Bildungsanstalten für die Jugend haben nur das Eine Ziel und erreichen dasselbe nur durch das Eine Prinzip. Schon das also, daß es verschiedne Arten von Schulen gibt, weiset auf den Grundsatz hin, nach welchem die einzelnen in verschiednen Einrichtungen bestehen mögen; es ist der Grundsatz der Natur und der Erziehung, welche nirgends den Abdruck derselben Form liebt, wenn sie gleich alles nach seinem Urbilde gestaltet. Jede einzelne Schule verlangt nach örtlichen und andern Verhältnissen ihr Besonderes, und so besteht die Einheit des Schulwesens in derjenigen Allgemeinheit, welche alle diese Besonderheiten in sich schließt. Es fragt sich also, wie das in der Landesverfassung der Schulen zu einigen sey. Daß der tiefere Grund dieser Einigung in der Persönlichkeit der Lehrer liege, ist aus unsern früheren Erörterungen klar, denn der tüchtige Lehrer weiß die allgemeinen Grundsätze auf die Individualität des Schülers anzuwenden, und so muß er auch das Besondere, das eine Schule verlangt, in das Allgemeine der Gesetze aufzunehmen verstehn, und diesen erst in den einzelnen Verhältnissen ihre bestimmte Gestalt geben. Die Gesetzgebung muß also vieles frei lassen, und grade so viel, und nur so viel, als für die äußere Einheit nothwendig ist. Das muß also aufgefunden werden, was für alle Schulen, welcher Art sie auch seyen, als allgemeines Gesetz besteht, damit sie ein Ganzes für die Bildung grade dieses Volkes ausmachen; und weiter auch das für jede einzelne Art, z. B. die mittleren Volksschulen, ohne welches diese nicht zu dem Zwecke des Ganzen organisch gehören könnten. Wollte man irgend noch etwas weiter feststellen, so würde man den Kreis für die Vorsteher dieser Schulen beengen, und Gefahr laufen, eine örtliche nöthige Anordnung oder sonst heilsame Einrichtung zu hindern, oder gar einen ungedeihlichen Widerstand zu bewirken.

Sehen wir das an einigen Beispielen. Gesetzt es sey in einem Lande die Generalverordnung, daß für alle Schulversäumnisse die Eltern, sofern sie Schuld daran sind, zu einer Geldstrafe gezogen werden; nun trifft das aber ein Dorf, wo die Leute arm sind, und deßhalb ihre Kinder des Brodverdienstes halber aus der Schule halten: sie müssen nun die Schulstrafen bezahlen, werden dadurch ärmer, und hierdurch vermehrt sich hinwiederum die Ursache zu neuen Strafen. Nun soll doch das Gesetz bestehen, und die Obrigkeit Ernst zeigen. Da wachsen denn die Schulstrafen zu furchtbaren Summen an, man pfändet aus, nimmt den Leuten die Betten aus ihren armseligen Hütten und das Vieh aus den Ställen*) ꝛc. wo-

*) Wie der Verf. das erlebt hat, nachdem es ihm nicht wohl von den Oberen aufgenommen worden, als er dieses Elend voraussagte.

hin führt nun das? -- Die Gymnasien eines Landes stehen gewöhnlich unter allgemeinen obwohl ins Einzelne gehenden Gesetzen, aber wie häufig legt sich auch nicht das Nachtheilige hiervon an den Tag! Z. B. die Disciplin untersagt den Gymnasiasten die Theilnahme an Vergnügungen wie Bälle u. dgl. so kann dieses Verbot für manche Städte recht gut begründet seyn, aber an andern Orten kann es sogar wünschenswerth seyn, daß die Jünglinge in solche Gesellschaften gezogen werden, um sie gegen rohe Sitten zu schützen, und den Lehrern sind dann die Hände gebunden, das zu erlauben oder zu verbieten, sey es der ganzen Schülerschaft oder einzelnen, was ihr Ermessen nach Ort und Zeit als das Beste findet. Noch drückender wird es auf diesen höheren Schulen gefühlt, wenn Ein Strafcodex für alle gelten soll, denn nach pädagogischen Grundsätzen muß hierin sogar die Individualität des Schülers, wie viel mehr der Schule berücksichtigt werden. Da würden denn die verordneten Strafen für die eine zu gelind seyn, deren Sitten nämlich noch roh sind, für die andere zu strenge, weil ein edler Ton in derselben herrscht; und so würde den Männern dieser Schulen grade das unmöglich gemacht, was man von ihnen, wie wir oben seines Ortes sahen, zum Heile ihrer Schulen verlangt, die Verbesserung derselben nach den wahren Gesetzen der Natur und Erziehung gedeihlich erwachsen zu lassen. Noch mehr fesseln dieses Gedeihen so wie den Geist der Lehrer die Verordnungen, welche Methoden und Lehrbücher allgemein vorschreiben. Ueberhaupt geht an Gelehrtenschulen das Generalisiren am leichtesten zu weit, und lähmt da am häufigsten die Bildungskraft. Die ehemaligen Kleider-Uniformen in solchen Anstalten sind abgeschafft, dafür will man die Geister uniformiren.

„Aber wie sollen wir es denn machen? — wenden die Oberen ein: Ihr Doctrinären stellt da Eure Ideen hin; die sind wohl ganz schön, aber für das Leben ein leeres Gebilde. Wie können wir denn über die Schulen unsers Landes verfügen und urtheilen, wenn wir nicht eine allgemeine Norm haben? Das Specialisiren eröffnet der Willkühr den freiesten Spielraum; es ist wenigstens das größere Uebel, und das Generalisiren bei weitem das kleinere. Und so wie es Ein Volk ist, so soll es Eine gemeinsame Volksbildung seyn, dazu aber bedarf es im Schulwesen allerdings gleicher Lehrbücher, gleicher Methoden, gleicher Einrichtungen; mit einem Worte, die Einförmigkeit ist zum Gedeihen des Ganzen nothwendig, und wäre sie auch mit manchen Mängeln verbunden, es ist nun einmal nichts Vollkommnes auf der Erde. Ueberdas wird durch dieselbe manche Ersparniß bewirkt, namentlich durch die allgemein eingeführten Lehrbücher, und wie bringen wir die Kosten heraus, welche Ihr für Euer ideales Schulwesen verlangen müsset? Gebt uns also besseren Rath, oder Ihr redet ins Blaue."

Wir antworten: Vorerst wird doch keine Schulbehörde wollen, daß die Rechte der Kinder, der Eltern, des Staates, der Kirche verletzt werden; auf dieser Grundlage, die wir oben ausgeführt, bleiben wir fest stehen, und das dürfen wir als zugestanden annehmen, daß keine Schulverordnung despotisch seyn solle. Ferner werden wir auch darin einverstanden seyn, daß wir das geistige Wohl der heranwachsenden Generation nicht an Buchhändler — und wären das auch die Schulbehörden selbst — verkaufen wollen. Weiter wird man zugeben, daß die Scheu vor größerer Bemühung der Aufseher und die Erleichterung im Geschäftsstyl kein Moment seyn könne in Sachen des Geistes und der Volksbildung. Endlich versteht sich ja von selbst, daß die Männer, die unmittelbar einer Schule vorstehen oder in derselben arbeiten, keine Maschinen sind, sondern — Schulmänner; ein Schulwesen, das wie ein Uhrwerk gestellt und aufgezogen wird, damit alles so recht nach Stunden und Glockenschlägen im ordentlichen Gange gehe, wäre eine bittere Ironie. Wir kommen also zurück auf die Persönlichkeit der Schulmänner, und das allerder lehrenden wie der aufsehenden, der niederen und der höheren Behörden. In dieser ist die Bedingung zu suchen, ohne welche nirgends die wahre und gewünschte Einheit in den Landesschulen möglich ist; denn sie ist Sache des Geistes und kein äußeres Bauwerk. Daß sie aber große Schwierigkeiten habe, geben wir zwiefach zu, aber keine unüberwindlichen. Die Fortschritte des Lehrstandes in Deutschland würden uns ernste Vorwürfe machen, wenn wir vor den Hindernissen umwendeten. Aber nichts gewaltsam! nichts durch einen Sprung! der stetige Gang ist der, in welchem alles erwächst und gedeiht. Man gebe also allmählig die verbessernden Gesetze, und wolle nur nicht mit einem allgemeinen Schulplane hereinbrechen, *) am wenigsten in einem Lande, das aus verschiedenartigen Theilen besteht. Allerdings sind allgemeine Gesetze möglich und nothwendig, vor allem das eine Grundgesetz, das wir das organische für das Schulwesen nennen möchten. Organisch heißt nämlich ein Gesetz, welches das Prinzip enthält, aus welchem die ganze Einrichtung weiter erfolgt, damit alles aufs beste in das Leben trete und gedeihlich erwachse. Dieses Schulgesetz braucht auch weder aus Rom noch aus Athen noch über die See her geholt zu werden, es liegt uns nahe, es ist in dem Herzen jedes Landes, und da bedarf es nur der Männer, die das Höchste der Menschheit wollen, den Zustand und das Bedürfniß der jetzigen Volksbildung erkunden, das was ist mit dem was seyn soll vergleichen, und nun dasjenige aussprechen, was sich als das Bleibende, als der Keim ergibt, aus welchem sich alle Schulverbesserungen nach einander entfalten. Und was wäre das? Die Anstellung tüchtiger Lehrer. Nichts anderes. Wir verweilten im ersten Abschn. dieses 2ten Theiles bei diesem Hauptgegenstand, mit Hinsicht auf das, was wir hier zu betrachten

*) Und lehrt nicht die Erfahrung seit der ganzen jetzigen Generation, daß mit allen solchem Organisiren nichts herauskommt?

haben, und wir erinnern daher an jene Puncte der Vorbereitung und Prüfung u. s. w.; man wird bei genauer Ansicht an der Ausführbarkeit der Sache nicht zweifeln, und uns mit wenigerem Recht ein Idealisiren vorwerfen, als wir ein Mechanisiren dagegen zum Vorwurfe machen dürften, um nicht gar Trägheit oder Unkunde schuld zu geben. Die Auswahl guter Lehrer je nach dem Bedürfnisse einer Schule, das ist also unser Rath vor allem, doch können wir noch einiges hinzufügen.

Das organische Gesetz läßt sich zu einer höheren Formel erheben, die seine Anwendung noch fruchtbarer macht: die Schulmänner sollen die Erziehung verstehen, und die vorzüglichsten sollen das Schulwesen leiten. Und ließe sich das Grundgesetz nicht noch höher auffassen? Doch es möchte scheinen als überstiegen wir uns gar, und es sey unpraktisch; halten wir uns also dem wirklichen Leben nahe genug. Diese Oberen nun verdienen allein das Zutrauen, daß sie ein Schulwesen im Lande gut zu ordnen verstehen, und sie werden auch gerne den Rath von andern, selbst aus dem niederen Stande vernehmen. Indessen muß doch etwas angeordnet werden, wodurch die äußere Einheit, nämlich für jene innere bestehe. Das sind nun vorerst jene ganz äußeren Dinge, wie Schulstellen, Schulgebäude, Schulzeiten und hiermit denn auch der Kostenaufwand, soviel der Fonds bis jetzt vermag. Sodann der Besoldungsetat des Schulpersonals unter gleichen Bedingungen; und endlich die Verpflichtungen desselben im Allgemeinen. Es bedarf kaum der Erinnerung, daß sich das alles an das schon Bestehende anschließen, und hierin nur das verändern müsse, was als unmittelbar nothwendig für die allmählige Einführung eines vollkommneren Schulwesens erachtet wird. Wenn von einer ganz neu zu schaffenden Anstalt die Rede wäre, wie z. B. Privatinstitute, so würden wir rathen, sie ja nicht sogleich ins Große anzulegen, z. B. durch kostspielige Bauten, sondern im Kleinen anfangen;

das Naturgesetz läßt aus dem Samenkörnchen Großes heraufwachsen. Also hat die Einrichtung für das Ganze der Landesschulen hierin schon viel zu thun, um das Außenwerk, gleichsam den Grund und Boden, für die verbesserte Pflanzung zuzubereiten, aber auch hierin sich in bescheidnen Gränzen zu halten, um dem Guten nicht zu viel zu thun, und jenes organische Princip nicht zu verkümmern. Nun sende man gute Pflanzer in den Garten Gottes, und ermuntre sie im Innern nach demselben Grundsatze zu verfahren, das Gute das schon besteht dankbar zu benutzen, das Schlechte und Hemmende vorsichtig wegzuschaffen, und sich eine Idee der allmähligen Verbesserung ihrer Schule allmählig auszubilden. Ferner ist eine der ersten Anordnungen, welche aus jenem Grundgesetz hervorgehen, daß von Zeit zu Zeit die Schulen visitirt, die Gutachten der nächsten Vorsteher und aller Lehrer vernommen, und darüber der waltenden d. i. allmählig organisirenden obersten Behörde gutachtliche Berichte erstattet werden. Das werde dann nun von jenen Männern der Einsicht berathen. Da wird sich denn bald ergeben, was für alle Schulen an allen Orten dient, was den einzelnen Arten zukommt, und was den verschiednen Städten, Dörfern, Gegenden nachgegeben, was überhaupt frei gelassen werden muß.

Auf solchem Wege und auf keinem andern geht das Schulleben aus dem Volksleben hervor, dessen Theil es ist, und also wahrhaft organisch; und doch aus einem höheren Princip, indem die Idee der im Volke sich entwickelnden Menschheit der eigentliche Keim ist, aus welchem es erwächst; denn sie wird von den Oberen aufgefaßt und in das Leben eingeführt. Solches Werk muß gedeihen, es kann nicht fehlen, denn es ist der Natur selbst übergeben, wie die Saat auf Feldern sicher ihre Früchte bringt, wenn sie nicht Ueberschwemmung oder Hagelschlag und dergl. zerstört. So können allerdings Calamitäten z. B. Krieg und Gewalt auch die schon blühenden Bildungsanstalten treffen, wir unterlassen aber darum doch nicht sie zu unterhalten und bestens zu besorgen. Wer nun Treibhausfrüchte will, oder eine Wintersaat nicht liebt, weil sie erst im künftigen Jahre reift, der mag sich alsobald von unserm Rath abwenden. Oder wer das gewaltsame Eingreifen in das Menschenleben vorzieht, wohin vornehmlich alle diejenigen gehören, welche durch Umwerfung des Bestehenden die Verbesserung auf Einen Tag, der alle in der Geschichte überstralen werde, zu erzwingen wähnen, *) der wird lieber ein ganzes Volk mit einem Schlage in eine ganz neue Schule zu schicken geneigt seyn. Aber wenn es denn nun auch gelänge, wie lange wird das Werk dauern? Und was soll am Ende die geistlose Form? ein Prachtgebäude ohne Licht?

Um nun völlig nach diesem Grundsatze der Stetigkeit zu verfahren, sorge das oberste Collegium vorerst für einsichtige und umsichtige Schulaufseher nach ihren verschiednen Stufen, die in ihren Bezirken den Boden kennen und das Bessere pflanzen mögen. Sie müssen dann mit ihren Beobachtungen und Vorschlägen gehört werden. So wie nun eine Lehrerstelle erledigt ist, so werde sie nach diesen Berathungen mit dem schicklichsten Manne besetzt, ohne ein Vorrecht, z. B. daß er Seminarist gewesen, gelten zu lassen; wir rathen unter denjenigen, die in der Prüfung am besten bestanden, dem die Stelle zu übertragen, welcher sich grade für diese am meisten eignet. Da möchte denn auch wohl eine provisorische Anstellung, etwa auf zwei Jahre, rathsam seyn, so wenig sie sonst gut ist, denn es wird dadurch alles noch mehr allmählig eingeführt. So wird denn immer weiter bis in die kleinste Stelle hinab durch das ganze Land hin alles in einem geräuschlosen aber festen

---

*) Solche wurden von dem Römer in seiner bestimmten Sprache genannt rerum novarum studiosi. Was der Deutsche ehrlich Meuterei und Aufruhr nennt, soll sich das unter den gleißenden französischen Worten emeute, revolution verbergen?

Gange angeordnet; jedes Jahr, so wie die Prüfungen und Berichte es anrathen, werden neue Verfügungen getroffen, die doch eigentlich nichts umstoßen, sondern dem Bisherigen eine immer bestimmtere Gestalt geben. Dazu müssen denn eben die ersten Anordnungen freie Hand lassen, und so muß jede mit jedem Jahre nur grade so viel weiter bestimmen, als nothwendig und zugleich für die künftige Gestaltung nicht hinderlich ist; kurz auch die Anordnungen müssen nach dem Naturgesetze der Bildung allmählig im Leben erwachsen. Wenn nun so jedes Jahr alles weiter bringt, so erscheint auch mit jedem Jahre mehr, was aus dem Werke wird, und man kann zum voraus sicher berechnen, wie weit es z. B. nach dem ersten Jahrzehend gediehen seyn wird. Da wird sich denn bald ergeben, daß man, bei allen dem unscheinbaren Anfang, vielleicht schon in fünf Jahren, mehr in den Schulen verbessert hat, als bei dem belobtesten Schulplane heraus kommen würde, den man mit einem Schlage einführt. Und das ganze Land, die Behörden und die Untergebnen, selbst die Eltern und die Kinder haben die Freude, das Werk werden und wachsen zu sehen, und zwar als ihr Werk, das überall aus ihrer Mitwirkung hervorgeht; es ist der Baum des Volkes, den es selbst pflanzt, und für seine Nachkommen heranwachsen sieht. Wir finden in solcher Einrichtung des Schulwesens dasselbe, was wir als die wahre Erziehung des Kindes erkennen, das Urbild wird in das Leben eingeführt nach den Gesetzen der Entwicklung. *)

Dieser Weg ist also wie der richtige so auch der freundliche. Er wird alle die Widersetzlichkeiten und Unannehmlichkeiten ersparen, welche doch jeder neue Schulplan aushalten muß, wenn er sohin als allgemeines Gesetz erscheint; ja er wird jeder Gemeinde und großentheils den Lehrern die Verbesserung ihrer Schule zu ihrer eig-

---

*) Erziehungslehre II. S. 36 fg. 331.

nen Angelegenheit machen, und sie werden sie mit ihren Augen sehen und dann auch glauben. Was sollte uns denn noch hindern diesen Weg einzuschlagen? Wir sprechen in den Schulen von der Methode, hier haben wir die wahre Methode für das Schulwesen. Und wir wollten noch vorziehen, ein Machwerk aufzustellen statt einer Pflanzung?

Nein, nichts gewaltsam! Das ist das Gesetz der Natur, das ist das Gesetz des Himmelreichs, das ist das Gesetz für das ganze Erziehungs- und Schulwesen.

Hiermit besteht denn auch die Freiheit des Unterrichts, welche in der neuesten Zeit sogar zu einem Geschrei geworden ist. Das Volk pflegt bei solchen Worten etwas zu fühlen, das die Natur mit gutem Recht verlangt, aber zugleich mit Anmaßungen und falschen Begriffen zu vermischen. Die Freiheit ist überall eine herrliche Sache, aber die Frechheit überall eine heillose. Der Unterricht der Jugend ist dann recht frei, wenn er frei macht, und er macht recht frei, wenn er wahrhaft bildet; anders lassen wir ihn nicht gelten. Wir gestatten es niemanden, die Jugend zu verderben, und das dürfen weder Eltern noch Obrigkeiten. Gesetzt ein Lehrer unterrichtete in der Kunst zu stehlen, in mancherlei Arten des Betrugs, in Befriedigung der Wollust, in der Giftmischerei u. s. w. so müßte er augenblicklich wegen einer solchen verbrecherischen Unternehmung festgenommen werden. Ist denn aber der Lehrer, welcher den Samen der Unsittlichkeit und des Unglaubens in die Seelen der Kinder streut, nicht ebenfalls einer, der die Jugend verdirbt, und darf man ihm diese Seelen übergeben? Und derjenige, der als Betrüger auftritt, wenn er den Schein von Unterrichten gewährt, aber nicht zu leisten im Stande ist, was er verspricht, soll ihm die Obrigkeit dieses Handwerk zulassen, so daß Eltern und Kinder um Geld und das was noch unendlich mehr ist als Gold betrogen werden? Es kann keinem Zweifel unterworfen seyn, daß eine solche Freiheit des Unterrichts nicht gestattet werden dürfe, worin die Jugend Preiß gegeben wäre, und wer solche verlangt, schreit nach Zügellosigkeit und Frechheit.*) Kein Staat darf sie dulden, denn sie zerstört ihn selbst und der Menschheit heiligstes Recht; die Kirche muß ihr widerstehen, weil das Wehe über jeden ausgesprochen ist, der das Kind zum Bösen verleitet; die Eltern müssen aufmerksam gemacht werden, damit sie ihr Kind nicht einem Seelenmörder übergeben. Es ist also nothwendig, daß das Volk diejenigen kenne, die würdig oder unwürdig sind Unterricht zu ertheilen, und darum ist es das Recht und die Pflicht des Staats, das Lehren der Jugend nicht unbedingt frei zu stellen, sondern jedem, der sich dazu anbietet, erst diese Freiheit zu bewilligen. Das ist keine Beschränkung in dem Bildungsgeschäfte, sondern vielmehr eine Bedingung, ohne welches dasselbe gar nicht bestehen kann; es ist das nothwendige Mittel zur wahren Freiheit des Unterrichts. Wie weit nun diese Bedingung zu bestimmen sey, kann nicht im Allgemeinen angegeben werden; nur bleibe man auch hier dem Grundsatze getreu, nicht zu viel zu bestimmen, sondern nur grade so viel, als nöthig erfunden wird, um einen die Jugend verderbenden Unterricht zu verwehren. Da ist es denn vorerst klar, daß kein als unsittlich bekannter Mensch, z. B. kein Trunkenbold, die Erlaubniß zu lehren erhalte; fürs andere, daß eine Prüfung vorausgehen muß, welche denjenigen, der in irgend etwas unterrichten will, für wenigstens nicht unkundig des Gegenstandes erklärt; drittens, daß überhaupt diejenigen, welche als tüchtig für das Lehrgeschäfte erkannt sind, von der öffentlichen Behörde bekannt gemacht werden. Was den zweiten Punct betrifft, so darf kein strenges Examen verlangt werden, sondern für ein nur mehr negatives Zeugniß, daß der Lehrer nicht ganz unfähig sey; denn das

*) Der Verf. hat in der Erziehungsl. an mehreren Orten über den Misverstand gesprochen, welcher bei der sogenannten Freiheit des Unterrichts vorkommt, s. III. S. 280 fg.

Weitere hängt nun von denjenigen ab, die es mit ihm versuchen wollen, und von seiner eignen Fortbildung im Lehren; man darf auch hierin die Freiheit nicht zu sehr beschränken. Der dritte Punct erledigt sich dadurch, daß in dem Lande überhaupt Prüfungen für den Lehrstand angeordnet sind, Ausländer aber sich erst durch Zeugnisse beglaubigen müssen.

Auch darf diese Freiheit nicht so weit beschränkt werden, daß man die Erfindung sogenannter Methoden unterdrücke. Wenn gleich unter diesem Namen meist Charlataneriecn auftreten, so kann doch irgend ein Fortschritt damit gewonnen werden, wie es auch bisher wirklich geschehen, *) und man muß es den Gewissen der Eltern überlassen, inwieferne sie auf dergleichen Ankündigungen ihr Kind dem Experimente hingeben wollen; genug, wenn nur nicht Betrügerei oder baare Unwissenheit gefunden wird. Gegen so etwas muß sich aber der Erfinder, wie jeder andere, schon vornherein rechtfertigen, wenn er überhaupt nur Eingang finden will, und eine obrigkeitliche Prüfung seiner Fähigkeit würde unnöthig, oft ehrenrührig seyn; obwohl eine öffentliche Prüfung seiner Methode ebensowohl ihm, als dem Schulwesen die rechte Achtung beweiset. **) So ist es auch mit jedem zu halten, der

---

*) S. Gesch. d. Erz. 2te Abth. die Methodiker Sturm S. 319 fgg., Trotzendorf 323 fg., Ratich 388 fgg., Comenius 394 fgg., Basedow 460 fgg., Pestalozzi 470 fgg., Lancaster 505 fg. Hierzu noch in neuester Zeit Jacotot, Hamilton u. a. minder bedeutende.

**) Oder hätte man den hohen Pestalozzi einem Examen unterwerfen sollen? Ihn ehrte die Welt durch eine höhere Würdigung; es kamen aus vielen Ländern jüngere und ältere Pädagogen dahin, und von manchen Landesbehörden wurden sie dahin geschickt. Auch sahen wir schon bei jenen früheren Methodikern eine würdige Weise, ihre Erfindungen zu prüfen; für die von Ratich interessirten sich Fürsten und ließen sie durch Gelehrte untersuchen (Erz. Gesch. 2te Abth. S. 389 fgg.), die von Comenius wurde in England, Schweden,

ein Privatinstitut unternimmt. Wenn der Mann oder das Frauenzimmer sich nicht Zutrauen zu erwecken weiß, so kann auch sein Unternehmen nicht zu Stande kommen; und kommt das nun zu Stande, so ist das schon Beweis genug, daß keine völlige Unfähigkeit da ist. Was soll nun eine vorhergehende Prüfung? Den Grad dieser Fähigkeit bestimmen? Dazu ist kein Recht vorhanden. So weit geht keine Vormundschaft über die Eltern, daß sie nicht selbst prüfen und wählen mögen. Am meisten fällt sie auf, wenn sie sogar Frauenspersonen Examen ihrer Fähigkeit zur Bedingung machen wollte; da könnte vielleicht die beste Erzieherin nicht einmal bestehen, denn die schulmäßigen Kenntnisse sind etwas ganz anderes als der weibliche Bildungsgeist. Die Erfahrung spricht von allen Seiten dafür, daß dergleichen Beschränkungen mehr Gutes hindern als befördern. In diesen Verhältnissen bleibe also die Freiheit des Unterrichts ganz unverkümmert.

Dagegen gibt es ein Verhältniß, worin sie vielleicht dem Namen nach da ist, aber wirklich untergeht, das ist, wenn irgend eine öffentliche oder geheime Macht das Lehrwesen bei der Jugend in ihre Gewalt zu bekommen sucht. So ist es von Seiten des Staates möglich, und nicht nur Gewalthaber, wie es etwa ein Kaiser Julianus war, sondern auch politische Gesellschaften, wie man sich den Jakobinismus denkt, machen hierin Besorgnisse. So ist es auch von Seiten der Kirche möglich, und war es in manchen Formen, z. B. bei den Jesuiten, wirklich, und so würde es besonders in katholischen Ländern unvermeidlich seyn, wenn der Jugendunterricht lediglich in die Hände des Klerus gegeben wäre. Das darf der Staat, das darf die Kirche selbst nicht zugeben, und dagegen muß man wachen.

Siebenbürgen zur Nationalangelegenheit gemacht (— S. 397 fg.), und Basedow gewann die Großen von fast ganz Europa zur Unterstützung seines Philanthropins (— S. 461 fg.).

Wollen wir aber den Grundsatz des allmähligen Werdens durchaus in Anwendung bringen, so müssen wir auch Verfügungen von oben herab gestatten, da wo sie noch zu dem bestehenden Schulwesen gehören. Also ist es ganz in der Ordnung, wenn die Seminarien noch da zur Bedingung gemacht werden, wo sie sich bis jetzt als nothwendig beweisen: nicht aber wäre es in der Ordnung, wenn diese Bedingung so fest gehalten würde, daß sich dieses Bannrecht nicht vielmehr mit der Zeit unnöthig machte. Ganz in der Ordnung ist es, daß das obere Collegium die bestehenden Verordnungen im Gang erhalte: nicht aber in der Ordnung wäre es, wenn dasselbe jeder Neuerung den Weg versperrte, und nicht vielmehr von Jahr zu Jahr Verbesserungen einführte. Ferner ist es in der Ordnung, daß Ein Mann das ganze Schulwesen leite: nicht aber in der Ordnung wäre es, wenn er es an seine Person so verbinden wollte, wie etwa ein Heerführer die Kriegsoperationen, und nicht vielmehr seine Stellung benutzte um einen Organismus zu begründen, der sich selbst erhielte, und wo der Mann, welcher an der Spitze steht, zugleich mit Kenntniß und Rath von den Untergebenen unterstützt werde, um das Organ des wohlgegliederten Ganzen zu seyn. Unter dieser Bedingung kann ein Schulwesen allmählig und naturgemäß erwachsen, und es wird das erwünschte erwachsen, wenn die Idee der Keim ist, welcher sich darin hervortreibt, und wenn sie in denjenigen, welche wirksam in dieselbe eintreten, selbst zur Entwicklung gelangt. Das ist also der rechte Geist der Gesetzgebung, um in einem Lande ein Schulwesen einzuführen, das in seiner Einheit bestehe, daß den Männern, welche darin arbeiten, das Ideal vorsteht, daß sie nur das anordnen, was zur Annäherung dient, und daß sie es mit jedem Jahre mehr verwirklichen. Dieser Geist läßt Oertliches bestehen, zieht es aber allmählig zu dem Allgemeinen herauf, er bestimmt aber das, was dem Schulwesen im ganzen Lande gilt, nur so weit, daß die freie Entwicklung im Einzelnen nicht gehindert sey.

Würde denn auch der trefflichste Schulplan ausgearbeitet seyn, so müßte seine Einführung, wenn sie mit einem Schlage und im ganzen Lande erfolgen sollte, Stockungen verursachen, Gegenwirkungen hervorbringen, Untersuchungen, Bestrafungen, Aendrungen erfordern, und vielleicht Jahre lang das Schulwesen verwirren und verkehren. Alles, was mit Zwang ins Leben gesetzt werden soll, kommt zu keinem rechten Leben; nur das Naturgemäße gedeiht. Das Schulwesen gewinnt seine wahre Einheit nur von innen heraus, indem man sie allmählig bildet.

Zweites Kapitel.

Von der Selbstständigkeit der Schulen und ihrer Abhängigkeit.

Die mehrerlei Anstalten zum Jugendunterricht sind bestimmt ein Ganzes für die fortschreitende Volksbildung auszumachen. Ist nun jede in ihrer Art dafür eingerichtet, so wirken sie in der wahren Einheit zusammen; sie sind dann von der Idee, von dem Geiste des Ganzen abhängig, nicht von der Form, in welcher sie gleichsam verkörpert worden. Jede Art von Schulen und hierin jede einzelne besteht für sich, hat ihr Ziel, und verfolgt treulich ihren Weg; thun das alle, so steht es in dem Lande und seinem Schulwesen gut. Das ist es, was wir als die Selbstständigkeit und Unabhängigkeit für alle Volksschulen so gut als für die Gelehrtenschulen verlangen. Soll das nun so wirklich seyn und werden, so ist allerdings nothwendig, daß auch äußerlich diese Anstalten durch etwas Bestehendes gehalten werden, und von einer gewissen Ordnung neben einander, über einander, und unter einer regierenden Behörde abhängig seyen, welches an sich dem eben verlangten Unabhängigseyn nicht widerspricht. Denn die Idee bedarf der Gestaltung, und tritt damit in die Beschränkungen ein, welche sich alles Wirkliche gefallen lassen muß, und die alsdann die angemessenen sind, wenn sie sich nur frei darin zu ihrer Vollendung entwickeln kann.

Der junge Lehrer sehnt sich seinen eignen Plan auszuführen, und fühlt um so schmerzlicher das, was ihn darin beengt, je stärker ihn sein edler Eifer treibt; der ältere Lehrer sieht sich von den Anordnungen, die nicht von ihm kommen, zu seinem Bedauern beengt, seine Erfahrungen haben ihm Besseres gezeigt, er hätte doch auch gefragt werden sollen, und nun muß er sich fügen. Da gibt es Widersetzlichkeit und Mismuth; der eine handelt in seinem auflodernden Feuer, der andre in seinem versteckten Verdruß den Verfügungen grade entgegen, ein dritter arbeitet wie gelähmt, ein vierter schlendert fort, u. s. w. Seht euch um, und sagt, ob ihr es nicht so hier da und dort findet. Wie ist diesem so natürlichen Uebel abzuhelfen? Denn gehen lassen dürfen wir doch die guten Leute nicht, daß jeder nach seinem Kopfe die Schule halte, sie ist nicht seine Sache, oft sind noch auch Mitlehrer da. Es muß also nothwendig ein Gesetz über das Schulhalten sowohl jedes einzelnen Lehrers, als der mehreren Collegen gebieten, und so gebieten, daß sich jeder zu fügen genöthigt sieht. Diese Nöthigung aber ist es, worin wir das Mittel gegen jenes Uebel finden. Sie sey nur vorerst eine innere, welche der Schullehrer selbst in sich trägt, und welche ihm nur das ausspricht, was er sich selbst zum Gesetze macht, weil er selbst diese Einsicht in der Vorbereitung zu seinem Amte gewonnen hat. Das ist es, was die Prüfung der Schulcandidaten, wie wir sie oben verlangten, ebenso gut erforschen muß, als die nothwendigen Schulkenntnisse. Aber eine äußere Nöthigung muß hinzukommen, weil überall ohne das ausgesprochene Gesetz keine menschliche Ordnung besteht, und das wird jeder vernünftige Lehrer einsehen, und also auch überzeugt seyn, daß da jeder erforderlichen Falls von seinen eignen Ansichten abgehen müsse, um das Wichtigere, die bestehende Ordnung, gelten zu lassen. Grade der Trefflichere wird sich am freiesten dem unterwerfen, was das Gesetz nun einmal fordert. Daß das alles nun sicherer zu erwarten sey, wenn die Schulgesetzgebung eine gute ist, haben wir oben, als wir ihre Grundsätze aufstellten, genugsam angedeutet; und daß die Lehrer, deren keiner von Menschlichkeiten frei ist, am besten durch Gründe von ihren Vorgesetzten zurechtgewiesen werden, brauchen wir ebenfalls nicht zu wiederholen. Wenn indessen das nicht hilft, so darf der Person nicht die Schule zum Opfer gebracht werden. Schullehrer, die von Dünkel, Eigennutz, Bequemlichkeit geleitet werden, verdienen alsdann keine weitere Achtung; das Gesetz spreche in seinem festen Ernst zu ihnen, und auf den Ungehorsam folge die Strafe. Mögen dann diejenigen, deren Denkart über die Gemeinheit nicht hinausgeht, sich beschweren, und diejenigen, welche gern eine Rolle spielen, ein Geschrei erheben, z. B. in öffentlichen Blättern, dem schlechten Zeitgeiste fröhnend, die Heiligkeit des Gesetzes beweise sich nur als unverletzlich. Eben hierdurch bestätigt es sich uns, auch von dieser Seite, daß die Lehrer nicht so nach bloß äußerlichen Erfordernissen dürfen beurtheilt und behandelt werden, sondern daß in allen Puncten auch ihr Charakter in Betracht komme. Derjenige, welcher sich als edelgesinnt bewährt, werde denn auch ausgezeichnet, und der sich unedel oder gemein zeigt, werde zurückgesetzt, ohne daß man seine äußeren Ansprüche beachte. Denn wer ein würdiger Lehrer ist, wird sich schämen durch ein äußeres Recht den inneren Werth entscheiden oder wohl gar ersetzen zu wollen, und wer es nicht ist, nun — der ist eben ein unwürdiger Lehrer. Wir müssen wohl ausdrücklich wiederholen, daß bei allem, was Sache der Erziehung ist, ganz andere Gesetze obwalten, als in bürgerlichen Rechten, und daß jeder, der sich irgend einem Geschäfte der Erziehungsthätigkeit widmet, nach solchrn Gesetzen gerichtet werden muß, die sich auf sein Inneres beziehen. Bei dem Schullehrer kommt Geist, Gemüth, Denkart so gut in Betracht, als bei dem Bürger sein äußeres Recht. „Aber wie soll ein solches Gericht ausgeübt werden, ohne die Willkühr oder Subjectivität auf den Richterstuhl zu setzen?" Auf diesen Einwurf haben wir schon oben seines Orts geantwortet. Wo er gilt, da ist das Schulwesen gelähmt, denn das Leben kann sich da nur von der Person des Lehrers ausgehend bewegen; und wer Schulen von polizeilicher oder militärischer Einrichtung will, mag dann lieber einen Preiß auf die Erfindung einer Dampfmaschine setzen, die man statt des Lehrers mitten unter die Schuljugend stelle, daß sie abhöre, zuschlage u. dgl. Nein, jener Einwurf beweiset nur Unkunde. Lerne man das Schulwesen nur recht kennen, so wird man bald einsehen, daß es eine solche Gesetzgebung, welche den Lehrer nach seiner inneren Würdigkeit oder Unwürdigkeit beurtheilt und behandelt haben will, sehr wohl aufzustellen und auszuführen ist. Ob die von uns vorgeschlagene dieses beweise, überlassen wir gerne den Urtheilsfähigen und der Zukunft zur Prüfung. Aber man muß auch alles in seinem Zusammenhange nehmen; die lückenhafte Befolgung eines Planes ist meist schlimmer als Planlosigkeit.

Wenn sonach jeder Lehrer auch gewissen äußeren Vorschriften unterworfen ist, so werde er auch angehalten sie zu befolgen, denn sonst hätte man sie ihm nicht geben sollen. Befolgt er sie nicht, so spreche ein Strafcodex. Daß wir damit nicht einen der Art meinen, wie ihn das bürgerliche Leben bedarf, als da wäre, auf den Schlag mit dem Stock auf die Hand steht eine Strafe von 5 Gulden, auf den Kopf 10 Gulden, auf eine Ohrfeige Hausarrest u. s. w., oder als sey es für die Schulknaben, z. B. jede Stunde, die der Lehrer versäumt, bezahlt er 1, 2, 3, rc. Gulden Strafe, kommt er 5, 6, 7, 8, rc. Minuten zu spät, so gibt er 1, 2, 4, 8 rc. Kreuzer in die Kasse, u. dgl. m. ferne sey alles das, was die Würde des Lehramts entweiht! Die Strafgesetze für die Lehrer müssen durchaus das Ansehen ihres Amtes aufrecht erhalten, und zugleich ihre Persönlichkeit berücksichtigen. Sie stellen daher vorerst die Vergehungen auf, d. h. sie geben mit gehörigen Gründen dasjenige an, was sie nothwendig vermeiden müssen, z. B. Ohrfeigengeben, Nachlässigkeit im Schulhalten rc., das aber so weit im Allgemeinen, als man dem Lehrstande doch am ersten zutrauen kann, das Besondere zu subsumiren; und so wird dieser Theil von einem solchen Codex kaum einige Seiten fassen. Hierauf folgt der zweite Theil, welcher die Strafen betrifft, und auch dieser ist kurz, da er nicht mit der Wagschale Einzelnes für Einzelnes zutheilt, sondern überall auf das ganze Verhalten des Lehrers sich bezieht, denn anders kann doch seine Persönlichkeit nicht berücksichtigt werden. Ein dritter Theil gibt die Verfahrungsweise für ein solches Gericht an. Wenn also die Bestrafung den Lehrer nach seinem Inneren behandelt, so kann sie nur derjenigen analog seyn, welche in der Erziehung statt findet, also in einem Stufengange verfahren. Dieser möchte etwa folgender seyn: 1) der Lehrer wird von seinem Vorgesetzten über den Punct der wirklichen oder vermeintlichen Vergehung befragt und nach Befinden belehrt oder zurechtgewiesen; 2) hilft das nicht, so erhält er im Wiederholungsfalle von demselben einen Verweis; 3) wenn auch das nicht fruchtet, so geht die Sache an die obere Behörde, und hier dann ebenfalls stufenweise; es erfolgt Admonition, Suspension, Remotion rc. auf ähnliche Art, wie bei den Geistlichen in der Kirche. Je nachdem es nun leichtere oder schwerere Vergehungen sind, welche ebenfalls in dem inneren Wesen des Amtes ihren Maaßstab finden, ist denn auch die Bestrafung abzumessen. Wie nun der nächste Vorgesetzte zum ersten Einschreiten verpflichtet sey, und wie an die höheren die Sache weiter gelange, ist nach den äußerlichen zu bestimmen; der Grundsatz werde nur festgehalten, daß der Mann der Lehre auch durch Belehrung soll zurechtgewiesen werden, und daß jeder Ausspruch so von oben herab ohne mit Gründen aus der Sache zu sprechen, und ohne dem Manne, der doch im geistigen Berufe des Erziehers wirkt, Achtung und Schonung zu beweisen, immer unweise ist, weil er mehr erbittert als verbessert. Aus diesem Gesichtspuncte möchten wir unter die härtesten Vergehungen der Lehrer die setzen, wenn einer seinen Collegen herabsetzt, besonders wenn das etwa mit Spöttereien vor den Schülern, oder in anonymen Aufsätzen, also gar meuchlings mit Feigheit geschähe. Er entehrt die Lehrerwürde, und das falle auf seinen Kopf zurück.

Alles nun, was dem Lehrer vorgeschrieben und im Falle der Nichtbefolgung angedroht wird, macht den Inhalt seiner Instruction aus. Sie ist die besondere Verordnung, welche den Lehrern ihre Amtsthätigkeit vorschreibt, sey sie nun als eine ganz allgemeine für alle Lehrer im Schulwesen des Landes, oder sey sie für jede Classe, für die Lehrer an den Volksschulen, für die an den Gelehrtenschulen u. s. w. besonders, oder für ein einzelnes Amt z. B. des Directors, oder für einen einzelnen Lehrer ertheilt. Sie soll zwar keine geheimen Weisungen enthalten, aber sie hat doch auch grade nicht ein allgemein öffentliches Interesse, und inwieferne sie durch den Druck bekannt gemacht wird, ist sie mit jener Achtung für das Amt des Lehrers abzufassen, welche es auch vor den Schülern in Ehren hält. Eben diese Achtung erfordert weiter, daß die Instruction sich möglichst im Allgemeinen halte, und nicht alles vorschreiben wolle, als ob der Lehrer erst aus derselben lernen müsse ein Lehrer zu seyn. Da sie nun auch Strafen androhen muß, so geschehe das nur in einem Tone des Zutrauens zu der freien Gesetzlichkeit des Mannes, der sich ihr unterwirft. Sie füge allenfalls am Schluß hinzu, daß jeder, der sie annimmt, hiermit freiwillig und mit eigner Ueberzeugung ihre Rechtlichkeit und Nützlichkeit anerkenne, dabei auch, sollte er etwa eine Verbesserung mit Gründen anzugeben wissen, gerne von seinen Vorgesetzten gehört werde. Für eine Schule, welche mehrere Lehrer hat, muß in der Instruction das Verhältniß derselben unter einander, wie auch das des Directors, nach den an seinem Ort entwickelten Grundsätzen, so bestimmt seyn, daß die möglichen Irrungen schon auf der Schwelle abgewiesen sind.

Nun von der Selbstständigkeit und Abhängigkeit der einzelnen Schule. Jede ist ein in sich selbst gehaltner Verein von Lehrern und Schülern, der seine bestimmte Einrichtung hat, und so in seiner Thätigkeit fortlebt. Hierzu bedarf er Schutz und Aufsicht. Weder die Eltern, noch die Lehrer, noch sonst jemand soll diesem Leben Hemmungen in den Weg legen, auch ist immer Fürsorge für die äußerlichen Bedingungen zu tragen. Es ist also ein unmittelbarer Aufseher an jeder Ortsschule nothwendig, der allenfalls für mehrere Schulen desselben Orts, wenn sie sich etwa finden, bestellt seyn mag; auch ist wenigstens bei größeren Gemeinden ein Schulrath, der aus mehreren Mitgliedern besteht, anzuordnen, damit das Beste der Schule vielseitig genug bedacht, und das öffentliche Zutrauen sichrer gewonnen, auch ein allgemeines Interesse erweckt werde. Der Aufseher aber müßte den Vorsitz führen, theils weil er ein Mitglied des Rathes seyn muß, denn sonst wäre dieser schon eine obere Behörde, von welcher doch da noch nicht die Rede ist, theils ist er derjenige, der die Schule nicht nur am besten kennt, sondern auch am meisten im Herzen trägt, und dessen Ansehen bei derselben als das eines Repräsentanten des ganzen Schulraths gelten muß. Wer nun soll dieser Localinspector der Schule seyn? Der Ortsgeistliche ist es gewöhnlich, und mit gutem Grunde, aber in der neueren Zeit hat man Einsprüche dagegen vernommen, und daher müssen wir auf den Grund eingehen. Um die Frage ganz unparteiisch zu beantworten, müssen wir die in unsern Zeiten entstandene Unterscheidung der Parochial- und Communal-Schulen, wie man sie nennt, je nachdem sie von der kirchlichen oder der bürgerlichen Gemeinde abhängen, uns vorher vorlegen. *)

Parochialschulen sind überhaupt alle diejenigen, welche der Kirche angehören, so daß sie ihr Bestehen vornehmlich, manchmal völlig durch dieselbe haben, und dabei von ihr geordnet, beaufsichtigt, geleitet werden. Manche können wohl zugleich dem Staate angehören, so daß er ebenfalls darin zu verfügen hat, nur muß die kirchliche Behörde die Hauptleitung über sie führen, wenn sie jene Benennung verdienen sollen. Diejenigen aber, welche völlig von der Kirche abhängen, so daß der Staat weiter nichts darin zu verfügen hat, als was seine Rechte gegen die Kirche mit sich bringen, sind die Parochialschulen im strengsten Sinne. Von dieser Art finden wir sie in den alten Episkopal- und Klosterschulen, und wo sie nur irgend bei Pfarreien vorkommen, wie sie Karl d. Gr. verordnete, und wie sie zwar in einem siechen Leben fortschlummerten, aber mit der Revolution, besonders in Deutschland wieder neues Leben gewannen, und so noch großentheils, obgleich mit immer zunehmender Abhängigkeit von dem

*) Seit einigen Jahrzehnten hat sich eine kleine Literatur über die Parochial- und Communalschulen ergeben, kleinere Schriften und Abhandlungen in Journalen; der Streit, welche vorzuziehen seyen, ist nirgends befriedigend geschlichtet, gut ist es aber, daß von beiden Parteien vieles zur Entscheidung vorgelegt worden. Dazu dienen zunächst: Braun, die Pfarr- u. Communalschule, beide in Bez. auf Kirche u. Staat betrachtet. 1824 (28 S.); Hesse, die Volksschule nach ihrer innern u. äußern Bestimmung. 1826. Die Sammlungen über das positive Schulrecht sind hierbei dienlich, wie Neigebaur, Samml. der auf den öff. Unterr. in den Kön. Preußischen St. sich bez. Gesetze u. Verordn. 1826. Schmalz, das Preuß. Kirchen- u. Schulgesetz rc. 1826. Rieger, der evang. protest. Schullehrer im Großh. Baden. 1826. u. a.

Staate, nach einem Rechte des Herkommens fortbestehen.*) Eben dieses Recht ist von großem Gewicht, denn es ist aus dem Nationalleben selbst hervorgegangen und ein organischer Bestandtheil desselben geworden; solche bewährte Sitte aber begründet die wahren Gesetze. Parochialschulen in jenem alten, strengeren Sinne des Wortes, finden sich indessen selten in Deutschland, selbst kaum in den katholischen Gemeinden, auch in andern protestantischen Ländern wenig, vielleicht noch am meisten in Schottland.

Communalschulen sind solche, die einer Gemeinde angehören, sey es einer politischen oder einer religiösen; insoferne sind sie noch nicht grade öffentliche, sondern etwa nur Privatanstalten, wie z. B. eine Schule der Israeliten, oder wenn die benachbarten Einwohner einer Gegend einen Lehrer zum gemeinsamen Unterricht ihrer Kinder annehmen; **) denn nur das macht die Schule zu einer öffentlichen, daß sie dem Staate oder auch der Kirche im Ganzen angehört. Diejenige also, die für die bürgerliche Gemeinde von dem Staate selbst angeordnet ist, wird als Communalschule im engeren und gewöhnlichen Sinne bezeichnet. Die kirchliche Aufsicht ist darum noch nicht ausgeschlossen, sie kann sogar von der Obrigkeit gewünscht und erbeten seyn, aber sie steht alsdann doch immer insoweit unter der bürgerlichen, daß sie von derselben Anordnungen und die oberste Aufsicht annehmen muß, und ihr verantwortlich ist. Bei manchen Volksschulen ist das in neueren Zeiten mehr oder weniger so geworden, bei den Gelehrtenschulen fast überall, und zwar so, daß selten noch

*) Die Erz. Gesch. 2te Abth. S. 78—86. 151—183. 318 fgg. 493 fgg. ist hierbei nachzusehen.

**) Es gab schon im Mittelalter Stadtschulen, die man als Communalschulen wenigstens im weiteren Sinne ansehen kann; wir verweisen auf die Gesch. d. Erz. 2te Abth. S. 179 fg. u. a. O., wo auch der Streitigkeiten, die dabei vorkamen, gedacht wird. Das Volksschulwesen, wie es jetzt in Holland dasteht, hat eine bewährte Anordnung in Absicht der Communal- und kirchlichen Schulen.

eine kirchliche Einwirkung außer dem Religionsunterricht statt findet; es gibt aber auch in Städten und auf Dörfern dermalen recht eigentliche Communalschulen. Die Aufnahme von Kindern aus verschiedenen christlichen Confessionen, Protestanten und Katholiken, auch von Juden, mußte das hier und da wünschenswerth machen, also begreiflicher Weise besonders bei Gymnasien, welche in den meisten Ländern von der Kirche losgerissen sind, wenn sie gleich aus derselben entstanden waren, und ihr gewissermaßen als Eigenthum angehörten. Der jetzige Culturstand strebt zu einer solchen Emancipation des ganzen Schulwesens hin; wir hören von allen Seiten her Stimmen, daß alle Schulen, auch auf dem Lande, der politischen Gemeinde angehörten, und ihr völlig zuerkannt, bloß von dem Staate eingerichtet und regiert werden müßten; das wird man vielleicht bald als die sogenannte öffentliche Meinung ausrufen hören.

Diese beiden Hauptverhältnisse unserer Schulen haben sich in den dermaligen Verfassungen ziemlich in einander verwickelt, so daß man in dem Schulwesen ein von beiden gemischtes Verhältniß findet, und oft nicht recht weiß, ob man mehr eine Pfarr- oder eine Gemeindeschule vor sich hat. Wir müssen daher noch eine Classe annehmen, die wir mittlere oder vielleicht besser vermittelnde nennen wollen. Da nun Parteiungen in dieser Sache, und das grade in der jetzigen bewegten Zeit, entstehen und sich gegenseitig aufreizen mußten, so ist eine ruhige Erwägung desto wichtiger.

Berechtigt ist sowohl der Staat als die Kirche Schulen anzulegen, und wo sie fehlen, ist er sogar dazu verpflichtet. Aber eben dieses Recht, das jeder dieser Vereine hat, und das ja auch Privatvereinen nicht abzusprechen ist, muß gegenseitig geachtet werden, so daß weder die Kirche dem Staat, noch der Staat der Kirche ihre Schulen schließen darf. Es wäre also offenbar Gewaltthätigkeit, wenn die Parochialschulen ohne Einwilligung der kirchlichen Gemeinde in Communalschulen umgesetzt würden, so gut wie man ehemals über die hierarchischen Anmaßungen hierin klagte. Daß es nützlicher für die Volksschulen sey, kann keinen Eingriff in ein wohlbegründetes Recht entschuldigen; der Zweck heiligt nirgends das Mittel; dann würde man auch gewaltsam den Eltern ihre Kinder für jeden politischen Zweck wegnehmen, und ihnen ihr heiliges Recht sie zu erziehen entreißen dürfen. Die bürgerliche Gemeinde darf aber neben der Parochialschule, wenn sie es gut findet, ihre eigne Schule anlegen, ohne daß die kirchliche etwas dagegen einwenden kann, denn sie hat gleiches Recht. Auch darf sie die Beiträge zu jener aus der Gemeindekasse oder von den Gemeindegliedern als solchen von der Parochialschule wegziehen, wenn es nicht bindende Verträge hindern: aber dagegen darf sie eben dieser Schule nicht ihre Besitzthümer und wohl erworbene Rechte entziehen, oder sie auf irgend eine Art zwingen zu der Communalschule etwas beizutragen.*) Ueberhaupt haben da die Gesetze ihre Anwendung wie überall auf die sogenannten moralischen Personen, und hier noch aus dem höheren Standpuncte der Rechte, welche zwischen Staat und Kirche bestehen. So verhält es sich

*) Wenn z. B. Einkünfte von Pfarrstellen auf Schulen verwendet werden, etwa auf Gelehrtenschulen, wie es Beispiele in neueren Zeiten gibt, und wie zur Zeit der Reformation Klostergüter u. dgl. verwendet worden, so ist das nur eine andere Verwendung innerhalb der Kirche, vorausgesetzt daß ihr diese Schulen angehören, und insofern keine Ungerechtigkeit, vorausgesetzt daß es mit Bewilligung der Kirche geschehe. Wenn aber diese Uebertragung von Einkünften und Rechten an Communalschulen geschähe, oder gebieterisch von oben herab, so kann es auch der strengste Vertheidiger von einem jus eminens der weltlichen Obrigkeit nicht gut heißen. Die Herabsetzung des geistlichen Standes gegen den Schullehrerstand hat kein Heil gebracht, und der berühmte Schulmann Gedike, der hauptsächlich den Ton sogar von Verachtung der Geistlichen angestimmt, hat damit eben nicht seine Verdienste vermehrt.

mit der rechtlichen Entscheidung zwischen jenen beiden Schulen, und wenn es da zu Streitigkeiten kommen sollte, so ist es die Sache der Juristen, jene bestehende Rechte zu ermitteln und darnach zu urtheilen. Auch der kleinste Eingriff in die Rechte ist hier um so ernstlicher zu verabscheuen, weil er eine heilige Sache zwiefach entweiht. Und wäre es irgend wünschenswerth, daß die bürgerliche Gemeinde der kirchlichen für die Schule etwas vergünstige, oder die Kirche an jene gewisse Rechte abtrete, so werde es auf freundlichem Wege erlangt, und ist es nicht jetzt, so wird es vielleicht in Jahr und Tag kommen; auch hier nichts gewaltsam, das Beste erwächst mit der Zeit, wenn man nur das jetzige Gute zu pflegen weiß.

Verpflichtet sind die Versorger der Schule, sie seyen nun von der kirchlichen oder bürgerlichen Gemeinde, alles für das Wohl derselben auch in Absicht ihrer Abhängigkeit zu thun. Wenn also die Besoldung des Lehrers, oder das Schulhaus u. dgl., der Verbesserung bedürfte, und die Kirchenkasse wäre dazu im Stande, warum sollten die kirchlichen Schulvorsteher nicht bereitwillig seyn? oder die bürgerliche Gemeinde wäre es nicht, aber jene wäre es, warum wollte sie es verweigern? Und was die Schulaufsicht betrifft, so wird man sich bald, wo man anders unbefangen urtheilt, in der Ueberzeugung vereinigen, daß sie am besten dem Geistlichen übertragen werde. Denn wahr bleibt es doch ewig, daß alle ächte Erziehung in der Religion wurzelt und gedeiht; also sind die Diener der Religion auch diejenigen, welche die Grundbildung der Jugend leiten sollen, und die Kirche, welcher das Volk angehört, gibt auch den Volksschulen ihren Geist. Freilich, wenn die Kirche nicht ist, was sie seyn soll, wenn ihre Geistlichen nicht Männer des Geistes sind, so würde es auch schlecht um die Schulen stehen, — wie die Erfahrung leider genugsam lehrt — es könnte daher gefragt werden, ob unbedingt dem jeweiligen Ortsgeistlichen jene Aufsicht zu überlassen sey. Um sie zu beantworten, bedarf es einer weiteren Erörterung; wir wollten nur vorerst jenes Prinzip in Erinnerung bringen, welches in sich fest steht, wenn es auch gegen Misbrauch gesichert werden muß.

Eigentlich gehört die öffentliche Schule sowohl dem Staat als der Kirche an, wie wir seines Orts gezeigt haben; jeder dieser Vereine hat also dasselbe Recht auf sie, und dieselben Pflichten der Einrichtung, Aufsicht, Fürsorge u. s. w. und es ist nur eine Vereinbarung hierin nothwendig. Am natürlichsten folglich, wenn sowohl von bürgerlicher als kirchlicher Seite für die Schulbehörde Männer angeordnet werden, welche für diesen Zweck zusammentreten, und unter einem Vorsitzer gemeinsam berathen und beschließen. Daß von Seiten der Kirche der Vorsitz geführt werde, und alles für die Volksschulen ausgehe, folgt aus obigem Prinzip; indessen stehen doch auch den von Seiten des Staats bestellten Männern gleiche Rechte der Berathung zu; es wird alles collegialisch verhandelt. Je nach dem Umfang des Wirkungskreises wäre die Zahl der Mitglieder für das oberste Schulcollegium zu bestimmen, und eben hiernach, ob noch für einzelne Bezirke solche Collegien unterzuordnen seyen, oder ob die einzelnen Schulen unmittelbar untergeben sind. Aber nöthig möchte es in jeder Gemeinde seyn, daß ein Schulrath von kirchlichen und bürgerlichen Mitgliedern bestehe, damit die gemeinsame Angelegenheit auch gemeinsam erkannt, gefühlt und geführt werde; der Ortsgeistliche würde da in der Regel den Vorsitz und die Leitung haben. Aber außer dieser untersten und jener obersten Behörde im Schulwesen des Landes sind auf jeden Fall, wenn auch keine Zwischenbehörden von Collegien nöthig wären, doch einzelne Männer nothwendig, welche die Schulen visitiren und inspiciren, und so müßte das oberste Collegium Schulaufseher anstellen. Auch diese wären in der Regel aus den Geistlichen, und vielleicht am besten von den Schulräthen des Sprengels durch Abstimmung der einzelnen Mitglieder zu wählen. Daß sich in jedem Kreise von mehreren Schulgemeinden tüchtige Männer hierzu finden würden, möchten wir nicht bezweifeln. Der unmittelbare Aufseher der Schule ist aber, wie schon bemerkt, ohne vorhergehende Wahl, der Ortsgeistliche. Da in unsern Zeiten von jedem, der in das Pfarramt eintritt, auch die Kenntniß des Schulwesens und die Bildung auch für das Lehramt überhaupt vorausgesetzt werden kann, auch in dem Candidaten-Examen geprüft werden soll, so ist der Fall einer Untüchtigkeit zur Schulaufsicht kaum zu erwarten, sollte er indessen eintreten, z. B. wegen krankhaften Zustandes des Pfarrers, so müßte irgend ein fähiger Mann in der Nähe als Stellvertreter sie übernehmen. Sollte der übrigens nicht unfähige Pfarrer diesen wichtigen Theil seines Amts vernachlässigen, so sind die Klagen bei seiner pfarramtlichen Behörde anzubringen, und der Schulinspector, der überhaupt darüber zu wachen und zu berichten hat, ist allenfalls zu beauftragen, daß er den Pfarrer vorerst ermahne, auch wohl belehre. Unvollkommenheiten werden auch bei einer solchen Organisation nicht fehlen, indessen werden sie doch immer abnehmen, oder der geistliche Stand müßte ganz herabsinken. Dann aber wäre es auch mit dem Schulwesen am Ende.

Sind Geistliche von verschiednem Glaubensbekenntniß an einem Ort, so hat jeder die Aufsicht über die Schule seiner Kirchengemeinde; denn die Kinder von verschiednen Religionsgemeinschaften in eine Volksschule zu vereinigen bleibt immer eine bedenkliche Sache, die nur durch die Noth zugelassen werden kann. In solchem Falle aber würde am schicklichsten die Schulaufsicht zwischen den Pfarrern z. B. dem protestantischen und katholischen Jahrweise abwechseln. Ebenso würden wir unter mehreren Geistlichen derselben Kirchengemeinde einen Wechsel vorschlagen, falls nicht grade Einer beständige Aufsicht über eine oder die mehreren Schulen (z. B. in einer Stadt) erhalten könnte, welches freilich in der Regel vorzuziehen wäre.

Auch möchte unter Umständen der Wechsel auf den Zeitraum von einigen Jahren zu verlängern seyn.

Angenommen nun, daß die Kirche und der Staat sich für das Schulwesen auf die rechtlichste und zweckmäßigste Weise vereinigt haben, so wird auch keins dem andern seinen Einfluß entziehen oder verkümmern, vielmehr werden sie ihn gegenseitig begünstigen, weil nur dadurch die Einheit und das Gedeihen der Schule besteht. Die Klagen bald von den Geistlichen hier über die Eingriffe dort über die Vernachlässigung von Seiten der obrigkeitlichen Personen, bald von der bürgerlichen Seite hier über Mängel, z. B. in dem von der Zeit geforderten Lehrgegenständen, dort über Anmaßungen der Pfarrer, die unbehagliche Lage des Schullehrers, der in der Mitte steht, und immer besorgen muß es mit dieser oder mit jener Seite zu verderben — und mehrere andere Klagen würden gewiß nur selten gehört werden, wenn jene so wesentliche Vereinbarung wirklich statt fände, und zwar, was sich so leicht thun läßt, in einer guten Organisation. Vor allem bleibe also der Einfluß des religiösen Prinzips frei und willkommen. Der Geistliche hat den Religionsunterricht, auch den, welchen etwa der Schullehrer ertheilt, ganz für sich, auf seiner Seele, nach seinem Gewissen; er legt übrigens öffentlich und gelegenheitlich gerne Rechenschaft davon ab, wie das schon seine pfarramtliche Wirksamkeit verlangt. Er hat es also auch über sich, die Schulgebete anzuordnen; eine nicht unwichtige Sache. Kennt er den Schullehrer als einen Mann, der die Gabe des Gebets besitzt, eine Gabe, die eben nicht häufig gefunden wird, so überlasse er ihm es, bei dem Anfang und Schluß der Schulstunden aus seinem Herzen zu beten, doch grade nicht jeden Tag, denn man ist nicht jeden Tag in dieser Stimmung hoher und sich aussprechender Andacht. Besitzt er selbst jene herrliche Gabe *), so trete er manch-

*) Eine Gabe, die auch bei Predigern zu den seltnen gehört;

mal ein, und bete laut mit den Kindern. Auf jeden Fall aber hat der Geistliche für eine Sammlung von Schulgebeten zu sorgen, die von Zeit zu Zeit erneuert werden mag, um nicht in ein auswendig gelerntes Wortwerk überzugehen; und diese Wahl rechnen wir unter dasjenige, was die obere Behörde nicht selbst übernehmen, sondern jeder Schule, hier also jedem Pfarrer überlassen soll. Denn er nur kann die geistlichen Bedürfnisse und jedesmaligen Beziehungen kennen, worin seine Gemeinde und ihre Schule auch in Hinsicht des Betens bedacht werden muß. Mit den allgemeinen Kirchengebeten hat es eine ganz andere Bewandniß. Daß man Schüler Gebete hersagen läßt, ist wohlgethan, denn ihre Herzen nehmen lebendigeren Antheil an dem, was ihr Mund sagt, wenn nur im Ganzen Frömmigkeit in der Schule heimathlich ist. Man sehe die Sache ja nicht mit der leider allgemeinen Gleichgültigkeit an, sie ist eine der wichtigsten; schon die Zeugnisse so mancher bedeutender Männer bestätigen es uns, welchen gesegneten Eindruck ein andächtiges Gebet in der Schule auf zeitlebens bei ihnen zurückgelassen. So ist es denn auch mit dem Religionsunterricht, der ebenfalls dem Geistlichen, wie schon oft bemerkt, zukommt, aber auch recht am Herzen liegen soll. Würden unsere Volksschulen einmal wahre Schulen des Christenthums seyn, man würde die Wunder sehen, welche das Evangelium wirkt. Davon sollte man denn freilich auch die Gelehrtenschulen nicht ausschließen, und grade diesen Unterricht nebst den Andachtsübungen einem Geistlichen, der sich ja hoffentlich auch unter den Lehrern finden läßt, übertragen. Bei den Schulvisitationen sind denn die Prüfungen auch über den religiösen Zustand vorzunehmen, und der kirchlichen Behörde ist grade hierin der Ortsgeistliche verantwortlich. Was derselbe noch übri-

---

denn Beten heißt doch etwas anderes als Reflectiren und in der Form einer Anrede an Gott Belehrung ertheilen.

gens als solcher bei der Volksschule besonders zu thun habe, ergibt sich aus dem allgemeinen Grundsatz, daß die Geistesbildung von dem für das Lehramt überhaupt gebildeten Stande am besten geleitet werde. Der Pfarrer habe sonach die Initiative in allem, was die Verbesserungen im Inneren der Schule betrifft, er sey aber auch hierin das Organ der guten Gedanken, welche ihm von Seiten der Gemeinde, der Eltern, der Lehrer, und der berathenden Vorsteher zu Ohren kommen.

Die bürgerliche Fürsorge hat insbesondere die äußeren Gegenstände der Schule unter ihrer Obhut, aber doch nicht bloß diese, auch das Innere der Lehrgegenstände und dergl. kommt ihr im Ganzen zu. Die Hauptstimme aber hat sie in dem, was für das bürgerliche Leben gefordert wird, und so gut man dem kirchlichen Zwecke den Religionsunterricht und zwar als Hauptsache zugesteht, so gut muß man jenen Forderungen ebenfalls ihr Recht zugestehen. Es ist auch von der geistlichen Behörde zu erwarten, daß sie von selbst das anordne, z. B. den Unterricht in der Erd- und Naturkunde, aber der Staat hat darauf zu achten, daß die Schule auch seinem Bedürfniß entspreche. Indessen wird auf solchem Wege es kaum zu einem Zwiespalt hierin kommen, vielmehr die Einsicht in das, was Noth thut, sich allgemein in dem Schulvorstand mittheilen und Einstimmig in der Anordnung bewirken.

Dieses alles betrifft eigentlich die Volksschulen. Die Gelehrtenschulen sind auf andere Weise von dem Gemeinwesen abhängig, nämlich nicht unmittelbar von der kirchlichen und von der bürgerlichen Behörde, sondern von derjenigen, welche beides unter dem Allgemeinen der Geistesbildung in sich schließt, und dabei von dem Princip der Wissenschaft ausgeht. Inwieferne sich diese Bildung in der christlichen Kirche entwickelt hat, sind auch von derselben Stiftungen dazu gemacht worden, auf welche sich unsere älteren Universitäten und Gelehrtenschulen gründen; und die Kirche ihrer Idee nach will, daß die Wissenschaften blühen und den Geist möglichst ausbilden, denn sie will die Menschheit zum höchsten Geistesleben verklären. Eben das will der Staat seiner Idee nach, und darum hat er da, wo er diese seine Würde anerkannte, jene Stiftungen für ihren hohen Zweck in Schutz genommen, verwenden helfen, auch wohl mit neuen vermehrt. Die Schulen also, welche für diesen Zweck bestehen, müssen auch demselben untergeordnet seyn, und also zunächst von einer wissenschaftlichen Behörde, durch diese aber unmittelbar von der Landesregierung abhängen. Welches nun könnte diese Behörde anders seyn, als der wissenschaftliche Verein, den wir in der Universität oder in der Akademie finden?*) Besitzt ein Staat selbst einen solchen Verein, so kann er für seine Gelehrtenschulen nicht besser sorgen, als wenn er demselben die Aufsicht über sie übergibt, und Mitglieder desselben in das oberste Schulcollegium, welches über sie zu berathen hat, aufnimmt. In dem Falle aber, daß er keinen solchen Verein hätte, so müßte er einige seiner anerkanntesten Gelehrten, welche zugleich das Schulwesen verstehen, zu dieser Behörde erwählen, unter denselben aber die Directoren der Gelehrtenschulen selbst, ohne einen auszuschließen. Denn man wird doch keinem ein Prärogativ über die andern ertheilen wollen, und da auch diese Schulen alljährlich visitirt werden müssen, und man hierzu eben jener als der eigentlich sachkundigen Männer bedarf, so ist auch hierbei

*) Auch von dieser Seite zeigt es sich, was es auf sich habe, daß man die Universität in ihrer Selbstständigkeit als die in den Facultäten der Wissenschaft keine höhere über sich hat erkenne, und auf keine Weise unter die Kategorie von Schule herabziehe. Denn jede Schule steht unter einer höheren Aufsicht in ihrem Lehrwesen, und wird deßhalb inspicirt und visitirt. Wer soll oder will aber das für die Universität thun? Die Engländer nennen ihre Westminster-Schule und einige andere **High-Schools**, und setzen sie mit unsern Gymnasien gleich.

eine Bevorrechtung zu vermeiden. Sie wird aber vermieden, wenn jeder Director dazu beauftragt wird, oder allenfalls immer zwei, um gegenseitig ihre Schulen zu visitiren, jedoch mit einem andern Commissarius der obersten Behörde.

Mit der polytechnischen Schule verhält es sich auf ähnliche Art. Sie wird vielleicht irgend einem Landescollegium am besten untergeben, in welchem sich Männer des Faches befinden. Dabei würde es vortheilhaft seyn, akademische Lehrer dieser Fächer, wie auch ausgezeichnete praktische Männer zu berathenden Mitgliedern zu erwählen, wo das irgend angeht.

Die Nebenschulen, die wir im Ersten Th. im 5ten Abschn. aufgezeichnet haben, reihen sich in ihrer Abhängigkeit an die Volksschulen, und sind ganz derselben Leitung und Aufsicht unterworfen, weil sie denselben Zweck haben und derselben Art sind, obgleich in besonderer Beziehung. So ist es bei allen den Schulen, die der Vollständigkeit ermangeln, wie diejenigen, die nicht genug Lehrer haben, die des wechselseitigen Unterrichts, die für Armen- und Waisenkinder, die Sommer- und Winter-, die Sonntags- und die Abend-Schulen. Sie gehören ganz unter dieselbe Behandlung wie die Volksschulen. Die Besserungsschule und die Anstalten für die verwahrlosete Jugend möchten noch besonders den Einfluß der Geistlichen erfordern. Die Privatschulen und Erziehungsanstalten stehen billig in ihrer Freiheit da, und die Regierung hat nur Kunde von ihnen zu nehmen, im Falle sie dem Staate Gefahr drohen, und im Falle sie den öffentlichen Schulen Abbruch thun, d. h. ihnen nützen, um diesen Nachtheil durch deren Verbesserung in Vortheil zu verwandeln, den sie dann jenen verdanken, und weßhalb sich die Regierung um so mehr ihrer erfreut.

Um noch dieses alles auf die Lehrer der öffentlichen Anstalten anzuwenden, so ist es klar, daß sie dem Schulwesen im Ganzen angehören, nicht der einzelnen Gemeinde, ob sie gleich in dem Organismus zunächst mit derselben verbunden sind. Die Lehrer an den Volksschulen hängen hiernach zunächst von der hierzu vereinten Behörde des Staats und der Kirche ab, und können daher nicht als Staatsdiener gelten. Da sie nun in der Regel dem Geistlichen zunächst untergeben sind, so stehen sie am schicklichsten für ihre Person in dem Dienste der Kirche, jedoch für ihr Amt zugleich dem Staat verpflichtet. Die Lehrer aber aus dem Gelehrtenstande an den Gelehrtenschulen stehen als solche weder für ihre Person noch für ihr Amt im Dienste der Kirche, außer etwa derjenige der den Religionsunterricht hat nur für diesen, sie sind also so gut wie die andern ihres Standes Staatsdiener.

Wir führen dieses alles auf die oberste Einheit zurück, deren wir im vorigen Kapitel gedachten. Sie wird dadurch festgehalten, daß die sämtlichen Schulen samt ihren Lehrern unter einer Schulbehörde des ganzen Landes stehen. Von dieser gehen die Verfügungen aus und zu ihr kommen die Berichte hinauf, insoferne die Sache nicht in einer untergebnen Instanz erledigt werden kann. Dieser Oberschulrath ist der vereinigende Mittelpunct von dem ganzen Schulwesen, welches ihr also immer klar vorliegen soll, um von ihr nach den richtigen Grundsätzen regiert zu werden.

Drittes Kapitel.

Von dem Schulwesen in seiner Wirksamkeit.

Wenn alle Arten der Schulen, welche zur Volksbildung gehören, vorhanden sind, und jede in ihrem vollen Leben steht, so wird in dieser Gesamtheit das erwirkt, was überall das Ziel seyn soll, Entwicklung der Menschheit zu ihrer Bestimmung, und hierin allgemeiner Wohlstand. Wo wir diese Gesamtthätigkeit finden, da erst erkennen wir das wahre Schulwesen. Es zeigt sich uns da in folgenden Eigenschaften: Vollständigkeit, Zusammenwirken, Fortschreiten.

1. Vollständigkeit. Es darf keine Art der Bildungsanstalten fehlen, deren die Erziehung der Jugend in einem Volke bedarf. Wir rechnen dahin vor allen die häusliche, bei weitem die wichtigste, wie auch die kirchliche, welche den tiefsten Bildungsquell immer rein Eltern, Lehrern, Kindern zuleiten soll, desgleichen auch die polizeiliche, welche von außen jedem Uebel abzuwehren sucht. Indessen haben wir hier nur von den Schulen zu reden; wir erinnern deßhalb an die obige Eintheilung, nach welcher wir sie und die ihnen verwandten Anstalten betrachtet haben. Auch wollen wir nicht wiederholen, daß die Volksschulen von der untersten bis zu der obersten nirgends fehlen dürfen, und daß auch für die höheren Bedürfnisse durch Gymnasien und polytechnische Anstalten gesorgt werden müsse. Hier haben wir nur noch zu bedenken, wie dieses in einem Lande zu ordnen sey, damit nirgends das Bedürfniß unbefriedigt bleibe. Daß sich also überall Elementar- und niedere Volksschulen vorfinden müssen, und daß auch die einsam wohnende Familie auf dem Lande für ihre Kinder den nöthigsten Unterricht in der Nähe finde, ist vor allem nothwendig. Es müssen also in jedem Dorfe, und für jeden Bezirk, so daß auch 6jährige Kinder ohne Gefahr das Schulhaus erreichen können, diese Anstalten getroffen,*) oder mindestens muß für Lehrer gesorgt seyn, welche auch in den abgelegenen Wohnungen Unterricht ertheilen. Das ist der Maßstab, wornach man in den verschiednen Ländern das Schulwesen beurtheilen kann; fände man auch nur in einem Winkel z. B. des Waldgebirges

*) Wir mußten daher in der Gesch. der Erz. 1te Abth. S. 204 fg. die Sorgfalt der Rabbinen im Mittelalter für solche Schulen rühmen, und so wenig auch jene Sentenz des R. Jehuda im Talmud (tr. Scheb. f. 119.) dem Geschmack zusagt, daß die Welt nur durch den Hauch der Schulkinder bestehe, so enthält er doch eine tiefere Wahrheit.

eine Familie hierin vergessen, so wäre das eine Lücke, die so klein sie auch erscheine doch sehr bedeutend seyn kann, und zu größerem Vorwurf gereicht, als wenn solche abgeschiedene Einwohner in den Steuern vergessen wären. Noch mehr ist aber wohl in Städten, mitten unter einer zusammengedrängten Bevölkerung gegen solche unverantwortliche Vernachlässigung zu warnen. Nicht genug, daß Schulen daseyen, es muß auch allen Eltern möglich gemacht werden, ihre Kinder in die Schule zu schicken, womit denn erst der Staat im Stande ist, seine Pflicht zu erfüllen, daß er die Kinder oder die Eltern hierzu anhält. Die Lehrer mögen nun von ihm oder von der Kirche angestellt werden, so muß er doch Fürsorge tragen, daß sie daseyen, und folglich auch, daß sie ihre angemessene Besoldung erhalten, ohne den einzelnen Familien beschwerlich zu fallen.

Vollständig ist aber damit doch noch nicht das Schulwesen. Es werden auch die oberen Volksschulen verlangt, und seit mehreren Jahren viel allgemeiner, als bloß in den ansehnlicheren Städten. Daher soll es sich die Regierung zum Grundsatze machen, wo möglich auch in jedem ansehnlichen Dorfe sogenannte Bürgerschulen zu errichten, und selbst auf dem kleinsten die Kinder nicht mehr bloß in den Elementen, Lesen, Schreiben, Rechnen, sondern auch, wie es von vielen deutschen Ländern zu rühmen ist, in andern Gegenständen unterrichten zu lassen. Weniger kann eine polytechnische Anstalt überall in der Nähe verlangt werden. Denn es ist immer nach Verhältniß nur eine kleine Anzahl der Volksjugend, welche diejenigen Lebenszweige erwählt, für welche man sich dort vorbereitet, vielleicht unter einer Bevölkerung von 10,000 kaum ein Paar, und wer denn irgend eine höhere Bildung sucht, möge sich den Bedingungen unterwerfen, an welche sie überall gebunden ist; er muß sie mit Aufwand an Kraft und Geld erringen; für das letztere ist ja der Wohlthätigkeit ihr schöner Kreis eröffnet. Daher bedarf nur ein größeres Land eines solchen Institutes, und auch das nicht, wenn sich so etwas in dem Nachbarlande erreichen läßt; denn das Vaterland der Bildung geht weiter als die Gränzen mit und ohne Mauth, und wer dahin pilgert, ist hoffentlich überall zollfrei. Ebenso und noch mehr ist das der Fall für specielle Bildungsanstalten wie Forst-, Bergbau-, Handels-Institute u. dgl. Eher möchte in manchen Gegenden ein landwirthschaftliches Lehrinstitut wünschenswürdig seyn. Doch hängt dieses alles zu sehr von Ort und Zeit ab, als daß sich etwas weiteres im Allgemeinen darüber bestimmen ließe. Was nun die Gelehrtenschulen betrifft, so könnten wir es da wohl nach denselben Grundsätzen halten, indessen ist ihr Einfluß zu wichtig auf das Ganze des Staats, als daß nicht jeder, selbst ein kleiner wenigstens Eine solche Anstalt zu besitzen wünschen müßte, ohne darum jedoch, wie wir früher zeigten, ihr ein Bannrecht für die Landeskinder zu ertheilen. Nicht rathsam ist es, viele Pädagogien und Gymnasien anzuordnen, denn sie machen viele Kosten, entziehen also den Volksschulen mehr oder weniger, und reizen zum Studiren zu leicht gegen den innern Beruf und das äußere Bedürfniß. Man sollte dieses letztere berücksichtigen, und hiernach die unteren und obersten Gelehrtenschulen in verschiedenen Gegenden des Landes so anlegen, daß jedem leicht irgend eine erreichbar sey, um nicht zu weit von den Eltern entfernt zu seyn, das doch, besonders in den jüngeren Jahren gewöhnlich seine Nachtheile hat. Rechnet man auf 1000 Einwohner ein Paar Geistliche mit Inbegriff eines sogenannten studirten Lehrers, einen Beamten, der studirt hat, und einen Arzt, so kämen auf die Bevölkerung von Einer Million Viertausend Jünglinge, die sich den Studien widmen, so daß von diesen beständig, weil es auf eine Generation von 33 Jahren berechnet werden, dabei aber immer an der Zahl der Adspiranten etwas zugegeben werden muß, im Durchschnitt 12 bis 15 Hundert in allen Classen der

Gelehrtenschulen zusammen sich befinden, also jede Anstalt auf 100 Schüler gerechnet, auf jede Million Einwohner 12 bis 15 solcher Schulen kämen, oder bestimmter etwa 10 vorbereitende Schulen und etwa 2 bis 5 Gymnasien, deren jedes auch wohl 200 Schüler aufnehmen kann. *) So würde ungefähr das Verhältniß da seyn, wo man nicht auf Privatinstitute, häuslichen Unterricht und dergleichen rechnen kann, wo der studirende Jüngling seine Schulkenntnisse erhält; in solchem Falle könnten wenigere solcher Anstalten genügen. Eine Hauptsache aber ist es, daß es jedem Schüler, dessen Anlagen dazu auffordern, möglich gemacht werde, diese Schulen zu frequentiren, und daß die Begünstigung, welche die Einwohner an solchen Schulorten genießen, diesen keinen Vorzug geben, vielmehr durch Vortheile, welche die Auswärtigen erhalten, ausgeglichen werden, z. B. Freitische, Stipendien, und zwar nie für die Einheimischen; und es ließe sich dabei noch manches nach Ort und Umständen einrichten. Wenn doch einmal von Gleichhaltung im Schulwesen die Rede ist, so daß für alle in dem Volke die Anstalten möglichst zugänglich seyen, so müssen wir sie auch auf diesem Wege verlangen. Uebrigens haben jedoch diese höheren Schulen ihren wohlthätigen Einfluß auf das ganze Volk, weil von ihnen die Bildung ausgeht, wovon auch auf diejenigen etwas, und oft recht viel übergeht, welche nur die Volksschulen besucht haben. Eben diese Schulen gewinnen durch

---

*) Das Programm des Gymnas. zu Darmstadt v. Herbst 1831 gibt folgendes Verhältniß aus dem Großherz. Hessen an: für die Stadt Giesen kamen im Sommer 1831 auf 124 Einw. Ein Studierender, für die Stadt Darmstadt auf 357 Einer und für die Stadt Mainz auf 677, aber wir erfahren nicht, wie viel auf andern Universitäten waren. Das Gymnasium zu Darmstadt hatten 46 aus der Stadt selbst, und 17 übrigens aus dem Fürstenthum Starkenburg von 128 Studierenden besucht, und 65 sich anderswo vorbereitet, bei einer Bevölkerung von 258,000 Einw. Ein Stud. kommt auf 1409 Oberhessen, Einer auf 2016 Starkenburger, Einer auf 2289 Rheinhessen.

sie unmittelbar, und so gehören sie zu dem Ganzen des Schulwesens; wenn sie fehlten, so würde bald die Volksbildung sinken.

Weiter und vielleicht noch nothwendiger bedarf das Land der Anstalten für die Verbesserung der Jugend. Es sollte in jedem Schulbezirk eine Zuchtanstalt vorhanden seyn, in welche die widerspenstigen Schulkinder gebracht würden, so wie wir sie oben angaben. Sie würde keine große Einrichtung erfordern, sondern nur einen tüchtigen Mann, der solche Kinder zu behandeln weiß, und ihnen die frugale Kost verabreicht. In Städten wären sie etwa nur den Tag über unter dieser Aufsicht zu halten, sofern man sie ihren Eltern die übrige Zeit überlassen kann. Es versteht sich, daß sie nur da so lange gehalten werden, bis diese Strafweise sie bessert. Unter Umständen ließ sich diese Anstalt wohl mit der Armenschule verbinden, jedoch nur unter der Bedingung, daß die Armenkinder dadurch keinen Nachtheil in moralischer Hinsicht erleiden. Denn denjenigen Kindern, welche wegen der häuslichen Noth und Arbeit nicht viele Zeit auf die Schule verwenden können, muß doch wenigstens im Lesen, Schreiben, Rechnen, und, wie sich ohnehin versteht, in der Religion Unterricht ertheilt werden. Auch ist da meist eine Anstalt zur Verköstigung und Bekleidung nöthig. Das würde denn auch grade zu denjenigen Industrie- oder Arbeitsschulen führen, welche ebenfalls zum vollständigen Schulwesen gehören. Wir haben sie oben nicht mit unter die Reihe der Schulanstalten gesetzt, weil sie für sich nicht diese Bedeutung haben, sondern nur als Einrichtung für die Unterhaltung der Armen- und Waisenkinder in unserer jetzigen Cultur zweckmäßig sind. Da nun sind sie allerdings unentbehrliche Anstalten, wenn es überall mit der Jugendbildung wohl stehen soll. Das aber sind nicht etwa bloß die Arbeitsschulen in Städten, wo die Knaben und Mädchen in Wolle, Flachs u. dgl. und in mancherlei Handthierungen, wie Flachs-, Holz-, Thon-Arbeiten sich beschäftigen müssen, sondern auch auf dem Lande, wo man sie im Feldbau gebraucht, und vielleicht in dieser Beschäftigung am besten für sie sorgt.

Zunächst an diese Armen- und Versorgungsschulen schließen sich jene Rettungsanstalten für die verwahrlosete Jugend an. Sie sind, wie wir oben bemerkten, Bedürfniß der Zeit geworden, und dürfen in keiner Gegend fehlen, wir würden sagen, in keinem Lande, wenn es nicht eben so gut wäre sie auch in einem benachbarten zu benutzen. Es finden sich nicht überall die Männer, die sich einer solchen Art von Menschenliebe weihen, und für das Gemeinbeste grade dieses Opfer zu bringen im Stande sind, der Staat kann sie auch nie mit solchem Erfolge unternehmen, als es die Herzenskraft des Menschenfreundes vermag, auch hat oft das Land das Glück unter seiner Landesjugend keine Verdorbnen zu zählen, die einer solchen Anstalt anheim fielen, vielmehr sind es meist heimathlose junge Leute, die man in ihrem Herumziehen aufgreift, um sie selbst zu retten, und vor ihnen die Umgegend zu sichern. Der Staat thut also hierin das Seinige, wenn er die bestehende Rettungsanstalt unterstützt, für diejenigen jungen Leute, die er dahin sendet, bezahlt, und überhaupt die Sache als eine gemeinsame mehrerer Staaten behandelt, so denn auch, wo sie noch fehlte, sie selbst ins Leben zu rufen sucht. Besitzt er eine innerhalb seiner Gränzen, so ist er allerdings berechtigt, sie insoweit unter die Aufsicht der obersten Schulbehörde zu stellen, als sie nicht Privatanstalt ist, und als er positiven Antheil an derselben nimmt; jene allgemeine negative Aufsicht versteht sich von selbst.

Die Schulen zur Noth, wo noch nicht die ordentlichen statt finden können, wie die halben Schulen in der einen Gegend im Sommer, in der andern im Winter u. dgl. sind so lange, bis das Bessere möglich wird, mit eben der Sorgfalt wie die übrigen zu unterhalten, damit keinem Kinde der Unterricht gänzlich versagt sey. Es ist auch hier auf das Allmählige in den Verbesserungen zu rechnen. Nirgends ist das Schulwesen in der Vollkommenheit, die es anstrebt; wo es also in der Hauptsache besteht, und wenigstens so angelegt ist, daß es sich zur Vollständigkeit entfalte, da schon kann sich das Land Glück wünschen. Auch findet es sich in unserm Deutschland im Ganzen auf einer solchen Stufe, daß in den meisten Gegenden nur eine oder die andere jener Nebenanstalten fehlt, und wo sie noch fehlt, läßt sie sich doch erwarten.

Soll in dem Schulwesen nichts vermißt werden, und alle Anstalten vorhanden seyn, worin die Jugend und zwar von den ersten Lebensjahren an das erhalten kann, was zur Erziehung verlangt wird, so dürfen auch die Bewahranstalten und sogenannten Kleinkinderschulen nirgends fehlen, wo nur irgend die Bevölkerung sie wünschen läßt. Wir haben im 1ten Th. die Nothwendigkeit dieser Anstalten gezeigt. *)

2. Zusammenwirken aller Schulen zur Volksbildung. Man setzt das gemeiniglich in einer Anordnung, worin diese Anstalten so in ihre Reihe gestellt sind, wie sie auf einander folgen, so daß in dem Jugendunterricht keine Lücke bleibe; die Krone der Schulplane, wie man meint. Das ist aber, wenn es hoch kommt, nur erst ein Ineinandergreifen, und mag sich objectiv, d. h. auf der

---

*) So eben kommt uns eine Abh. aus den Nordamer. Verein. Staaten über diese Schulen zur Hand: The Infant-school System of education, and the extent, to which it may be advantageously applied to all primary schools, by Wm Russel, welche in der Einrichtung von Schulen, die der Natur und den Fähigkeiten der Kinder angemessen sind, ein wichtiges Ereigniß findet, den Anfang einer neuen Aera sowohl in der Menschenliebe als in der Elementarerziehung, und das nicht bloß für die Armen sondern auch für Andre. Diese treffliche Abh. läßt erwarten, daß in jenen Staaten das Schulwesen von dieser Seite bald wichtige Fortschritte machen werde. Sie findet sich in The introductory discourse and lectures delivered in Boston before the Convention of teachers etc. Boston, 1831.

Tabelle recht gut ausnehmen, aber was wir als Wirksamkeit der Schulen zu denken haben, verhält sich dagegen wie das Leben zum Mechanismus. Nur erst wenn jede Schule das Ihrige thut, erwächst die organische Gesamtthätigkeit, ohne daß grade die eine von der andern Kunde zu nehmen braucht. Allerdings folgt eine auf die andere, die obere Volksschule auf die niedere, und neben ihr die Gelehrtenschule in aufsteigenden Classen. Allein wie wir das oben in eine gewisse Freiheit stellen mußten, so haben wir auch hier nicht darauf zu halten, daß grade jeder Schüler sie so nach einander besuchen müsse. Und daß sie objectiv in einander greifen, macht es nur im Ganzen der Volksjugend leichter möglich zu der erwünschten Schulbildung zu gelangen, aber darf doch nicht den subjectiven Bildungsgang der Einzelnen binden, und die Thätigkeit der einen Schule von dem was die andere thut oder nicht thut abhängig machen. Genug jeder ist die ihrige angewiesen. Lebt also jede in ihrer vollen Wirksamkeit, so kommt das dem Ganzen der Jugendbildung zu statten, und allerdings der zunächst aufwärts anschließenden Schule am meisten, wie z. B. eine gute Elementarschule der mittleren Volksschule bessere Kinder zuschickt, aber sie ist doch nicht an diesen Einfluß unmittelbar gebunden, weil jede nur diejenigen Schüler aufzunehmen hat, die grade für sie vorbereitet sind. Würde es anders gehalten, so müßte man auch den schlechteren Zustand einer Schule auf die andere übergehen lassen, und das Schulwesen beständig einem Erkranken Preiß geben. Leidet ein Glied, so leiden die andern mit, aber am vollkommensten ist der Organismus, wenn die Lebenskraft alsbald in dem einzelnen die Heilung bewirkt, und eine Störung der Gesundheit so wenig wie möglich in den übrigen zuläßt. Darauf also ist in dem Schulwesen zu sehen, daß jede Anstalt zur Jugendbildung die ihr angewiesene Wirksamkeit gut unterhalte, und so wird das Ganze von selbst gedeihen. Denn so nur verwirklicht sich die Grundidee, Entwicklung der Menschheit in dem Volke.

Es ist allerdings darauf zu rechnen, daß sich jederzeit hier oder da eine Schule nicht im besten Zustand befindet. Die oberste Behörde wird es sich daher angelegen seyn lassen immer in Kenntniß zu seyn, um alsbald dem Uebel abzuhelfen oder auch wo möglich zuvorzukommen. Die jährlichen Visitationsberichte müssen deßhalb genau und bestimmt seyn, wie sie von tüchtigen Männern erstattet werden können, ohne Weitschweifigkeit. So wie diese verglichen werden, liegt das Verhältniß jeder einzelnen Schule zum Ganzen vor, und es kann hiernach verfügt werden, was etwa Noth thut, hier Belobung und Aufmuntrung, dort Tadel und Zurechtweisung, und das alles an die nächsten Schulaufseher so gut als an die Lehrer, auch an die Gemeinde oder an die Schule selbst. Schwierig wird aber die Sache, wenn sich ein Lehrer untüchtig zeigt, sey es nun im Physischen oder im Moralischen, oder im Intellectuellen. Daß die Schule nicht darunter leiden dürfe, ist keine Frage; seine Stelle muß also durch einen andern ersetzt werden, aber was wird es mit dem Lehrer? Auch das ist keinem Zweifel unterworfen, daß ihm bei Erkrankung, bei eintretender Geistesschwäche, und bei hohem Alter durchaus nichts an seinem ökonomischen Bestehen abgebrochen werden darf. Wie aber bei Vergehungen, bei fortdauernder Nichtachtung wiederholter Zurechtweisung, und überhaupt bei unsittlichem Betragen? Man kann doch den Mann nicht sohin seiner Stelle entsetzen und seine Familie ins Elend verstoßen. Es müßte also für solche Fälle, die nie ganz ausbleiben, Fürsorge getroffen seyn, theils daß der Lehrer anderwärts in eine ihm angemessene Thätigkeit komme, theils mit den Seinigen soviel zum ökonomischen Bestehen erhalte, als die auszumittelnden Bedürfnisse nothwendig machen. Zu diesem Zwecke muß eine Kasse ebensowohl als für die Witwen und Waisen der Lehrer vorhanden seyn, die aber nicht frommer Wunsch bleiben darf, weil sonst das Schulwesen immer an einem unheilbaren Uebel leiden würde. Denn ohne eine solche Einrichtung käme es nie zu einer sorgfältigen und strengen Schulaufsicht; man wäre da fast genöthigt es nicht so genau zu nehmen, oder manchmal eine Härte gegen Unglückliche zu beweisen, die grade den Herzen der Schulfreunde stets entfernt bleiben möge, darauf würde sich dann der schlechtere Lehrer verlassen, und so das Uebel immer tiefer in das Ganze eindringen.

Vollkommener noch würde der Organismus gedeihen, wenn man jeden Lehrer an seinen rechten Platz stellen, jede Schule mit dem rechten Manne versorgen könnte; aber das wird wohl unter den frommen Wünschen bleiben. Ist nur die Centralbehörde recht wachsam und wirksam, wie um eine Herzensangelegenheit, so wird der Zustand, welcher nirgends in menschlichen Dingen der vollkommene ist, doch vor vielen Uebeln geschützt, von jedem eingedrungenen geheilt, und zu einer fröhlichen Gesamtthätigkeit beständig gefördert werden; darum ist diese oberste Behörde das Herz im ganzen Schulwesen des Landes, welches den Geist in allen Einzelnen fortwährend belebt. Das ist denn unsere Idee von jenem Zusammenwirken. Man bereise ein Land, wo man es so findet, und ein Gefühl, wie wenn man eine paradisische Gegend durchwandert hat, ja ein noch viel höheres wird man mitbringen.

3. Fortschreiten im Schulwesen. Nicht als ob die einzelnen Schulen je aufhören sollten zu seyn, was sie sind, es werden allzeit Kleinkinder-, Elementar- und andere Volksschulen nöthig seyn, so gut als wir die Kinder Kinder seyn lassen, und jedem Alter sein Recht geben. Der menschliche Geist mag steigen so hoch es immer sey, der Säugling wird lallen, das Knäblein und Mägdlein werden durch die Elemente hindurch Sprache, Kenntnisse, Geschicklichkeiten erlernen müssen, und die Naturgesetze werden auch für die Bildung ewig gelten. Aber man

wird sie immer tiefer erforschen, und immer richtiger anwenden lernen, und hiernach den Unterricht und die Erziehung verbessern können. Daran sollen denn die Schulen Theil nehmen. Sind sie gut besorgt, so entgeht ihnen keiner der Vortheile, welche durch besser aufgefundne Lehrarten u. dgl. von Zeit zu Zeit gewonnen werden, keine vorgefaßte Meinung verwirft oder ergreift dieses Neue, es wird unbefangen geprüft, das Bessere behalten und besonnen eingeführt. Auf solche Art geschieht es, daß nichts Neues in die Schule grell hereinbricht, sondern das Meiste ganz unmerklich, und daß dennoch wer etwa nach Jahresverlauf die Schule besucht, so viel Neues findet, wie er kaum dachte. Wir haben Beispiele genug von den Nachtheilen plötzlicher Umänderungen, und dagegen manche von den Vortheilen allmähliger Verbesserungen der Art gesehen, besonders seit der sogenannten Pestalozzischen Methode. Da wo die Begeisterung auf einmal alles darnach umformte, gewann die Sache nicht einmal eine feste Wurzel, sie hielt sich nur kurze Zeit, und dann verschwand sie auch mit dem Besseren, das man so leicht hätte behalten können: wo dagegen ein verständiger Lehrer z. B. im Lesen das Tactmäßige mitunter anordnete, ohne damit grade etwas Neues und das so mit einemmale anzukündigen, da blieb es und gewann es seinen guten Fortgang. Am meisten sah man das bei dem Kopfrechnen nach jener Anschauungslehre, wo das gleichbaldige vollständige Einführen viel Unnützes mit hereinbrachte, während jenes allmählige Verfahren das Wahre und Bleibende entwickelt hat. Denn eben auch im Fortschreiten kommt ja alles auf die persönliche Bildung der Lehrer an. Sie sollen nur auf alles, was in ihren Gesichtskreis kommt, aufmerksam seyn, sich gerne mit allem, was ihnen irgend dienen mag, bekannt machen, und es mit den Schulaufsehern besprechen, dann ist es gar nicht anders zu erwarten, als daß jeder Schule das zufließen werde, was auf dem Felde der Erziehung neu hervorquillt. Die Aufseher werden es noch weniger an solcher Umsicht und Hinweisung, und die höchste Behörde, ja der Staat selbst wie die Kirche, nicht an Ermunterung fehlen lassen. Auf diesem graden Wege kann jede Schule die Fortschritte, welche in der Methodik und Pädagogik gemacht werden, auch zu den ihrigen machen.

Vornehmlich sind es die Lehrer, in welchen die Bildung sich zeitgemäß weiter entwickelt, und durch welche doch nur allein das Neue auf die rechte Weise einwirkt; es ist die bildende Kraft. Wenn der Mann mit Lust und Liebe seine Schule hält, so freut er sich über den zunehmenden guten Erfolg, und um gut zu lehren, fährt er auch fort selbst zu lernen. Die Uebung ist ihm eine Schule. Daher findet sich auch so manches schöne Beispiel von Lehrern, die in höherem Alter mit jugendlicher Kraft, oder vielmehr mit gereifter in stets frischem Leben, bildend in ihrer Schule walten, und manchen Neuling beschämen. Wer aber in das Lehrgeschäfte so eintritt, daß er sein Jugendfeuer von dem Egoismus der Unbescheidenheit reinigt, bringt ebenfalls ein frisches Leben in die Schule, und läßt sie die Vortheile auch seines Alters genießen. Wo nun mehrere Lehrer an einer Anstalt stehen, z. B. an einer Gelehrtenschule, da ist ein vorzügliches Gedeihen zu erwarten, wenn alte und junge zu Collegen verbunden sind. Nur darf die Bedingung nicht unerfüllt bleiben, daß jeder Lehrende auch immer ein Lernender seyn wolle, und in dieser Bescheidenheit *) sollte der be-

---

*) Γηράσκω δ' ἀεὶ πολλὰ διδασκόμενος wird der wackere Lehrer gerne in seinem Alter sagen, und eben darum nicht zu denjenigen gehören, vor denen der Ap. Paulus seinen Timotheus (2 Tim. 3, 7 fg.) warnt — οἳ ἀνθίστανται τῇ ἀληθείᾳ; denn wer die göttliche Wahrheit sucht, ist nicht ἀδόκιμος περὶ τὴν πίστιν, und erhält sich gerne in dem regen Streben überall zu lernen, und an den Fortschritten der Menschheit Theil zu nehmen. Das gilt dem Lehrer in der Kirche wie dem Lehrer in der Schule.

jahrte dem anfangenden nicht minder ein Beispiel geben, wie in allem andern. Wie der Schulvorstand durch eine liberale und aufmunternde Behandlung diese Fortbildung der Lehrer befördern könne, bedarf keines nochmaligen Rathes; es folgt aus allem, was für das Lehrerleben geschieht.

Das Land, welches viele Schulen besitzt, wird zwar nie alle in gleich gutem Zustande haben, aber es wird sie schon durch solche innere Verbesserungen einander näher bringen. Hiermit läßt sich auch ein äußeres Mittel verbinden, um die schlechteren nachzuziehen. Die Regierung darf nur dafür sorgen, daß der jährliche Befund allgemein bekannt werde, so sieht sich jede Schule dahin gestellt, wohin sie sich selbst gestellt hat; die zurückbleibende hat sich damit selbst ihr Urtheil gesprochen, und das greift tiefer ein, als der Verweis von oben herab. Es ist nun ihre Sache das Versäumte einzubringen, der Vorstand wird sich an den Lehrer, der Lehrer an den Vorstand wenden, sie mögen sich dann etwa gegenseitig den Fehler vorwerfen, wo er liegt wird so am besten an den Tag kommen, und die Schulbehörde gelangt so am sichersten dazu, dem Uebel abzuhelfen. Sind es größere Schulen, so ergiebt sich da sehr bald, ob es auf einem oder dem andern einzelnen Lehrer, oder auf der Einrichtung, oder auf dem schlechten Ton und Geist hafte. Ganz besonders wird der Schulzucht solche Oeffentlichkeit dienen, denn man wird das allgemeiner erkennen, was etwa darin bisher vernachlässigt worden, und wie hier und da eine bessere zum Muster zu nehmen sey. Auch hierin werden dann die Fortschritte schärfer bemerkt, und überall kräftiger angeregt. Das ganze Schulwesen im Lande schreitet dann gemeinsam zum Vollkommneren vorwärts; es entwickelt sich so wahrhaft aus sich selbst, und macht das positive Einschreiten der oberen Behörde immer mehr entbehrlich.

Da bleibt denn auch nicht das Volk zurück. Es erwächst ja aus seinen Schulen. Die Familien erhalten bessere Kinder, und mit der Zeit auch bessere Väter und Mütter, die dann wieder im Stande sind, ihre Kinder besser zu erziehen. Man übersehe ja nicht diesen Zielpunct in jenen Fortschritten. Jedes Haus soll einst eine Schule seyn. Nicht als ob je Lehranstalten damit entbehrlich würden, aber sie werden in einer höheren Entwicklung der Menschheit mit dem häuslichen Leben sich mehr einigen, und damit wird eine noch bessere Aera auch für das Schulwesen beginnen, als diejenigen denken, welche jetzt noch die Schule an sich als etwas Höchstes in seiner Art, als eine für sich bestehende Idee gleich dem Staate, der Kirche, der Familie ansehen. Eine höhere Bildung des Menschengeschlechts führt zu jener ursprünglichen Einfalt zurück, wo das öffentliche Leben in dem häuslichen sein wahres Wesen findet, aber es wird dann alles in der Ausbildung verklärter erscheinen. Doch um nicht über unsere und die nächstkommende Zeit hinaus zu schwärmen, halten wir uns nur an den näheren Zielpunkt, daß nämlich die in das Haus durch die besseren Schulen eingeführte bessere Bildung nothwendig auch auf Verbesserung des Schulwesens zurückwirken wird. Das Volk verliert mehr Vorurtheile und gewinnt mehr Einsichten, um den Vorschlägen zu Schulverbesserungen geneigte Ohren und warme Herzen entgegen zu bringen. Es wird in allen seinen Classen Gedanken entwickeln, welche vielleicht manchen Rath erfinden, an den die Gelehrten nicht denken, und gewiß wird dann jede Schule nach Ort und Stelle zweckmäßiger bedacht, als es der Centralbehörde möglich ist, aber auch diese wird dann über das, was für die einzelne Schule hier oder da zu thun sey, am besten aufgeklärt. Auch von dieser Seite wird es sich dann bewähren, was wir oben verlangten, daß ein Schulplan das Besondere und Individuelle der einzelnen Schulen in gewisser Art gelten lasse; es sind grade dann die Fortschritte derselben in ihrer freieren Entwicklung mit denen der gesamten Volksbildung am ersten zu erwarten.

Ebenso das Schulwesen für die Kirche. So wie sich dasselbe verbessert, wird ihr eine Jugend zugeführt, welche für den Samen des göttlichen Wortes ein wohl zubereitetes Land ist, und auch schon eine fruchtreiche Saat mitbringt. Hierdurch geht das kirchliche Leben wieder kräftiger auf den Unterricht und die Erziehung der Jugend zurück, und die Schulen nehmen das höchste Bildungsprincip, die Frömmigkeit, vollständiger in sich auf. Jede Kirchengemeinschaft hat auf solche Weise guten Schulen viel zu verdanken, und wenn sie in einem Lande alle gut sind, so gewinnen alle Glaubensvereine an dem Geiste, den sie doch alle suchen, wenigstens keine abweisen wird. Täglich erfahren wir, wie auch viele Juden gerne ihre Kinder in unsere Schulen schicken, und es ist kein Zweifel, daß in jenen asiatischen Ländern, die Christen untergeben sind, selbst Muhammedaner und Heiden von den Christenschulen mehr und mehr für das Geistesleben gewinnen. Die christliche Kirche steht mit dem Schulwesen, wie wir öfters bemerken mußten, in einer sehr tief begründeten Verbindung. Mag auch immer jede Kirchengemeinschaft Vorzüge vor der andern behaupten wollen, das ist doch gewiß, daß keine den Geist des Christenthums verläugnen, und daß jede auf Pietät halten will. Darum muß auch jede auf gute Schulen halten. Der fromme Sinn gegen Eltern, Lehrer, Sitte und Gesetze geht da in das Leben der Kinder so ein, daß er zugleich ihre Bildung für die Lebensverhältnisse durchdringt. Fände man das glückliche Land, wo solche Schulen sind, so würde man das Wesen des göttlichen Geistes in allen Tempeln, ja in allen Wohnhäusern fühlen, und was können wir den Christengemeinden Besseres wünschen? Möchte uns doch nur das Reich Gottes auf diesem Wege mehr kommen! Wir haben oben bei den Kleinkinderschulen gesehen, wie es durch diese gefördert wird, lasse man es also an nichts fehlen, und nirgends die Jugendbildung zurückbleiben, so wird das Volk ein wahrhaft christliches werden.

Die Schule muß ganz Schule seyn, jede ihre besondere Bestimmung erfüllen, und nicht etwa eine kirchliche Form nachbilden, dann wird sie ein Theil der wahren Kirche, und diese selbst erwächst mehr und mehr zur höchsten Bildungsanstalt.

Daß die Fortschritte, die das Schulwesen macht, die wahren Fortschritte der Volksbildung selbst sind, und fast in allen Puncten in den öffentlichen Wohlstand, in die Blüte des Staats, unmittelbar einfließen, wollen wir hier nicht wiederholen. Auch ist das jetzt so allgemein anerkannt, daß man nur besorgen muß, es werde nur zu sehr in Gemeinplätzen davon gesprochen, und darüber die tiefer liegende Einheit des bürgerlichen Lebens und des Schulwesens nicht genug ins Auge gefaßt. Wenn die Griechen diejenige Politie prießen, wo die Jugend für die Gesetze erzogen würde, so lesen wir diesen Gedanken von Lykurgus bis auf Plutarchus *) mit allgemeinem Beifall; aber bedenken wir auch, daß es eben hierin viel besser bei uns stehen könne als dort bei den Alten, und wirklich auch in dem Lande besser stehe, wo das Schulwesen im Fortschreiten begriffen ist? Denn da würde es schlecht stehen, wo man die Knäblein, und die Knaben, und die Jünglinge wie Bürger behandeln, ihnen von Politik vorschwatzen, oder gar die Schule in einen Miniaturstaat verwandeln wollte. Jene griechischen Weisen würden uns da mit Lächeln fragen: sind das eure gerühmten Fortschritte, daß eure jungen Leute so frühe wie möglich sich dünken reif und klüger als die Alten zu seyn, und herrschen wollen, ohne noch zu wissen, was gehorchen heißt? Nein, wir wollen diesen Vorwurf nicht verdienen. Es trete vielmehr aus allen niederen und höheren Schulen eine wahrhaft gebildete, folglich auch eine bescheidene und

*) Gesch. d. Erz. 1te Abth. S. 284. 327 fg. 346 fg. 402 fg. 409 fg. 415. Pythagoras nennt nur diejenige Erziehung eine gute, vernünftige, männliche, welche nicht die Ordnung verkehrt.

im edelsten Sinne jugendliche Jugend in das häusliche und öffentliche Leben, so wird sich stetig das Volk erneuern und erheben. Die Quelle ist nämlich die Bildung, welche der Natur gemäß in der Schuljugend die Menschheit immer weiter entwickelt; und so fließt sie beständig in das Volksleben ein, und es ist in dem fortwährenden Zuströmen nicht mehr zu unterscheiden, was die Schulen unmittelbar hereingeführt haben, und was die Erwachsenen in sich selbst weiter fortbilden; es ist ein Ganzes der Entwicklung, denn die Schule lehrt für das Leben. Diese Einheit könnte sogar veranlassen, den Staat selbst eine Schule zu nennen, *) freilich nur rednerisch; denn er bildet allerdings in sich die Menschheit aus, und ist die Schule des Lebens im Großen, die Erziehungsanstalt für ihn selbst und für Groß und Klein in seinem Bereiche, aber das ist er erst alsdann recht, wenn das Schul- und Erziehungswesen in ihm wohl besteht, wenn es ist was es seyn soll, wenn es also auch in der ihm eignen Weise wirkt, und in einem Fortschreiten begriffen ist, das nicht über die Jugendbildung hinausgeht, und nicht über dem Gemeinwesen stehen will. Denn eine solche Unterordnung schreibt die Vernunftgesetzgebung vor. Durch sie allein sind die Fortschritte der Jugend, und hiermit der Volksbildung möglich. Es versteht sich, daß der Staat nicht zu einem politischen Institute die Schule herabwürdige, sondern ihr jene Selbstständigkeit sichere, die wir oben für sie fordern mußten. Aber darum darf er sie doch weder emancipiren, denn das hieße die Kinder von der elterli-

---

*) Es ist eine interessante Ansicht, welche wir so eben in einem Schulprogramm finden: Schule und Staat, eine Rede vom Prof. Schwarz in Ulm. Sept. 1831. Dieser ausgezeichnete Schulmann nennt in dieser kleinen aber geistreichen Schrift den Staat selbst eine Schule; wenn er aber nun die Schule in der Idee wieder als einen Staat denkt, so fließen die Begriffe nicht nur dem Sprachgebrauch sondern auch der Sache zuwider zu sehr in einander.

chen Gewalt frei sprechen, noch sie als einen Staat im Staate bestehen lassen, denn das hieße das junge Volk von dem älteren Volke als ein eignes absondern. Der Zweck des Staates ist kein anderer als der Zweck der Schule: Bildung, welche fortschreitet, und also wahrhaft frei macht und zum allgemeinen Wohlstand aufblüht.

Wie solche Bildung, welche denn auch diesen Namen verdient, als das Ziel aller wahren Cultur, ein beständiges Fortschreiten der Menschheit sey, wollen wir ebenfalls nicht wiederholen; wie aber nur dann dieses Fortschreiten gedeihe, wenn Staat, Kirche und Haus sich darin vereinigen, daß alles was zur Erziehung gehört, daß vornehmlich die öffentlichen Schulen in ihrem rechten Wesen bestehen, kann zu weitern interessanten Betrachtungen führen, welche wir indessen hier auf der Seite liegen lassen. Findet jeder jener drei heiligen Vereine der Menschheit in den Schulen die Wurzel seines Gedeihens, so finden sie zusammen in denselben auch den tiefsten Grund ihrer Einheit. Nun aber ist eben diese Einheit das Ziel der Menschheit, dem sie sich in dem Grade nähert, als sie sich vollkommner entwickelt. Es eröffnet sich uns also in dem Schulwesen eine Aussicht, welche uns bis zur Begeisterung entzücken möchte. Ist es ja nicht bloß die Gegenwart, wofür wir da sind und wirken, kennen wir Christen ja doch das ewige Leben, welches sich in uns entwickelt, und sehen wir ja auch auf unsere Nachkommen, auf die ganze Zukunft hin, wo eine Verherrlichung dem Menschengeschlechte von dem verheißen ist, der uns zu Lehrern und Erziehern in seinem Reiche berufen hat: wie können wir also einen Augenblick anstehen, dem Schulwesen sein Fortschreiten zu jener vollkommneren Entwicklung zu wünschen, zu fördern, und voraus zu verkündigen? Wer also dazu thätig seyn kann, sey es in seiner fortschreitenden Selbstbildung, wie in seinem Mitwirken, und wer von Seiten der Regierung hierin Fürsorge trägt, sey dahin bemüht, daß es an keiner nöthigen Bildungsanstalt fehle, daß jede in dem Organismus des Ganzen bestehe, wie sie sich in ihrer Art am fröhlichsten entwickeln möge, und daß ihr Fortschritt ein Fortschreiten der Menschheit selbst im Volksganzen sey. So erst dürfen wir es ein Schulwesen nennen.

Fünfter Abschnitt.

Bestimmung des Schulwesens in der Entwicklung der Menschheit.

Unser Blick erweitert sich. Der Menschheit ist von Gott die Bestimmung gegeben, sich zu entwickeln und fortschreitend ihrem hohen Ziele anzunähern. Darauf hin wirkt die Erziehung überhaupt, insbesondere das Schulwesen, welches hiermit als eins der wichtigsten Momente in der Geschichte erscheint. *) Denn die Schulen geben

*) Wir erinnern hier an unsere Einleitung in die Geschichte der Erziehungsl. I. 1te Abth. S. 1—42. wie auch an den allgemeinen Begriff von Erziehung, den wir II. S. 1. aufgestellt haben, als die sich entwickelnde Menschheit. Ein Kritiker, welcher denselben nicht genügend fand, hat den Begriff Menschheit nicht genug durchdacht; in ihm liegt der einer göttlichen Bestimmung und des anerschaffnen Bildungstriebes, der aus sich selbst hervortreibt und es vorerst bewirkt, daß die Eltern das Kind erziehen, dann daß die Völker sich cultiviren und daß die Erziehung des Einzelnen und der Gesamtheit also fortschreitet, und das ohne daß es grade immer die Absicht bildender Menschen sey, nur aber an den himmlischen Vater gedacht werden muß, der dieses will. Und so ergibt sich der Begriff der Erziehung in seiner vollkommensten Bedeutung als die durch ihre Individuen hindurch aus sich selbst ihr Göttliches unter Gottes Waltung entwickelnde Menschheit. Das ist der wahre Sachbegriff. Wir stehen dabei fest ohne uns um die Wortbegriffe, die der Eine so, der Andere so beliebig macht, und die heute in einem Buche gelten, morgen aus dem Leben verschwinden, weiter zu kümmern. — Uebrigens verweisen wir bei diesem ganzen

dem ganzen Volke seine Grundbildung und führen es zu immer weiteren Fortschritten, sie sollen es auch dahin bringen, daß es seinen Charakter ausbilde, und zu dem Ziele hinarbeiten, daß die ganze Menschenwelt verherrlicht werde. Hiernach haben wir unsere Betrachtung in den folgenden drei Kapiteln fortzusetzen, um dann alles Einzelne, das wir durchwandert haben, in seinem Kreise zusammen zu ziehen und zu beschließen.

Erstes Kapitel.

Volkserziehung.

Volk heißt eine zusammen gehörige Menschenmenge, die auf irgend eine Weise sich zu einander hält, am bestimmtesten wenn sie zusammen wohnt. Im rohen Zustande der wilden Horden oder der herumziehenden Nomaden ist das Volk nur locker zu einem Ganzen verbunden, und selbst mitten in cultivirten Ländern finden sich in den Räuberbanden, den Piraten u. dgl. solche herumstreifende Halbvölker. Die Einwohner machen erst das eigentliche Volk in Stadt und Land aus. Aber schon für eine Zigeunerhorde gibt es eine Art von Volkserziehung, wenn man vorerst ihnen, und zwar besonders ihren Kindern so viel Unterricht zu ertheilen suchte, daß sie sich zu einem Wohnsitze bequemten, und alsdann, so wie sie denselben in einer Kolonie befestigt haben, Schulen für ihre Jugend errichtete. Auf diesem Wege ließe sich ihre Civilisation so gewiß und noch gewisser voraussehen, als von der Wintersaat die Sommerernde; sie würde schon nach einigen Generationen ein aufgeklärtes Volk seyn.

Gehen wir in eine der großen Städte wie Peking,

Kap. zugleich auf Erziehungsl. III. S. 278—310. wo in dem 2ten u. 3ten Abschn. die Grundlinien angezeichnet sind, wie der Unterricht national und kosmopolitisch erzieht.

London, Calcutta, Paris, Constantinopel rc. so begegnet uns da eine Menschenmenge, welche wir lieber die Bevölkerung als ein Volk nennen mögen, und die wir erst dann als solches erkennen, wenn wir sie in einer gemeinsamen Bildung begriffen sehen. Gesetzt nun in jener Weltstadt, worin sich Türken, Franken, Griechen, Juden, Europäer, Asiaten, Afrikaner, Amerikaner bunt durch einander bewegen, wollte der Sultan Mahmud nach seiner Reformirungsidee eine allgemeine Gesittung, und hiermit ein Volk schaffen, was würdet Ihr ihm — mit Erlaubniß seiner Ulemas — rathen? Abgesehen von seinen polizeilichen Anstalten gegen Meuterei u. s. w. müßte er doch bei der Jugend anfangen. Vor allem müßte er also für Erziehungshäuser in Constantinopel sorgen, vielleicht vorerst für die verwilderten Knaben und Jünglinge, wie und wo sie die Polizei aufgriffe, aber dann hauptsächlich für Schulen, theils für die Verbesserung der vorhandnen, theils für ihre Vermehrung nach ihren verschiedenen Arten. Ferner müßte er das Gesetz geben, daß alle Kinder in seiner Stadt wenigstens den Elementarunterricht erhielten, und sich auch der strengen Befolgung seines Befehls versichern, also auch die Juden, Griechen, Armenier u. s. w. durch ihre Geistlichen dazu anhalten, so daß keine der dortigen Religionsgemeinden ohne Schulen und keins ihrer Kinder ohne Unterricht bliebe. Diesem ganzen wohlthätigen Werk müßte er dann die Krone dadurch aufsetzen, daß er einen Schulrath anstellte aus den Vorstehern und ausgezeichneteren Schulmännern der verschiednen Gemeinden, auch wohl einen besondern Minister, der die Volksbildung liebte, und dem Großherrn als würdigem Oberschulherrn von Zeit zu Zeit Bericht erstattete, damit er seine Hand mit Gold fülle, und es ausstreue, um dafür die Bildung der Volksjugend zu ernden. Er dürfte nur noch zwanzig Jahre leben, und ein Schulwesen stände da; die Erziehung seines Volkes wäre begründet.

Das wird denn freilich in jener Türkenstadt nicht so

leicht zu erwarten seyn, aber auch die größeren Christenstädte sind noch hierin zurück. Man sollte da grade bei der starken Bevölkerung auch darauf denken, die Volksbildung in alle Classen zu bringen, und darum in jeder großen Stadt ein eignes Schulwesen errichten, so gut wie in jedem Lande. Das ist der natürliche und sichere Gang der Menschheit in ihrer Entwicklung; so sollen die Völker erzogen werden. Wo nun schon ein Schulwesen besteht, wie in unserm Deutschland, da ist nur für die fortschreitende Verbesserung zu sorgen, und das Ziel ist von Geschlecht zu Geschlecht eine immer höhere Culturstufe. Aber was ist das Endziel? Wohin soll die Cultur das Volk bringen? Und sind wir im Klaren, was wir mit der Volkserziehung eigentlich wollen?

Da denkt man wohl zunächst das materielle Wohlseyn. Aber welches? Einst wollte der menschenfreundliche König Heinrich IV. sein französisches Volk zu dem glücklichen Zustand bringen, daß auch der geringste Landmann sonntäglich seine Reißsuppe mit dem Huhn auf dem Tische habe. Wollen wir etwas der Art? Dazu bedarf es nicht viel der Schulen; da wäre nur für die nothdürftigsten Elementarkenntnisse, für die liebliche Schilderung des Patriarchenlebens, und allenfalls für einen Landwirthschafts-Katechismus zu sorgen. Nun, wäre es doch nur den Bauern in Frankreich so gut geworden! Oder ist es die Verfeinerung und Vervielfachung der Genüsse, wie sie jetzt unter Großen und Kleinen Bedürfniß sind, daß z. B. alle im Volke einen guten Tisch haben, schön wohnen, auch wohl ihre Equipagen halten? Oder ist es der Gewerb- und Kunstfleiß, ein reicher Handelsverkehr? Oder ein vollkommener Landbau, Veredlung der Natur —? Oder sind es die schönen Künste in ihren Zweigen? dann auch die Wissenschaften? Ist es überhaupt der geistige Genuß, zu welchem alles in der Volkserziehung hinführen soll? Oder vielmehr dieser nicht einseitig, sondern zugleich das leibliche Wohlleben mit allen seinen verständig geordneten

Befriedigungen? Frage man doch ernstlich nach, ohne sich abweisen zu lassen, was man denn eigentlich für den Wohlstand des Volkes halte, den man herbeiführen möchte, ob man am Ende etwas anderes herausbringe als ein materielles Wohlseyn, sey es nun in der Gemeinheit von einem Schlaraffenlande, oder in der Ungemeinheit von den alterthümlichen Inseln der Seligen, oder irgend einem modernen Eldorado. Vielleicht aber antwortet man uns immer mit den Worten: Kräfte, Entwicklung, Humanität, Vollkommenheit, Freiheit, Fortschreiten, Vernunft! Nun wohl; aber man sage uns denn auch die Bedeutung dieser schönen Worte, welche sie im Leben erhalten sollen, und dann wird es sich bald zeigen, daß wir uns nur in hohlen Redensarten herumgetrieben haben. Der Idealismus zerrinnt in Luft, der Realismus setzt sich fest auf seinem gediegenen Boden, und was am Ende herauskommt, heißt: vor allen Dingen nur für Geld gesorgt!*). Da kommt man denn zu der überaus praktischen Regel für die Schulen: man lehre die Kinder rechnen; das ist mehr werth als beten.

Wir sind in der That zu unserer Zeit in einer solchen Unklarheit bei dem Erziehungszweck, um nicht von dem Staatszweck zu reden, daß wir eine genauere Erforschung dessen, was man denn eigentlich will, verlangen müssen, um nur zu erfahren, wohin denn die Schulen das Volk führen sollen. Zwar ist der Gemeinsinn für das Sittliche, der sich doch im Stillen dabei geltend macht, nicht zu verkennen, und der auch laut verlangt, daß die Jugend zur Sittlichkeit erzogen werde, allein die Frage erneuert sich dann immer wieder, was denn die Sitte sey, zu

*) Was Horatius (Ep. I, 1, 53. sq.) ironisch ruft: O cives, cives, quaerenda pecunia primum est, Virtus post nummos; — das gilt nicht bloß jenen Römischen Bürgern. Dahin gehört auch was er vom Rechnenunterricht der Knaben in Rom sagt (de A. P. 325. sq.) Romani pueri longis rationibus assem Discunt in partes centum diducere.

welcher man sie gewöhnen solle, und inwiefern etwa das Sittliche im Gemüthe, also auch das religiöse Gefühl dahin gehöre, u. s. w. und da würden wir vielleicht in der Politik eines Aristoteles eine folgerichtigere Belehrung finden, als in allen unsern Systemen des Empirismus wie der Philosophie, wo der Kopf entweder mit abstracten Begriffen angefüllt wird, oder die Praxis sich so gut wie möglich an den Schlendrian fügt und höchstens das Getriebe des Egoismus nur verfeinert.

Daß dieses jetzt der Zustand unserer Europäischen Cultur sey, beweisen alltäglich die Zeichen der Zeit. Was suchen doch die Völker? Der Luxus ist gestiegen und steigt fort, und man klagt, wo es noch hinaus solle. Die niedere Volksclasse macht es der höheren nach; alle wollen genießen, viele lieber genießen als arbeiten, und der Arbeiter steigert seine Fordrungen. Was die Weltlage in großen Fabrikstädten hervorbringt, läßt mehreres erwarten; es liegt in der menschlichen Natur bei den ins Unendliche sich vermehrenden Bedürfnissen. Aus diesem Abgrund entsteigt der Geist des Aufruhrs, und wäre nicht noch Religion und Gesetzlichkeit ein Erbgut der Herzen im Volke, so sähen wir dem Unheil nirgends gewehrt, und wir müßten trostlos vor der Zukunft zurückschaudern. Aber noch wirkt jenes Bessere unter uns fort, und dankbar finden wir es in den Fortschritten unserer Volksbildung, welche aus unserm Schulwesen erwächst. Darum wiederholt sich ernstlicher die Frage: was ist das Ziel, wohin die Schulen streben sollen? Wozu soll sich in ihnen das Volk selbst erziehen? Wissenschaft, Kunst, Erleichtrung des Lebens, Erfindungen für diesen Zweck, Gesundheit, physische Stärke, Geschicklichkeiten, Reichthum an Kenntnissen, Freiheit von Vorurtheilen, entwickelte Denkkraft, Gewandtheit, Gewerbfleiß, Landescultur u. s. w. das alles gehört dazu, daß ein Volk seinen Wohlstand, überhaupt das Ziel seines edlen Strebens erreiche, und daß es in solcher Kraft und Aufklärung fortschreite, dazu müssen vornehmlich die Schulen abzwecken. Unläugbar fordert dieses die Erziehung des Volkes selbst, nicht bloß der Jugend in dem Volke. Soweit läßt es sich leicht antworten.

Es ist also ganz in der Ordnung, daß jene Lehrgegenstände, die wir seines Orts und besonders für die höheren Schulen aufzählten, für den eben angegebnen Zweck der Volksaufklärung eingeführt sind, und immer weiter betrieben werden. Aber damit ist noch nicht alles geschehen, was die Schulen hierin zu thun haben. Sie sollen gute Sitten der Jugend zur Gewohnheit machen, und welche diese sind, aus der Bestimmung des Menschen entnehmen. Hier nun dürfen und wollen wir nicht die Wohlthat des Christenthums verläugnen, wenn auch etwa Nichtchristen unter dem Volke wären. Denn unsere Religion, lehrend was der Mensch ist und werden soll, führt sie zugleich den Geist der Heiligung in die Herzen ein. So sind denn unsere Schulen bisher die Mittel gewesen, unsere Völker zur Sittlichkeit im Inneren zu bilden, und über Sitte und Recht so aufzuklären, wie wir es in keiner andern Religion und nirgends in der nichtchristlichen Welt finden. Dabei wollen wir es denn halten; kein Zeitgeist soll uns das ewige Kleinod entreißen. Darin geht uns denn auch das Licht auf, durch welches die Nebel, worin sich die Fordrungen herumtreiben, sich zerstreuen und das höchste Ziel in Klarheit dasteht, welche dem Volke für alle Entwicklung seiner physischen und geistigen Kräfte vorsteht. Versuche man es auf irgend eine andere Weise, als es das Christenthum eröffnet, aufzufinden und es wird alle Bemühung vergeblich seyn, immer wird man das Ziel der Erziehung wieder im Nebel verlieren. Eine Platonische Republik wird man doch nicht wollen, mit einer Ciceronianischen wird man auch nicht ausreichen, und eine Aristotelische Politik wird unsern Völkern so wenig das Heil geben als eine Lykurgische, oder — meinethalben Machiavellistische. Wo wollen wir es denn also lernen? Hat vielleicht Franklin bei seinem neugeschaffnen Freistaat weiter gedacht? Seine Reflexionen für das sittliche Leben zeigen das noch nicht.

Wie man in diesem Nebel suche, und worauf man gerathe, beweiset eine der neuesten Erscheinungen unter einem der cultivirtesten Völker, die Saint-Simonisten in Frankreich. Wenn gleich das Meteor bald verschwinden wird, so mag es doch eine Bewegung zurücklassen, welche für die Volkserziehung nicht unbedeutend seyn wird, denn es ruft die aufgeregten politischen Gedanken zur Entwicklung eines Systems auf, das der materialistischen Denkart zusagt, und dabei die Volksmasse leicht gewinnt. Der Zweck ist Gleichstellung aller Volksclassen und Vertheilung der Thätigkeiten und äußeren Güter nach den Fähigkeiten und Verdiensten. *) Dieser Verein baut auf die Menschenliebe und hofft von ihr, daß sie mit Einführung seines Systems sich allen Völkern und allen in jedem Volke mittheilen werde, so daß der Wunsch des Christenthums, Friede auf Erden, durch ihn erst seine Erfüllung erhalte. Er will etwas Besseres bewirken, als alle Priesterregierungen, als die Israelitische Theokratie, und sogar als das Reich Christi. Da sehen wir eine wahre Anthropokratie,

---

*) Wir entnehmen diese Kunde aus der genauen Darstellung von Dr. Matten in Straßburg: Ueber die Saint-Simonisten, in der Zeitschr. von D. Ullmann und D. Umbreit rc. Theol. Studien rc. Jahrg. 1832. 1tes H. und setzen folgende Stelle hierher (S. 73.): „Was die neue Religionsgesellschaft bezwecke, kündigt sie laut und deutlich mit jedem Tage an: „„Alle Anstalten und Einrichtungen der menschl. Gesellschaft müssen die Verbesserung des sittlichen, körperlichen u. geistigen Looses der zahlreichsten und ärmsten Volksclasse zum Zwecke haben. Alle Vorrechte der Geburt müssen ohne Ausnahme abgeschafft werden; jedem werde das Loos, zu dem seine Fähigkeiten ihn eignen und rufen; jede Fähigkeit aber werde auch nach dem, was sie leistet, beurtheilt und belohnt.““ Derselbe Aufsatz theilt das Urtheil eines Sachkundigen mit, welches diesem Traumbilde, das einem wohlwollenden Sinne entstiegen seyn mag, sein baldiges Verschwinden voraussagt. Und darauf weiset auch Hr. D. M. hin, indem diese neue Religion doch nichts von Religion habe.

welcher indessen zum Zweiten des Worts nichts fehlt als das Erste — die Kenntniß des Menschen. Daß auch die Erziehung der Jugend wesentlich in diesen überschwenglichen Plan gehöre, bedarf keiner Erinnerung; die vollständigste Volksbildung wird da bezweckt, und ausdrücklich wird gesagt, daß „unermeßliche Schulen müssen gestiftet werden, damit in denselben alle Kinder jener Volksclassen eine ihrem Berufe angemessene, sittliche und gewerbständige Erziehung erhalten.“ Aber dabei müßten sie es noch ganz anders anfangen. Sie müßten erst die große Kunst lernen, diejenigen Männer und Frauen herauszufinden, welche unter allen die besten oder einzigen wären für dieses oder jenes Amt, und um es besser zu treffen, als es Platon in seiner Republik vorschlägt, und als es die Jesuiten mit ihrem Weltverstand ausgeführt, müßten sie sich vorerst einige Genien aus irgend einer höheren Sphäre herab erbitten, um die Wähler zu wählen. Diese müßten sich dann vollkommen darauf verstehen, schon in den Kindern diejenigen herauszufinden, die zu diesem oder jenem Amt in ihrem Menschenthume vor allen geboren wären, und diese ganz genau für dasselbe zu erziehen. So könnten sie allenfalls ihren künftigen Papst oder ihre Päpstin entdecken, wie die Tibetanischen Priester freilich auf anderem Wege ihren Dalai-Lama.*)

Man wird bei dieser eigentlich alten und öfters in neuer Form wiederkehrenden Verirrung unwillkührlich an

---

*) Das klingt als Ironie, sonst würden wir noch der neuen pädagogischen Aera gedenken, welche mit Jacotot's Lehrweise beginnen soll, und an seinen gewaltigen Grundsatz von der Gleichheit der intellectuellen Anlagen. Sein Enseignement universel hebt sogar die Macht des Menschen noch viel höher hinauf, denn dieser kann aus jedem Schüler einen Herrn oder Diener, einen der Weisen, die man an die Spitze stellt, oder einen — sollen wir sagen Unweisen? — machen, wie man will; eine mehr als schöpferische Macht! — Das alles trifft denn mit dem: aide toi, le ciel t'aidera, ganz erwünscht zusammen.

das Treiben erinnert, was seit den siebziger Jahren des vorigen Jahrhunderts in Deutschland der Literatur und Praxis der Pädagogik viel zu thun gemacht. Erziehung zum Bürger, zur Brauchbarkeit, zur Gemeinnützigkeit! das war vorerst die Losung. Was hat Basedow mit seinem Philanthropinismus gewollt? Und hat es nicht Campe ehrlich gesagt? Mit ihm und nach ihm zieht eine volle Reihe von Erziehungs- und Schulmännern auf, welche nichts Höheres kennen als ein Leben, worin der Landbau, der Gewerbfleiß, der Realunterricht, der gesunde Verstand der Volksbildung, wo nicht alles, doch in allem das Wesentliche seyn müsse. *) Folgerichtig führt das der

---

*) Wie das Aufblühen Deutschlands nach dem siebenjährigen Kriege einen regen und erfolgreichen Eifer zur Verbesserung der Schulen mit sich brachte, ist in der Gesch. d. Erz. 2te Abth. S. 447 – 480. gezeigt, u. dabei von dem Philanthropinismus gesprochen worden; auch von der Richtung z. B. des Campeschen Revisionswerkes. Der Grundsatz der Gemeinnützigkeit ist zuerst in seiner pädagogischen Bedeutung aufgestellt worden von F. G. Resewitz (damals noch Pred. zu Kopenhagen), die Erziehung des Bürgers zum Gebrauch des gesunden Verstandes und zur gemeinnützigen Thätigkeit. 1773. In diesem Buche begegnet uns fast auf jeder Seite und mit großer Schrift der Aufruf zum gesunden Verstande. Ja wohl ist er eine herrliche Sache. Wäre er nur im Volke recht gesund! Der Verf. hat es nicht an einer ganzen Reihe Gesundheitsregeln fehlen lassen, aber was ist mit allen seinen Reflexionen und Abstractionen gethan? Er redet von dem Nutzen der bürgerlichen und ihrem Unterschied von der gelehrten Erziehung, dann von den Ackerschulen für den Bauernstand, von den Handwerksschulen für die Provinzialstädte und den niedrigen Stand in der Hauptstadt, und weiter von der in dieser letzteren anzulegenden Erziehungsanstalt, mit welcher zugleich ein Seminarium für die Lehrer jener niederen Schulen verbunden seyn soll; eigentlich werden nur die Lehrgegenstände angegeben. Was aber soll mit allen dem im Volke bezweckt werden? Der gesunde Verstand. Wohl, und wozu soll er verwendet werden? Zu weiteren Fortschritten? und welche wären diese? Wenn anders daran gedacht worden, denn in den Provinzialstädten bleibt es bei dem niedrigen Stand, und nur der Hauptstadt ist „die gesittete Jugend“ gleich als ein Privilegium zuerkannt. Da blieb denn alles Weitere

Pestalozzianismus viel weiter. Da läuft alles auf die Entwicklung der Selbstkraft als in die Spitze aus. Denn was ist nun noch weiter das Ziel? Es ist das höchste des irdischen Menschen, und wenn noch etwas Geistiges, das nicht etwa bloß wie jener sogenannte gesunde Verstand Mittel seyn soll um das Erdenziel sicher zu erreichen, weiter angenommen wird, so lag das im edlen Gefühl, z. B. eines Pestalozzi, aber nicht in der Folgerichtigkeit des Realismus. Der will nichts von Begeisterung, nichts vom Idealen wissen; für ihn an sich ist der Abgrund des materiellen Lebens unvermeidlich, und dem baaren Verstand genügt nur das baare Geld.

Will man also weiter gehen, so verlangt man Vernunft. Nun wohl, sie macht den Verstand erst zum gesunden Verstand, und er macht sie zur gesunden Vernunft. So ist sie es denn, welche durch die Volkserziehung gewonnen werden soll. Deßhalb wollte man die philosophischen Systeme hören, um aus ihnen die Vernunft so ganz rein wie aus der Quelle zu schöpfen, und auch wohl unmittelbar in die Volksschulen einzuführen. Aber man sage uns doch, was damit gewonnen worden? *) Es ist eine herr-

---

über die Brauchbarkeit hinaus im Unklaren, wo nicht gar im Dunkel. — Der Philanthropinismus erreichte wirklich auch sein Extrem, nicht weit entfernt von dem, was jetzt die St. Simonisten wollen, in den 1790ger Jahren in der Verhältnißlehre, welche Ziegenhagen in einem Buche mit Kupfern beschrieben und sogar in einem Institut auszuführen versucht hat.

*) Chr. D. Voß, Versuch über die Erziehung für den Staat, als Bedürfniß unserer Zeit (1799) zur Beförderung des Bürgerrechts u. der Regentensicherheit. 2 Theile, 1799. richtete sich gegen das revolutionäre Prinzip, das in jener Zeit Frankreich republikanisirt hatte u. Deutschland bedrohete; er gibt auch guten Rath, was für die Erziehung in körperlicher, sittlicher, staatsbürgerlicher Hinsicht, für den Bürger, Staatsdiener, Regenten, u. das weibliche Geschlecht geschehen müsse; worauf er denn die merkwürdigsten Völker u. Staaten des Alterthums u. unserer Zeit vergleicht. — Das System der öffentlichen Erziehung von

liche Sache um die Vernunft, und möchte nur jeder, der die Schule verläßt, recht vernünftig geworden seyn, und das ganze Volk zur Vernünftigkeit heranwachsen! Aber soll das nicht ein leeres Wort seyn, so muß eben jenes Ziel in seinem Lichte erkannt werden, wohin die Vernunft führt, und das ist die Frage, die sich hier nur erneuert. Ob man sie beantworten kann, ohne daß uns etwas Himmlisches hereinleuchte, wollen wir hier nicht untersuchen, aber nur sehen, ob wir damit weiter kommen, wenn wir bloß in dem Begriff der Entwicklung, d. h. bloß in den Gränzen der formalen Geistesübung bleiben. Auch das Ziel bleibt immer nur jenes, obwohl in einer allgemeineren Formel ausgedrückt: die ins Unbestimmte hin sich entwickelnde Menschenkraft. Also versorge man das Volk mit Schulen, die Schule mit allen möglichen Kenntnissen und Geschicklichkeiten, und mit solchen Lehrern, welche jeden Schüler zu seiner Selbstkraft zu erheben wissen. Denn jeder soll selbstständig und frei werden; jeder soll seine Anlagen rein und allseitig aus sich selbst ausbilden, seinen Lebenszweck mit eignen Augen sich ersehen, seine Bahn mit eignen Füßen betreten, und seine Person mit seiner Tüchtigkeit geltend machen. Die besondern Institute für

---

Stephani, 1805. stellt das höchste Gut als den gesamten Zweck der Menschheit auf, und findet es in dem Wohlseyn unserer physischen u. moralischen Natur; welches denn auch der Zweck des Staats seyn müsse, und somit der Erziehung, die von diesem Zweck ausgeht u. auf denselben hinwirkt. Wie nun hiernach die öffentliche Erziehung in ihren verschiednen Theilen verfahren müsse, wird ebenfalls gezeigt. Aber was ist denn nun in allen diesem das Endziel? Uebrigens hat sich der Plan nicht als ausführbar bewiesen. — Fichte, Reden an die deutsche Nation, deren wir im 1ten Th. gedachten, verliert sich vollends in die leeren Räume einer abstracten Freiheit. — Das oben angef. Werk: Dr. K. S. Zachariä ꝛc. 40 Bücher vom Staate, gehört in der 2ten Abh. des 4ten Bandes (1830) hierher, und enthält vorzügliche Gedanken u. wichtige Winke für die Volkserziehung, z. B. S. 127 fg. „daß die Repräsentativverfassung ihrem Wesen nach eine Unterrichts- u. Erziehungsanstalt sey.“

diesen oder jenen Beruf werden dann von ihm gewählt, so wie er sie etwa nöthig findet, die polytechnische, die Gelehrten-, die Handels-Schule, u. s. w. und wenige werden sie nöthig haben, wenn es nur in den Volksschulen nicht am Unterricht in der Muttersprache, Mathematik, Naturkunde rc. fehlt, welche Gegenstände auch in formaler Hinsicht alles das leisten können, was man von dem Studium der alten Sprachen unablässig anrühmt. Doch mag es wohl noch Gelehrtenschulen vor der Hand geben, lange werden sie nicht mehr bestehen, denn der Gelehrtenstand selbst muß bei den Fortschritten der allgemeinen Volksbildung bald aufhören.

Sehen wir nämlich nur etwas weiter. Gelangt jeder junge Mensch zu seiner Selbstkraft, so wird er auch aus sich selbst, was er nur irgend werden kann, und er wird dann auch schon seine Stelle im Volke einnehmen. Da kann nicht lange mehr ein Unterschied der Stände bestehen; folglich fallen auch die Schulen für die verschiednen Stände weg, und somit hören die für einen Gelehrtenstand in einiger Zeit ganz auf. Denn was soll dieser noch, wenn die Bildung in das ganze Volk eingeströmt ist und jeder Einzelne die Quelle in sich selbst trägt? Lehrer wohl bedarf man da noch und wird ihrer immer viele in großer Mannigfaltigkeit bedürfen, für Lesen, Rechnen, Schreiben, Zeichnen rc. Säen, Ernten, Reden, Waffenführen u. s. w., aber wenn sich das alles nun einmal in alle Volksclassen verbreitet hat, und wenn jeder in seiner Selbstkraft steht und sie von Kindheit auf für das Leben gewonnen hat, so kann auch jeder in dem Fache, das er betritt, zugleich Lehrer seyn, und wohl grade der beste, und jeder, der etwas lernen will, kann sich ihn frei und recht gut wählen, und im Leben selbst mehr lernen, als man jetzt noch in den besten Schulen lernt. Wozu dann noch ein Lehrstand? Wer weiß, wie lange da noch Schulen nöthig sind! Denn lasset nur die Eltern zu einer weiteren Bildung gelangt seyn, so hat jedes Kind bei seiner Mutter den Elementarunterricht, bei seinem Vater den weiteren, und in der Gesamtheit umher den höheren bis zur Ausbildung. Wie es jetzt noch steht, kann der Maaßstab nicht seyn; es wird mit reißenden Schritten vorwärts gehen. Wenn nächstens der fünfundzwanzigjährige junge Mann alles besser wissen und gewandter behandeln können wird, als der Vierziger oder Funfziger, so wird in der weiteren Generation der vierzehnjährige Knabe jenen Jüngling überholt haben, denn er wird noch freier von Vorurtheilen und noch bereicherter und belebter im Verstande seyn. Die Elementarschule wird ihm schon dazu helfen, und ihm die Selbstkraft in das Leben mitgeben, daß er an jedem Tage durch eignes Sehen, Hören, Denken unendlich mehr am Geiste gewinnen muß, als durch irgend eine der jetzigen Schulen. Es sey nochmals gesagt: es ist dann alles in das Volk ausgegossen, alles Wissen ist Gemeingut geworden, alle Stände sind aufgelöst. Wie die Sprache allen gemeinsam ist, so auch der Geist, wie die Natur ihre Herrlichkeiten umher offen aufschlägt, so bieten sich im Volke alle mögliche Kenntnisse an, wie Luft und Licht alles frei und freundlich umgibt, so die Lebensspeise der Aufklärung. Es wird noch weit mehr auf unsern Dörfern gefunden werden, als einst in Athen, wo der, welcher bürgerliche Handthierung trieb, als Staatsmann oder Lehrer auftrat, ohne studirt zu haben, und das selbst ein Sokrates, ein mittelmäßiger Bildhauer, aber ein Bildner der weltberühmten Schüler, die unsere wichtigsten Lehrer geworden sind. Man kann es nicht hoch genug stellen, wohin die Fortschritte unserer Volkserziehung führen müssen, und das nicht bloß in Kenntnissen, sondern auch in Geschicklichkeiten. Sehe man nur jetzt irgend einen ausgezeichneten jungen Mann von Geist und Kenntnissen, in dreißig Jahren sieht man statt des Einen wenigstens Zehn, und die noch höher an Geist und Kenntnissen stehen, und das in jüngeren Jahren. Bewundert man jetzt schon

Kinder als Virtuosen, die in großen Städten sich hören lassen, es wird vielleicht kaum zwanzig Jahre dauern, so wird man sie in ganzen Chören und das selbst auf Dörfern vernehmen. Denn es wird nicht mehr wie bisher dem glücklichen Zufalle überlassen bleiben, daß das Talent frühzeitig gebildet werde, alles wird allgemein, alle Anregung und Bildung Gemeingut, und glaubt Ihr denn, daß die Talente d. i. die künstlerischen Anlagen so selten seyen, als sie jetzt noch zum Vorschein kommen. Einst wird man, bei den Fortschritten des Volksunterrichts, ganze Gegenden voll Künstler aller Art finden, und wie weit der Gewerbfleiß es bringen werde, läßt sich gar nicht absehen. Wenn uns jetzt ein junger Mann in Vollkraft erscheint, in der nächsten Generation würde er als ein Schwacher zurückgedrängt werden, und die jetzigen gefeierten Redner und Staatsmänner werden dann noch kaum in der speciellen Landesgeschichte genannt werden. Denn die Fortschritte der entwickelten Kraft nehmen wie die Geschwindigkeit des Falles, und noch stärker zu. Wer will die Gränzlinie ziehen?

Das alles liegt im Gange der Volkserziehung. Und daran müssen wir auch im Schulwesen denken. Es reicht überall in das Gebiet der Politik,*) aber wir dürfen nicht

---

*) Die Lehrer der Pädagogik im Alterthum sind auch grade die Lehrer der Politik, in dieser war jene damals enthalten. Die neueste Zeit bringt wieder zu dieser Einigung. Die Politiker müssen jetzt Pädagogen werden. Der edle Brougham, Lordkanzler in England, gibt eben jetzt (im Dec. 1831) Vorschläge, wie dem allgemeinen Unheil zu wehren sey, und empfiehlt als Mittel der Unwissenheit der niederen Volksclasse abzuhelfen, und hiermit die Quelle zu verstopfen, Lesebücher für das Volk und Unterrichtsanstalten für die Tagelöhner. Und wie sehr auf die Verbesserung der ouvriers Bedacht genommen werden müsse, dazu mahnen die neuesten traurigen Vorfälle in Bristol und Lyon. Möchten sie die letzten seyn! — Auch in Ostindien wird daran gedacht, das Volk aufzuklären, und man schreitet mit starken Schritten vor; ja es ist zu erwarten, daß man bald hören wird, wie die

in diese Gränzen eintreten. Wir würden sonst zeigen müssen, wie es in der jetzigen Richtung dahin kommen müsse, daß die Jugend auch an der Staatsregierung Theil nähme, und das nicht bloß wegen ihres natürlichen Hervordrängens, sondern auch wegen ihrer Vorzüge, deren das Gemeinbeste zu bedürfen meint. Die Einsichten der Jünglinge steigern sich, ihre Thatkraft ist frischer: die Männer sind zu bedachtsam, sie passen nicht mehr in die vorgerückte Zeit, und die Alten hemmen sogar die Bewegung. Nein die jungen Leute sind die Hoffnung der Welt, sie müssen die Bewegung erhalten, und die Cultur gegen Rückschritte schützen. So steht es jetzt, und so denkt jetzt der große Haufen, und so muß es auch in der vom Zeitgeist eingeschlagnen Richtung kommen. Aber wird es denn wirklich so kommen? Wir glauben: nein! Es geht nie so, wie die Menschen meinen in ihrem eitlen Treiben; es hat alles seine Gränzen, und alles Uebertriebene bricht zusammen. Darum erwarten wir nicht die Barbarei, in welche die Europäische Cultur in solchem Treiben unvermeidlich stürzen müßte.

Aber es ist darum die Aufgabe für die jetzigen Schulmänner, wie für die Staatsmänner, die Volkserziehung so zu leiten, daß sie nicht Zerrüttung, sondern Bildung werde. Wer da meint, man müsse hemmen, die Aufklärung zuschließen, oder gar Rückschritte bewirken, ist ebenso unverständig als wer den Strom möchte so wild hinaus-

---

Hindus dem Braminenthum entwachsen und in eine neue Zeit (ihr neues Yuga) eingetreten seyen. — Zu den Zeichen der Zeit gehören unter den revolutionären Ereignissen auch die, daß Schulknaben daran Theil nehmen, und daß man die Jünglinge sogar aufgefordert hat. Wohin soll das führen? Zu eben diesen Zeichen gehört auch, daß viele so wie den Adelstand, nunmehr auch den Gelehrtenstand nicht mehr scheinen gerne zu sehen, weil er der fortreißenden Bewegung mehr hinderlich als förderlich ist, und zu sehr am Bestehenden halten möchte. Selbst in der Zurückdrängung des classischen Studiums durch die Realien könnte sich dieser Zeitgeist kund geben.

brechen lassen; jenes wie dieses können nur „die Dreischrittseher in der Menschenkenntniß“ wünschen, und wollten sie wirklich Hand dazu anlegen, so wäre das ein unglückseliges Beginnen. Jenes wäre der Art, was die Aerzte nennen: den Wolf in den Schafstall sperren, *) und dieses hieße Oel ins Feuer gießen, beides aber wäre ein heilloses Verfahren. Welches ist also das rechte?

Wollet Ihr das Volk weiter bilden, so geht nur grade von dem Punct aus, auf welchem dasselbe jetzt steht; überspringt keine Stufe, sonst würdet Ihr es überbilden, d. h. aus seinem wahren Wesen herauswerfen, also eigentlich verderben; übereilt nichts, sonst würdet Ihr nicht entwickeln, sondern schwächen, die harmonische Kraft zerstören, den Wachsthum verkümmern; befolgt mit einem Worte das heilige Naturgesetz der Stetigkeit.

Wollet Ihr das, so haltet die Verhältnisse des Lebens im Volke in Ehren, inwieferne sie nicht gradezu der Bildung im Wege stehen; legt Schulen an, wie sie Bedürfniß sind; besoldet die Lehrer, und ermuthigt sie, aber so wie es mit den andern Ständen und Volksclassen zusammenstimmt, also daß sie weder herabgedrückt, noch über die Linie gebührender Gleichstellung mit Andern erhoben werden; thut alles, was zur Beförderung der Fortschritte der Jugend dient.

Wollet Ihr das recht thun, so erhaltet die Jugend in der Gesinnung, welche der menschlichen Natur von Gott geboten ist, um zur Vollkommenheit zu gelangen. Das elterliche Ansehen bleibe der Jugend heilig; der fromme Sinn gegen die Obrigkeit werde ihr lebendig erhalten; die Alten sollen sie jederzeit ehren; Bescheidenheit sey das Siegel ihres edlen Strebens; Vaterlandsliebe be-

*) Was hat denn der unglückliche Gedanke die Jesuiten zurück zu rufen in Frankreich für Heil gebracht? und was haben die Belgischen Kleriker durch ihre Auflehnung gegen einen besseren Unterricht dem Volke genützt?

geistere jeden, um seinen wahren Beruf zu finden und im Staate ein nützliches Mitglied zu werden.

Reiset darum nicht los unsere Volksschulen, wie es manche übereilt wünschen, von der Kirche so wenig, wie von dem Staate; denn sonst ist Euch weder ihr Bestehen noch ihr Gedeihen gesichert. Gottesfurcht lebe als das Herz des Volks im ganzen Lande, und schirme es als Heimath der Rechtlichkeit und reinen Sitten. Ohne sie gibt es keine wahre Bildung und keinen dauernden Wohlstand. Erhaltet sie den Eurigen, flößet sie den Herzen der Kinder ein, lasset sie in jeder Schule der Weisheit Anfang seyn, und vergönnet ihr dann die Führerin der Jungen und Alten, der Männer und Frauen zu seyn — dann dürft Ihr erwarten, daß alle Fortschritte der Bildung gesegnet seyen, und könnt Euern Nachkommen einen Wohlstand verkündigen, den man jetzt vielleicht noch kaum versteht. Denn jede gewaltsame Umgestaltung, auch im Schulwesen, wirft nur weiter zurück, in allmähliger Entwicklung aber erwächst überall unter besonnener Waltung das Beste. Die nächste Generation wird daher noch besser einsehen als wir es jetzt schon vermögen, was das Bessere sey, und ihren Kindern wird es sich noch deutlicher enthüllen. Wir säen aus, was unsere Enkel ernden, wie dürften wir denn ihrer weiteren Aussaat vorgreifen! So nur denken wir uns eine Volkserziehung, die den Namen verdient, und darum fordern wir zur fortschreitenden Verbesserung des Schulwesens auf, unterlassen aber nicht an das Eine zu erinnern, das allezeit noth ist, und worin allen Völkern das Heil kommt. *)

---

*) Eine Reihe von Schriften über die Schulen für die Volkserziehung ließen sich hier noch außer den früher schon angegebnen anführen, aus welchen wir die Hauptgedanken auszeichnen möchten; indessen würde uns das weiter in die Literatur gerathen lassen, als zum Zwecke dieses Buches dient. Es stehe hier also nur die kurze Angabe von folgenden: Die christliche Volksschule im Bunde mit der Kirche von Dr. F. A. Krummacher. 1823. u. 25.

Zweites Kapitel.

Nationalbildung.

Nation ist eigentlich das Volk, inwiefern es Einen Stamm hat und durch angeerbte Gestalt, Sprache, Sitte gleich als eine große Familie verbunden ist. Weil aber unter den cultivirten Völkern wenige noch zu finden sind, am wenigsten unter den Europäischen, welche genau ihren Stamm und die Sitte ihrer Altvordern unvermischt erhalten hätten, so ist auch jenem Worte, besonders auf Bildung bezogen, eine erweiterte Bedeutung geworden, und man nennt so nicht bloß die Nationen Asiens, Afrikas u. s. w. auch nicht bloß die Russen, Schweden, Dänen u. s. w., sondern auch die Bewohner Deutschlands,

---

übergibt diese Schule ganz der Kirche. C. L. Roth, Rect. am Gymn. zu Nürnberg, Versuch über Bildung durch Schulen chr. Staaten, im Sinne der protest. Kirche. 1825. zeigt die Nothwendigkeit der religiösen Bildung in den Schulen überhaupt. Dagegen will J. W. Wörlein, die deutsche Volksschule mit Politik, Hierarchie und Barbarei im Kampfe ꝛc. 1823. diese Schulen ganz emancipiren, Hüffell, Harnisch, Graser geben mehrseitig das Verhältniß der Schule zur Kirche, zum Staate, u. zur Volkserziehung an. Wir könnten hierbei noch an mehrere der anders wo angef. Schriftsteller erinnern, fügen indessen nur noch einige hinzu: J. M. Solger, über das mögliche Leisten der Volksschule, die erforderl. Bildung ihrer Lehrer u. das Verhältn. beider zu der Kirche u. zum geistl. Stande. 1823. — Plan zur Einrichtung der Volksschulen ꝛc. Ein Versuch von H. R. Hein ꝛc. 1816. — Beobachtungen u. Gedanken über Erz. u. über Volksschulen ꝛc. von E. C. von Reiche. 1810. — Ueber Erziehung im Allgemeinen u. Schul-Erziehung im Besonderen von Dr. F. A. W. Diesterweg. 1820. — Das alte u. neue Volksschulwesen ꝛc. Ein Doppelspiegel, zunächst Volksschullehrern zu prüfender Selbstbeschauung dargeboten von G. J. Schlachter. 1825. — u. a. m.

Englands, Frankreichs u. s. w., und selbst die aus Kolonisten vieler Länder und Sprachen bevölkerten Vereinigten Staaten in Nordamerika. Wir nehmen in pädagogischer Hinsicht dieses Wort im weiteren Sinne. Zwar ist eine Nationalbildung, an welche uns die Geschichte der alten Völker erinnert, und wie wir sie auch noch z. B. bei den jetzigen Griechen denken mögen, *) ein anziehender und würdiger Gegenstand für das Nachdenken über Erziehung, allein wir würden von unserm Ziele ablenken, wenn wir diese Idealitäten entwickeln wollten, da wir das, was das Schulwesen nach unserer deutschen Cultur betrifft, bis zum Schluß vor Augen behalten. Das Allgemeine, was über die Erziehung eines ganzen zur Nation gewordnen Volkes zu denken ist, wenden wir alsobald besonders auf die deutsche und zwar auf die Schulen an.

Der historische Ursprung unserer meisten Europäischen Völkerschaften zeigt eine frühzeitig und nachmals noch öfters vermehrte Vermischung von verschiednen Nationen, z. B. von Römern und Germanen. In manchen

---

*) Wir können nicht umhin eine Zeitungsnachricht, die uns so eben zukommt, hier anzufügen, welche von unserm Thiersch, der sich jetzt auf einer Gelehrtenreise in Griechenland befindet, Kunde gibt. Er war eben mit archäologischen Nachgrabungen in der Nähe von Nauplia beschäftigt, als der Präsident Capodistrias ermordet wurde. Hierauf unternahm er eine Reise durch Arkadien nach Olympia u. Korinth, aber sie wurde dadurch unterbrochen, daß eine Deputation der in Hydra versammelten Hellenen ihn zum Vermittler in ihrer Meinungsverschiedenheit zu sich einlud, indem sie hofften, daß er als unparteiischer und ihrer Verhältnisse kundiger Mann sie vereinigen werde. „Und so möchte, setzt diese Nachricht hinzu, wie einst deutsche Gelehrsamkeit an griechischer Bildung erwachte, wiederum griechisches Leben, das gegenwärtig sehr im Argen liegt, durch den Geist eines deutschen Gelehrten in die rechte Bahn gelenkt werden. Mit dem Volke selbst ist Thiersch sehr zufrieden. Er schildert es als von großer Herzensgüte u. vielen Fähigkeiten, u. findet überall noch im lebenden Geschlechte, namentlich in den arkadischen Hochthälern, die unverkennbaren Züge der alten Welt.“

Ländern unserer Sprache ist mit dem Blute der alten Deutschen slavisches, in manchen italisches, vielleicht auch noch entfernteres so vielfach vermischt, daß man kaum noch hier und da an jene stämmige Gestalt mit kräftigem Angesicht, bläulichten Augen, goldgelbem Haare unserer Vorfahren erinnert wird, wie sie Tacitus beschreibt. Wollten wir auf noch frühere Bewohner Deutschlands zurückgehen, die wir freilich nicht kennen, wenn man sie etwa auch Celten nennt, so würden wir wohl an eine frühere Vermischung vermuthlich verwandter Stämme denken, indessen kommt dabei weiter nichts für die Wirklichkeit heraus, und wir sehen uns am Ende wieder auf demselben Puncte, worauf wir stehen. Hiernach nehmen wir die Völker, wie sie eben jetzt in ihren bürgerlichen Verfassungen vereint sind, als ebenso viele Nationen, und so betrachten wir die Volkserziehung als eine nationale Bildung. Denn die Sitten haben sich doch nun einmal verschmolzen und die Cultur ist eine gemeinsame geworden, so daß man jetzt kaum noch von einer französischen, englischen, deutschen, sondern nur von einer europäischen redet, und sie in allen Welttheilen findet. Nur die Sprache scheidet das Nationale für die Schulbildung unserer Völker; daher richten wir auch hier immer unsern Blick zunächst auf alle diejenigen Länder, wo das Deutsche als Muttersprache gesprochen wird. Das ist denn auch das Vereinigungsmittel der fremden Nationen, die unter den Deutschen einheimisch geworden sind. Die Juden namentlich, so einzig und wundersam sie ihre Nationalität aus dem tiefen Alterthume her erhalten haben, sind in Deutschland Deutsche, in Frankreich Franzosen u. s. w. geworden, und theilen also auch unter uns die Bildung vermittelst der gemeinsamen Muttersprache.

Ein andrer Gesichtspunct bietet sich jedoch dar. Jedes Volk, so wie es nun einmal als Nation in seiner Sprache und Cultur dasteht, hat gewisse Momente in seiner Geschichte, die wohl darauf hinweisen könnten, wo es sich von dem Wege seiner wahren Bildung entfernt hat, und in die es vielleicht jetzt einlenken sollte. So hat sich schon mancher, begeistert wie Klopstock, einen Hermann gedacht, der von allen Deutschen hätte unterstützt werden sollen, um sich von den Römern völlig frei zu machen, und nicht durch ihre Sitten die einheimischen verderben zu lassen; dann hätten sie rein aus sich selbst ihre Nationalanlagen entwickelt, und wer weiß, zu welcher hohen Stufe sich dieses kräftige Stammvolk würde herangebildet haben. Indessen, da es nun einmal in jener alten Zeit ganz anders kam, so hätte doch wenigstens unter Karl dem Großen Deutschlands Genius besser wachen sollen! Wäre nur die große Idee dieses deutschen Mannes für die Bildung seines Volkes, wie er sie mit Kraft auszuführen angefangen, weiter geführt worden, so konnte die Nation bald die höchste Stufe unter allen Völkern erreichen. Aber auch das kam nicht so, und schon unter Karls Sohn, Ludwig dem Frommen, und so weiter fort unter dem Enkel, der Deutschland in der Theilung erhielt, zerschlug sich alles in neue Verwirrung unter den Völkern. Noch lebte die Nationalrichtung wieder auf unter Heinrich dem Finkler, der das Ritterthum und das Städteleben zu einer Quelle einer Cultur machte, die sich besonders in dem Bürgerstande sehr fruchtbar bewies. Da sollte man wohl gerne an diese Institutionen die Bildung der deutschen Kraft anknüpfen, aber die Geschichte hat auch das nicht gewollt. Nun setzt der deutsche Gewerbfleiß und das deutsche Gemüth im Mittelalter alle Kräfte in Bewegung, und wir glauben in den Zeiten der Hohenstaufen die Herrlichkeit der Nation in Kunst, Wissenschaft, Sprache schon hervorbrechen zu sehen, aber siehe da, sie verdirbt in der Knospe, und viele trauern noch jetzt, daß dieses herrliche Mittelalter so hingeschwunden. Neuer Verfall, und doch wieder neues Aufleben. Die Wiederherstellung der Wissenschaften, und die Kirchenverbesserung fand grade in Deutschland ihren gedeihlichsten Boden. So hätte denn mit der Reformation Deutschland so recht in seinen Geist und seine Bildung eintreten sollen, wie seine Sprache mit Luthers Bibelübersetzung eine neue und allgemeinere Blüte gewann. Aber hundert Jahre nachher der dreißigjährige Krieg! Noch einige Momente traten nachher ein, insbesondre das neue Schulwesen seit den 1760ger Jahren, welches sich fortwährend bis jetzt entfaltet hat. Und beginnt nicht vielleicht eben jetzt eine neue Epoche für unsere Nationalbildung?

Statt alles Idealisirens, wozu die Betrachtung jener Perioden in unserer Culturgeschichte verleiten möchte, werfen wir nur die Vorfrage auf, ob es denn wohl in der Bestimmung Europas und seiner vielen Völkerschaften liege, daß diese ihre nationalen Verschiedenheiten ausbilden, und somit sich scharf von einander sondern, oder ob sie nicht vielmehr die Scheidungszüge verwischen und in eine große Europäische Nation sämtlich eingehen sollen, wie sich das ja schon im allgemeinen Verkehr und gleichsam symbolisch in der gleichartigen Kleidung aller Gebildeten unsers Welttheils zeigt. Wir wagen nicht diese Frage zu beantworten, und müßten auch da in ein ganz andres Feld abschweifen. Nur an das Mögliche in der vorliegenden Wirklichkeit haben wir zu denken. Da sehen wir denn bald, daß diese es nicht zuläßt, eine gesonderte Nationalbildung so wenig für Deutsche, als für Franzosen und Engländer zu schaffen. Selbst die durch ihre Länder im Norden, Osten und Süden mehr getrennten Völker stehen doch unter einander in einem zu lebhaften Verkehr des Handels und selbst der Ideen, als daß nicht ihre Cultur gegenseitig und beständig in einander einfließen müßte. Klagen ja doch sogar manche Reisende, daß das Leben in allen großen Städten so ziemlich dasselbe sey. Indessen hält doch immer etwas von dem Nationalcharakter fest; es ist als wolle er sich nirgends ganz vertilgen lassen, und als solle er es auch nicht. Das sieht man besonders in der Treue, womit die Völker bei

Sitten und Gebräuchen halten, und daß der Gewalthaber dem Volke an das Leben greife, der ihm seine Sprache zu entreißen droht. Wenn wir also gleich eine Allgemeinheit der Europäischen Cultur, oder wie man die jetzige Stufe der Weltcultur nennen will, zugestehen müssen, so dürfen wir doch damit keineswegs das Nationale aufgeben: vielmehr erkennen wir als den Zweck der Erziehung, den sich ein Volk setzt, daß es sein Besonderes mit jenem Allgemeinen zur vollkommensten Ausbildung einige, ganz wie die Erziehung des Individuums verfährt.

Der Politiker betrachte hiernach die Völker, um zu sehen, was für jedes zu thun oder wenigstens zu wünschen sey. Der feierliche Ernst des Spaniers, dabei sein Hochsein, sein Muth, seine Geisteskraft — wie würde aus solchen Richtungen seiner Natur seine ächte Bildung hervorgehen? Wie bei dem beweglichen Franzosen, daß er seinen lebensvollen Geist nicht zur beständigen politischen „Bewegung“ sondern zur Ausbildung seines innern Lebens verwende, und hierin sich und andern gefalle? *) Wie bei dem in sich festgehaltnen Engländer, daß sein eindringender Verstand und sein schöpferischer Geist, seine unternehmende Kraft das heimathliche Wohlbehagen mit dem Gemeinbesten seines Landes einige, und den großen Weltverkehr allen Völkern wohlthätig vermittle? **) Wie für

---

*) Ein achtungswürdiges Streben in Frankreich nach Schulverbesserung spricht sich jetzt mehrfach aus; und uns Deutsche muß es besonders erfreuen, wie unsere Fortschritte hierin im Nachbarlande anerkannt werden. Zeugniß hiervon ist des Hrn. Prof. Cousin Reise in der Absicht nach Deutschland, und dessen Briefe über den Zustand des öffentl. Unterr. in Deutschl. an den Minister Montalivet.

**) Es ist bekannt, wie rege das Nachdenken in England ist, um dem einreißenden Sittenverderben zu wehren, und überall, besonders auch durch Schulen Verbesserung zu bewirken. Darum ist uns in einem der neuesten Stücke des Monthly Magazine der Aufsatz sehr bemerkenswerth, der über das Elend, die Unzufriedenheit, und das Heilmittel in jenem reichen Lande mit ebenso warmem Herzen als klarem Verstande spricht. Er zeigt das Traurige, daß ein Zwölf-

den edlen Schotten in der patriarchalischen frommen Sitte seines Hochlandes? Wie für den regen Irländer, dessen reiche Anlagen nur mehr der Erweckung bedürften? Wie für den sinnigen, gewerbfleißigen Holländer, daß seine gründliche Denkkraft und Treue das langsame Sichergehen zur wahren Ausbildung erhebe? Wie endlich — um nicht von den andern germanischen und übrigen edlen Völkern Europas zu reden — der Deutsche in seinem stets thätigen Bildungstriebe, womit er gerne in die Tiefen des Geistes eindringt, und in seinem frommen Gemüthe gerne mit allen Völkern der Erde sich befreundet? Was wäre besonders bei einem Volke zu thun, das, wie die Griechen, aufs neue in seiner Nationalität auflebt? oder das, wie die Nordamerikaner, im Schaffen einer neuen Nationalität begriffen ist? Nur das möchten wir den Antwortenden ans Herz legen, daß die ewige Weisheit, welche dem Menschengeschlecht seinen Planeten anwieß, auch jedem Volke seine Bestimmung angewiesen hat, und daß dann das Heil auf der Erde verbreitet sey, wenn jedes Volk in derjenigen Bildung blühet, welche jener Bestimmung entspricht.

Der nun tritt als Volkserzieher von der Vorsehung berufen ein, welcher die große Idee gefaßt hat, was die-

---

tel der Einwohner von Almosen lebt, daß ein Zehntel 16 Stunden des Tages in Fabriken eingesperrt ist, daß die Arbeiter gleich Lastthieren kümmerlich leben, daß sie nicht einmal so des Lebens froh werden wie die Bewohner weit ärmerer Länder, daß sie daher zu vielen Tausenden auswandern, sogar in das unwirthliche Canada; und ein tragisch-classisches Wort ist es, wenn er sagt: „Es fließt aus England zu jeder Stunde ein Strom verkümmerten Lebens nach den Enden der Erde hin," — und daß während dem das Geld aus allen Ländern in diese Quelle des Elendes hinströme. Er findet in dem übermäßigen Fabrikwesen den Grund dieses Unheils und also in der Verminderung desselben, in der Rückkehr zum Landbau, und in einer sparsameren Lebensweise das einzige Rettungsmittel. — Aber was dazu gehöre, um dieses Mittel einzuführen und wirksam zu machen, das würde doch noch eine weitere Betrachtung verdienen.

ses Volk seyn könne und werden solle, und welcher sich dabei die Kenntniß desselben so genau verschafft hat, daß er auch die Mittel für den großen Zweck ersieht, und den ganzen Bildungsgang vorherschaut. Fühlt er es nun als seinen Beruf, wozu ihn denn die äußeren Verhältnisse zugleich auffordern müssen, diese Idee in Wirksamkeit zu setzen, so wird er der Gesetzgeber des Volkes in jenem alterthümlichen Styl, wie es die Numas, die Lykurge, die Solone ꝛc. waren. Doch stehen auch manche aus der neuen Zeit in diesem Tempel des Ruhms; wer würde z. B. einem Peter dem Großen seine Stelle darin versagen? Wir behaupten damit nicht, daß jeder von diesen Volksbildnern es vollkommen, oder auch grade auf dem richtigen Wege gewesen sey, aber sie haben wenigstens glänzende Beispiele von der Art und Weise gegeben, wie eine Nation gebildet wird. Moses überstrahlt sie alle in wunderbarem Glanze. Sowohl der göttliche Beruf, womit er auftrat, als die Gesetzgebung, welche ein Volk gleichsam erst schuf, und ihm eine Lebensdauer seiner Nationalität gab, die gegen alle mögliche Störungen sich immerfort erhält, und dabei die Theokratie, welche bestimmt war das Licht allen Völkern zu bringen, und die Religion des Heils der ganzen Menschenwelt zu eröffnen, alles das bleibt nicht bloß dem Lehrer des Christenthums, sondern dem Geschichtsforscher, dem Gesetzeskundigen, dem Politiker, ja jedem Weltbürger ein Gegenstand der wichtigsten Betrachtung. Unsere Zeit indessen hat sich auch darin zu einer höheren Stufe entwickelt, daß die Gesetzgebung sich mehr und mehr mit der Volksbildung einigen will, indem sie selbst aus den Gebildeten des Volkes ausgeht. Eine Ständeversammlung erfüllt dann erst recht ihre hohe Bestimmung, wenn sie von jener Idee beseelt ist, worin sie das wahre Wesen der Nation erschaut, und zu dem Ideale hinaufsieht, wohin sich alle Bestrebungen richten sollen. Wohl mag noch lange Zeit hingehen, bis sie über die Beschäftigungen mit den kleineren Angelegenheiten hinauskommt, und bis das Volk selbst nicht mehr den höchsten Werth auf bloß nahe liegende, kleinliche Interessen legt: allein zu hoffen ist es doch, daß auf diesem Wege einer Nation die rechte Selbsterkenntniß werde, und das Licht über ihre wahre Bestimmung aufgehe. Schon jetzt bewundern wir z. B. das Großartige in den englischen Parlamentsverhandlungen, und doch muß es noch ganz anders kommen, wenn einmal die Menschen besser einsehen, was zu ihrem Frieden dient, und den Völkern nicht mehr verborgen ist, worin sie ihr Heil zu suchen haben. — Doch wohin geräth hier unsere Betrachtung? Sie sollte nicht in die Politik hereinführen, sondern nur den Zusammenhang derselben mit der Nationalerziehung zeigen, diese aber nicht in dem weiteren Sinne hier angeben, welche alles das in sich begreift, was der Staat für die Bildung seiner Bürger thut. *) Wir wenden uns also hier wieder zurück auf das, was er für diese Bildung bei der Jugend veranstaltet, und wie das Schulwesen hierzu wirken müsse. Die bisherige Betrachtung sollte nur vorerst den höheren Gesichtspunct im Volksleben feststellen, damit das, was im Einzelnen der Schulen geschieht, auf alles das hinziele.

Schon der Landmann wird das gemeine Wohl im Herzen tragen, für welches er in seiner Bearbeitung der Felder thätig ist, wenn sich ihm das Herz dabei höher erhebt. Der Staatsmann aber muß den Plan, in welchem er seine Kräfte aufbietet, wohl verstehen, wenn er sein

---

*) Wir verweisen auch hier auf das oben angef. Werk von Zachariä, unter andern auf S. 143 fgg. „Vielseitiger ist die Aufgabe, wenn von dem Einfluße des Nationalcharakters auf die Staatsverwaltung und deren verschiedene Zweige die Rede ist.“ ꝛc. „So wichtig es also ist den Charakter einer Nation kennen zu lernen, so schwierig ist es gleichwohl ꝛc.“ „In den heutigen Europ. Staaten kann überall nicht von einer Nationalerziehung die Rede seyn — — so daß sich in ihnen ein Plan derselben ausführen ließe. Da würde sie sich in örtliche Erziehungsanstalten auflösen; es würde von ihr nur der Körper, nur der Mechanismus übrig bleiben.“

Bestes thun will. Der Schulmann ebenso kann nur dann mit höherer Lust und Liebe wirken, wenn er weiß, wozu er wirkt, und wie er zu der Bildung des jüngeren Geschlechts und des ganzen Volkes bis auf die weite Zukunft hinaus das Seinige wenn auch im kleinen Kreise beiträgt. Aber mehr noch verlangen wir von denjenigen, welche das Schulwesen in einem Lande regieren. Sie müssen das Hauptziel vor Augen haben, und genau den Weg sehen, der durch die vorliegenden Umstände am sichersten zu diesem Ziele hinführt; sie müssen so bis auf entfernte Geschlechter hinaus den Bildungsgang ihres Volkes zu erschauen suchen, und ihm schon jetzt die Richtung auf jenen hohen Punct hin geben. Darauf hin werden sie die Anordnungen im Schulwesen schon jetzt machen. Zwei Grundmaximen haben sie hierin zu befolgen. Die erste ist: nichts zu thun, wovon sie versichert sind, daß es von der Richtung, welche die Nation zu ihrer Bildung nehmen müßte, ablenke und also in dem Wesen des Volkes einen krankhaften Zustand hervorbringe, am wenigsten aber etwas zu verordnen, was dem Volksthümlichen gradezu widerspricht. Die andre leitende Maxime ist: alles das zu veranstalten und zu befördern, was in dem Wege der Volksbildung liegt, was als das Bessere anerkannt ist, und was man nicht zurückhalten darf, ohne die Cultur selbst in ihrer wahren Entwicklung zu hemmen.

Wenn also z. B. über eine gewisse Art von Schulen in einem Lande die Frage entstände, *) ob sie angeordnet, oder vermehrt, oder vermindert werden sollten, so würde es leicht seyn nach jenen beiden Grundsätzen, die aber als das Negative und Positive zu vereinigen sind, nach Zeit und Umständen zu entscheiden. Daß z. B. in den Staa-

*) Wir bringen bei dieser Gelegenheit noch die Erinnerung an eine Schrift nach, welche nicht übersehen werden darf und wichtige grade auch hierher gehörige Belehrungen enthält, die Gymnasialbildung in ihrem Verhältn. zur gegenwärtigen Zeit, von F. W. Loebell. 1821.

ten von Newyork und einigen andern des Nordamerikanischen Freistaats Gelehrtenschulen angelegt werden, ist wünschenswerth, aber darum noch nicht für den Staat Ohio und andere, wo die Agricultur mehr der niederen Volksschulen bedarf. Wirft man einen Blick auf die Südamerikanischen neu constituirten Länder, so wird man vielleicht die Lancasterschulen in Mexiko, Columbien, Brasilien rc. auf mehrere Generationen hin als die wichtigsten, für manche Gegenden aber Industrieschulen nöthig finden. Und sehen wir auf unser schönes Schulland, so erfreut uns der Anblick wohin wir nur das Auge wenden, denn wir befinden uns wie in einem großen Garten, in welchem keine Pflanzung fehlt. Indessen wäre doch manchem der kleineren deutschen Staaten zu wünschen, daß sie z. B. weniger Gelehrtenschulen und mehr höhere Volksschulen hätten. Das scheint besonders grade die jetzige Zeit zu fordern, daß die Regierungen das Verhältniß der verschiednen Arten der Schulen sorgfältig abwägen, und da, wo die Richtung zu einseitig oder der Zudrang zu häufig würde, sie zum Hauptziel der Nationalbildung einlenken. Wir möchten namentlich auf das übermäßige Fabrikwesen aufmerksam machen, damit man es nicht durch die allzusehr vermehrten Schulanstalten, die für dasselbe berechnet sind, überwiegend begünstige. Es erscheint uns als allgemeine Norm hierbei, daß man weder den Gelehrtenstand noch den Bauernstand in der Schulbildung vernachlässige, da grade diese beiden Stände dem des Handels und der Gewerbe die geistige und leibliche Nahrungsquelle sind, und da für das Volksleben nichts gedeihlicher ist, als wenn diese Quellen beständig rein und frisch in dasselbe einströmen. Man hat jetzt vorzugsweise das Augenmerk auf die Bürgerschulen gerichtet, und die Meinung, als ob hauptsächlich, wo nicht ausschließlich in ihnen das Heil des Volkes liege, ist dermalen so zur öffentlichen geworden, daß man kaum wagen darf die Stimme dagegen laut werden zu lassen, indessen erfordert es die Pflicht dessen, der das Schulwesen aus dem höheren Gesichtspunct der Nationalbildung betrachtet, ohne Scheu zu sagen, daß diese Schulverbesserung einseitig sey, und auch wohl bald sich als solche kund geben werde, wenn nicht die Schulen für die bildende so wie für die producirende Menschenclasse gleichmäßig bedacht werden. Was oben bemerkt wurde, daß die Ruhe, der Wohlstand, die Sittlichkeit der Völker großentheils durch die allgemeinere Entwöhnung von dem eigentlichen Landbau gestört werden, muß uns darauf hinweisen, wie wichtig unsere Landschulen sind, wenn sie mit der fortschreitenden Bildung die Liebe zum Landleben verstärken, und wie sehr in unsern Stadtschulen jenem gesteigerten Treiben, das zum Verderben des Volkes führt, gesteuert werden müsse. Doch dieses alles genauer anzugeben, geht über unsern Bereich; es seyen nur Winke für das Nachdenken über die eigentliche Bildung der Nation.

Drittes Kapitel.

Das Ziel.

Aus reicher Quelle fließt der Bach rein das Thal hinab, vereinigt sich mit mehreren, wird zum Fluß, der Leben in weite Gegenden strömt, aber auch hier und da die Ufer übersteigt, und das Land verwüstet, endlich vielleicht in Sand oder Sumpf oder in ein unruhiges Meer sich verliert. Ist es mit dem Einfließen der Cultur von dieser und jener Seite her in ein Volk anders? Und zeigt uns nicht genugsam die Geschichte das traurige Ende mancher Nation, in welcher Künste und Wissenschaft, Betriebsamkeit und Geist in hoher Blüte gestanden? Wir freuen uns der jetzigen Europäischen, oder bestimmter unserer Deutschen, aber wissen wir denn, wohin sie am Ende ausschlägt, und ob nicht da, wo jetzt Schulkinder fröhlich aus und einziehen, nicht einst wilde Thiere ihre Schlupfwinkel aufsuchen? Was wolltet Ihr einem Unglückspropheten entgegensetzen, der unserm Welttheil nach der hochgestiegenen Bildung Verfall und Barbarei verkündigte? Denn wir Menschen vermögen nicht den Völkern ihr Heil auf alle Zukunft zu sichern, kein Mächtiger der Erde vermag es; kein Weiser, kein Gesetzgeber vermag etwas Festes zu begründen, das allen Wogen, die hereinbrechen können, widerstehe. Es ist vergebens einen Plan zu machen, der eine ewige Pflanzung der Cultur für alle Nationen der Erde stiften möge, und noch weniger den Plan so anzugeben, welcher einer jeden Nation ihre Wirksamkeit hierin zutheilte; eine Organisation einer Weltbildung, welche alle Nationalbildung in sich aufnähme, und eine Aufgabe, die alle menschliche Macht und Weisheit bei weitem übersteigt. So hätten wir denn kein Endziel für unsere Volkserziehung! und so müßten wir besorgen, daß alles das Herrliche, was in diesen Gefilden der Menschheit erwächst, nach einigen Generationen weggerissen werde, und da wäre es wohl besser, es nur darauf anzulegen, daß so weit wir etwa sehen, unsere Kinder und Enkel sich wohlbefinden, daß wir aber weiter hinaus die Nachkommen dem Schicksale überlassen. Wie niederschlagend für den, der im Bildungsgeschäfte arbeitet! So soll denn unsere Aussicht wie ein Luftbild zerrinnen, nachdem wir uns kaum erst durch sie begeistert fühlten, und unser ganzes Lehren, und Ordnen, und Schulhalten, und Schulverbessern gehörte unter die Eitelkeiten der Eitelkeiten, mit denen sich der treibende Mensch abmüht, und wir sähen uns auf einmal nur als Tagelöhner im Maschinenwesen des gemeinen Broderwerbs begriffen. Das wäre dann der große Gewinn alles unsers bisherigen Nachdenkens über die Schulen; dieser Schluß des Buches war keines Anfangs werth.

Aber so kann es nicht seyn. Wir glauben an eine Vorsehung, und sie ist die Erzieherin des Menschengeschlechts; wer irgend für die Bildung thätig ist, der tritt in dieses göttliche Werk ein, und weiß, daß in demselben alles zum höchsten Zwecke hinausgeführt wird. Darum macht es ihn auch nicht irre, wenn er in der Geschichte Völker untergehen oder ihre Cultur in Barbarei umschlagen sieht; jene große Tragödie ruft uns zu einer erhabneren Weltansicht auf.*) Nur im Vertrauen auf die Waltung der ewigen Weisheit können die Menschen eine Saat pflanzen, welcher für alle Zeiten ihre Früchte verheißen sind. Und so arbeiten wir getrost und freudig für die Jugendbildung, indem wir hoffen, sie werde das Volk zu einer höheren Stufe erheben, sich allmählig unter alle Völker der Erde verbreiten, und zur Verherrlichung der Menschheit als ein Hauptmittel hinwirken.

Doch sind wir durch diesen Glauben noch nicht ganz sicher geleitet, denn wir wissen damit noch nicht, ob denn grade die Ausbildung des Menschengeschlechts der Zweck seines Erdenlebens, und ob nicht ein beständiges Steigen und Zurückfallen der Cultur, und in derselben ein Wechsel unter den Völkern die Bestimmung unsers Geschlechts sey; wir müssen also insoweit immer noch besorgen, daß alle unsere Arbeit für die weite Nachwelt verloren gehe, und daß wir nur für die nächste etwas thun können. Damit hätten wir denn unsern Eifer im Dienste der Vorsehung eben nicht sonderlich angefeuert. Wir bedürfen also noch ein höheres Licht.

Es ist nur eine Quelle dieses Lichtes; nur von Gott selbst kann es kommen. Denn wer will uns offenbaren, wohin es in der Welt kommen solle, und was das Endziel der menschlichen Dinge auf der Erde sey, wenn nicht der, welcher alles weiß und ordnet. Wir wären im endlosen Weltraum verloren, hätte sich nicht die ewige Liebe unse=

*) Wir erinnern hier an die Schlußbetrachtung in der 1ten Abth. der Gesch. der Erz. Würden diejenigen, die an kein Besserwerden glauben, sich es klar machen, was sie denn eigentlich mit allem ihrem Erziehen und Bilden ausrichten wollen, so müßten sie entweder ihren Unglauben oder ihren Beruf aufgeben.

rer erbarmt und das Himmelreich auf Erden errichtet. Nur in diesem Reiche wissen wir unser Bestehen gesichert und unsere Wirksamkeit gesegnet; und dieses Reich ist die Verherrlichung der Menschheit. Nichts geht verloren, was wir in dieser Ordnung der Dinge thun, nichts verfehlt da seinen Zweck, und alles wirkt bis ins Unendliche hinaus. Die Verbesserung des Menschengeschlechts ist recht eigentlich das Gesetz dieses Reiches, und dieser erklärte Wille Gottes muß auch in Erfüllung gehen, denn es ist Gottes Wille. Er gebietet uns nicht nur unermüdete Thätigkeit für diesen Zweck, sondern er verheißt uns auch die Erreichung desselben, daß es nämlich gewiß besser und immer besser werde, und die Bildung des Menschengeschlechts also in einem beständigen Wachsthum begriffen sey. Daß da Zwischenzeiten eintreten, wo Stillestand oder gar Rückfall erscheint, kann uns diese Zuversicht nicht entreißen, so wenig wie Krankheiten, deren Krisis eine festere Gesundheit zur Folge hat, den Muth niederschlagen. In dem großen Ganzen der Dinge ist ein ganz andrer Maaßstab, als der für unser Alltagsleben; Jahrhunderte sind da Minuten; auch wird unter anscheinendem Zurücksinken oft eine neue Kraft vorbereitet, wie sich im Winter unsere Erdzone zum Frühlingstriebe sammelt.

Nur in diesem Glauben ist das Denken und Handeln der Erziehung vernunftmäßig, denn sonst würden alle ihre Thätigkeiten, die wohl ihre Zwecke haben mögen, z. B. Brauchbarkeit, Selbstständigkeit, gutes Fortkommen u. dgl. doch eines obersten Zweckes entbehren. Und wenn wir denn diesen vollends in der Gottähnlichkeit finden, welche doch nur in einer fortschreitenden Entwicklung gedacht werden kann, so würde die Besorgniß eines vereitelten Strebens ein Widerspruch mit jenem Begriffe seyn. Wir finden kein anderes Prinzip für eine Erziehung, die den Namen verdient, als den Grundsatz vom Wirken im Reiche Gottes; mit einem Worte, wir finden sie nur im Christenthum, und wiederholen freimüthig und laut: es gibt keine andere wahre Erziehung des Kindes, des Volkes, der Menschenwelt als die christliche.*) Was wir damit sagen, spricht dieses Buch aus; und damit es nicht engsinnig verstanden werde, so sagen wir es mit andern Worten: nur aus dem Wesen des christlichen Lebens, aus dieser Gottes- und Selbsterkenntniß, aus dem Geiste, welcher den Vater im Himmel im Geiste und in der Wahrheit anbeten, und vollkommen werden lehrt, wie er vollkommen ist, nur aus dieser die Menschheit erhebenden Kraft geht die wahre Bildung aus, welche von Geschlecht zu Geschlecht fortwirkt, und bestimmt ist die Menschenwelt zu verherrlichen. Denn so wenig der Erzieher bloß für die Erde erzieht, so wenig auch bloß für den Himmel; er kann nur dann ein würdiges Ziel haben, wenn er weiß, daß durch das Himmlische das Irdische einst verklärt werde; das aber wissen nur die, welche in dem Reiche Christi leben. Wir meinen also damit keinen Chiliasmus, und haben keine apokalyptischen Deutungen im Sinne, denn wir wissen nicht die Zeiten zu messen und die Wege zu bestimmen, welche die ewige Weisheit ihrer Macht vorbehalten hat, aber wir wissen den Weg, welchen sie uns vorgezeichnet, und wissen ihren Willen, daß wir auf den hohen Berufe der Erziehung in die unabsehbare Zukunft hinaus ernstlich und freudig unser Denken und Thun verwenden sollen.

Armseliges Geschlecht, wenn dir das Licht von oben nicht schiene. Wohl scheint es uns in den unzähligen leuchtenden Körpern und Lichtergüssen des Weltalls, wohl muß der Sterbliche die weise Ordnung bewundern, je weiter seine Blicke dringen: aber dann kehren sie von

*) Der Verf. verweiset dabei auf seine Idee, die er im Ganzen seiner Erziehungslehre, sowohl in der Geschichte als in der Lehre aussprechen wollte, und z. B. zunächst Gesch. d. Erz. die 2te Abth. von Anf. wie auch II. S. 34 fg. Wer diese christliche Ansicht engsinnig finden will, mit dem werden wir nicht streiten, bis er uns eine höhere zeigt — also nie.

da zurück auf das Pünctchen Erde genannt, und auf das, was sich auf derselben abmüht, auf sich selbst, ein Etwas, das nicht viel mehr ist als ein Nichts, aber sehen, denken, wissen kann; und nun eben in dem Gedanken an die Unermeßlichkeit der Räume und die Endlosigkeit der Zeit sein elendes Seyn nur noch qualvoller fühlt. Bis er erst dazu kommt, daß er den Ewigen anreden kann: „was ist der Mensch, daß du sein gedenkst!“ dazu gehört mehr als Sternen-, Mond- und Sonnenlicht, und bis er nun weiß, daß der Ewige keines seiner Geschöpfe übersieht, auch unter den Millionen des im Weltganzen verschwindenden Erdplaneten kein Kind vergißt, und daß er jeden von uns mit alldurchdringender Vaterliebe umfaßt, dazu gehörte ein Licht, das höher ist als aller Menschen Vernunft, und das nur dem Herzen der ewigen Liebe entquellen konnte. Der Mensch nach Gottes Ebenbilde geschaffen sollte weiter sehen als auf seinen Wohnplatz. Er weiß nun auch sein Auge zu bewaffnen, und entdeckt Sonnen hinter Sonnen, Lichtwelten hinter Lichtwelten, da verliert er sich denn in die Unermeßlichkeit. Sollte er, grade er, sich nicht selbst verlieren, so mußte ihm eine Stimme zurufen: und auch du bist ein Kind deines himmlischen Vaters! Wer so in die endlose Ferne schaut, muß in die selige Nähe zurückgezogen werden, wenn er nicht in ewiger Nacht vertrauern soll. Das nun ist das Licht des Christenthums, und dessen bedurfte das Menschengeschlecht, wenn nicht die Erde der Wohnort von Jammer und Elend seyn sollte, was Ihr doch der unendlichen Liebe, aus deren Wort die Welten hervorgingen, zutrauen wollet?

Oder wisset Ihr einen andern Grund, auf welchen wir ein Erziehungsgebäude errichten können? Manchen niederen gibt es zwar, wenn wir Lust haben, in dem alltäglichen Gang des Empirismus fortzuschlendern. Auch geben uns die Philosophen manchen der höheren Art, aber nennt doch das System, das sich wohl auch versucht hat, eine sogenannte Wissenschaft der Erziehung aufzustellen, aus der Kantischen, bis in die Hegelsche Philosophie, dem wir uns ergeben könnten, um in Haus und Schule damit einzutreten. Oder ist es ein sogenannter Eklekticismus, der nämlich allerlei aus allerlei Lehrgebäuden herausbricht, um etwas zusammen zu setzen, das dem Erzieher und Schulmann seinen Zweck und Gang darstelle und die Einheit des Einzelnen mit dem Ganzen aufzeige?

Allerdings suchen wir ein System, und jeder denkende Erzieher sucht es allerdings auch philosophirend. Aber nicht ein beliebig oder speculativ aufgestellter Begriff kann ihm dazu verhelfen. Wir fanden es daher gerathen, auf dem Wege der Geschichte und Beobachtung dahin zu gelangen, daß wir den Begriff der Menschheit gewannen, und zwar nicht als einen selbst ausgesponnenen, sondern wie ihn die Kenntniß der menschlichen Natur und der Weltverhältnisse vorlegt, wie ihn aber eben jenes Licht des Christenthums erhebt. Es ist hiernach die Gottähnlichkeit, welche sich in dem einzelnen Menschen entwickeln und durch die Individuen, Völker, Zeiten hindurch das Menschengeschlecht verherrlichen soll. Ein göttliches Urbild sucht der Bildner zu erschauen, um es im Kinde wie in der Natur ins Leben zu rufen, so weit er es vermag. Diese Idee leitet ihn in dem Erziehungsgeschäfte und bestimmt auch sein Nachdenken über das Schulwesen.

Angelangt auf diesem Puncte können wir den Weg, den wir durchwandert haben, nunmehr so überschauen, daß man die Begriffe wissenschaftlich an einander reihen mag: Grundbegriff der Erziehung; die Volkserziehung gehört in denselben; in diesen das Schulwesen; in diesen die verschiednen Arten der Schulen; und die Schulen gehen bis zu der elterlichen Wirksamkeit zurück.

Möchten denn die Regierungen das Schulwesen ihre heilige Angelegenheit seyn lassen, heilig, um mit erwägender Besonnenheit alles zu thun, was die Zeit in dem rechten Bildungsgange fordert, heilig auch darin, daß sie nichts in demselben stören, nichts Gutes hemmen, und dem künftigen Besserer nicht durch Zuvielthun vorgreifen.

Und Ihr Schuloberen beobachtet den Weg, welchen die Natur nach ihrem Gesetze der Entwicklung vorschreibt, und lasset Euch stets auf demselben durch die Liebe leiten, ohne welche keine Bildung gedeiht, und welche das Nachdenken zur fortschreitenden Verbesserung fortwährend in Thätigkeit setzt.

Ihr Schulmänner alle habt denselben Weg zu gehen; es geleite Euch derselbe Geist. Ihr Lehrer an den höheren Schulen sehet nicht auf die andern herab, als seyed Ihr die wichtigsten, und Ihr in den niederen Schulen thätigen Lehrer, wollet nicht mehr seyn als Ihr seyd, dann seyd Ihr viel.

Was der, welcher sich zu Euerm Führer angeboten, sich selbst zum Schluße sagt, kann der Leser denken. Wir geben aufrichtig, was wir für gut halten, und suchen gemeinsam das Bessere.

Berichtigungen.

Nachstehende Druckfehler bittet man gütig zu berichtigen, und wegen der weiten Entfernung des Herrn Verfassers vom Druckort geneigtest zu entschuldigen.

Seite 21 Zeile 18 von oben, statt Nun, lies Nur.
— 22 — 8 fällt a weg.
— 37 Anmerk. Z. 15 von unten, statt ihm, lies ihnen.
— — — — 8 — —, — Idealogieen, lies Ideologieen.
— 45 — Zeile 6 von oben, statt diesen, lies diesem.
— 46 — — 5 — —, statt Pillaur, lies Pillans.
— 48 Zeile 13 von oben, statt Da, lies Das.
— 53 — 13 u. 14 von oben, ist das , hinter Jahren wegzustreichen, und hinter Spielzeit zu setzen.
— 56 — 17 von unten, statt den, lies dem.
— 62 — 12 von oben, statt wie, lies wir haben.
— 66 Anmkg. unterste Zeile, statt Zehrter, lies Zehbeter.
— 87 — Zeile 4 v. oben, statt Ziegenein, l. Ziegenbein.
— 94 Zeile 2 von oben, statt deihlich, lies gedeihlich.
— 104 — 12 — —, — welche, lies welcher.
— 113 — 12 von unten, statt Schule, lies Sprache.
— 128 — 4 in d. Anmerkg., statt Gast, lies Gaß.
— 136 — 8 von unten, statt zu, lies zum.
— 146 — 15 von oben, statt niedrigeren, lies niedrigere.
— 189 — 16 von unten, statt nun, lies nur.
— 249 — 3 in der Anmerkung, ist „dagegen“ wegzustreichen.
— 254 — 15 von unten, statt einem, lies Einem.
— 261 — 8 v. oben, ist statt des . ein ? zu setzen.
— 276 — 5 — —, fällt das zweite „ia“ weg.
— 302 — 10 — —, statt Infants- lies Infant-.
— 314 — 2 von unten in der Anmerkg., statt zu, lies in.
— 344 — 8 — —, statt nimmt, lies nehmen.
— 369 — 17 — oben, fällt das „es“ weg.
— 373 — 3 — unten, statt Revolution, l. Reformation.
— 380 — 12 — oben, statt dem, lies den.
— 392 — 10 — —, ist nach und zu setzen sollen.
— 411 — 2 in der Anmerkung, statt Matten. l. Matter.

FSC
www.fsc.org
MIX
Papier | Fördert
gute Waldnutzung
FSC® C083411

Kolibri 360 GmbH
Ferdinand-Jühlke-Straße 7
99095 Erfurt, Deutschland
produktsicherheit@kolibri360.de